电磁频谱监测

主 编 沈建军 张学庆 姜水桥
副主编 朱 璇 刘 汉 吴 兵 李 凯

電子工業出版社
Publishing House of Electronics Industry
北京 • BEIJING

内容简介

电磁频谱监测是感知电磁环境的技术手段，是电磁频谱管理（无线电管理）的基础。本书以电磁波传播、信号处理、天线、射频等为基础，以电磁频谱监测接收、无线电测向、无线电定位为技术框架，之后补充特殊业务，并阐述电磁频谱监测组织实施流程，形成了完备的电磁频谱监测知识体系。

本书的出版可以为电磁频谱技术与管理（无线电管理）专业各类本科生、研究生对电磁频谱监测业务的学习提供强有力的教学支撑，也可以为电磁频谱（无线电）监测技术人员、电磁频谱管理人员、电磁频谱（无线电）监测站（队）长等岗位的任职教育提供坚实的基础，还可以为无线电爱好者、信息通信及各类用频业务领域工作人员提供良好的技术和理论学习支持。

图书在版编目（CIP）数据

电磁频谱监测 / 沈建军，张学庆，姜水桥主编. —北京：电子工业出版社，2024.3
ISBN 978-7-121-47374-6

Ⅰ. ①电…　Ⅱ. ①沈…　②张…　③姜…　Ⅲ. ①电磁波－频谱－监测－高等学校－教材　Ⅳ. ①TN92

中国国家版本馆 CIP 数据核字（2024）第 040337 号

责任编辑：李　敏
印　　刷：北京虎彩文化传播有限公司
装　　订：北京虎彩文化传播有限公司
出版发行：电子工业出版社
　　　　　北京市海淀区万寿路 173 信箱　邮编：100036
开　　本：787×1 092　1/16　印张：20　字数：464 千字
版　　次：2024 年 3 月第 1 版
印　　次：2024 年12月第 3 次印刷
定　　价：99.00 元

凡所购买电子工业出版社图书有缺损问题，请向购买书店调换。若书店售缺，请与本社发行部联系，联系及邮购电话：（010）88254888，88258888。

质量投诉请发邮件至 zlts@phei.com.cn，盗版侵权举报请发邮件至 dbqq@phei.com.cn。

本书咨询联系方式：（010）88254753 或 limin@phei.com.cn。

编 委 会

主　编　沈建军　张学庆　姜水桥

副主编　朱　璇　刘　汉　吴　兵　李　凯

编　写　赵志远　杨仰强　李　有　夏　雷

廖晓闽　张璐婕　吴　东　尹作诚

周学全　杨丽芬　彭　程　胡明波

解云虹　张长青　康国钦　李　翔

李方杰　孙广泰　岳　磊　李东升

罗　争　李　雯

FOREWORD 前言

电磁频谱监测是感知电磁环境的主要技术手段，是电磁频谱管理（无线电管理）的基础。随着以 5G 等为代表的信息化时代的到来，电磁环境变得越来越复杂，电磁频谱资源变得越来越紧缺，国内外对电磁频谱监测与管理的重视程度越来越高。专门的电磁频谱监测教材的编写与出版不仅将为电磁频谱技术与管理（无线电管理）专业各类本科生、研究生对电磁频谱监测业务的学习提供强有力的教学条件支撑，也将为电磁频谱（无线电）监测技术人员、电磁频谱管理人员、电磁频谱（无线电）监测站（队）长等岗位的任职教育提供良好的基础，还将为无线电爱好者、信息通信及各类用频业务领域工作人员提供良好的技术和理论学习支持。

本书是为电磁频谱监测业务从业人员编写的专业教材，专业性很强，知识体系较完备。根据电磁频谱监测专业对学生宽口径、厚基础的特点要求，本书更侧重于技术方面的阐述，附加一些包括电磁波传播、信号处理、天线、射频等基础性的知识，一并作为本书的主要部分。针对电磁频谱监测的业务特点，并考虑知识体系的完整性，本教材特别设置了以电磁频谱监测接收、无线电测向、无线电定位为基本框架的章节体系；考虑卫星监测的特殊性，本教材特设一个专题论述卫星监测接收、测轨与干扰源定位等内容。本教材从基础到体系，再到特殊业务补充，形成了完备的电磁频谱监测知识体系。本教材知识结构新，考虑电磁频谱监测技术性强、发展快的特点，特编写电磁频谱监测发展相关内容，为读者学习和把握该领域前沿知识奠定基础；特编写空间谱估计等矢量法测向内容，作为无线电测向的重要内容，体现了对传统电磁频谱监测内容知识结构的更新。本教材技术与应用结合，在描述电磁频谱监测技术的同时，设置了“电磁频谱监测组织实施”一章。

本书共 15 章，张学庆编写了前言和第一章（绪论），胡明波编写了第二章（电磁波及其传播），朱璇编写了第三章（天线与基本射频模块），夏雷编写了第四章（信号处理），李有编写了第五章（电磁频谱监测接收基本原理），刘汉编写了第六章（电磁频谱模拟接收技术），李凯编写了第七章（电磁频谱数字接收技术），杨仲强和张璐婕编写了第八章（电磁频谱参数测量），吴兵编写了第九章（无线电测向基础）、第十章（振幅法测向）和第十一章（相位法测向），沈建军编写了第十二章（空间谱估计测向），赵志远和廖晓闽编写了第十三章（无线电定位），张学庆编写了第十四章（卫星频率轨道监测），姜水桥和朱璇编写了第十五章（电磁频谱监测组织实施）。

鉴于编者水平有限，错漏之处在所难免，敬请批评指正！

编委会

2023 年 5 月

CONTENTS 目录

第一章

绪论

本章对电磁频谱监测的定义、对象、主体、客体等内涵和外延进行阐述，对电磁频谱监测的目的和内容进行详细介绍，并对电磁频谱监测的未来发展进行展望。

第一节　电磁频谱监测基本概念

电磁频谱监测，也称无线电监测，是感知电磁环境的主要技术手段，是电磁频谱管理的基础。

一、电磁频谱监测定义

电磁频谱监测是指运用技术手段对空中无线电信号的频谱特征和位置等参数进行监视和测量的活动，其还包括对航天器轨道资源的监视和测量。

电磁频谱监测的“监”，有监视、监听、监督的意思，是独立于事物之外的第三方行为，不影响或干涉事物本来的性质及其发展。电磁频谱监测本身是一种被动行为，是无源的，只接收无线电信号，而不影响无线电信号本身的性质和传输。

电磁频谱监测的“测”，有测试、测量、测验的意思。在电磁频谱监测中，监测是否有信号或监听信号强度大小并进一步分析和判断，属于定性监测；随着电磁频谱监测技术手段的发展，人们可以有效获取信号的各类频谱量化数据，并进行精确量化计算和分析，这属于定量监测。

无线电信号频谱对于人类来说“看不到、听不见、摸不着”，超出了人类感知器官的能力范围，必须使用专门的技术手段才能感知。电磁频谱监测是在无线电信号接收技术的基础上发展起来，并聚焦于电磁频谱特征、位置等参数的截获、接收和测量的一项技术。

二、电磁频谱监测对象

电磁频谱监测对象是在一定空间范围内的所有电磁波辐射源及其电磁辐射。电磁频谱监测通过截获和接收辐射源的无线电信号，获得信号电磁频谱的特征参数及变化。

电磁波辐射源可以分为自然辐射源和人为辐射源两类。其中，自然辐射源包括雷电、宇宙空间的电磁噪声和射线、太阳活动等；人为辐射源包括信息通信、导航定位、预警探测、情报侦察等故意行为活动，以及工业、医疗、科研、交通、电力等非故意行为活动。

电磁频谱是电磁波按照频率或波长排列成线状结构的系列谱系，可分为无线电频谱、红外线频谱、可见光频谱、紫外线频谱、X 射线频谱、γ 射线频谱，如图 1-1 所示。其中，无线电频谱又区分为极低频、超低频、特低频、甚低频、低频、中频、高频、甚高频、特高频、超高频、极高频等频段。电磁频谱中的某一段称为频段；某一点表示一个频率，称为频率点。

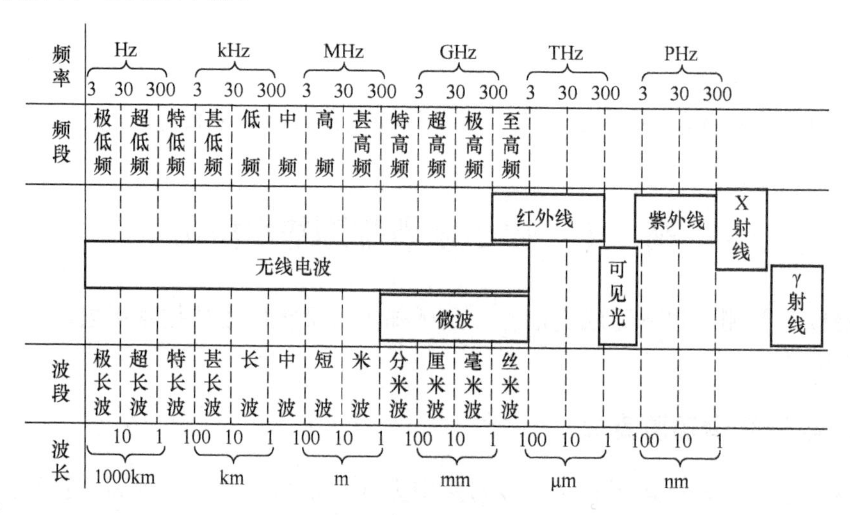

图 1-1 电磁频谱示意图

电磁频谱监测的本质是对无线电信号的接收。区别于一般的无线电信号内容的接收，电磁频谱监测只专注于频谱参数的监测，分别描述能量与频谱的关系、时间与频谱的关系、空间与频谱的关系。电磁频谱监测还包括无线电信号调制方式的分析，但一般不解析信号的内容。

另外，电磁频谱监测还包括对卫星等航天器在内的轨道资源的监测。

三、电磁频谱监测主体

电磁频谱监测主体一般指从事电磁频谱管理（无线电管理）的单位和工作人员，也包括科研工作者和无线电爱好者等。

从事电磁频谱监测业务的工作人员具有良好的无线电专业知识和能力，同时拥有电磁频谱监测设备等专业技术手段。电磁频谱监测主体利用电磁频谱监测设备实施监测，将采集的抽象无线电信号转换为频谱监测数据，并尽可能地通过数字、表格、图形等形式将这些信息具象化，为进一步开展电磁频谱管理等业务提供良好的基础。

四、电磁频谱监测目的

电磁频谱监测目的是，从技术上确保国家、军队电磁频谱管理条例的贯彻执行，维护空中电波秩序，防止有害干扰，确保各种用频装备正常运行，使有限的频谱资源得到合理的、科学的、有效的开发和利用。电磁频谱监测是对电磁频谱实施科学管理的技术保证，是电磁频谱管理工作中不可缺少的一个重要手段，为干扰协调提供技术依据，为电磁态势发布提供基础数据支持。

电磁频谱监测的具体目的如下。

一是通过对电磁频谱信号的持续监测和分析，掌握和了解频率的时间占用度和频段占用度，以及分配、指配频率资源的使用情况，分析频率资源的使用状况，为科学分配和指配频率资源提供技术支持。

二是通过对特定区域无线电信号频谱特征参数的实时监测，综合分析特定时空电磁环境的基本状况，为无线电系统和用频装备合理配置、组织运用提供科学依据。

三是通过监测数据与无线电辐射源数据的对比分析，发现未经批准、违规使用及发射参数超标的用频装备，为查处有害干扰提供技术支撑。

四是按照上级要求，对实施无线电管制所规定的特定时间、空间电磁频谱资源的使用和管制情况进行监测，监督检查无线电管制效果，为重大活动的用频安全提供支持。

五是了解掌握不同频段电磁频谱的使用情况。一般可分为短波监测、超短波监测、微波监测、卫星信号监测等。

第二节　电磁频谱监测职能

电磁频谱监测是实施电磁频谱管理的重要技术手段，电磁频谱管理部门依据电磁频谱监测获取的信息对电磁频谱进行有效管理。对无线电信号源的方向、位置的确定也属于电磁频谱监测的范畴。对于电磁频谱监测的职能来讲，电磁频谱监测区分为常规电磁频谱监测和特殊电磁频谱监测两部分。

一、常规电磁频谱监测职能

常规电磁频谱监测是指日常开机的各项监测。常规电磁频谱监测是各级固定监测站和机动监测的日常主要工作，按频率资源分配、指配的要求监测无线电信号辐射源的有关频谱参数，并存档、建库。常规电磁频谱监测可以发现有关参数的变化，进而判断是否有异常情况出现，甚至发现不明或非法无线电信号辐射源，或者核准无线电信号辐射源使用状态发生的变化。

常规电磁频谱监测的主要职能如下。

一是对已核准的无线电信号辐射源的发射、工作是否符合批准的技术条件和要求进行监测。该项职能包括：系统地测量无线电信号辐射源的使用频率、频率偏差；系统地测量无线电信号辐射源的信号场强、谐波和其他杂散发射；系统地测量无线电信号辐射源所发射信号的调制度、无线电台频谱的占用情况（频道占用度和频段占用度）；监测无线电信号辐射源的操作时间表和经营业务是否符合电台执照的规定。

二是对各类干扰信号进行监测和分析，以确定干扰源。该项职能包括：对干扰信号的测量和识别；对干扰信号的有关参数进行测量；进一步对干扰源进行无线电测向定位，确定干扰源的方向和位置。

三是对电磁频谱的使用情况实施监测。该项职能为频谱资源的开发、频率规划和指配等电磁频谱管理活动提供数据支撑和技术依据。

四是对不明辐射源的发射行为实施电磁频谱监测。

五是对违反《国际电信公约》《无线电规划》《中华人民共和国无线电管理条例》的无线电辐射源行为实施电磁频谱监测。

六是对海上和航空安全救险业务专门频率实施保护性监测。

七是对电磁环境进行监测。随着各类无线电业务的快速发展，各类场景下的电磁环境变得日益复杂，几乎所有频段的背景噪声都在不同程度地增大。准确地掌握有关数据，可以为实施电磁频谱管理、合理选择无线电辐射源地址、保证无线电业务正常的秩序提供有力的技术支持。为此，要定期地对特定区域电磁环境及背景噪声的时空分布实施全面、系统的监测，可以根据不同频段、不同业务、不同区域和不同时间实施。

二、特殊电磁频谱监测职能

特殊电磁频谱监测是指常规电磁频谱监测以外的电磁频谱监测任务，包括国际业务电磁频谱监测、国家重大活动电磁频谱监测、战场电磁频谱监测三大类。

（一）国际业务电磁频谱监测

一是对我国在国际电联登记注册的频率是否受到国外无线电台的干扰实施监测。我国已在国际电联合法登记注册了大量的频率资源，为了保护我国频率的使用权益，必须经常查阅国际电联发布的周报上公布的其他国家拟登记（又称提前公布资料）的频率，分析其与我国已登记注册使用的频率是否存在矛盾，以及我国合法使用的频率是否受到有害干扰。为此，电磁频谱监测部门必须组织实施针对性的监测，一旦发现受到有害干扰，就可以向国际电联或有关国家主管部门提出干扰申诉，对国外电台在国际电联进行审查，并得到相应的处理结论。

二是对于国际电联或有关国家申诉的、涉及我国干扰别国频率的问题，要通过电磁频谱监测及时排除。近些年，我国电台干扰国外电台的情况也有不少。收到申诉后，可以根据申诉内容实施监测，确定干扰电台的位置及隶属国家和地区，依据《国际电信公约》和《国际无线电规则》，结合我国实际进行处理，并将处理意见函复国家无线电主管部门或国际电联。

三是与有关国家行使联合电磁频谱监测，消除边界区域的无线电干扰。

四是执行国际电联委托的其他电磁频谱监测任务。

（二）国家重大活动电磁频谱监测

国家重大活动是指国家层面举办的有目的、有计划、有步骤组织众多人参与的社会协调性活动，如国庆阅兵活动、奥运会等重大体育活动、航天器发射活动、重要武器装备试验等。为保障国家重大活动顺利地组织实施，在必要时要实施保护性电磁环境监测，维护用频秩序，保证用频安全；在必要时对国家重大活动实施无线电管制，并对于无线电管制时有关规定的执行情况和电磁环境进行电磁频谱监测。

（三）战场电磁频谱监测

战场电磁频谱监测是指，军队频谱监测专业力量根据战场电磁频谱管理机构的指示，对所处战场电磁环境进行的监测活动，包括频率使用情况监测、可用频率信息预报、电磁态势监测、电磁频谱管制监测等。

第三节　电磁频谱监测内容

电磁频谱监测是指，对特定空间的无线电信号进行搜索、截获、测量、分析、识别、监视，对辐射源的来波方向和位置进行测量，获取辐射源的技术及其他属性参数，为实施电磁频谱管理提供依据。电磁频谱监测主要包括无线电信号频谱特征参数测量、无线电测向与定位、卫星频率和轨道资源监测等。

一、无线电信号频谱特征参数测量

（一）频率测量

频率测量通常是指测量无线电信号的载波频率，也可以用信号中心频率来表示。信号中心频率是指信号频谱中心位置所在的频率。一般地，信号载波频率和信号中心频率是一致的。例如，调幅信号（AM 信号）的载波频率即中心频率；双边带信号（DSB 信号）和宽带跳频信号本身不包含载波频率（或载波频率很小），但其中心频率与载波频率相等。一些信号的载波频率和中心频率也可能不一致，如单边带信号（SSB 信号）。频率的基本单位为赫兹，用 Hz 表示。一般地，用 kHz 表示 1000Hz，用 MHz 表示 1000kHz，用 GHz 表示 1000MHz，用 THz 表示 1000GHz，用 PHz 表示 1000THz。

（二）场强测量

场强测量也称信号电平测量，是指电磁频谱监测接收机的输入信号电平，其本质是无线电信号在电磁频谱监测接收机所在空间位置的电场强度。由于电磁频谱监测接收机的输入信号为未经选择的低电平混杂射频信号，经过混频放大后的中频信号频率固定且能表现出射频输入信号的特征，因此，在实际测量中，测量电磁频谱监测接收机的中频输出信号电平，用相对电平表示。场强的基本单位为伏/米，用 V/m 表示。电磁频谱监测获得的无线电信号场强相对较小，一般用 dBμV/m 表示。

（三）带宽测量

带宽是指信号所包含各种不同频率成分所占据的频率范围。对于带宽测量来讲，其通常采用带宽的新定义，以便实现统一的国际监测。可用数字信号处理（Digital Signal Process，DSP）技术由功率谱密度（Power Spectral Density，PSD）计算 β%带宽。带宽是指在一个特定的频段，该频段的频率下限之下和频率上限之上所发射的平均功率分别等于某一给定发射总平均功率的规定百分数 $\beta/2$。一般地，$\beta/2$ 取值 0.5%。利用 DSP 算法估计出 PSD 的噪声门限，如果功率小于 ydB 且大于噪声，则 PSD 值为零。将含有信号能量的各 PSD 小段上的数值相加，计算出总信号功率 P，根据 PSD 连续积分与数据的内插求出低端频率 f_1，f_1 处积分的功率等于 $P\beta/2$。同样，由频谱的另一端得到高端频率 f_2，f_2 处积分的功率同样为 $P\beta/2$。由此得出带宽为 f_2-f_1，单位与频率单位一致。

（四）频谱占用度的测量

频谱占用度的测量是指，在电磁频谱监测的基础上，对信号频谱占用情况进行分析和计算，其包含频段占用度和频率占用度两个概念。其中，频段占用度是指在一定时间、空间范围内，实际使用的频率数量与给定的频率数量之比，也称频段利用率，无量纲；频率占用度是指在一定空间和频率范围内，该段频率实际使用时间与总统计时间之比，也称时间占用度或信道占用度，无量纲。

（五）调制测量

调制测量主要是指，以电磁频谱监测接收机频谱特征参数测量为基础，利用模式识别、最优估计、模糊判决等技术，实现对信号调制类型及参数的准确识别与估计。信号调制类型是用频台站（装备）的重要属性之一，也是电磁频谱监测工作中需要重点关注的关键参数之一。

（六）无线电信号识别

无线电信号识别是，利用电磁频谱监测数据，并通过数据库比对、自动化分类等技术直接向管理者呈现归属属性信息的一种技术。无线电信号归属属性指的是被监测信号的技术属性、隶属属性、业务属性、时效属性等。

二、无线电测向与定位

无线电测向是利用无线电测量设备，通过测量信号辐射源（无线电发射台）的无线电特性参数，获得电波传播方向的过程，也称无线电定向，简称测向。无线电测向一般由被测信号的示向度表示，一般指从观测点的地球子午线正北方向，顺时针转到观测点与信号辐射源连线方向的夹角，单位为度。有时也加上仰角，与示向度以三维形式表示来波方向，所谓仰角是指辐射源和观测者所在地平线之间的夹角，单位为度。

无线电定位是利用无线电测向技术，获得信号辐射源具体位置的技术。这里的无线电定位指无源定位，区别于雷达和导航等有源定位。一般用经纬度表示信号辐射源的位置。

三、卫星频率和轨道资源监测

卫星频率和轨道资源监测是采用地面专用监测设施对卫星转发器发射的无线电信号射频频谱特性参数和轨道特性参数进行的测量，包括卫星轨道测量和卫星信号等参数的测量两大类。其中，卫星轨道测量是对各在轨卫星所处轨道位置和星历数据的测量。卫星信号等参数测量是对卫星上下行信号的属性进行的测量。通过对卫星信号的监测，人们可以对国内及周边国家和地区卫星的发射频率、信号带宽、转发器频谱占用度、极化方式等技术参数进行测定。

第四节　电磁频谱监测发展

随着无线通信等信息技术的发展，电磁频谱资源越来越拥挤；随着电磁环境和辐射源的日益复杂，干扰现象越来越多。实时精准感知和掌控电磁环境与电磁频谱态势，提高目标辐射源识别能力，对电磁频谱监测的要求越来越高，电磁频谱监测的发展如火如荼。

一、电磁频谱监测接收发展

（一）电磁频谱监测接收参数将越来越丰富

电磁频谱监测一般对时域和频域进行测量，获取时域和频域信息，可以实现不同时间的动态频域占用分析，分析的维度低、层次少，丢失了深度信息。对于辐射源频域的监测接收除测向之外，主要依托监测接收站点的空间位置信息进行联合反演获得。随着无线通信特别是 5G 技术等的大力发展，电磁频谱监测对于调制域和协议级参数的认知要求越来越高。电磁频谱监测接收参数将由时域、频域两域向时域、频域、空域、调制域和协议级参数等多域发展。

（二）电磁频谱监测接收速度将越来越快

目前，电磁频谱接收扫描速度过慢导致丢失瞬间信号。特别是，当前跳频信号最快跳频周期已达到毫秒级，5G 信号帧长也小于 1ms，因此对该类信号的深度分析依赖亚毫秒级监测技术。该技术的实现，除期望芯片计算速度提升外，还应关注算法的改进，当面向不同需求时，在不影响实际应用的前提下，可以通过压缩采样率及小波变换技术等来提高采样速度。电磁频谱监测接收速度将由秒级向毫秒级和亚毫秒级发展。

（三）电磁频谱监测接收频段将越来越宽

电磁频谱监测接收机标识的监测频率范围一般小于 20GHz，实时带宽最高达 80MHz，而目前 5G 信号的带宽大于 500MHz，速率大于 50Gbps，在很多高速传输体制下信号的实时带宽甚至达到了百兆赫兹级别，因此业界对于超宽带电磁频谱感知的愿望越来越强烈。可以关注基于高速数字信号处理器、大规模现场可编程门阵列、高速 AD

芯片、高精度大动态范围 AGC 电路，同时可以考虑结合信号接收的软实现，实现信号的超宽带接收；也可以关注分段采集、上下帧关联的信号采集等策略，从算法角度增加接收带宽。

（四）电磁频谱监测接收频率将越来越高

随着微波技术、卫星通信技术、5G 甚至 6G 技术的发展，未来微波频率的使用范围将呈现扩大化。鉴于太赫兹技术的发展，EHF 频段的使用将逐步提上日程。该频段的频率本身很高，中心频率自然也很高，相应的带宽也大大增加。无论是从实用还是从科学研究角度来看，对高频信号进行采集的需求都显得越来越强烈。里德堡原子干涉仪的微波电场强度测量方法是未来发展方向之一。微波电场强度计在相干分束与合束之间的演化过程中，让处在里德堡态的原子团与待测微波电场作用，可以产生交流斯塔克效应，将微波电场强度与交流斯塔克效应产生的相位建立函数关系，可以实现对微波电场的测量。

二、电磁频谱测向定位发展

（一）电磁频谱测向精度和灵敏度越来越高

电磁频谱测向方法包括比幅法、时差法、频差法等。对于多信号同时测向、信噪比较低及小采样的测向效果不佳，是传统测向方法长期以来存在的疑难问题。空间谱估计测向技术的发展则较好地解决了以上问题。空间谱估计测向技术可以实现对几个相干波同时测向，对同信道中同时存在的多个信号同时测向，实现超分辨测向。空间谱估计测向技术，仅需要很少的信号采样，就能精确测向，因而适用于对跳频信号测向。空间谱估计测向技术可以实现高测向灵敏度和高测向准确度，其测向准确度要比传统测向方法高得多，即使信噪比下降至 0dB，其仍然能够准确地工作（而传统测向方法的信噪比通常需要 20dB）。另外，空间谱估计测向技术对测向场地环境要求不高，具有天线阵元方向特性选择及阵元位置选择的灵活性。

（二）无线电定位向含高度信息的三维空域发展

传统的无线电被动测向定位，采取多站点协同定位，利用信号达到角，实现 AOA；利用信号达到差，实现 TDOA；利用信号接收强度，实现强度测量。后来，研发人员发展出了定点、移动融合的网格化定位，实现动静结合和移动 TDOA，但是成本较高。无线电三维立体定位是对平面定位的简单扩展，在实际应用中，监测点高度不可控可能导致系数矩阵奇异化、高度估计病态化。可以考虑挖掘出信源与定点锚点距离、高度误差估计的相关性，设计定位算法，消除监测点高度的影响，提高测向的高度信息精准度。

（三）电磁频谱测向向抗多径效应方向发展

电磁频谱测向主要是针对到达监测接收设备的电磁波信号而言的，而事实上，电磁波传播受信道的影响，可能发生折射、反射等现象，产生多径效应，对辐射源真正的位置和来波方向误差影响很大，甚至产生错误。抗多径问题，即利用传统方法解决非直射径问题，一般基于信号分布特性、信道估计和地理环境信息进行识别，但是需要先验分布估计，并且地理信息未知，可能会造成很大误差。可以考虑利用可抛弃坏点、筛选最优估计点用于定位，同时可以采用与信道估计分组决策加权判决相结合的方法进行多源识别，这样就不需要先验分布估计，进而有效避免非直射径延迟干扰。

三、电磁频谱监测认知发展

（一）电磁频谱监测认知向多维度方向发展

随着信息技术的发展，各种各样的信号充斥电磁空间，需要解决如何通过感知深度认知是什么信号的问题。传统电磁频谱监测对时域和频域进行测量，未来将向时域、频域、空域、调制域和协议级参数等多域测量发展。时域和频域主要包括频率、幅度、相位、载波数等表征参数；空域包括相位差、时延和多普勒参数；调制域包括以瞬时包络谱、循环谱、小波变换谱为代表的调制速率参数，以高阶累计量、循环谱、小波变换参数等为代表的调制类型参数，以及调制进度等调制参数信息；协议级参数包括同步码型、上下行指示符、运营商等参数信息，建立泛信号特征库，可实现在非合作信息欠定条件下信号的完备性测量与描述。

（二）电磁频谱监测向低信噪比深度认知方向发展

电磁环境越来越复杂，电磁频谱资源越来越拥挤，干扰现象时常发生，电磁频谱感知信号常常获取低信噪比信息，如何应对该问题是未来发展的重要方向。在认知维度拓展的基础上，可以考虑对不同噪声背景下的信号认知算法进行评估。在传统频谱监测时域和频域中，在加性高斯白噪声和有色噪声背景下，很多感知信息参数仍然适用，而在冲击噪声背景下，大部分参数表征方法失效。当调制域的特征参数和表征方法明显强于时域和频域时，可以结合调制域信息，开展低信噪比条件下信号识别、高速信号处理及频率偏移恢复等方面的研究。另外，在不同调制类型下，可以结合循环谱、频率加权平均法、高阶累计量等方法进行低信噪比深度认知研究。

（三）同频多源混叠信号向分离深度认知方向发展

传统的电磁频谱监测通过信号空间算子法，利用阵列天线或方向性天线采集或解调辅助判决识别不同信号源，时效性不够好。可以利用多节点、大数据、广分布的无线电监测网络体系，结合海量数据挖掘思路，设计创新算法来解决混叠信号的问题；也可以考虑利用信道估计，将全区域多源定位转化为局部单源定位；还可以考虑结合深度神经网络，通过数据预处理和构建指纹特征库，提高定位精度。

四、电磁频谱监测模式发展

（一）电磁频谱监测模式向协同融合模式发展

传统的电磁频谱监测模式是利用单站或少数站点捕获的信息进行综合分析，感知

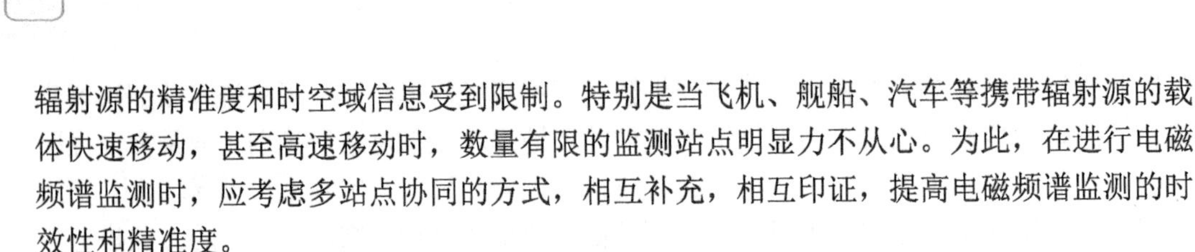

辐射源的精准度和时空域信息受到限制。特别是当飞机、舰船、汽车等携带辐射源的载体快速移动，甚至高速移动时，数量有限的监测站点明显力不从心。为此，在进行电磁频谱监测时，应考虑多站点协同的方式，相互补充，相互印证，提高电磁频谱监测的时效性和精准度。

（二）电磁频谱监测模式向规模化网系模式发展

国内的电磁频谱监测均以单站设备和局部组网形式开展工作，受到协议标准、体制等方面的影响，还没有真正形成大规模电磁频谱监测网络体系。目前，我国已经制定了统一的电磁频谱监测协议，旨在统一接口，实现电磁频谱监测的互联互通，这为电磁频谱监测发展奠定了很好的基础。如何利用好这些协议，实施电磁频谱监测网络体系规模化建设，打造电磁频谱监测信息管理系统一体化平台，构建电磁频谱监测网络化感知模式，是未来发展的方向。

当然，随着应用需求和技术的发展，电磁频谱监测必将会遇到诸多问题，也会面临更多新的挑战。这些挑战也是发展机遇，需要紧密跟踪和把握。

习题与思考题

1. 什么是电磁频谱监测？
2. 电磁频谱监测对象是一定空间范围内的所有________及其__________。
3. 电磁频谱监测主体和客体分别是什么？
4. 电磁频谱监测目的是什么？
5. 电磁频谱监测的内容主要包括无线电信号__________测量、无线电__________和卫星__________监测等。
6. 为什么说电磁频谱监测是被动的？
7. 电磁频谱监测未来有哪些发展趋势？

第二章

电磁波及其传播

电磁波及其传播是电磁频谱监测的基础性知识。本章主要介绍：电磁波的性质和规律，电磁波传播的类型及特点，电磁波传播过程中的能量损耗。

第一节　电磁波基础

电磁波，通常称为电波，是时变的电场和时变的磁场互相耦合，并以一定速度向前传播而形成的波。电磁波的性质、特征及其运动变化规律由麦克斯韦方程组确定。频率和波长是电磁波的重要特征参数，不同频率或波长的电磁波在工业和军事上有不同的应用。

一、麦克斯韦方程组

人类对电磁现象的认识由来已久，对电磁规律的掌握是从 18 世纪开始的，其中作出重大贡献的科学家有法拉第（M. Faraday）、安培（A. M. Ampere）、高斯（C. F. Gauss）。1864 年，麦克斯韦（J. C. Maxwell）在总结前人工作的基础上，创造性地提出了描述电磁现象基本规律的方程组，称为麦克斯韦方程组。一切宏观电磁现象都可以通过麦克斯韦方程组来解释。

$\boldsymbol{E}$ 表示电场强度，单位为 V/m；$\boldsymbol{D}$ 表示电位移，单位为 C/m^2；$\boldsymbol{B}$ 表示磁感应强度，单位为 T，$\boldsymbol{H}$ 表示磁场强度，单位为 A/m；q 表示电荷，$\boldsymbol{j}$ 表示电流密度，积分形式的麦克斯韦方程组如式（2-1-1）所示。

$$\oiint \boldsymbol{D}\cdot \mathrm{d}S = q \tag{2-1-1a}$$

$$\oiint \boldsymbol{E}\cdot \mathrm{d}l = -\iint_S \frac{\partial \boldsymbol{B}}{\partial t}\cdot \mathrm{d}S \tag{2-1-1b}$$

$$\oiint \boldsymbol{B}\cdot \mathrm{d}S = 0 \tag{2-1-1c}$$

$$\oint_L \boldsymbol{H}\cdot \mathrm{d}l = \iint_S \left(\boldsymbol{j} + \frac{\partial \boldsymbol{D}}{\partial t} \right)\cdot \mathrm{d}S \tag{2-1-1d}$$

式（2-1-1a）描述了电荷产生电场的高斯定理；式（2-1-1b）为法拉第电磁感应定律，描述了磁场与激发电场的关系；式（2-1-1c）是磁场的高斯定理，表明磁单极子不存在；式（2-1-1d）为安培环路定理，描述了变化的磁场与变化的电场相互激发。

在具体求解电磁场问题时，仅依据麦克斯韦方程组是不够的，还必须结合介质的本构关系，即各场量之间的关系，它们取决于电磁场存在的媒质特性。对于均匀、线性、各向同性的介质，本构关系为

$$\boldsymbol{D}=\varepsilon\boldsymbol{E}\qquad \boldsymbol{B}=\mu\boldsymbol{H}\qquad \boldsymbol{J}=\sigma\boldsymbol{E} \tag{2-1-2}$$

式中，ε 称为介电常数，单位为 F/m；μ 称为磁导率，单位为 H/m；σ 称为电导率，单位为 S/m。对于各向异性介质，ε、μ、σ 不再是标量。

二、电磁波

麦克斯韦在建立麦克斯韦方程组后，断定了电磁波的存在，推导出电磁波与光具有同样的传播速度。后来，德国物理学家赫兹用试验证实了电磁波的存在。

（一）电磁波的形成

电磁波（Electromagnetic Wave）是在空间传播的、周期性变化的电磁场。根据麦克斯韦方程组，交变电场会产生交变磁场，而交变磁场又会产生交变电场，这种交替产生、相依共存的统一电场与磁场就形成了交变电磁场。在一定条件下，交变电磁场可以脱离源由近及远向空间发射而成为电磁波。电磁波为横波，电磁波内任一点的电场强度 $\boldsymbol{E}$ 与该点的磁场强度 $\boldsymbol{H}$ 总是同相的，而且电场方向、磁场方向和波的运动方向三者相互垂直。如果电磁波沿 Z 方向传播，则其波形如图 2-1 所示。电场强度 $\boldsymbol{E}$、磁场强度 $\boldsymbol{H}$、电磁波传播方向 $\boldsymbol{k}$ 三者成右手螺旋，如图 2-2 所示。

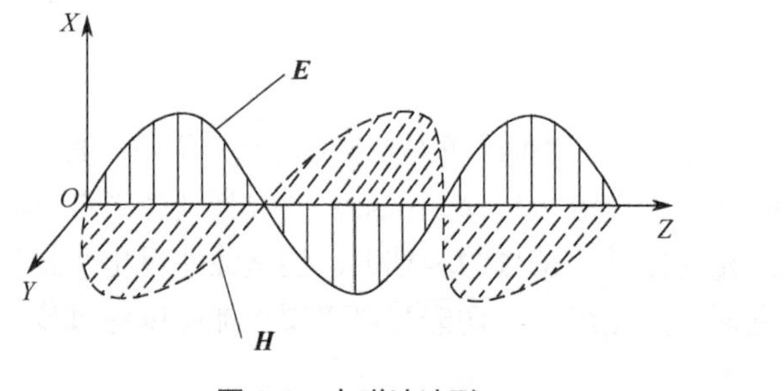

图 2-1　电磁波波形

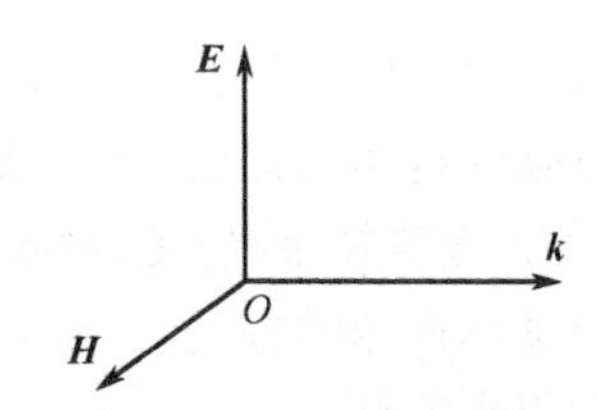

图 2-2　$\boldsymbol{E}$、$\boldsymbol{H}$ 与 $\boldsymbol{k}$ 关系

电磁波有平面波、球面波、柱面波等形式。最简单的是平面波，平面波空间各点的电磁振荡可以表示为

$$\boldsymbol{E}=\boldsymbol{E}_0\cos\omega\left(t-\frac{r}{v}\right) \tag{2-1-3a}$$

$$\boldsymbol{H}=\boldsymbol{H}_0\cos\omega\left(t-\frac{r}{v}\right) \tag{2-1-3b}$$

（二）电磁波基本参数

描述电磁波的基本参数有频率、波长与波速等。

1. 频率

频率是在单位时间内电场强度（或磁场强度）完全振动的次数，通常用 f 表示，单位为赫兹，用 Hz 表示。

2. 波长

波长是在波的传播方向上相邻两个振动完全相同点之间的距离，通常用 λ 表示，国际单位为米（m），有时也用纳米（10^{-9}m）表示。

3. 波速

波速是电磁波在单位时间内传播的距离，通常用 v 表示。

不同频率或波长的电磁波，其传播速度与光的传播速度一样，在空气中的传播速度非常接近在真空中的传播速度，约为 3×10^{8}m/s。

电磁波在介质中的传播速度与传播介质的特性有关，大小为 c/n。其中，n 为介质的折射率，它与介质的介电常数 ε、磁导率 μ 有关，关系为 $n=\sqrt{\varepsilon\mu}$。

频率 f、波长 λ 和波速 v 之间满足

$$v=\lambda f \tag{2-1-4}$$

（三）电磁波的能量与能流

电磁波本质上是一种时变电磁场，同时具有电场能量和磁场能量。电磁波的能量为电场能量和磁场能量之和，单位体积电磁波的能量，即能量密度为

$$w=\boldsymbol{D}\cdot\boldsymbol{E}+\boldsymbol{B}\cdot\boldsymbol{H} \tag{2-1-5a}$$

在一定区域 V 的电磁波能量为

$$W=\frac{1}{2}\int_V(\boldsymbol{D}\cdot\boldsymbol{E}+\boldsymbol{B}\cdot\boldsymbol{H})\mathrm{d}V \tag{2-1-5b}$$

电磁波的能流密度 $\boldsymbol{S}$，即单位时间内通过单位面积的电磁波能量，称为坡印亭矢量，为

$$\boldsymbol{S}=\boldsymbol{E}\times\boldsymbol{H} \tag{2-1-6}$$

（四）电磁波的极化方式

电磁波在空间传播时，电场强度的振动总是维持特定的方向，这种现象称为电磁波的极化或偏振，这种电磁波称为极化波。通常用介质中某点电场强度 $\boldsymbol{E}$ 的端点随时间在空间运动描绘出的轨迹（极化方式）来表示电磁波的极化。按照端点运动轨迹的形状，平面波的极化方式通常分为 3 种：线极化、圆极化和椭圆极化，如图 2-3 所示。

1. 线极化

电场的水平分量和垂直分量相位相同或相差 180°，或者说，在电磁波传播方向上的任意一点，电场矢量端点始终在同一条直线上，称为线极化。

2. 圆极化

电场的垂直分量和水平分量大小相等，相位差为 270° 或 90°，或者说，电场矢量端点在一个振动周期内在垂直于电磁波传播方向的平面内的运动轨迹是一个圆，称为圆极化。

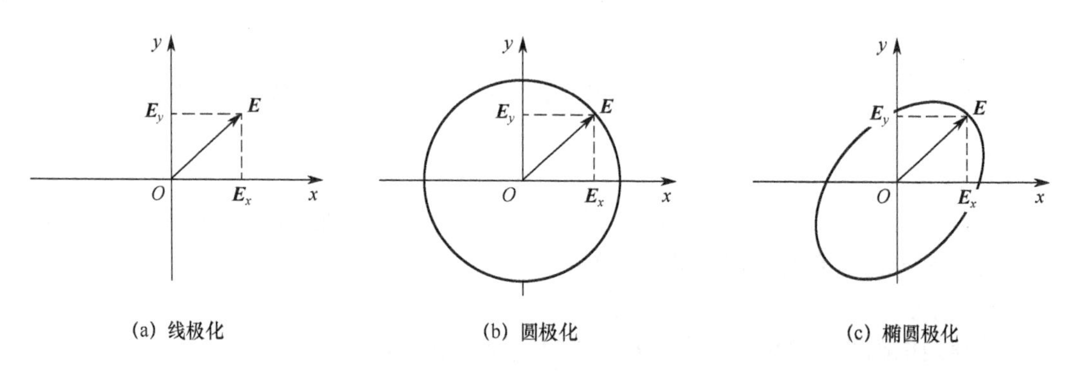

图 2-3 电磁波的极化方式

3. 椭圆极化

电场的垂直分量与水平分量大小和相位都不相同，或者说，电场矢量端点在一个振动周期内在垂直于电磁波传播方向的平面内的运动轨迹是一个椭圆，称为椭圆极化。

对于圆极化波和椭圆极化波来说，沿着电磁波传播方向看，电场矢量旋转方向符合右手螺旋守则或沿顺时针方向，称为右旋极化波；符合左手螺旋守则或沿逆时针方向，称为左旋极化波。

三、无线电波

无线电波是工作于无线电频段内的电磁波，频谱范围较宽且在军事上的应用最广泛。无线电波又细分为 12 个频段或波段，如表 2-1 所示。无线电频段和波段是一一对应的，例如，长波对应低频，中波对应中频，短波对应高频，米波对应甚高频，分米波、厘米波、毫米波和丝米波的波长很短，统称为微波。

表 2-1 无线电频段和波段划分表

段号	频段名称	频率范围（含上限，不含下限）	波段名称		波长范围（含下限，不含上限）
1	极低频（ELF）	3～30Hz	极长波		10^7～10^8m
2	超低频（SLF）	30～300Hz	超长波		10^6～10^7m
3	特低频（ULF）	300～3000Hz	特长波		10^5～10^6m
4	甚低频（VLF）	3～30kHz	甚长波		10^4～10^5m
5	低频（LF）	30～300kHz	长波		10^3～10^4m
6	中频（MF）	300～3000kHz	中波		10^2～10^3m
7	高频（HF）	3～30MHz	短波		10～100m
8	甚高频（VHF）	30～300MHz	米波		1～10m
9	特高频（UHF）	300～3000MHz	分米波	微波	10～100cm
10	超高频（SHF）	3～30GHz	厘米波		1～10cm
11	极高频（EHF）	30～300GHz	毫米波		1～10mm
12	至高频	300～3000GHz	丝米波		0.1～1mm

从无线电波传播特性出发，并考虑系统技术问题，各无线电频段的典型应用如下。

1. 极低频（极长波）

典型应用为对潜通信、地下通信、极稳定的全球通信、地下遥感、电离层与磁层研究。由于极低频无线电波频率低，因而其信息容量小、信息传播速率低（约 1bps）。在极低频频段中，垂直极化的天线系统不易建立，并且受雷电干扰强。

2. 超低频（超长波）

典型应用为地质结构（包括孕震效应）探测、电离层与磁层研究、对潜通信、地震电磁辐射前兆检测。超低频无线电波由于波长太长，因而辐射系统庞大且效率低，人为辐射系统难以建立，主要由太阳风与磁层相互作用、雷电及地震活动激发。近来，在超低频频段高端已有人为辐射系统用于对潜艇发射简单指令及地震活动中深地层特性变化的检测。

3. 特低频（特长波）

典型应用为可靠的对潜指挥通信、坑道通信。例如，美国特长波矿井通信系统的工作频率范围为 900～3100Hz，能接收到地下超过 400m 深处的信号。

4. 甚低频（甚长波）

典型应用为超远程及水下相位差导航系统、全球电报通信及对潜指挥通信、时间频率标准传递、地质探测。甚低频频段难以实现电尺寸大的垂直极化天线和定向天线，传输数据率低，雷电干扰也较强。

5. 低频（长波）

典型应用为 Loran-C（美国）、我国长河二号远程脉冲相位差导航系统、时间频率标准传递、远程通信广播。低频频段不易实现定向天线。

6. 中频（中波）

典型应用为广播、通信、导航系统（机场着陆系统）。在中频频段，采用多元天线可实现较好的方向性，但是天线结构庞大。

7. 高频（短波）

典型应用为远距离通信广播、超视距天波及地波雷达、超视距地空通信。

8. 甚高频（米波）

典型应用为语音广播、移动（包括卫星移动）通信、接力（约 50km 跳距）通信、航空导航信标。在甚高频频段，容易实现具有较高增益系数的天线系统，一般为视距传播。

9. 特高频（分米波）

典型应用为电视广播、飞机导航与着陆系统、警戒雷达、卫星导航、卫星跟踪和数据传输及指令网、蜂窝无线电通信，一般为视距传播。

10. 超高频（厘米波）

典型应用为多路语音与电视信道、雷达、卫星遥感、固定及移动卫星信道。

11. 极高频（毫米波）

典型应用为短路径通信、雷达、卫星遥感。毫米波波段及以上波段的系统设备和技术有待进一步发展。

12. 至高频（丝米波，又称亚毫米波）

典型应用为短路径通信。

第二节　电磁波传播

电磁波传播是电磁波从电磁辐射源通过各种自然条件下的媒介到达接收点的过程。电磁频谱监测接收到的电磁信号必定受到各种媒介的影响。研究各种媒介对电磁波传播的影响对于电磁频谱监测是十分必要的。本节首先介绍自由空间、地下、地表、大气层、外层空间物质等自然媒介对电磁波传播的影响，然后介绍电磁波常见的传播方式及电磁波传播过程中的能量损耗。

一、电磁波传播媒介

实际的电磁波传播是在一定媒介中进行的，地表及其周围厚达 20000 多千米的大气层是人类生存和活动的主要空间区域，也是电磁波传播的主要空间环境。其可分为地球表层、地球表面、对流层和电离层，随着人类活动向太空拓展，外大气层及行星际空间媒介也成为电磁波传播的媒介。

（一）地球表层

地球表层指地球表面深处的岩层或海洋，简称地层。在地球表层中进行的电磁波传播称为地下（水下）传播。大多数地下传播问题只涉及较浅的地球表层，电磁辐射源可能在地球表面以上，也可能在地层或某种人为结构（包括矿井、隧道）之中。电磁波在地球表层的传播可分为穿过有损媒介的传播、沿低电导率层的传播、以地下人为巷道作为空波导的传播、泄漏馈电传播及地下不均匀结构和异物的反射和散射。①电磁波在半导电的沉积岩中传播即穿过有损媒介的传播，此时由于存在欧姆损耗电磁波严重衰减；②在煤、盐等矿层中电磁波沿低电导率层的传播，常常出现中间层电导率较低，而上、下层电导率较高的情况，此时随着频率和电导率的降低，以及波导厚度和面壁电导率的增加，电磁波传播衰减率趋于减小；③在地下人为巷道中的空波导传播，此时地下巷道一般可理想化为有损矩形（或半圆形）波导，当频率太高时，巷道壁不光滑的散射损耗，以及障碍和弯曲所引起的电磁波衰减会明显增加，故工作频率为 70～150MHz 更适宜；④沿巷道轴向悬挂泄漏电缆，以引导电磁波传播的方式称为泄漏馈电传播，此时可选用比在空巷道中传播更高的频率，一般为 400～1000MHz；⑤地下不均匀结构和异物对电磁波的地下传播具有反射和散射作用。

（二）地球表面

地球表面指空气和大地的交界面，简称地面。沿地球表面进行的电磁波传播称为地面波传播或表面波传播。地面的性质、地貌地物的情况都对地面波传播有很大的影响。其主要影响因素是地面的不平坦性和地面的地质情况。①地面的不平坦性对电磁波传播的影响因电磁波的波长而不同。对长波来说，除高山外地面均可看成平坦的；对于分米波、厘米波来说，即使水面上的小波浪或田野上丛生的植物，也应看成地面有严重的不平度，会对电磁波传播起不同程度的障碍作用。②地面的地质情况则从地面土壤的电特性来研究对电磁波传播的影响。地面波传播情况与地面的电参数有更为密切的关系。根据测量统计，海水在中波、长波波段的电性质类似良导体，在微波波段则类似电介质；湿土和干地在中波、长波波段都呈现良导体性质，在短波波段以上就呈现电介质性质；岩石则几乎在整个无线电波波段都呈现电介质性质。当电磁波沿着地球表面传播时，在地表两侧（一侧为空气，另一侧为半导电地面）的电场、磁场必须满足一定的边界条件。当分界面处无自由面电荷和面电流时，电场强度、磁场强度的切线分量是连续的，电位移、磁感应强度的法线分量是连续的。这些特定的边界条件的存在，使得电磁波能量能够紧密地束缚在地球表面，并沿着地球表面行进。这种电磁波通常称为被导电磁波，或简称为被导波，而地球表面就构成了一个引导电磁波的体系，从广义上说可以称为波导。换句话说，电磁波之所以能够沿地球表面传播，是因为地空界面具有引导电磁波传播的能力。

（三）对流层

对流层是指靠近地面的低空大气层，在中纬度地区对流层顶约在 10～12km 高度。对流层主要通过大气层对电磁波的折射，以及其中氧分子与水汽的吸收、雨滴的散射与吸收、云和雾的吸收来影响电磁波传播。①对流层折射。对流层可视为一种电参数随高度变化的不均匀媒介，其折射率通常随高度的增加而减小，因而引起电磁波传播轨迹的弯曲。大气折射率的垂直分布不同，电磁波的传播轨迹也就不同。在视距传播中，通过大气折射，电磁波可传播到直视距离更远的位置。②大气吸收。从海平面算起直到 90km 的高度范围内，大气成分除水汽外，还有氮、氧、氩等，其中，水汽及氧分子对微波起主要的吸收作用。水汽分子具有固有的电偶极矩，氧分子具有固有的磁偶极矩，它们都有固定的谐振频率。当电磁波频率与其固有的谐振频率相同时，即产生强烈的吸收。氧分子的吸收峰为 60GHz（$\lambda=0.5$cm）和 118GHz（$\lambda\approx0.25$cm），水汽分子的吸收峰为 22GHz（$\lambda=1.36$cm）和 183GHz（$\lambda=0.164$cm）。③雨滴吸收。降雨引起的电磁波衰减主要影响 10GHz 以上频段，对 30GHz 以上频段的影响尤为严重。降雨对电磁波的衰减量与电磁波的频率、雨滴的大小、雨量及电磁波穿过雨区的长度等因素有关。④云和雾吸收。云和雾通常由直径 0.001～0.1mm 的液态水滴和冰晶粒子群组成。它们对电磁波产生的衰减主要是由吸收引起的，散射效应可忽略不计。云对电磁波的衰减率一般和小雨对电磁波的衰减率相当。雾引起的电磁波衰减一般在雾层厚度超过 50～100m 时发生且影响较小，当雾层厚度小于这一值时其对电磁波的衰减一般可忽略不计。

（四）电离层

电离层是地球高空大气层的一部分，它从 60km 一直延伸到大约 1000km 的高度，它是由带电粒子（电子，正、负离子）和中性分子、原子等组成的等离子体。电离层是电磁波天波传播的媒介，也可作为散射传播媒介，其特性对于电磁波的远距离传播有重要影响。①天波传播。电离层通过对入射电磁波的连续折射进而发生反射来传播电磁波，这种形式的电磁波传播称为天波传播。在天波传播过程中，其中的电荷会发生振荡式运动，在对入射电磁波产生吸收作用的同时又向外辐射电磁波。各地区电离层的电子浓度、高度等参数和各地点的地理位置、季节、时间及太阳活动等有密切关系，而且还存在着不规律变化。电离层天波传播需要满足反射条件，当电磁波频率高于 30MHz 时，由于电离层中的实际电子浓度一般不能满足形成反射所要求的值，电磁波将穿透电离层而不再返回地面。因此，电离层一般不能以天波形式传播超高频频段以上的电磁波。②散射传播。由于电离层 E 层底部（距离地面 90～110km）电子浓度存在局部不均匀性及存在流星电离余迹，因而其对电磁波具有散射作用。因为电离层散射高度比对流层散射高度大得多，因而电离层散射传播距离要远得多。电离层散射情况与电磁波频率有密切关系，能被电离层散射的电磁波频率一般为 30～100MHz，常用的频率是 35～70MHz。另外，频率越高，散射衰减显著增大。因此，电离层对较低频率电磁波的衰减较小，但太低频率的电磁波散射后易与其天波传播后的信号干扰，故电离层散射传播的电磁波频率一般为 35～70MHz。

（五）外大气层及行星际空间

外大气层及行星际空间媒介主要为宇宙飞船、人造地球卫星或星体，电波在地一空或空一空之间传播，目前主要用于卫星通信、宇宙通信及无线电探测、遥控等业务。其传播的主要特点是距离远，自由空间传输损耗大，在地一空路径中会受到对流层、电离层、地球磁场及来自宇宙空间的各种辐射波和高速离子的影响，例如，10GHz 以上的电磁波被大气吸收和降雨衰减严重。

二、电磁波传播的主要方式

电磁波传播特性同时取决于媒介结构特性和电磁波特征参数。将一定频率和极化方式的电磁波与特定媒介条件相匹配，会形成某种占优势的传播方式。常见的电磁波传播方式有地面波传播、天波传播、地一电离层波导传播、视距传播和散射传播。

（一）地面波传播

电磁波沿着地球表面传播的方式称为地面波传播，如图 2-4 所示。地面波传播要求天线的最大辐射方向沿着地面，采用垂直极化方式，工作频率多位于超长波、长波、中波和短波波段，地面对电磁波的传播有强烈的影响。地面波传播的优点是传播的信号质量好，但是频率越高，地面对电磁波的吸收越严重。

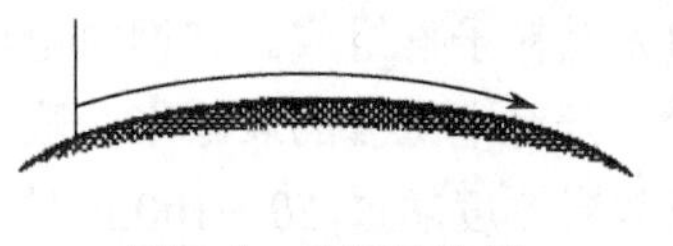

图 2-4　地面波传播

（二）天波传播

发射天线向高空辐射的电磁波在电离层内经过连续折射而返回地面到达接收点的传播方式称为天波传播，如图 2-5 所示。尽管中波、短波波段都可以采用天波传播方式，但是仍然以短波波段为主。天波传播的优点

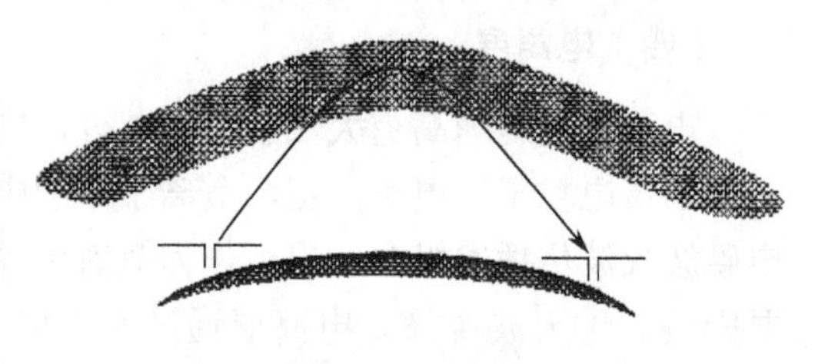

图 2-5　天波传播

是能以较小的功率进行数千千米以上的远距离传播。天波传播的规律与电离层密切相关，由于电离层具有随机变化的特点，因此天波传播信号的衰减现象也比较严重。

（三）地—电离层波导传播

地—电离层波导传播是电磁波在以地球表面和电离层下缘为界的地壳形空间中的传播。在此地壳形空间中，电磁波传播损耗小，受电离层扰动影响小，传播相位稳定，有良好的可预测性，但大气噪声电平高，工作频段窄。地—电离层波导传播主要用于低频、甚低频频段远距离通信，以及标准频率和时间信号的传播。

（四）视距传播

电磁波依靠发射天线与接收天线之间的直视的传播方式称为视距传播，如图 2-6 所示。

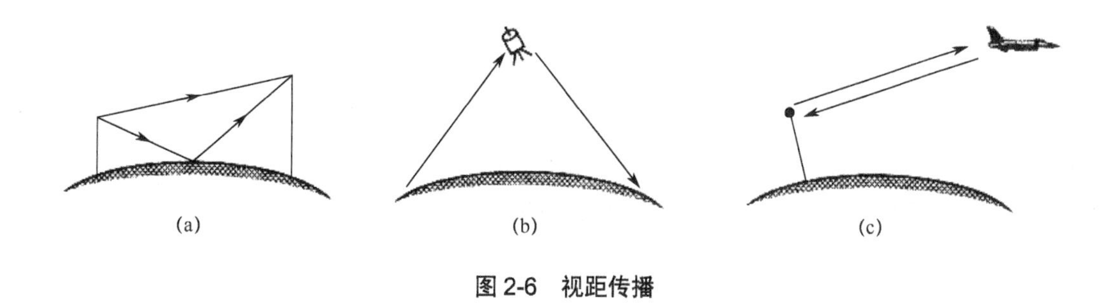

图 2-6　视距传播

视距传播可以分为地—地视距传播和地—空视距传播。视距传播的工作波段为超短波、微波波段。视距传播要求天线具有强方向性，并且有足够高的架设高度。信号在传播中所受到的主要影响是视距传播中的直射波和地面反射波之间的干涉。在几千兆赫兹和更高的频率上，视距传播还必须考虑雨和大气成分的衰减及散射作用。

（五）散射传播

散射传播利用低空对流层、高空电离层下缘的不均匀的“介质团”对电磁波的散射特性来达到传播目的，如图 2-7 所示。散射传播的距离可以远远超过地—地视距传播的视距。对流层散射主要用于 100MHz～10GHz 频段，通常传播距离 $r < 800$km；电离层散射主要用于 30～100MHz 频段，通常传播距离 $r > 1000$km。散射传播的主要优点是距离远，抗毁性好，保密性强。

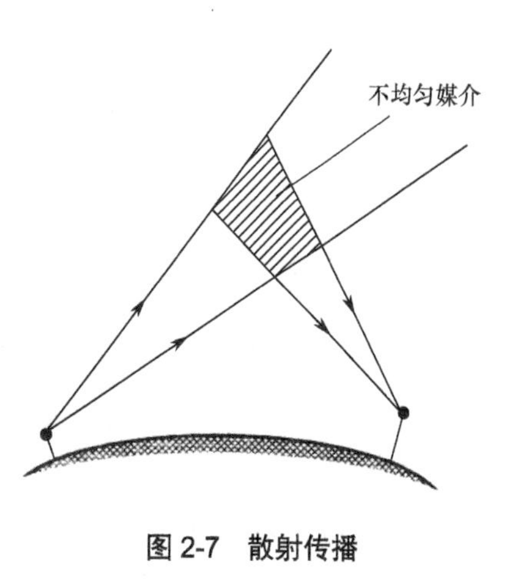

图 2-7　散射传播

在各种传播方式中，媒介的电参数（包括介电常数、磁导率、电导率）的空间分布和时间变化，以及边界状态，是传播特性的决定性因素。

第三节　电磁波传播损耗

电磁频谱监测接收的电磁波信号功率通常与辐射源发射功率不一致，这就涉及电磁波传播损耗问题。电磁波传播损耗是一个复杂的问题，电磁波在传播过程中存在衰减、反射、折射、散射和吸收等现象，不同的电磁波传播方式在不同传播媒质中对电磁波传播的影响不同，带来的损耗不同。即使在自由空间传播，电磁波在传播过程中的功率密度也在不断衰减（球面扩散）。本节首先讨论自由空间中的电磁波传播损耗，然后讨论传播媒质中的电磁波传播损耗。

一、自由空间中的电磁波传播损耗

发射天线置于自由空间 A 处，其辐射功率为P_r，在其最大辐射方向上，距离发射天线为 r 的接收点 M 处产生场强的振幅为

$$E=\frac{\sqrt{60P_rD}}{r}=\frac{\sqrt{60P_{\text{in}}G_t}}{r} \tag{2-3-1}$$

自由空间中的电磁波传播损耗（Free Space Propagation Loss）的定义是：当发射天线与接收天线的方向系数都为 1 时，发射天线的辐射功率 P_r 与接收天线的最佳接收功率 P_L 的比值，记为L_0，即

$$L_0=\frac{P_r}{P_L}\text{ 或 }L_0=10\lg\frac{P_r}{P_L}\quad（单位：dB） \tag{2-3-2}$$

当$D=1$时，无方向性发射天线产生的功率密度为

$$S_{\text{av}}=\frac{P_r}{4\pi r^2} \tag{2-3-3}$$

当$D=1$时，无方向性接收天线的有效接收面积为

$$A_{\text{e}}=\frac{\lambda^2}{4\pi} \tag{2-3-4}$$

所以，该接收天线的接收功率为

$$P_L=S_{\text{av}}A_{\text{e}}=\left(\frac{\lambda}{4\pi r}\right)^2P_r \tag{2-3-5}$$

于是自由空间传播损耗为

$$L_0(\text{dB})=10\lg\frac{P_r}{P_L}=20\lg\left(\frac{4\pi r}{\lambda}\right) \tag{2-3-6}$$

$$\begin{aligned}L_0(\text{dB})&=32.45+20\lg f(\text{MHz})+20\lg r(\text{km})\\&=121.98+20\lg d(\text{km})-20\lg\lambda(\text{cm})\end{aligned} \tag{2-3-7}$$

虽然自由空间是一种理想媒介，不会吸收能量，但是传播距离的增大导致发射天线的辐射功率分布在更大的球面上，因此在自由空间中电磁波的传播损耗是一种扩散式

的能量自然损耗。由式（2-3-6）和式（2-3-7）可见，当电磁波频率提高 1 倍或传播距离增大 1 倍时，自由空间传播损耗均增加 6dB。

例：某短波电台信号波长 λ 为 50m，传播距离 r 为 100km。求该路径的自由空间传播损耗。

解：

$$f=\frac{c}{\lambda}=\frac{3.0\times10^{8}\,\mathrm{m/s}}{50\mathrm{m}}=6(\mathrm{MHz})$$

利用式（2-3-7）求得该路径的自由空间传播损耗为

$$\begin{aligned}L_0(\mathrm{dB})&=32.45+20\lg f(\mathrm{MHz})+20\lg r(\mathrm{km})\\&=32.45+20\lg6+20\lg100\\&=88.01(\mathrm{dB})\end{aligned}$$

二、传播媒质中的电磁波传播损耗

实际的传播媒质对电磁波有吸收作用，这将导致电磁波的衰减。如果在实际情况下接收点的场强为 $\boldsymbol{E}$，而自由空间传播的场强为 $\boldsymbol{E}_0$，定义 $|\boldsymbol{E}/\boldsymbol{E}_0|$ 为衰减因子（Attenuation Factor），记为 A，于是有

$$A=|\boldsymbol{E}/\boldsymbol{E}_0| \tag{2-3-8}$$

相应的衰减损耗为

$$L_F(\mathrm{dB})=20\lg\frac{1}{A}=20\lg\left|\frac{\boldsymbol{E}_0}{\boldsymbol{E}}\right| \tag{2-3-9}$$

其中，A 与工作频率、传播距离、传播媒质电参数、地貌地物、传播方式等因素有关。

考虑了上述路径带来的衰减后，为了表明传播路径的功率传输情况，人们常常引入路径传播损耗（Propagation Path Loss，或称为基本传播损耗），记为 L_b，即

$$L_b(\mathrm{dB})=L_0(\mathrm{dB})+L_F(\mathrm{dB}) \tag{2-3-10}$$

如果发射天线的输入功率为 P_{in}，增益系数为 G_t，接收天线的增益系数为 G_L，则相应的功率密度和最佳接收功率分别为

$$S_{\mathrm{av}}=\frac{P_{\mathrm{in}}G_t}{4\pi r^2}A^2 \tag{2-3-11}$$

$$A_{\mathrm{e}}=\frac{\lambda^2}{4\pi}G_L \tag{2-3-12}$$

$$P_L=S_{\mathrm{av}}A_{\mathrm{e}}=\left(\frac{\lambda}{4\pi r}\right)^2 P_{\mathrm{in}}A^2G_tG_L \tag{2-3-13}$$

对于这样实际的传播路径，定义发射天线输入功率与接收天线输出功率（满足匹配条件）之比为该路径的总传播损耗（Propagation Loss），记为 L，即

$$L=\frac{P_{\mathrm{in}}}{P_L}=\left(\frac{4\pi r}{\lambda}\right)^2\frac{1}{A^2G_tG_L} \tag{2-3-14}$$

$$或\ L(\mathrm{dB})=10\lg\frac{P_{\mathrm{in}}}{P_L}=10\lg\left(\left(\frac{4\pi r}{\lambda}\right)^2\frac{1}{A^2G_tG_L}\right)$$

$$L(\mathrm{dB})=L_0(\mathrm{dB})+L_F(\mathrm{dB})-G_t(\mathrm{dB})-G_L(\mathrm{dB}) \tag{2-3-15}$$

在路径传播损耗 L_b 客观存在的前提下，降低总传播损耗 L 的重要措施就是提高接收、发射天线的增益系数。

例：设微波中继通信的段距离 $d=50\mathrm{km}$，工作波长 $\lambda=7.5\mathrm{cm}$，接收、发射天线的增益系数均为 45dB，馈线及分路系统一端损耗为 3.6dB，该路径的衰减因子 $A=0.7$。若发射天线的输入功率为 10W，求其接收信号电平。

解：利用式（2-3-7）求出自由空间传播损耗为

$$\begin{aligned}L_0(\mathrm{dB})&=121.98+20\lg d(\mathrm{km})-20\lg\lambda(\mathrm{cm})\\&=121.98+20\lg 50-20\lg 7.5\\&=138.46(\mathrm{dB})\end{aligned}$$

考虑到馈线及分路系统一端损耗，该路径的总传播损耗为

$$\begin{aligned}L(\mathrm{dB})&=L_0(\mathrm{dB})+L_F(\mathrm{dB})-G_t(\mathrm{dB})-G_L(\mathrm{dB})+2\times3.6\\&=138.48+3.1-2\times45+2\times3.6\\&=58.8(\mathrm{dB})\end{aligned}$$

发射天线的输入功率 $P_{\mathrm{in}}=10\mathrm{W}=40\mathrm{dBm}$，于是接收信号电平，即接收天线的输出功率为

$$P_L(\mathrm{dBm})=P_{\mathrm{in}}(\mathrm{dBm})-L(\mathrm{dB})=40-58.8=-18.8(\mathrm{dBm})$$

实际上，电磁信号在各种特定的媒质中的传播过程，除了存在以上介绍的传播损耗，还可能遭受衰减、传播失真、反射和折射、极化偏移、干扰和噪声、时域和频域畸变等效应，并因此具有复杂的时域和空域变化特性。这些媒质效应对信号传播的质量和可靠性常常产生严重的影响，因此研究各种媒质中各频段电磁波的传播效应是做好电磁频谱监测工作的基础。

习题与思考题

1. 麦克斯韦方程组中各方程的物理意义是什么？
2. 电磁波的极化方式有哪几种？
3. 低频、中频和高频无线电波的主要应用领域分别是哪些？
4. 电磁波的传播方式有哪几种？
5. 什么是自由空间传播损耗？

第三章

天线与基本射频模块

电磁频谱监测对信号的接收依靠的是前端天线，对信号的处理依靠的是射频模块。为了更好地理解电磁频谱监测原理，了解天线接收电磁波和基本射频模块对信号的分析处理，本章主要学习监测测向天线和监测前端的射频知识。

第一节　天线

监测接收天线中较为典型的是直立天线。在长波、中波波段，波长λ较大，天线架设高度H和波长λ之比，即H/λ受到限制，若采用水平悬挂的天线，受地的负镜像作用，天线的辐射能力很弱。此外，在此波段主要采用地面波传播，由于地面波传播时水平极化波的衰减远大于垂直极化波，所以在长波、中波波段主要使用垂直接地的直立天线（Vertical Antenna），如图 3-1 所示，也称单极天线（Monopole Antenna）。这种天线还广泛应用于短波和超短波波段的移动通信电台中。在长波和中波波段，天线的几何高度很高，除用高塔（木杆或金属）作为支架将天线吊起外，也可直接用铁塔作辐射体（称为铁塔天线或桅杆天线）。在短波和超短波波段，由于天线并不长，外形像鞭，故称为鞭状天线。

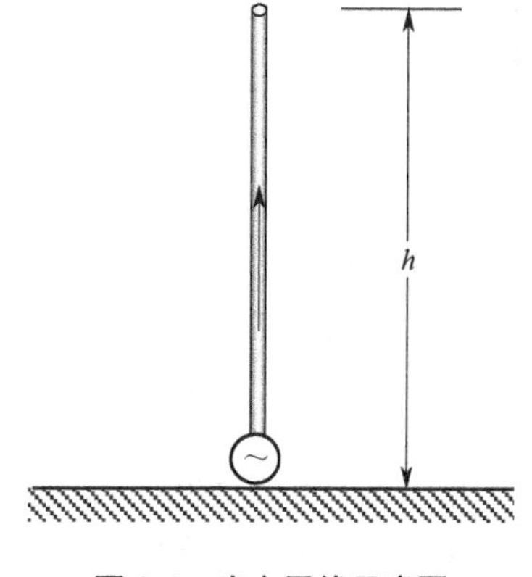

图 3-1　直立天线示意图

这类天线的共同问题是，因结构所限而不能做得太高，即使在短波波段的移动通信中，由于天线高度h受到涵洞、桥梁等环境和本身结构的限制，也不能架设太高。这样，直立天线电高度就小，从而产生下列问题。

一是辐射电阻小，损耗电阻与辐射电阻相比相应地比较大，这样天线的效率低，一般只有百分之几。

二是天线输入电阻小、输入电抗大（类似于短的开路），也就是说，天线的Q值很高，因而工作频带很窄。

三是易产生过压。当输入功率一定时，由于输入电阻小而输入电抗大，天线输入端电流很大（$P_{in}=R_{in}I_{in}^2/2$），输入电压 $U_{in}=I_{in}(R_{in}+jX_{in})\approx jI_{in}X_{in}$ 就很高，天线顶端的电压更高，易产生过压现象，这是大功率电台必须注意的问题。在这种条件下，天线电高度小，允许功率低。需要注意的是，天线端电压和天线各点的对地电压不应超过允许值。

在上述问题中，对于长波、中波天线来说，要考虑的主要问题是功率容量、频带和效率问题；在短波波段，虽然相对通频带 $2\Delta f/f_0$ 不大，但仍可得到较宽的绝对通频带 $2\Delta f$，加之距离近、电台功率小，因此主要考虑效率问题；对于超短波天线来说，只要天线长度选择得不是太小，上述问题一般可以不考虑。

一、鞭状天线

鞭状天线是一种应用相当广泛的水平平面全向天线，最常见的鞭状天线就是一根金属棒，如图 3-2 所示。为了携带方便，可将金属棒分成数节，节间可采取螺接式、拉伸式等连接方式。

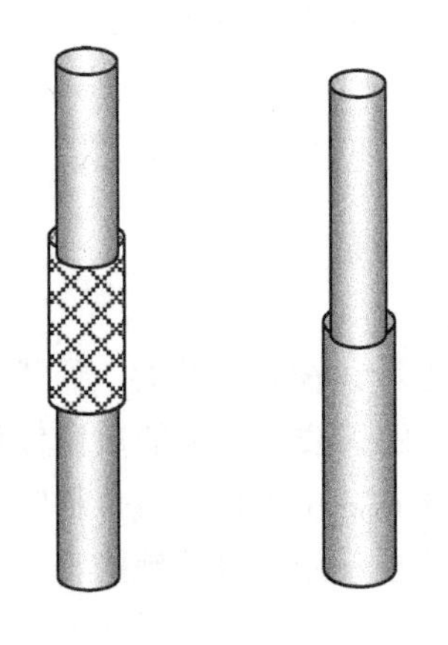

图 3-2 鞭状天线的几种连接方式

鞭状天线结构简单，使用简易，携带方便，比较坚固，在电磁频谱监测领域应用广泛。鞭状天线电性能如下。

（一）极化

鞭状天线是一种垂直极化天线。在理想导电地面上，其辐射场垂直于地面；在实际地面上，其辐射电磁波虽有波前倾斜，但仍属于垂直极化波。

（二）方向图及方向系数

地面对鞭状天线的影响可以用天线的正镜像代替，鞭状天线的方向图与自由空间对称振子的一样，但只取上半空间。

在理想导电地上，鞭状天线的辐射电阻是相同臂长自由空间对称振子的一半，而方向系数是其 2 倍。当天线很短，即 $h/\lambda<0.1$ 时，方向系数近似等于 3。

（三）有效高度

对直立天线而言，天线高度即有效高度。假设有一个等效的直立天线，其均匀分布的电流是鞭状天线输入端电流，它在最大辐射方向（沿地表方向）的场强与鞭状天线的相等，则该等效天线的长度就称为鞭状天线的有效高度 h_e。

（四）输入阻抗

对理想导电地来说，或在有良好的接地系统的情况下，鞭状天线的输入阻抗等于相应对称振子输入阻抗的一半。但在实际计算输入阻抗的电阻部分时，若采用自由空间对称振子的方法，则误差很大，因为此时输入天线的功率，除一部分辐射外，大部分将被损耗。除了天线导线、附近导体及媒介等引起的损耗，还有相当大的功率损耗在电流流经大地的回路中。

（五）效率

由于损耗电阻大，同时又受到天线高度 h 的限制，辐射电阻通常很小，故短波鞭状天线的效率很低，一般情况下仅为百分之几甚至不到百分之一。从效率的定义可知，要提高鞭状天线的效率，应从两方面着手，一是提高辐射电阻，二是减小损耗电阻。

二、宽频带直立天线

许多应用都要求天线能在较宽的频率范围内有效地工作。习惯上，若天线的方向性和阻抗特性在一倍频左右或更高时没有显著变化，则这类天线被称为宽频带天线。对于天线上电流分布为驻波分布的线天线，限制其工作频带的主要因素通常是它的阻抗特性，即在宽频带内天线的输入阻抗随频率变化很大，理论分析与试验均说明这种天线的线径及形状对天线带宽有明显影响。例如，在短波波段将双极天线的臂改成笼形，增大了天线臂的有效半径，从而达到展宽阻抗带宽的目的。又如，可以将偶极天线的臂改成锥体而变成双锥天线（Biconical Antenna），如图 3-3 所示，双锥天线具有很宽的工作带宽。盘锥天线（Discone Antenna）则是另一种结构简单的宽频带天线。

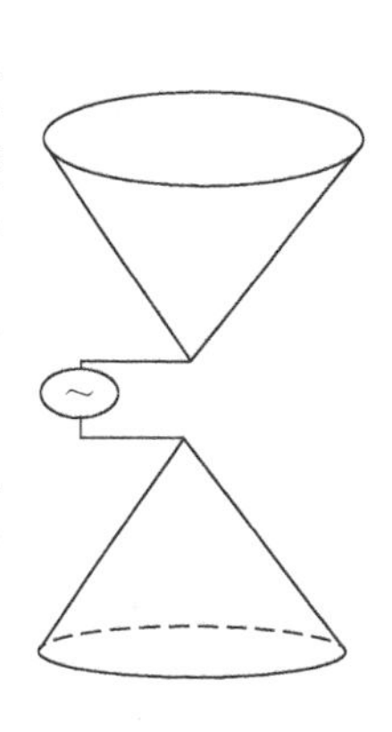

图 3-3　双锥天线

三、盘锥天线

盘锥天线出现于 1945 年，结构如图 3-4 所示，它由一个圆盘和圆锥构成，二者之间有一间隙。盘锥天线由穿过锥体内部的同轴线馈电，同轴线的内导体接在顶部圆盘的中心处，外导体在间隙处与圆锥顶部相连。与双锥天线相比，盘锥天线可以看成双锥天线的变形，即将双锥天线的上部改为圆盘，换用同轴线馈电。盘锥天线通常用于 VHF、UHF 频段，作为水平面全向的垂直极化天线，其可以在 5∶1 的频率范围内保持与 50Ω同轴线上的驻波比不大于 1.5。

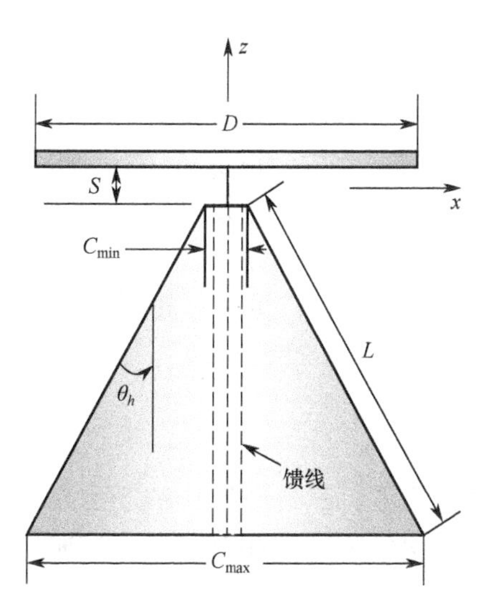

图 3-4　盘锥天线

圆盘直径 D 的大小对天线方向图影响很大。若直径过大，相当于在锥顶上加了一块相当大的金属板，会减小水平方向上的场强；若直径太小，又会破坏天线的阻抗带宽特性，使天线方向图主瓣明显偏离水平方向。锥顶 C_{min} 的大小与天线带宽成反比，一般使 C_{min} 仅比同轴线的外导体稍大一点。圆盘与锥顶之间的间隙 S 对天线性能影响较小，要求不严。

盘锥天线存在最佳设计尺寸，试验得出的一组最佳尺寸为：$S=0.3C_{min}$，$D=0.7C_{max}$，锥角$\theta_h=30°$，

$C_{\min}=L/22$，其中 L 为锥的斜高。在此尺寸下，若只允许驻波比小于 1.5，则该天线具有 7∶1 的带宽；若允许驻波比不大于 2，则天线带宽可达 9∶1。

盘锥天线的 H 面方向图为圆，即水平平面是全向的。盘锥天线的 E 面即垂直平面方向图如图 3-5 所示，当频率较低时，此结构小于一个波长，方向图与短振子类似；如果频率增大，由于圆盘的电尺寸增大，辐射波瓣被限制在下半空间。

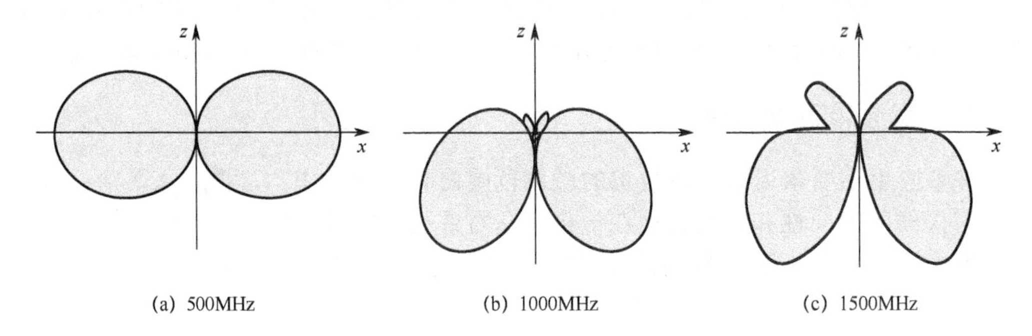

(a) 500MHz　(b) 1000MHz　(c) 1500MHz

图 3-5　盘锥天线的垂直平面方向图

（$f_0=1000\text{MHz}$，$L=21.3\text{cm}=0.71\lambda$，$C_{\max}=19.3\text{cm}=0.64\lambda$，$\theta_h=27°$）

为了降低质量并减小风的阻力，盘锥天线可设计成线状结构，即用辐射状的金属棒取代金属片，如图 3-6 所示。为携带方便，盘锥天线有时也采用伞状结构，不用时可收成一束。

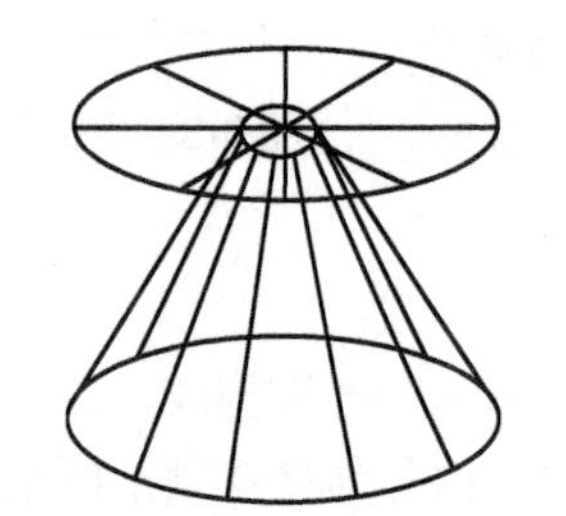

图 3-6　盘锥天线线状结构示意图

天线是辐射和接收无线电波的设备，无线电测向天线是一种需要反映目标信号来波方位信息的专用接收天线。要使测向天线接收的信号能够反映目标信号来波方位信息，需要天线接收信号的幅度或相位与目标信号来波方位角之间具有某一确定的关系，这种确定关系就是后面将要介绍的测向天线的方向特性。

首先，测向天线要具有良好的方向特性且性能稳定，包括方向特性对场地环境、气候条件等外界环境的变化不敏感，适应电磁波传播形式（天波或地波）和极化方式的变化，在尽可能宽的频段范围内具有平坦的响应特性。其次，作为一种接收天线，测向天线要具有高的接收灵敏度（天线增益高、噪声系数小、插入损耗低、天线与馈线之间匹配良好等），以便能够对微弱信号进行正常测向。

下面从理论上对无线电测向中常见的各类测向天线展开讨论，重点对其接收方向特性进行阐述，主要包括环天线、Adcock 天线、角度计天线和 Roche 天线。

四、环天线

将金属导体制成以中央垂直轴线为对称轴的环形、矩形、三角形等，并在两端点馈电的结构形式，就构成了普通的单环天线，如图 3-7 所示。环天线相对中央垂直轴线完全对称，并且可以绕中央垂直轴线自由旋转。

单环天线具有体积小、质量小、携带架设灵活方便等优点，因此在战术无线电测向领域的应用非常广泛。但单环天线也存在自身结构所带来的缺点，包括极化效应、天线效应和位移电流效应“三大效应”，其中极化效应是致命的缺点。

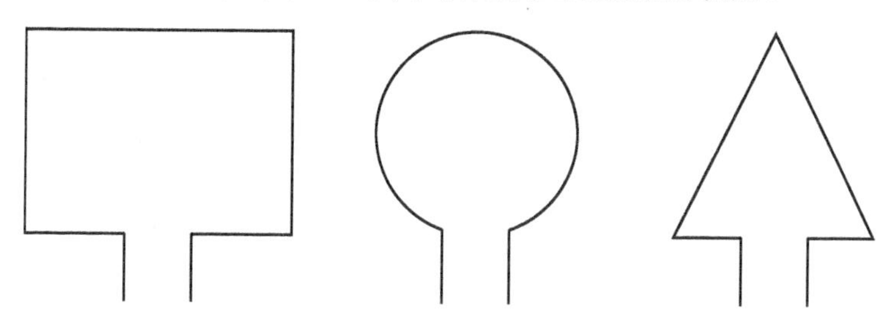

图 3-7 普通的单环天线示意图

五、Adcock 天线

环天线的水平臂接收了天波中的水平极化分量后就会破坏天线正常的“8”字形方向特性，这是产生极化效应的根本原因。1919 年，F. Adcock 在研究环天线极化效应时，发现去掉环天线的水平臂可以消除极化效应，这种天线被命名为 Adcock 天线。直到今天，Adcock 天线仍然在短波和超短波测向设备中广泛使用。

(一) U 型 Adcock 天线

U 型 Adcock 天线的结构如图 3-8 所示，它由以间隔 d 垂直架设的两根全向垂直天线组成，天线接收的信号在底部通过屏蔽馈线输出。垂直架设的两根天线振子只能接收天波中的垂直极化分量，而不能接收其水平极化分量。如果天线采用单馈线形式输出，则该馈线会接收天波中的水平极化分量，其结果是 a、b 端口的输出电压中既包含两根垂直天线对天波的垂直极化分量接收电压，又包含水平馈线对天波的水平极化分量接收电压，两者合成的结果是产生极化效应。

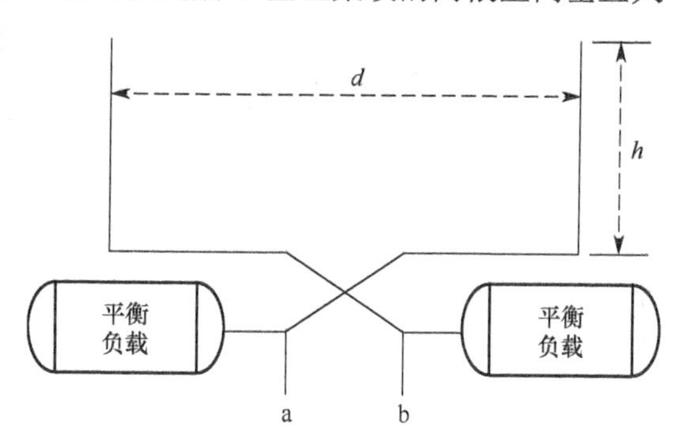

图 3-8 U 型 Adcock 天线结构示意图

为了有效克服 U 型 Adcock 天线的极化效应，对输出馈线可以采取屏蔽或平衡措施。输出馈线被屏蔽后，就无法接收天波中的水平极化分量，因而不存在极化效应。在实际设备中，输出馈线通常同时采取平衡和屏蔽措施，从而最大限度地保证了对极化效应的消除。

(二) H 型 Adcock 天线

H 型 Adcock 天线的结构如图 3-9 所示，两根相距 d 的对称振子垂直架设，且距离地面高度为 h，振子的输出由两根相互平衡且彼此紧靠的水平馈线交叉连接到“双端/单端网络”输入口，该网络的输出则作为天线的输出。由于垂直对称振子在水平平面的接收方向特性与垂直天线相同，因此 H 型天线具有与 U 型天线相同的接收方向特性，分析方法与 U 型 Adcock 天线类似，这里不再重复。

H 型 Adcock 天线的两根水平馈线也有可能分别接收电磁波中的水平极化分量而产生感应电压，但在理想情况下由于两者平衡对称且紧靠在一起，因此它们所感应的电压可以认为是等幅同相，在交叉输出时相互抵消，不会影响两垂直对称振子正常的接收方向特性（见图 3-10）。

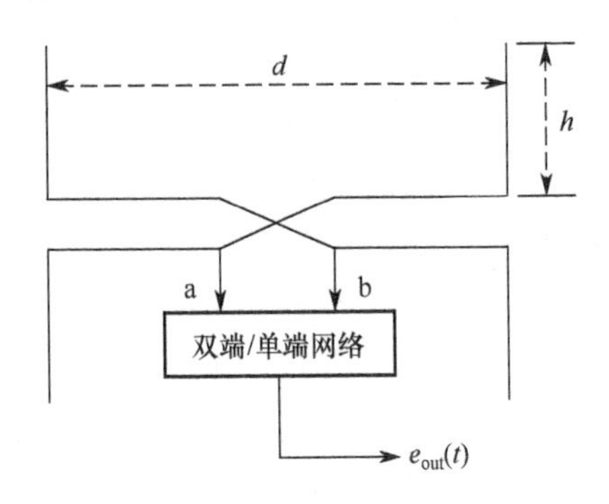

图 3-9　H 型 Adcock 天线结构示意图

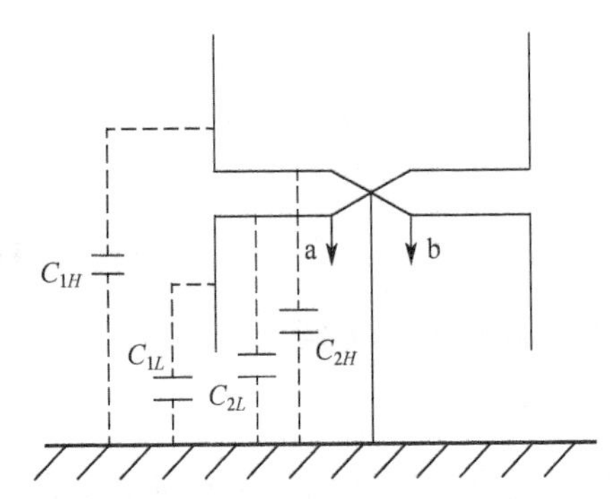

图 3-10　H 型 Adcock 天线的水平馈线接收电磁波中水平极化分量等效示意图

六、角度计天线

环天线和 Adcock 天线接收方向特性中的零值方位对应于天线平面的法线方位，因此，在采用最小信号法测向时，必须旋转天线使其平面的法线方向对准来波方位，这样才能根据天线平面所处的方向确定目标信号来波方位。也就是说，采用最小信号法测向时，天线必须能够绕中心轴旋转，这势必使天线的机械结构复杂、工作的时效性差、操作使用也不方便。为了解决天线的旋转问题，研发人员引出了角度计天线这种结构形式。

角度计天线的结构如图 3-11 所示。角度计天线由角度计和天线两部分组合而成。角度计包括 3 个线圈，其外层是 2 个正交设置的固定场线圈 L_N 和 L_E，内层是 1 个可以绕中心轴旋转的搜索线圈 L_M。天线部分通常由 2 副正交配置在南北和东西方位的环天线或 Adcock 天线组成，NS 天线及 EW 天线之间的距离为 d，两副天线的输出分别送到角度计中 2 个对应的场线圈。

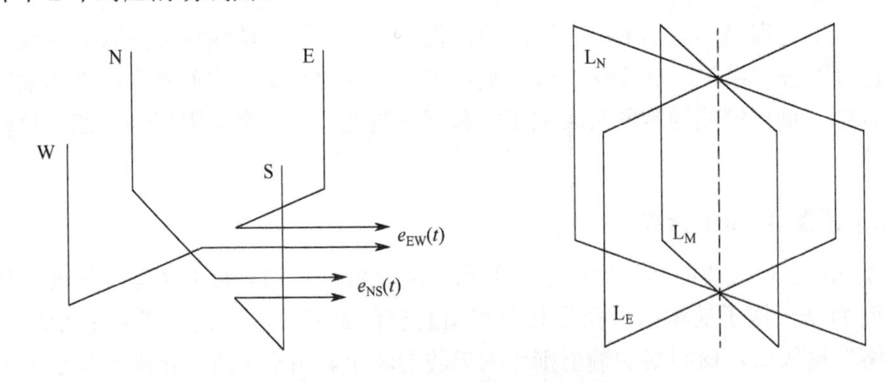

图 3-11　角度计天线结构示意图

在实际装备中，3 个线圈都绕在磁环上，以增大其磁感应系数。在角度计天线中，天线和场线圈是固定不动的，其通过搜索线圈绕中心轴的旋转代替天线旋转，以达到确定来波方位的目的。

七、Roche 天线

Roche 天线的结构如图 3-12 所示，它由 8 个垂直天线元组成，角度计部分则由 2 个正交的场线圈 L_N 与 L_E 及搜索线圈 L_M 组成。在这里，天线对 N_1S_1、N_2S_2 分别偏离南北方位 $\pm\eta$ 架设，天线对 E_1W_1、E_2W_2 分别偏离东西方位 $\pm\eta$ 架设。天线元 N_1 与 S_1、N_2 与 S_2、E_1 与 W_1、E_2 与 W_2 两两接收的电压分别合成后等效为 NS 天线和 EW 天线的输出电压。

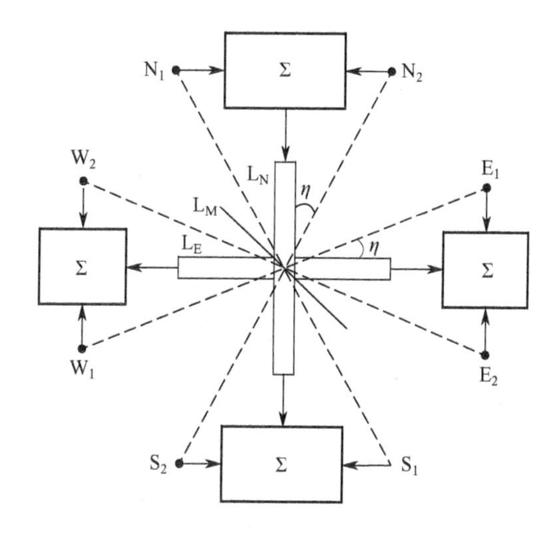

图 3-12　Roche 天线结构示意图

总体来说，Roche 天线既综合了四元角度计天线和正交八元角度计天线的优点，又克服了两者的缺点，在中小型固定、车载、舰载等无线电测向设备中有比较广泛的应用。

第二节　基本射频模块

在电磁频谱监测接收系统中，监测测向天线接收到空间电磁波，将电磁波转换成电信号。想要知道信号的相关特性，就需要对电信号进行分析处理，这就涉及正弦波振荡器、混频器、频率合成器和功率放大器等基本射频模块。

一、正弦波振荡器

正弦波振荡器是能量转换器件，是不需要输入信号控制就能自动地将直流电压/电流转换为特定频率和振幅的正弦交变电压/电流的电路。正弦振荡电路与非正弦振荡电路的一个重要区别是：正弦振荡电路具有选频网络。常用的正弦波振荡器有电容反馈振荡器和电感反馈振荡器两种。后者输出功率小，频率较低；而前者输出功率大，频率也

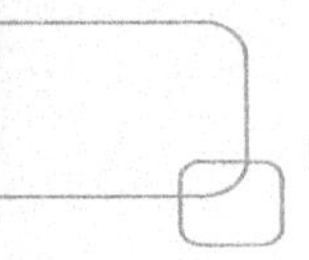

较高。振荡器与放大器的区别在于无须外加激励信号就能产生具有一定频率、一定波形和一定振荡幅度的交流信号。正弦波振荡器的主要性能指标包括振荡频率的准确度和稳定度、振荡幅度的大小及其稳定性、振荡波形的非线性失真、振荡器的输出功率和效率。振荡器输出的信号频率、波形、幅度完全由电路自身的参数决定。

（一）正弦波振荡器的基本原理

实际应用中的反馈振荡器是由反馈放大器演变而来的，如图 3-13 所示。

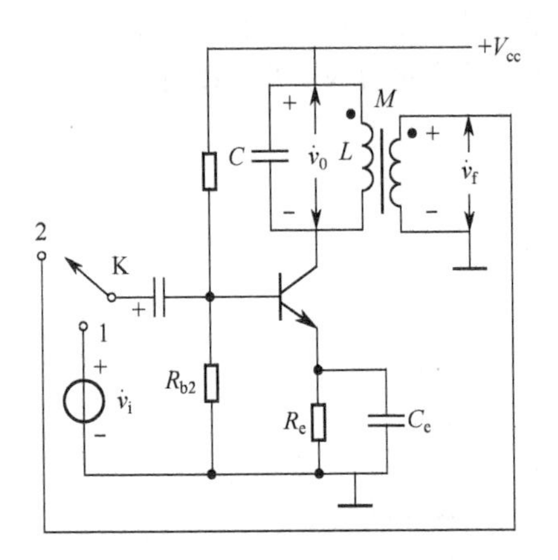

图 3-13　自激振荡建立的物理过程

当开关 K 拨向“1”时，该电路为调谐放大器，当输入信号为正弦波时，放大器输出负载互感耦合变压器 L_2 上的电压为 v_f，调整互感 M 及同名端和回路参数，可以使 $v_i = v_f$。此时，若将开关 K 快速拨向“2”，则集电极电路和基极电路都维持开关 K 接到“1”时的状态，即始终维持着与 v_i 相同频率的正弦信号。这时，调谐放大器就变为自激振荡器。

起始振荡信号十分微弱，但是不断地对它进行放大—选频—反馈—再放大等循环，一个与振荡回路固有频率相同的自激振荡便由小到大地增长起来。

（二）正弦波振荡器的分类

正弦波振荡器可分为两大类，正反馈振荡器和负阻振荡器。

1. 正反馈振荡器

正反馈振荡器是利用反馈原理构成的，它是目前应用最广泛的一类振荡器。它又可分为 LC 振荡器、晶体振荡器和 RC 振荡器 3 类。

2. 负阻振荡器

负阻振荡器将负阻器件直接连接到谐振回路中，利用负阻器件的负阻抗效应抵消回路中的损耗，从而产生正弦波振荡。

正弦波振荡器广泛用于各种电子设备中。此类应用对振荡器提出的要求是，振荡频率和振荡振幅的准确性和稳定性。正弦波振荡器的另一类用途是作为高频加热设备和医用电疗仪器中的正弦交变能源。这类应用对振荡器提出的要求主要是高效率地产生足够大的正弦交变功率，而对振荡频率的准确性和稳定性一般不苛求。

二、混频器

（一）混频器的工作原理

混频器在发射机和接收机系统中主要负责频率的搬移功能，在频域上起加法器或减法器的作用，频域上的加减法通过时域上的乘积获得。

对于混频器而言，混频器的输入信号分别定义为射频信号（Radio Frequency，

RF），频率记为 ω_{RF}，以及本振信号（Local Oscillator，LO），频率记为 ω_{LO}。混频器的输出信号定义为中频信号（Intermediate Frequency，IF），频率记为 ω_{IF}。根据混频器的应用领域不同，中频输出选择的频率分量也不同。当 $\omega_{IF} < \omega_{RF}$ 时，混频器称为下变频器，输出低中频信号，多用于接收机系统；当 $\omega_{IF} > \omega_{RF}$ 时，混频器称为上变频器，输出高中频信号，多用于发射机系统。

常用的混频器实现方法主要有 3 种：第 1 种是用现有的非线性器件或电路，如利用二极管电压电流的指数关系实现的二极管微波混频器；第 2 种是采用开关调制技术实现信号在频域上的加减运算，进而实现频率变换的功能，如基于吉尔伯特单元的混频器；第 3 种是利用已有的电子元件实现混频电路的乘法模块。

（二）混频器性能指标

1. 工作频率

除了信号工作频率，混频器还应注重本振频率和中频频率应用范围。

2. 噪声系数

混频器的噪声定义为 $NF = P_{no} / P_{so}$。其中，P_{no} 是当输入端口噪声温度在所有频率上都是标准温度，即当 $T_0 = 290K$ 时，传输到输出端口的总噪声资用功率，P_{no} 主要包括热噪声、内部损耗电阻热噪声、混频器件电流散弹噪声及本振相位噪声；P_{so} 为仅有有用信号输入时在输出端产生的噪声资用功率。

3. 变频损耗

混频器的变频损耗定义为混频器射频输入端口的微波信号功率与中频输出端口的信号功率之比。它主要由电路失配损耗、二极管的固有结损耗、非线性电导净变频损耗等引起。

4. 1dB 压缩点

在正常工作情况下，射频输入电平远低于本振电平，此时中频输出将随射频输入线性变化。当射频输入电平增加到一定程度时，中频输出随射频输入电平增加的变化速度减慢，混频器饱和。中频输出偏离线性 1dB 时的射频输入功率为混频器的 1dB 压缩点。对于结构相同的混频器，1dB 压缩点取决于本振功率和二极管特性，一般比本振功率低 6dB。

5. 动态范围

动态范围是指混频器正常工作时的微波输入功率范围。其下限因混频器的应用环境不同而异；其上限受射频输入功率饱和限制，通常对应混频器的 1dB 压缩点。

6. 双音三阶交调

假如两个频率相近的微波信号 f_{s1}、f_{s2} 与本振 f_{LO} 一起输入混频器，由于混频器的非线性效用，混频器将产生交调，其中，三阶交调可能出现在输出中频的四周，落入中频通带以内，造成干扰。其通常用三阶交调抑制比来描述，即有用信号功率与三阶交调信号功率的比值，通常表示为 dBc。因为中频功率与输入功率成正比，所以当微波输入信号减小 1dB 时，三阶交调抑制比增加 2dBc。

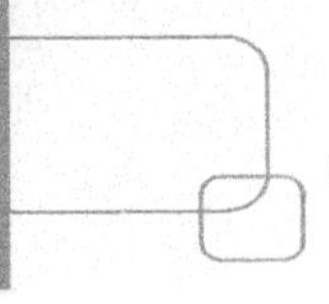

7. 隔离度

混频器隔离度是指各频率端口间的相互隔离，包括本振与射频、本振与中频、射频与中频之间的隔离。隔离度定义为本振或射频信号泄漏到其他端口的功率与输入功率之比，单位为 dB。

8. 本振功率

混频器的本振功率是最佳工作状态时所需的功率。原则上来说，本振功率越大，动态范围越大，线性度改善（1dB 压缩点上升，三阶交调抑制比改善）。

9. 端口驻波比

端口驻波直接影响混频器在系统中的使用，它是一个随功率、频率变化的参数。

10. 中频剩余直流偏差电压

当混频器作为鉴相器时，只有一个输入，并且输出应为零。但是，由于混频管配对不理想或巴伦不平衡等，中频输出将是一个直流电压，即中频剩余直流偏差电压。这个中频剩余直流偏差电压将影响鉴相精度。

（三）混频器的分类

1. 单端混频器

单端混频器通常结构简单、器件少，因此噪声较小。但是，单端混频器输出信号中其他频率的分量较多，而且不能有效地在中频输出端抑制 RF 信号和 LO 信号，因此其效率并不高。

2. 单平衡混频器

单平衡混频器的电路由一个共源的驱动极（M_1）和一对由 LO 信号驱动的差分对组成。它的输入信号是一个单端的 RF 信号和一对平衡的 LO 信号，输出信号是平衡的 IF 信号。

驱动极 M_1 将栅极的 RF 信号转换成漏极的电流信号，差分对 M_2 和 M_3 在 LO 信号的控制下轮流导通。理想的单平衡混频器抑制了 RF 信号到 IF 端的馈通，而且提高了转换效率。同时，差分的 LO 信号可以有效地抑制 LO 信号的共模噪声带来的影响。另外，RF 信号和 LO 信号在电路不同的地方输入，可以降低这两个信号相互之间的干扰。

3. 双平衡混频器

CMOS 双平衡混频器的电路由一对差分 RF 信号驱动极（M_1 和 M_2）、一个差分开关组（M_3、M_4、M_5 和 M_6）、一个尾电流源和负载组成。其工作原理与单平衡混频器的工作原理相似，也是由 LO 信号驱动差分开关组中不同的 MOSFET 轮流导通，从而实现 RF 信号与 LO 信号相乘。

双平衡混频器能有效抑制 LO 信号到 IF 端的馈通。双平衡混频器中 LO 信号对于中频输出始终是一个共模信号，可以很容易被抑制。因此，对于理想的双平衡混频器，RF 信号和 LO 信号都不会出现在中频输出端。

在单平衡混频器中，M_1 驱动极的漏极存在一个频率为 $2\omega_{LO}$ 的电压波动，这个电压波动会通过 M_1 驱动极的栅极和漏极之间的寄生电阻泄漏到 RF 端。在双平衡混频器中，由于 M_1 和 M_2 之间的对称性，这个电压波动成为 RF 端的共模干扰信号，因此也能被抑制掉。差分的 RF 信号输入方式也抑制了 RF 信号中的共模噪声。

三、频率合成器

频率合成器是利用一个或多个标准信号，通过各种技术途径产生大量离散频率信号的设备。

直接数字式频率合成（DDS）技术的出现，引发了频率合成领域的第二次革命。1971 年，J. Tierney、C. M. Rader 和 B. Goid 在 *A Digital Frequency Synthesizer* 一文中发布了关于新型数字式频率合成的研究成果，第一次提出了具有工程实现可能和实际应用价值的直接数字式频率合成的概念。尽管当时该项技术未能立即得到普遍重视，但是随着数字集成电路和微电子技术的发展，DDS 逐渐充分体现出其相对带宽很宽、频率转换时间极短、频率分辨率很高、输出相位连续、可以输出宽带正交信号、可以输出任意波形、具有数字调制功能、可编程，以及全数字化结构便于集成等优越性能。DDS 的缺点是工作频带的限制和杂散抑制差。

随着单片锁相式频率合成器等芯片的发展，锁相式频率合成器、直接数字式频率合成器，以及直接数字式频率合成（DDS）器和锁相环（PLL）相结合构成的频率合成器，以其容易实现系列化、小型化、模块化、工程化和其优越的性能逐步成为最典型、用途最广泛的频率合成器。

更宽的工作频带、更精确的频率分辨率、更低的相位噪声和寄生特性、更短的频率转换时间，以及减小体积、降低功耗是对现代频率合成器提出的越来越严苛的要求。DDS+PLL 混合式频率合成技术将 DDS 的高频率分辨率和快速转换时间特性与锁相环的输出频率高、寄生噪声和杂波低的特点有机结合，可以最大限度地满足各种系统对频率源的苛刻要求。目前，开发和应用最广泛的一种方法是，采用 DDS 技术、变频技术和锁相环技术来实现高性能的频率合成器。

近年来，随着通信、雷达技术的发展，频率合成器对系统相位噪声的要求越来越高。DDS 与 PLL 结合所构成的频率合成器，以其优越的相位稳定性和极低的颤噪效应，成为比较理想的频率源。

（一）频率合成器的主要指标

要正确理解、使用和设计频率合成器，首先应对它的质量指标进行了解。频率合成器的使用场所不同，其要求也不尽相同。大体说来，频率合成器有如下几项主要技术指标：频率范围、频率间隔、频率稳定度、频率准确度、频率转换时间、频谱纯度（杂散输出和相位噪声）等。频率合成器的体积、质量、功耗、成本等，就是由这些指标决定的。

1. 频率范围

频率范围是指频率合成器的工作频率范围，其视用途而定，有短波、超短波、微波等波段。频率范围一般包括频率合成器输出信号的中心频率 f_O 及带宽 B。

2. 频率间隔

频率合成器的输出频谱是不连续的。两个相邻频率之间的最小间隔，就是频率间隔。频率间隔又称为频率分辨率。不同用途的频率合成器对频率分辨率有不同的要求。有的频率合成器要求达到 MHz 级的分辨率，有的频率合成器要求达到 kHz 级的分辨率，有的则要求达到Hz 级甚至是 mHz 级的分辨率。

3. 频率稳定度和频率准确度

频率稳定度是指在一定的时间间隔内，频率合成器输出频率变化的大小。频率准确度是指频率合成器的实际输出频率偏离标称工作频率的程度。

频率准确度和频率稳定度之间既有区别又有联系，只有稳定才能保证准确。因此，常将工作频率相对于标称工作频率的偏差计入不稳定偏差之内，在实际中，只需要考虑频率稳定度即可。

频率稳定度从时域角度分为长期稳定度、短期稳定度和瞬时稳定度。长期稳定度是指在年、月等长期时间内的频率变化，频率的漂移主要是由石英晶体振荡器老化引起的，属于确定度的变化。短期稳定度是指日、小时内的频率变化，这种频率变化实际上是由晶体振荡器老化漂移和频率随机起伏引起的。瞬时稳定度是秒甚至毫秒时间内的频率漂移。这个频率漂移是随机的，主要是由噪声和干扰引起的。

4. 频率转换时间

频率合成器从一个频率转换到另一个频率，并且达到稳定所需要的时间称为频率转换时间。雷达、通信、电子对抗等领域，对频率合成器的频率转换时间提出了严格甚至苛刻的要求，频率转换时间有时要求达到 μs 级。

在各种频率合成方法中，直接合成与直接数字式频率合成的频率转换时间极短。对于锁相式频率合成器而言，频率转换时间就是锁相环的锁定时间，其大约为参考时钟周期的 25 倍。

5. 频谱纯度

频谱纯度是合成器信号源输出频谱偏离纯正弦波谱的量度。影响信号源输出频谱纯度的因素较多，主要包括：①相位噪声；②AM 噪声；③非谐波相关杂散边带（杂散）；④谐波相关带；⑤有源器件产生的闪烁噪声；⑥分频器的噪声；⑦倍频器的噪声。

在上述影响频谱纯度的 7 个因素中，起主要作用的是相位噪声和杂散，因此以后在讨论频率稳定度和频谱纯度时主要考虑这两个指标。

6. 系列化、标准化和模块化的可实现性

任何单只频率合成器不可能包含所有频段，因此有系列化要求。另外，在实现不同频率合成器时，还要考虑所有模块的通用性（在转换频段工作时，需要更换的模块品种越少越好）和互换性。

另外，频率合成器还要考虑成本、体积和质量。

（二）频率合成的基本方法

频率合成法基本可分为直接合成法和间接合成法。在具体实现中，频率合成法又可以划分为 3 种，即通常所知的直接模拟频率合成法、间接锁相式频率合成法、直接数字频率合成法。这3种方法的比较如下。

1．直接模拟频率合成法

直接模拟频率合成法利用倍频（乘）、分频（除）、混频（加减）和滤波技术，所需的频率是从一个或多个高稳定度和精确度的参考频率源产生的。它的优点是频率转换时间短、载频相位好等。它的缺点是采用了大量的分频、混频、倍频和滤波等模拟元件导致硬件电路体积大、功耗大且容易产生过多的杂散分量，存在难以抑制的非线性误差，所以合成的正弦波的幅度、相位等参数难以控制。

2．间接锁相式频率合成法

间接锁相式频率合成法能够很好地选择频率、抑制杂散分量，而且频率的稳定性很好。但是，由于锁相环有惰性，该合成法中频率转换时间和频率分辨率难以找到平衡点，因而该合成法一般用于步进较大的频率合成中。

3．直接数字频率合成法

直接数字频率合成法即 DDS 技术，该技术采用数字化技术，引入“相位”的概念，通过控制相位的变化速度来直接产生各种频率的信号。DDS 技术具有可编程、相位可控、频率转换快、分辨率高、频谱纯度高、频率输出范围宽、生成的正弦/余弦信号正交特性好等优良性能，所以在现代频率合成领域中其地位日益重要。另外，DDS是全数字化结构，易于集成、功耗低、体积小、质量小、易于程序控制、灵便实用、性价比很高，因而应用广泛。

四、功率放大器

（一）功率放大器原理

高频功率放大器用于发射机的末级，作用是将高频已调波信号进行功率放大，以满足发送功率的要求；然后经过天线将其辐射到空间，保证在一定区域内的接收机都可以接收到满意的信号电平，并且不干扰相邻信道的通信。高频功率放大器是通信系统中发送装置的重要组件。按工作频带的宽窄，高频功率放大器分为窄带高频功率放大器和宽带高频功率放大器两种。其中，窄带高频功率放大器通常以具有选频滤波作用的选频电路作为输出回路，故又称为调谐功率放大器或谐振功率放大器；宽带高频功率放大器的输出电路则是传输线变压器或其他宽带匹配电路，因此又称为非调谐功率放大器。

高频功率放大器是一种能量转换器件，它将电源供给的直流能量转换为高频交流输出。在低频电子线路相关课程中已知，按照电流导通角的不同，放大器可以被分为甲、乙、丙 3 类工作状态。甲类放大器的电流导通角为 360°，适用于小信号、低功率放大；乙类放大器的电流导通角约为 180°；丙类放大器的电流导通角则小于 180°。乙类放大器和丙类放大器都适用于大功率放大。丙类放大器工作状态的输出功率和效率是 3 种工作状态中最高的。高频功率放大器大多工作于丙类工作状态。但丙类放大器的电流波形失真太大，因而不能用于低频功率放大，只能用于采用调谐回路作为负载的谐振功率放大。由于调谐回路具有滤波能力，因此回路电流与电压的波形仍然非常接近正弦波形，失真很小。

除了以上几种按电流导通角来分类的工作状态，还有使电子器件工作于开关状态的丁类放大器和戊类放大器。丁类放大器的效率比丙类放大器的还高，理论上可达100%，但它的最高工作频率受到开关转换瞬间所产生的器件功耗（集电极耗散功率或阳极耗散功率）的限制。如果对电路加以改进，使电子器件在通断转换瞬间的功耗尽量减小，则可以提高工作频率，这就是戊类放大器。另外，在低频放大电路中，为了获得足够大的低频输出功率，必须采用低频功率放大器。低频功率放大器也是一种将直流电源提供的能量转换为交流输出的能量转换器。

高频功率放大器和低频功率放大器的共同特点是输出功率大和效率高，但两者的工作频率和相对频带宽度相差很大，这决定了它们之间有本质的区别。低频功率放大器的工作频率低，但相对频带宽度很宽，例如，工作频率为20～20000Hz，高低工作频率之比达1000倍。因此，它们都采用无调谐负载，如电阻、变压器等。高频功率放大器的工作频率高（由几百千赫兹直到几百、几千甚至几万兆赫兹），但相对频带宽度很窄。例如，调幅广播电台（535～1605kHz的频段范围）的频带宽度为10kHz，如中心频率取1000kHz，则相对频带宽度只相当于中心频率的1%。中心频率越高，则相对频带宽度越小。因此，高频功率放大器一般都采用选频网络作为负载回路。基于这一特点，这两种放大器所选用的工作状态不同：低频功率放大器可工作于甲类、甲乙类或乙类（限于推挽电路）工作状态；高频功率放大器则一般工作于丙类（在某些特殊情况下可工作于乙类工作状态）。

近年来，宽频带发射机的各中间级还广泛采用一种新型的宽带高频功率放大器，它不采用选频网络作为负载回路，而是以频率响应很宽的传输线作负载。这样，它可以在很宽的范围内变换工作频率，而不必重新调谐。综上所述，高频功率放大器和低频功率放大器的共同点是输出功率大、效率高；它们的不同点则是工作频率和相对频带宽度不同，因而负载回路和工作状态也不同。

高频功率放大器的主要技术指标有输出功率、效率、功率增益、带宽和谐波抑制度（或信号失真度）等。这几项指标的要求是互相矛盾的，在设计放大器时应根据具体要求突出一些指标，并兼顾其他一些指标。例如，实际中有些电路，防止干扰是其主要需求，对谐波抑制度要求较高，而对带宽要求可适当降低等。功率放大器的效率是一个突出的问题，其工作效率与放大器的工作状态有直接关系。放大器的工作状态可分为甲类、乙类和丙类等。为了提高放大器的工作效率，它通常工作在乙类、丙类工作状态下，即晶体管工作延伸到非线性区域。但在这些工作状态下放大器的输出电流与输出电压之间存在很严重的非线性失真。低频功率放大器因其信号的频率覆盖系数大，不能采用谐振回路作为负载，因此一般工作在甲类工作状态下；采用推挽电路时可以工作在乙类工作状态下。高频功率放大器因其信号的频率覆盖系数小，可以采用谐振回路作为负载，故通常工作在丙类工作状态下，通过谐振回路的选频功能，可以滤除放大器集电极电流中的谐波成分，选出基波分量，从而基本消除非线性失真。所以，高频功率放大器比低频功率放大器具有更高的工作效率。高频功率放大器因工作在大信号的非线性状态下，所以不能用线性等效电路分析，工程上普遍采用解析近似分析方法——折线法来分析其工作原理和工作状态。这种分析方法的物理概念清晰，分析工作状态较方便，但计算准确度较低。

（二）功率放大器的要求

功率放大器电路与前文讨论的电压放大电路有所不同。电压放大电路是放大微弱的电压信号，属于小信号放大电路；而功率放大电路属于大信号放大电路。对于功率放大电路的要求主要有以下几个方面。

1. 要求尽可能大的输出功率

为了输出功率最大，要求晶体管的电压和电流都有足够大的输出幅度，即处于大信号工作状态，甚至接近极限工作状态。输出功率的最大值等于最大输出电压有效值与最大输出电流有效值的乘积。

2. 具有较高的工作效率

从能量转换的观点来看，功率放大电路将直流电源提供的能量转换成交流电能输出给负载。在能量转换过程中，电路中的晶体管、电阻要消耗一定的能量，这个问题在大功率输出情况下是比较突出的，因此要求功率放大电路具有较高的转换效率，功率放大电路的效率 δ 等于负载得到的有用信号功率与电源供给直流功率的比值。

通常把晶体管的耗散功率和电路的损耗功率统称为耗散功率 PT，根据能量守恒原则有 PV = PO + PT。效率反映了功率放大电路把电源功率转换成输出信号功率的能力，表示了对电源功率的转换率。功率放大电路的效率低不仅会使电源的无效功率增加，更加严重的是晶体管的耗散增大，会使功率放大管因发热而损坏。

3. 非线性失真要小

功率放大电路在大信号状态下工作，输出电压和输出电流的幅度都很大，所以不可避免地会产生非线性失真。因此，把非线性失真限制在允许范围内，是设计功率放大电路时必须考虑的问题。

习题与思考题

1. 如何提高鞭状天线的效率？
2. 试分析环天线接收非正常极化地波时的方向特性。
3. 环天线产生天线效应的根本原因是什么？
4. Adcock 天线的设计思想是什么？U 型天线能克服极化效应的理由是什么？
5. 简述四元角度计天线的基本工作原理。
6. 什么是“三大效应”，其产生的原因是什么？
7. 为什么要讨论 Roche 天线？与八元角度计天线比较，它的优缺点是什么？
8. 混频器的实现方法有哪些？
9. 频率合成的基本方法有哪些？

10. 简述功率放大器的工作原理？

11. 简述正弦波振荡器的工作原理。

12. 用两个半波振子可以构成 H 型 Adcock 天线，设两个振子的间距为 $\lambda/4$，请利用方向图乘积定理求出水平面方向函数，并绘制简单的方向图。

13. 计算 $a=0.1$，$\theta=60°$ 时环天线方向图小音点所处的位置。

14. 试定量分析四元角度计天线中搜索线圈感应电压的方向特性。

15. 假设在地面上有一个 $2L=40\text{m}$ 的水平辐射振子，要使水平平面内的方向图保持在与振子轴垂直的方向上有最大辐射，并且使馈线上的行波系数不低于 0.1，求该天线可以工作的频率范围。

第四章

信号处理

信号处理关注的是信号及其所包含信息的表示、变换和运算。一开始人们使用的都是连续时间的模拟技术，然而随着数字计算机和微处理器的飞速发展，以及模拟转数字和数字转模拟的低成本芯片的出现，信号处理从模拟技术开始向数字技术飞速发展。电磁频谱监测的主要任务是运用监测技术设备对空中电波信号的频谱特征参数进行测量和监督，脱离了信号处理技术电磁频谱监测工作也就无法开展，因此本章将从信号处理的对象、信号处理的重要分析方法、数字信号处理的基础、关键器件4个方面简要地介绍与电磁频谱监测密切相关的信号处理理论，分别对应噪声与信号、傅里叶分析、采样和内插、数字滤波器4部分内容。

第一节　噪声与信号

前面已经提到过无线电信号的传播是在一定媒质中进行的，就电磁频谱监测而言，这里的媒质就是我们所处的环境。噪声就是环境中存在的不需要的电磁信号，无论环境中是否有无线电信号在传播，它都永远存在于环境之中。噪声会叠加在信号之上，使模拟信号发生失真，使数字信号发生错码，并影响无线电信号的正常传播。因此，为了保证信号处理不出差错，我们需要了解噪声。

一、噪声

按照来源，噪声可以分为人为噪声和自然噪声两大类。人为噪声是由机器或其他人工装置产生的电磁噪声，例如，电动机、电焊机造成的电火花，家电用具产生的电磁波辐射，等等。自然噪声是自然界中存在的、非人为活动产生的各种电磁辐射，如闪电、大气噪声和来自地球之外的宇宙噪声。

此外，一切电阻性元器件中电子热运动引起的热噪声，也是自然噪声中很重要的一种。电阻性元器件中有很多自由电子，由于温度的影响，这些自由电子要作不规则运动，会发生碰撞、复合等现象。温度越高，自由电子的不规则运动越剧烈。就一个电子来看，电子的一次运动过程，会在电阻两端感应出很小的电压。大量的电子热运动会在电阻两端产生起伏电压，这种因热运动而产生的起伏电压就被称为电阻热噪声。单就某一瞬间看，电阻两端电势的大小和方向是随机变化的。从长期观测来看，电阻两端出现正负电压的概率相同，因而电阻两端的平均电压为零，故电阻热噪声用均方电压、均方电流或功率来描述。图 4-1 就是电阻热噪声电压波形的一个示例。

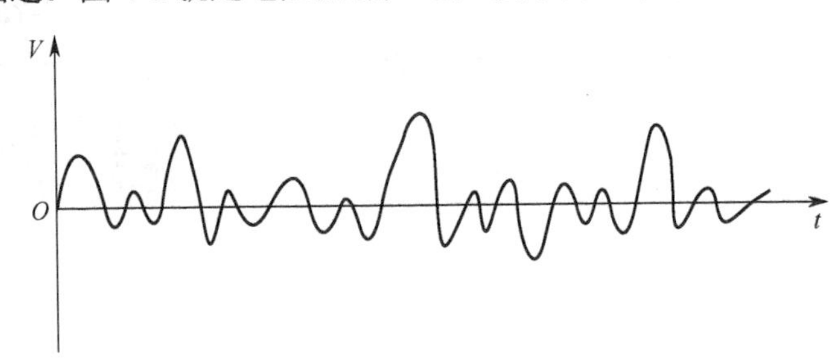

图 4-1　电阻热噪声电压波形

热噪声效应的理论研究和实验结果都表明，当电阻的温度为 T（单位为 K）时，电阻 R 两端噪声的均方电压为

$$\overline{U}_n^2 = \lim_{T\to\infty}\frac{1}{T}\int_0^T e_n^2 \mathrm{d}t = 4kTBR \tag{4-1-1}$$

式中，k 为玻尔兹曼常数，$k = 1.37\times10^{-23}$ J/K；B 为测量此电压时的带宽；T 为绝对温度（单位为 K）；R 为电阻值。式（4-1-1）就是奈奎斯特公式。

在信号处理中，为了模拟所研究的客观对象，常常需要人为地产生不同类型的噪声，最常用的一种噪声就是“白噪声”。白噪声的名称来源于白光，如同白光的频谱在可见光频谱范围内是均匀分布的，白噪声包含的所有频率分量也是均匀分布的，上面提到的热噪声也具备这样的性质。另外，白噪声的统计特性服从高斯分布，故其常被称为高斯白噪声。

在数字信号处理中，对模拟信号抽样时产生的量化噪声，有限位运算时产生的舍入误差噪声等，也被视为噪声。与前面提到的噪声的不同之处在于，后者往往是数字信号处理中为了描述量化误差、舍入误差等而采用的一种等效处理手段，其将误差视为一种加性噪声。虽然它们是为了研究方便而引入的概念，但其影响是真实存在的，因此它们同样值得我们去重点关注。

二、噪声系数

对于实际应用来说，精确的噪声计算往往过分复杂，我们可以利用噪声功率的绝对值来衡量噪声的大小。但是，噪声的绝对值不能表明一个系统的噪声性能，例如，一个放大器输出的噪声会增大许多，而一个衰减器输出的噪声会变小，这时我们不能说后者的噪声性能优于前者，实际情况可能恰恰相反。为了衡量一个系统的噪声性能，需要引入噪声系数的概念，定义噪声系数为

$$N_{\mathrm{F}} = \frac{\text{总输出噪声的均方值}}{\text{输入引起的输出噪声的均方值}} \tag{4-1-2}$$

可见，这是一个从噪声角度来度量系统优劣的物理量。但必须注意，在比较两个系统时，其输入噪声应相同，这时进行比较才是有意义的。对于一个如图 4-2 所示的系统，定义：N_o 为总输出噪声功率，S_o 为输出信号功率，N_i 为输入噪声功率，S_i 为输入信号功率，N_n 为系统本身产生的输出噪声功率，G 为系统的功率增益。

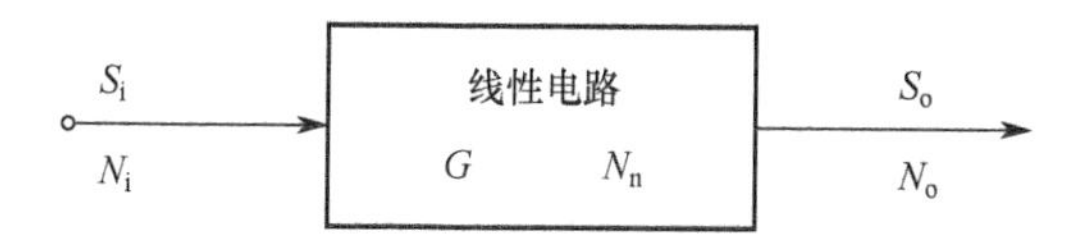

图 4-2　噪声系数示意图

按照定义，噪声系数为

$$N_F = \frac{N_o}{N_o - N_n} = \frac{N_o}{N_i G} = \frac{N_o S_o}{N_i G S_o} = \frac{S_i G N_o}{N_i G S_o} = \frac{S_i / N_i}{S_o / N_o} \tag{4-1-3}$$

当信号通过系统时，作为系统对信号质量影响的度量，噪声系数越大，系统引入的噪声越大，其噪声性能越差；反之，系统引入的噪声越小，其噪声性能越好。噪声系数通常用 dB 表示，即

$$N_F(\text{dB}) = 10\lg N_F = 10\lg \frac{S_i / N_i}{S_o / N_o} \tag{4-1-4}$$

由于 S_i / N_i 总是大于 S_o / N_o，故噪声系数总是大于 1，其 dB 值总是为正。另外，理想无噪声系统的噪声系数为 0dB。

三、信号

信号是消息的物理载体，常用电压、电流、无线电波、光、声等表示。若上述参量的取值是离散的，并且其是有限量，那么该信号就被称为数字信号；如果该参量在某一取值范围内有无限个取值，并可连续地或断续地取任何值，则该信号就被称为连续信号。

人们为了互通信息，就要传递消息，消息则通过信号传输。为了达到这个目的，要先利用一种转换设备，把声音、符号、书写件、影像等载有信息的消息转换为作相应变化的电压或电流，这种变化的电压或电流被称为电信号，亦被称为原始基带信号。信号所含有的消息往往存在于某种变化方式中。如果信号可以表示为一个或几个自变量的函数，则称该信号为确定信号。如果信号不是自变量的确定函数，即当给定自变量的某个值时，信号并不确定，而只知道此信号取某一数值的概率，则称该信号是随机信号。

在无线电通信中，原始基带电信号一般还要加载到较高频率的电信号上，这样形成的信号被称为高频电信号。将高频电信号通过天线辐射到空中，这时它以电磁波形式存在，称其为电磁波信号。基带电信号和高频电信号只在频率域有差别，均是随时间变化的电压和电流，被统称为电信号。这两者与电磁波信号的区别是，电信号在导线中传播，而电磁波信号在自由空间或媒质中传播。电信号与电磁波信号通过“天线”相互转换。

概括而言，监测技术或监测设备的首要任务是如何将接收“点”存在的众多电磁波信号，通过天线变成高频电信号，并从这些高频电信号中分离出需要的信号。可以想象，如果某信号具有与其他信号完全不同的特征，并且这个特征是可以被识别、被判定的，那么人们就可以通过这个特征将它从其他信号中分离出来。

监测系统和通信系统的接收端面临的问题就是，如何从这些同时存在的众多电磁波信号中分选出所需要的信号，并从分选出的目标信号中提取出所需的与消息有关的信息，或者进一步分选出与消息相对应的电信号，最后将电信号还原成消息。可以肯定地说，无论是分选信号，还是对分选出来的信号进行处理，这些问题的解决只可能从信号特性上找到答案。

随着技术的发展，通信信号的结构变得越来越复杂，对其进行描述也变得复杂。为了确切地描述一个通信信号，需要用多方面特性的总和来表征它。表征信号的特性可以是它本身固有的，也可以是人为加给它的。无论是人为加给它的，还是信号固有的特性，都可以作为人们处理它们的根据。信号的主要特性包括：时间域特性，如幅度、相位或频率随时间的变化，通常用波形描述；能量域特性，如信号电平的大小，通常用电压和功率描述；频率域特性，如信号包含的频率成分和频率的变化规律，通常用载频、幅频特性、频率跳变速率描述；空间域特性，如信号的来波方向和辐射源的位置；特征域特性，如扩频信号伪码的码型；信息域特性，如因纠错码的加入或扩频带来冗余的多少；电磁场特性，如信号电波的极化性质；传播特性，如信号电波的反射、散射、折射、衰落和吸收。

此外，通信信号的周期平稳特性也普遍被用来表征信号的特性，并用于信号的分选和识别。广义而言，信号的特性还包括其战术特点，如信号活动规律、变化特点、联络特点等。

第二节　傅里叶分析

在第一章中我们提到过电磁频谱监测通过截获和接收辐射源的无线电信号，以获得信号电磁频谱的特征参数及变化。但是，电磁频谱监测设备天线接收到的是随时间变化的时域信号，显然时域信号不便于我们分析信号的频率域特性。因此，人们需要将以“时间”为自变量的时域信号变换为以“频率”为自变量的频域信号，而傅里叶变换恰好就是将两者联系在一起的桥梁。时域信号，通常可以分为连续时间信号和离散时间信号，不同的时域信号对应不同的傅里叶变换方法，分别是连续傅里叶变换和离散傅里叶变换。虽然两者针对的信号类型不同，但它们的作用都是分析信号中各种不同频率成分所占的比重。两者互为补充，共同建立了完整的傅里叶分析方法。

目前的电磁频谱监测设备大量使用数字计算机，而数字计算机只能处理数字信号，这就要求信号在傅里叶变换前后都是离散的，此时只有离散傅里叶变换满足要求，因此离散傅里叶变换是本节要介绍的主要内容。为了引出离散傅里叶变换，首先介绍周期序列的傅里叶级数表示。将有限长序列视为周期无穷大的周期序列，可以进一步推导出有限长序列的离散傅里叶变换。计算离散傅里叶变换的有效、快速算法是快速傅里叶变换。值得一提的是，快速傅里叶变换的出现，为数字信号处理的大规模应用奠定了坚实的理论基础。

一、离散傅里叶级数

周期信号通常都可以用傅里叶级数来描述，如连续时间周期信号 $f(t)=f(t+mT)$，用指数形式的傅里叶级数表示为 $f(t)=\sum_{n=-\infty}^{\infty}F_n\mathrm{e}^{\mathrm{j}n\Omega t}$，即该信号可以看成是不同次谐波的叠加。每个谐波都有一个幅值，表示该谐波分量所占的比重。其中，$\mathrm{e}^{\mathrm{j}\Omega t}$ 为基波，基频为 $\Omega=2\pi/T$（T 为周期）。

周期序列与连续时间周期信号类似，假设 $\tilde{x}[n]$ 是周期为 N 的一个周期序列，即 $\tilde{x}[n]=\tilde{x}[n+rN]$，其中，$r$ 为任意整数。其用指数形式的傅里叶级数可以表示为 $\tilde{x}[n]=\sum_{k=-\infty}^{\infty}\tilde{X}[k]\mathrm{e}^{\mathrm{j}k\omega_0 n}$，其中，$\omega_0=2\pi/N$ 是基频，基频序列为 $\mathrm{e}^{\mathrm{j}\omega_0 n}$。

下面分析一下第 $k+rN$ 次谐波 $\mathrm{e}^{\mathrm{j}(k+rN)\omega_0 n}$ 和第 k 次谐波 $\mathrm{e}^{\mathrm{j}k\omega_0 n}$ 之间的关系。将 $\omega_0=2\pi/N$ 代入表达式中，得到

$$\mathrm{e}^{\mathrm{j}(k+rN)\omega_0 n}=\mathrm{e}^{\mathrm{j}(k+rN)(2\pi/N)n}=\mathrm{e}^{\mathrm{j}k(2\pi/N)n}\mathrm{e}^{\mathrm{j}2\pi rn}=\mathrm{e}^{\mathrm{j}k\omega_0 n} \tag{4-2-1}$$

这说明第 $k+rN$ 次谐波能够被第 k 次谐波代表，也就是说，在所有的谐波成分中，只有 N 个是独立的，用 N 个谐波就可以完全地表示 $\tilde{x}[n]$。因此，周期序列 $\tilde{x}[n]$ 具有以下形式：

$$\tilde{x}[n]=\frac{1}{N}\sum_{k=0}^{N-1}\tilde{X}[k]\mathrm{e}^{\mathrm{j}k\omega_0 n} \tag{4-2-2}$$

式中，$1/N$ 是为了计算的方便而加入的。

为了从周期序列 $\tilde{x}[n]$ 中得出傅里叶级数 $\tilde{X}[k]$，下面将用到复指数序列集的正交性，即

$$\sum_{n=0}^{N-1}\mathrm{e}^{\mathrm{j}(2\pi/N)(k-r)n}=\begin{cases}1, & k-r=mN，m\text{为整数}\\0, & \text{其他}\end{cases} \tag{4-2-3}$$

式（4-2-3）是对 n 求和，而式（4-2-3）的结果取决于 $k-r$ 的值。

令式（4-2-2）两边都乘以 $\mathrm{e}^{-\mathrm{j}(2\pi/N)rn}$，并且从 $n=0$ 到 $n=N-1$ 求和，则可得到

$$\sum_{n=0}^{N-1}\tilde{x}[n]\mathrm{e}^{-\mathrm{j}(2\pi/N)rn}=\sum_{n=0}^{N-1}\frac{1}{N}\sum_{k=0}^{N-1}\tilde{X}[k]\mathrm{e}^{\mathrm{j}(2\pi/N)(k-r)n} \tag{4-2-4}$$

交换求和顺序，并利用复指数的正交性结论可得

$$\sum_{n=0}^{N-1}\tilde{x}[n]\mathrm{e}^{-\mathrm{j}(2\pi/N)rn}=\tilde{X}[r] \tag{4-2-5}$$

这样，通过式（4-2-6）就可以由 $\tilde{x}[n]$ 求出式（4-2-2）中的傅里叶级数 $\tilde{X}[k]$，即

$$\tilde{X}[k]=\sum_{n=0}^{N-1}\tilde{x}[n]\mathrm{e}^{-\mathrm{j}(2\pi/N)kn} \tag{4-2-6}$$

从 $\tilde{X}(k)$ 的表达式可以看出，$\tilde{X}(k)$ 也是周期为 N 的周期序列，即 $\tilde{X}(k)=\tilde{X}(k+N)$。式（4-2-2）和式（4-2-6）就是周期序列的离散傅里叶级数表达式，但通常为了表示方便，利用复数量 $W_N=\mathrm{e}^{-\mathrm{j}(2\pi/N)}$ 对其进行改写，即

$$\tilde{x}[n]=\frac{1}{N}\sum_{k=0}^{N-1}\tilde{X}[k]W_N^{-kn} \tag{4-2-7}$$

$$\tilde{X}[k]=\sum_{n=0}^{N-1}\tilde{x}[n]W_N^{kn} \tag{4-2-8}$$

至此已经证明，任何周期序列均可以表示为离散傅里叶级数的形式，如式（4-2-7）和式（4-2-8）所示。这些关系是离散傅里叶变换的基础，离散傅里叶变换面向的是有限长序列。

二、离散傅里叶变换

连续时间周期信号可以用傅里叶级数表示。对于连续时间非周期信号，我们将它视为一个周期无限长的周期信号，并推导得到了连续傅里叶变换，一般简称为傅里叶变换。这里重复同样的推导方式，考虑一个有限长信号 $x[n]$，且在 $0\leqslant n\leqslant N-1$ 这个区间外 $x[n]=0$，同时有一个与 $\tilde{x}[n]$ 同周期的周期脉冲串 $\tilde{p}[n]=\sum_{r=-\infty}^{\infty}\delta[n-rN]$，则两者的卷积为

$$\tilde{x}[n]=x[n]*\tilde{p}[n]=x[n]*\sum_{r=-\infty}^{\infty}\delta[n-rN]=\sum_{r=-\infty}^{\infty}x[n-rN] \tag{4-2-9}$$

也就是说，周期序列 $\tilde{x}[n]$ 是由一组有限长序列 $x[n]$ 的周期重复序列组成的。为了方便起见，周期序列和有限长序列的关系可表示为 $\tilde{x}[n]=x[((n))_N]$。同样地，离散傅里叶级数系数 $\tilde{X}(k)$ 也是一个周期为 N 的周期序列，为了保持时域和频域之间的对偶性，将与有限长序列 $x[n]$ 相联系的傅里叶系数选取为与 $\tilde{X}(k)$ 的一个周期相对应的有限长序列，则有 $\tilde{X}[k]=X[((k))_N]$。

$\tilde{X}(k)$ 和 $\tilde{x}(n)$ 相联系的关系式为：$\tilde{x}(n)=\frac{1}{N}\sum_{k=0}^{N-1}\tilde{X}_k(k)\mathrm{e}^{\mathrm{j}k\omega_0 n}$，$\tilde{X}(k)=\sum_{n=0}^{N-1}\tilde{x}(n)\mathrm{e}^{-\mathrm{j}\frac{2\pi}{N}kn}$，因为两个关系式的求和都只涉及 0～$N-1$ 这个区间，所以根据前面有限长序列和周期序列的关系可以得到

$$X(k)=\sum_{n=0}^{N-1}x(n)W_N^{kn}，\quad 0\leqslant k\leqslant N-1 \tag{4-2-10}$$

$$x(n)=\frac{1}{N}\sum_{k=0}^{N-1}X(k)W_N^{-kn}\text{，}\quad 0\leqslant n\leqslant N-1 \tag{4-2-11}$$

这意味着：对于区间 $0\leqslant k\leqslant N-1$ 之外的 k，$X[k]=0$；对于区间 $0\leqslant n\leqslant N-1$ 之外的 n，$x[n]=0$。

由以上的讨论可见，离散傅里叶变换的时域和频域都是有限长的、离散的，故可利用计算机完成两者之间的变换，这是离散傅里叶变换的最大优点之一。

三、快速傅里叶变换

离散傅里叶变换是时域和频域信号均离散的变换，也是计算机唯一能够实现的变换。当信号序列很长时，按照其定义计算，运算时间很长，且需要占用大量内存空间。因此，如何减小离散傅里叶变换的计算量，成为工程实践的关键，下面将对一种高效率算法——快速傅里叶变换进行介绍。

按照式（4-2-10）所示，计算该表达式时，对于每个 k 需要 N 次复数乘法和 $N-1$ 次复数加法，对所有 k 完成计算则需要 N^2 次复数乘法和 $N(N-1)$ 次复数加法。当 N 增大时，运算次数将快速增多，因此有必要寻找更高效的方法来计算离散傅里叶变换。

在计算离散傅里叶变换的时候，把整个计算逐次分解成较短的离散傅里叶变换计算，将会显著地提高效率。这种将序列 $x[n]$ 逐次分解为较短的子序列的算法称为按时间抽取算法。通过研究 N 为 2 的整数幂的特殊情况，可以最方便地阐明按时间抽取算法的原理。由于 N 可以被 2 整除，因此可将 $x[n]$ 分解成由偶数项 $x_1[n]=x[2n]$ 和奇数项 $x_2[n]=x[2n+1]$ 组成，每个序列的长度为 $N/2$，在求离散傅里叶变换时也按两个序列分别求和，可得到

$$X[k]=\sum_{n=0}^{N/2-1}x[2n]W_N^{2kn}+\sum_{n=0}^{N/2-1}x[2n+1]W_N^{k(2n+1)},\quad k=0,1,\cdots,N-1 \tag{4-2-12}$$

由于 $W_{N/2}=\mathrm{e}^{-\mathrm{j}2\pi/(N/2)}=(\mathrm{e}^{-\mathrm{j}2\pi/N})^2=W_N^2$，则式（4-2-12）可写成

$$X[k]=\sum_{n=0}^{N/2-1}x_1[n]W_{N/2}^{kn}+W_N^k\sum_{n=0}^{N/2-1}x_2[n]W_{N/2}^{kn}=X_1(k)+W_N^kX_2(k) \tag{4-2-13}$$

这样就把 N 点离散傅里叶变换 $X[k]$ 的计算转化为两个 $N/2$ 点的离散傅里叶变换 $X_1[k]$、$X_2[k]$ 的计算。前面已经提到对于 N 点离散傅里叶变换需要 N^2 次复数乘法和加法（此处假定 N 较大，此时 $N-1$ 可近似为 N）。而按照式（4-2-13）需要计算两个 $N/2$ 点离散傅里叶变换，直接计算需要 $2(N/2)^2$ 次复数乘法和加法；再将两个离散傅里叶变换组合起来，需要 N 次复数乘法和 N 次复数加法。因此，按照式（4-2-13）计算需要 $N+N^2/2$ 次复数乘法和加法，很容易证明，当 $N>2$ 时，$N+N^2/2$ 将会小于 N^2。

根据这个思路，可以继续将 $X_1[k]$、$X_2[k]$ 进行分解，进一步减小计算量。若 $N=2^r$，则最多可以分解 $r=\log_2N$ 次，最终计算所需要的复数乘法和加法的次数为 $Nr=N\log_2N$，这样显著减少了计算次数。例如，若 $N=2^{10}=1024$，则 $N^2=2^{20}=1048576$，而 $N\log_2N=10240$，计算次数减少了两个数量级。

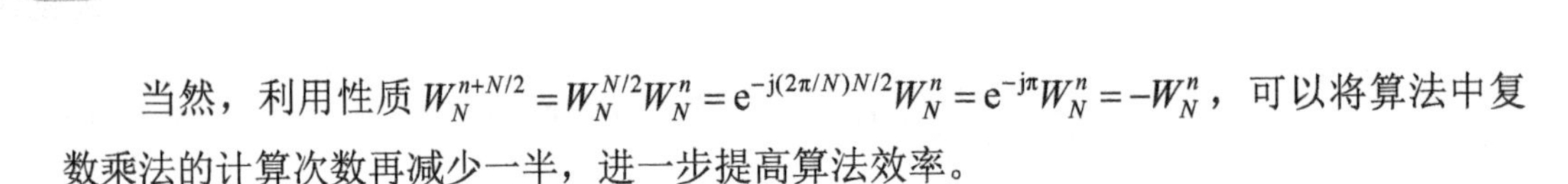

当然，利用性质 $W_N^{n+N/2}=W_N^{N/2}W_N^n=\mathrm{e}^{-\mathrm{j}(2\pi/N)N/2}W_N^n=\mathrm{e}^{-\mathrm{j}\pi}W_N^n=-W_N^n$，可以将算法中复数乘法的计算次数再减少一半，进一步提高算法效率。

第三节　采样和内插

本章第二节中提到为了方便数字计算机的分析和处理，需要将监测设备接收到的连续时间信号转换为离散时间信号，此时需要通过采样将连续时间信号离散化。处理完后的离散时间信号，如果还要经过监测设备中的模拟电路部分，则还需要通过内插将离散时间信号转换为连续时间信号。目前的电磁频谱监测设备还无法做到所有的组件都实现数字化，而采样和内插实现了连续时间信号和离散时间信号的相互转换，为电磁频谱监测设备的数字信号处理奠定了基础。

一、采样

信号的离散表示可以有多种形式，包括周期采样和非周期采样，这里仅讨论周期采样。连续时间信号在时间（或空间）上以某种方式变化着，周期采样则是指在时间（或空间）上以 T 为时间间隔来测量连续时间信号的值。T 称为采样周期或采样间隔，它的倒数 $f_{\mathrm{s}}=1/T$ 称作采样频率，即每秒内的样本数，也可以表示为采样角频率 $\Omega_{\mathrm{s}}=2\pi/T$（单位为 rad/s）。如果信号是时间的函数，通常采样时间间隔较小，可以达到毫秒级甚至微秒级。采样过程产生的一系列数字称为样本，这些样本代表了原始信号。每个样本对应测量这个样本的特定时间点。

一般通过对连续时间信号 $x_c(t)$ 进行周期采样得到其离散时间表示 $x[n]$，两者的关系为

$$x[n]=x_c(nT),\quad -\infty<n<\infty \tag{4-3-1}$$

为了方便地表示一个连续时间信号在均匀采样间隔上的采样结果，一种有用的方法就是用一个周期冲激串乘以待采样的连续时间信号 $x_c(t)$，这一方法称为冲激串采样。在数学上可以通过两步来表示该采样过程：首先，连续时间信号 $x_c(t)$ 通过冲激串调制器得到一个冲激串信号 $x_s(t)$；然后，将冲激串信号转换成离散序列 $x[n]$。周期冲激串为 $s(t)=\sum\limits_{n=-\infty}^{\infty}\delta(t-nT)$，这样 $x_s(t)$ 就可以表示为

$$\begin{aligned}x_s(t)&=x_c(t)s(t)=x_c(t)=\sum_{n=-\infty}^{\infty}\delta(t-nT)\\&=\sum_{n=-\infty}^{\infty}x_c(t)\delta(t-nT)=\sum_{n=-\infty}^{\infty}x_c(nT)\delta(t-nT)\end{aligned} \tag{4-3-2}$$

为了研究采样前后输入和输出之间的频域关系，现在来考察 $x_s(t)$ 的傅里叶变换。由于 $x_s(t)$ 是 $x_c(t)$ 和 $s(t)$ 在时域上的乘积，根据傅里叶变换的性质可得

$$\begin{aligned}X_S(\mathrm{j}\Omega)&=\frac{1}{2\pi}X_C(\mathrm{j}\Omega)*S(\mathrm{j}\Omega)\\&=\frac{1}{2\pi}X_C(\mathrm{j}\Omega)*\frac{2\pi}{T}\sum_{k=-\infty}^{\infty}\delta(\Omega-k\Omega_{\mathrm{s}})\\&=\frac{1}{T}\sum_{k=-\infty}^{\infty}X_C(\mathrm{j}(\Omega-k\Omega_{\mathrm{s}}))\end{aligned}\tag{4-3-3}$$

式（4-3-3）说明了冲激串调制器输入和输出的频域关系，可以看出 $x_s(t)$ 的傅里叶变换是由 $x_c(t)$ 的傅里叶变换 $X_C(\mathrm{j}\Omega)$ 无限次平移叠加构成的，每次平移的间隔为采样角频率 Ω_{s}。假设 $x_c(t)$ 是一个带限信号，最高频率为 Ω_{N}，当 $\Omega_{\mathrm{s}}-\Omega_{\mathrm{N}}\geqslant\Omega_{\mathrm{N}}$ 或 $\Omega_{\mathrm{s}}\geqslant 2\Omega_{\mathrm{N}}$ 时，$X_S(\mathrm{j}\Omega)$ 的频谱不会出现混叠，这样在每个整数倍的 Ω_{s} 上，仍然保持一个与 $X_C(\mathrm{j}\Omega)$ 完全一样的复本（附加一个幅度尺度因子 $1/T$）。至此，$x_c(t)$ 就可以用一个理想低通滤波器从 $x_s(t)$ 中恢复出来。上述讨论就是奈奎斯特采样定理，具体陈述如下。

奈奎斯特采样定理：令 $x_c(t)$ 是一个带限信号，$X_C(\mathrm{j}\Omega)=0$，对于 $|\Omega|\geqslant\Omega_{\mathrm{N}}$，$x_c(t)$ 能唯一地由它的样本 $x[n]=x_c(nT)$（$n=0,\pm1,\pm2,\cdots$）所决定，需要满足

$$\Omega_{\mathrm{s}}=\frac{2\pi}{T}\geqslant 2\Omega_{\mathrm{N}}\tag{4-3-4}$$

其中，频率 Ω_{N} 一般被称为奈奎斯特频率，而频率 $2\Omega_{\mathrm{N}}$ 被称为奈奎斯特率。

二、内插

内插（也就是用一连续时间信号对一组样本值的拟合）是一个由样本值来重建某一函数的常用过程，这一重建结果既可以是近似的，也可以是完全准确的。但是，内插有一个最基本的要求，就是重建结果的曲线要通过全部给定的样本值。

由奈奎斯特采样定理可知，对于一个连续时间带限信号，只要采样频率大于信号中最高频率成分的两倍，那么该信号就可以由样本及采样周期恢复出来。也就是说，通过应用一个低通滤波器在样本之间的真正内插就可以实现此过程。

假设采样后的样本序列为 $x[n]$，这样就能形成一个冲激串 $x_s(t)$，表示为

$$x_s(t)=\sum_{n=-\infty}^{\infty}x[n]\delta(t-nT)\tag{4-3-5}$$

对于理想低通滤波器，其频率特性为

$$H(\mathrm{j}\Omega)=\begin{cases}T, & |\Omega|<\Omega_C\\0, & |\Omega|>\Omega_C\end{cases}\quad(\Omega_{\mathrm{N}}\leqslant\Omega_C\leqslant\Omega_{\mathrm{s}}/2)\tag{4-3-6}$$

经过傅里叶逆变换可知，理想低通滤波器的时域表达式为

$$h(t)=\frac{\sin(\pi t/T)}{\pi t/T}\tag{4-3-7}$$

设重建信号为 $x_r(t)$，则 $x_r(t)=x_s(t)*h(t)=\sum_{n=-\infty}^{\infty}x[n]h(t-nT)$，所以有

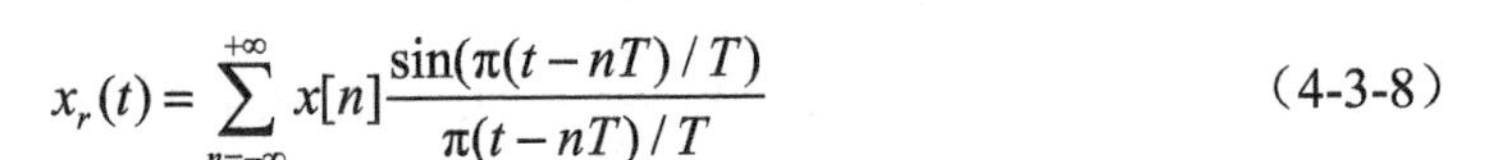

$$x_r(t)=\sum_{n=-\infty}^{+\infty}x[n]\frac{\sin(\pi(t-nT)/T)}{\pi(t-nT)/T} \tag{4-3-8}$$

若 $x[n]=x_c(nT)$，并且采样频率满足奈奎斯特采样定理，那么重建信号 $x_r(t)$ 就和原始信号 $x_c(t)$ 相等。仅根据式（4-3-8）这个结论可能还不够直观，但稍加分析便可以证明该结论。首先考虑式（4-3-7），由罗比塔法则可知 $h(0)=1$，同时 $h(nT)=0$（$n=\pm1,\pm2,\cdots$），这样就可以得到结论

$$\begin{aligned}x_r(nT)&=\sum_{n=-\infty}^{\infty}x_c(nT)h(t-nT)\\&=x_c(nT)\end{aligned} \tag{4-3-9}$$

也就是重建信号在各采样时刻与原连续时间信号有相同的值，并且与采样周期 T 无关。这种利用理想低通滤波器的单位冲激响应的内插通常称为带限内插。下面从时域和频域来看带限内插的具体过程。由图 4-3 可知，$x_r(t)$ 就是由式（4-3-8）中每项 sinc 函数的叠加取代冲激串的结果。

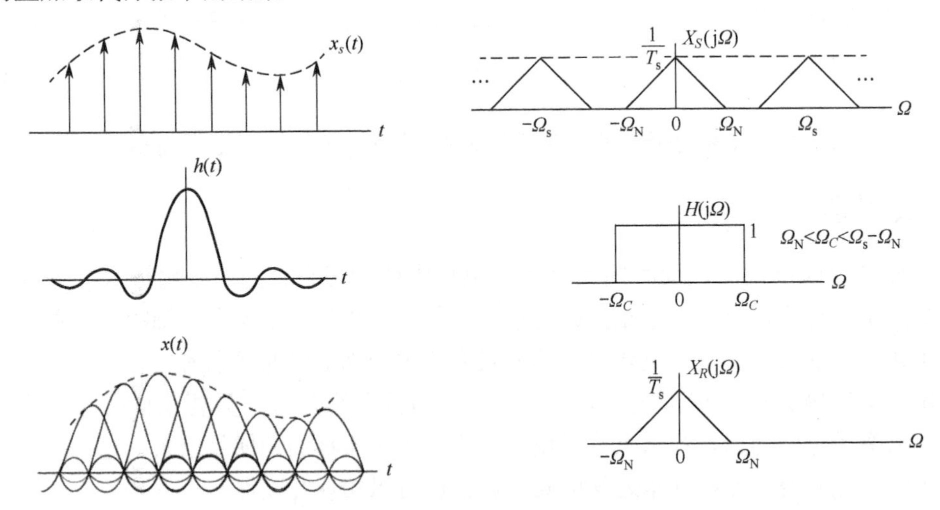

图 4-3　利用 sinc 函数的理想带限内插

然而，在通常情况下，理想低通滤波器是不能真正实现的，人们宁可采用准确性差一些但实现更方便的滤波器，或者说比式（4-3-7）简单一些的内插函数。例如，零阶保持（在给定的瞬间对连续时间信号 $x_c(t)$ 采样，并保持这一样本值，直到下一个样本被采样到为止）就可以看成在样本值之间进行内插的一种形式。如果零阶保持所给出的粗糙内插效果令人不够满意，则可以使用各种更平滑的内插手段，如高阶保持。线性内插（将相邻的样本点用直线直接连起来）有时也称为一阶保持，它所重建的信号具有更好的平滑度。当然，在更复杂的内插公式中，样本之间可以用高阶多项式或其他数学函数来拟合。

除了内插方法，还存在外插。外插也称为外推。两者都是离散函数逼近的重要方法，其不同点在于，内插是根据插值函数对数据范围内的被插函数进行近似的方法，而外插则是对数据范围外的被插函数进行近似的方法。

第四节　数字滤波器

从广义上讲，任何能对某些频率（相对于其他频率来说）进行修正的系统都可以被称为滤波器。用于改变频谱形状的线性时不变系统往往被称为频率成形滤波器，如音响系统中使用的均衡器。而专门设计成基本上无失真地通过某些频率、显著地衰减或消除掉另一些频率的系统被称为频率选择性滤波器，本节将介绍的数字滤波器就属于这一类。随着数字信号处理技术的发展，数字滤波器已经成为电磁频谱监测设备中不可或缺的部分。相较于模拟滤波器，数字滤波器具有高精度、高可靠性和便于集成等优点，因此了解两类常用的数字滤波器设计方法就显得尤为重要。

一、数字滤波器简介

信号在处理前，一般要经过滤波过程。针对不同的信号，需要采用相应的滤波手段，模拟滤波处理连续时间信号，数字滤波则处理离散时间信号。数字滤波技术是在模拟滤波技术基础上发展起来的。模拟滤波器是分立元件构成的线性系统，它们的性能可以用线性常系数微分方程来描述；而数字滤波器是一个离散线性系统，要用线性常系数差分方程来描述，并通过离散变换方法来分析。这些方程组可以通过数字计算机进行数字运算来实现，因此，数字滤波器的滤波过程本质上是一个计算过程，它将输入信号的序列按照预定的要求转换成输出序列。

与模拟滤波器相比，数字滤波器在体积、质量、精度、稳定性、可靠性、存储功能、灵活性、性价比等方面显示出明显的优点。另外，数字滤波器除可利用硬件电路实现外，还可以集成到计算机中以软件编程方式实现。正因为这些特点，在许多情况下，人们宁可利用间接方式处理模拟信号，而舍弃传统的模拟电路。虽然随着数字技术的发展，模拟滤波器的应用领域在逐步减少，但其技术成熟，同时数字滤波器的构成原理和设计方法往往要从模拟滤波器中转换而来，因而了解模拟滤波器是学习数字滤波器的基础。由于篇幅所限，本节仅介绍目前使用更多的数字滤波器。

数字滤波器的设计要经过以下 3 个步骤：①确定指标，在设计一个滤波器前，必须有一些技术指标，这些技术指标根据具体应用来确定；②模型逼近，一旦确定了技术指标，就可以提出一个滤波器模型来逼近给定的指标体系，这是滤波器设计所要研究的主要问题；③实现，上面两步的结果得到的滤波器通常是以差分方程、系统函数或脉冲响应来描述的，最后通过硬件或计算机软件来实现。

由数字滤波器设计的 3 个步骤可以发现，技术指标的确定是最基础的一步，主要取决于数字滤波器应用的场合，模型逼近是最需要关注的一步，而最后一步则取决于实现滤波器所用的技术。另外，由于低通滤波器的设计可以很容易地转化为其他类型滤波器的设计，因此本节重点讨论低通滤波器。

图 4-4 给出了低通滤波器的两类幅度技术指标。图 4-4（a）给出了绝对指标，提出了对幅度响应函数$\left|H(e^{j\omega})\right|$的要求；图 4-4（b）给出的是相对指标，以分贝（dB）值的

形式提出要求。

在绝对指标中，$[0,\omega_p]$频段叫作通带，δ_1是在理想通带中能接受的振幅波动；$[\omega_s,\pi]$频段叫作阻带，δ_2是在阻带中能接受的振幅波动；$[\omega_p,\omega_s]$频段叫作过渡带，过渡带中对幅度响应通常没有限制。

在相对指标中，3 种频带的定义不变，其中，R_p为通带波动的 dB 值，A_s为阻带衰减的 dB 值。

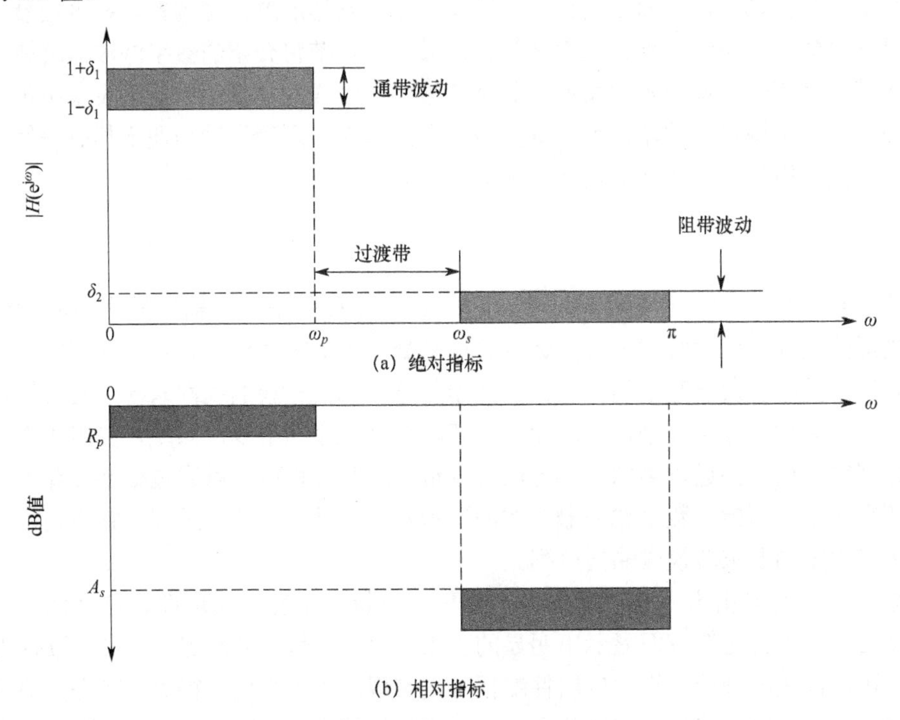

图 4-4　低通滤波器的两类幅度技术指标

在实际应用中，大部分滤波器的特性都用上面提到的技术指标来说明。对于相位响应，除了隐含地通过对稳定性和因果性的要求加以限制外，通常没有其他限制，因此在滤波器的设计过程中一般不考虑相位，也就没有给出相关的技术指标。

数字滤波器的结构和设计方法有多种类型，如果按照系统冲激响应的特征来划分，数字滤波器可以划分为无限长脉冲响应（IIR）滤波器和有限长脉冲响应（FIR）滤波器。本节首先讨论 IIR 滤波器，然后研究 FIR 滤波器。

二、无限长脉冲响应（IIR）滤波器设计方法

IIR 滤波器是一种数字滤波器，滤波器的系统函数为

$$H(z)=\frac{Y(z)}{X(z)}=\sum_{n=0}^{\infty}h[n]z^{-n}=\frac{\sum_{r=0}^{M}b_r z^{-r}}{1+\sum_{k=1}^{N}a_k z^{-k}} \tag{4-4-1}$$

由于 IIR 滤波器的脉冲响应序列 $h[n]$ 是无限长的，故称其为无限冲激响应滤波器。IIR 滤波器是根据滤波器的某些性能指标要求设计滤波器的分子和分母多项式的。它和 FIR 滤波器相比，优点是在满足相同性能指标要求条件下，IIR 滤波器的阶数要明显低于 FIR 滤波器。但是，IIR 滤波器的相位是非线性的。

IIR 滤波器的基本设计思路为：

（1）利用 $\omega=\Omega T$，将数字低通滤波器的技术指标转化为模拟低通滤波器的技术指标，将 ω_p、ω_s 转换成 Ω_p、Ω_s，而 R_p、A_s 不变；

（2）利用巴特沃斯逼近法，求出模拟滤波器的系统函数 $H_a(s)$；

（3）利用冲激响应不变法，将模拟滤波器数字化，得到数字滤波器的系统函数 $H(z)$。

基于模拟滤波器的变换原理，首先根据滤波器的技术指标设计出相应的模拟滤波器，然后将设计好的模拟滤波器变换成满足给定技术指标的数字滤波器。

由上可见，此法利用了模拟滤波器的设计成果。第（2）步完成后，一个达到期望性能指标的模拟滤波器已经设计出来。第（3）步离散化的主要任务就是把模拟滤波器变换成数字滤波器，即把模拟滤波器的系数 $H(s)$ 映射成数字滤波器的系统函数 $H(z)$。至此，数字滤波器的设计工作全部完成。实现系统传递函数 s 域至 z 域映射有两种方法，即冲激响应不变法和双线性映射。

三、有限长脉冲响应（FIR）滤波器设计方法

FIR 滤波器的传递函数为

$$H(z)=\frac{Y(z)}{X(z)}=\sum_{n=0}^{N-1}h[n]z^{-n} \tag{4-4-2}$$

FIR 滤波器的系统差分方程为

$$\begin{aligned}y[n]&=b[0]x[n]+b[1]x[n-1]+\cdots+b[N-1]x[n-N+1]\\&=\sum_{m=0}^{N-1}b[m]x[n-m]=b(n)*x(n)\end{aligned} \tag{4-4-3}$$

因此，FIR 滤波器又称为卷积滤波器。FIR 滤波器的频率响应表达式为

$$H(\mathrm{e}^{\mathrm{j}\omega})=\sum_{n=0}^{N-1}b[n]\mathrm{e}^{-\mathrm{j}n\omega} \tag{4-4-4}$$

滤波器在通带内具有恒定的幅频特性和线性相位特性。理论上可以证明，当 FIR 滤波器的系数满足中心对称条件时，即

$$b[n]=b[N-1-n]\quad 或\quad b[n]=-b[N-1-n] \tag{4-4-5}$$

滤波器设计在逼近平直幅频特性的同时，还能获得严格的线性相位特性。线性相位 FIR 滤波器的相位滞后和群延迟在整个频带上是相等且不变的。对于一个 N 阶线性相位 FIR 滤波器，群延迟为常数，即滤波后的信号简单地延迟常数个时间步长。这个特性使通带频率内信号通过滤波器后仍能保持原有波形而无相位失真。

习题与思考题

1. 某接收机由高频功率放大器、混频器和中频功率放大器组成。已知高频功率放大器的噪声系数为 4，增益为 10dB；混频器的噪声系数为 7，功率传输系数为 0.2；中频功率放大器的噪声系数为 3，功率增益为 10^5。用一个长 10m、衰减量为 0.3dB/m 的高频功率放大器电缆将接收机连接至天线，试问总的噪声系数为多少？

2. 考虑由 $x[n]=\alpha^n u[n]$ 给出的序列 $x[n]$。周期序列 $\tilde{x}[n]$ 由 $x[n]$ 用下列方式构成，即

$$\tilde{x}[n]=\sum_{r=-\infty}^{\infty} x[n+rN]$$

（a）求 $x[n]$ 的傅里叶变换 $X(\mathrm{e}^{\mathrm{j}\omega})$。

（b）求 $\tilde{x}[n]$ 的离散傅里叶级数 $\tilde{X}[k]$。

（c）$\tilde{X}[k]$ 与 $X(\mathrm{e}^{\mathrm{j}\omega})$ 有何关系？

3. 计算下列每个长度为 N（N 为偶数）的有限长序列的离散傅里叶变换：

（a）$x[n]=\delta[n-n_0]$，$0\leqslant n_0\leqslant N-1$；

（b）$x[n]=\begin{cases}1, & 0\leqslant n\leqslant N/2-1 \\ 0, & N/2\leqslant n\leqslant N-1\end{cases}$；

（c）$x[n]=\begin{cases}a^n, & 0\leqslant n\leqslant N-1 \\ 0, & \text{其他}\end{cases}$。

4. 10 点序列 $g[n]$ 的 10 点 DFT 为 $G[k]=10\delta[k]$，求 $g[n]$ 的离散时间傅里叶变换 $G(\mathrm{e}^{\mathrm{j}\omega})$。

5. 画出 16 点基 2 按时间抽取 FFT 算法的一种流图。用 W_{16} 的幂次标出所有的乘法器，并且标出所有传输比等于−1 的支路。用输入序列和离散傅里叶变换序列的适当值分别标出输入节点和输出节点，求执行流图运算所需要的实乘法次数和实加法次数。

6. 某一离散时间系统的系统函数为

$$H(z)=\frac{2}{1-\mathrm{e}^{-0.2z-1}}-\frac{1}{1-\mathrm{e}^{-0.4z-1}}$$

假设这个离散时间系统是用取 $T_d=2$ 的冲击响应不变法来设计的，即 $h[n]=2h_c(2n)$，其中 $h_c(t)$ 为实数。求一个连续时间滤波器的系统函数 $H_c(s)$，它可以作为设计的基础。你的答案是唯一的吗？如果不是，则求另一个系统函数 $H_c(s)$。

第五章

电磁频谱监测接收基本原理

电磁波信号是以能量的形式辐射到空中的，为了实现对电磁波信号频谱的监测，首先需要通过技术手段从空中提取电磁波能量，并经处理转变成我们能够理解的形式，然后才能对其频谱参数进行测量和分析。早期的频谱监测，使用通信接收机完成信号的接收与解调等简单处理，但是其存在频率搜索速度慢、处理方式单一等诸多缺陷。随着技术的发展，专门用于频谱监测的接收机出现了。在现代频谱监测中，这一过程是通过频谱监测接收机和数字信号处理实现的。频谱监测信号处理的主要任务是通过频谱监测接收机完成的。根据频谱监测接收机对信号的处理方式不同，可将其归纳为不同类型。按照接收机是否对信号进行数字化处理可将其归纳为模拟接收机和数字接收机；按照接收机同时能处理信号数量的能力，可将其归纳为窄带接收机和宽带接收机。随着信号处理技术和微电子技术的迅速发展，目前，几乎所有的频谱监测接收机都采用了数字化处理方式，利用数字信号处理技术和软件无线电技术实现原有接收机的功能。本章将重点对几种接收技术的基本原理进行介绍。

第一节　窄带接收技术体制

窄带接收是相对宽带接收而言的，窄带接收只能同时接收一个信号，而宽带接收能同时接收某一频段范围内的所有信号。本节主要介绍超外差接收、数字化零中频接收和中频数字化接收技术。

一、超外差接收

同其他的无线电信号接收一样，频谱监测中也采用超外差接收方式对信号进行接收。超外差接收顾名思义就是通过差频或混频接收的过程。在这个过程中，由天线接收的输入信号经过放大和滤波进入混频器，在混频器中与本振输出信号混频得到一个输出信号。该输出信号的频率可表示为$f_i=|f_s \pm f_L|$，其中，f_i为输出的中频频率，f_s为接收信号的频率，f_L为本振频率。

理论上，混频器输出可以得到两个频率，即 f_s 和 f_L 的和与差。实际上，混频器只使用一个频率，由滤波器来选择所需的频率，并抑制另一个频率。根据接收机的工作范围及要获得的接收机性能，混频器可设计为上变频和下变频两种基本体制。通常把中频频率大于信号频率的混频器称为上变频，把中频频率小于信号频率的混频器称为下变频。本振频率减信号频率称为外差，信号频率减本振频率称为内差。外差和内差这两种方式在实际中都被使用，但通常采用外差方式。现在通常把具有混频过程的接收方式统称为外差式接收，外差后经过放大、滤波、解调、变换等处理，有时还要进行两次混频，称之为超外差。典型的二次混频超外差接收的原理框图如图 5-1 所示。

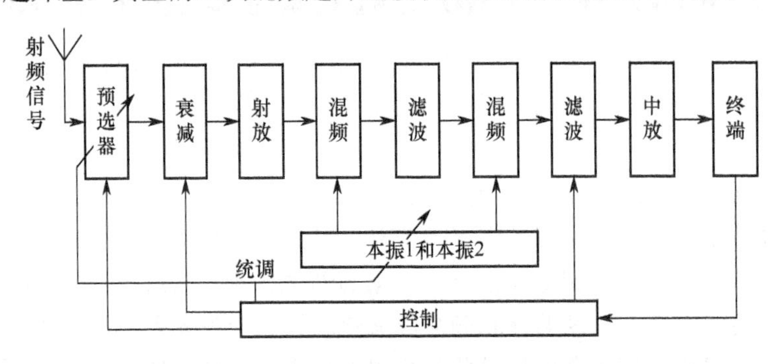

图 5-1　典型的二次混频超外差接收的原理框图

与通信信号接收不同的是，监测信号接收机在整个短波、超短波、微波甚至更宽的频段范围内对所有信号进行搜索、接收。通过调谐即通过调整本振频率，可以实现对宽频率范围内任何一个信号的接收。

由于混频器输出的是固定中频，因此信号是在固定频率上进行放大的，可以获得较高的增益和稳定的性能。在接收某一频率的信号时，预选器和本振通常需要统调，即同时调整预选器和本振，使预选器对信号调谐，使本振工作在与信号差一个中频的频率上。统调能够很好地抑制其他信号的干扰。天线接收的信号经预选器后进行前置放大。实际应用中通常使用带宽为整个频段的宽带放大器，使天线接收到的很宽频段范围内的信号都能进入接收机前端并放大，然后进入第二混频器，与频率固定的本振信号混频，得到二中频信号，这是一个频率降低的信号，其目的是便于信号的处理，有时可以在更低的频率上进行信号处理，还需要进行第三次混频。二中频信号经过放大后进行后续处理。

在现代频谱监测中，通常采用中频数字化方案对模拟中频信号进行数字处理，目前频谱监测中使用的数字接收机基本采用了这种处理方式。数字处理具有十分优越的性能，如高性能的频率转换、滤波、解调、自适应干扰消除及更好的选择性、稳定性等。图 5-2 是采用数字下变频的中频数字化方案的基本框图。

进行数字处理的第一步是对模拟中频信号进行带通滤波后再进行 A/D 采样。A/D 器件的采样速率是很重要的指标，为了缓解 A/D 采样的压力，对中频较高的带限信号通常按带通采样（欠采样或谐波采样）定理实现采样。A/D 转换后的数字中频信号进行正交处理，即将其变换为同相和正交（I、Q 分量）两路信号，这样就形成了数字复信号，其能够精确地保留信号的幅度和相位信息。工程上获得数字 I、Q 分量的方法很多，通常采用数字下变频法，其好处是输出采样速率降低了基带数字信号的 I、Q 分量，减轻了后续处理的压力。基带数字信号在 DSP 中进行进一步的处理，如解调、解码、识别、监听、测量、显示输出等。

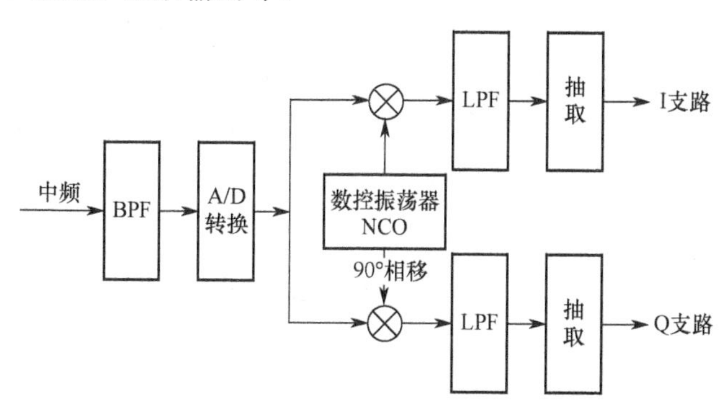

图 5-2　采用数字下变频的中频数字化方案的基本框图

二、数字化零中频接收

在模拟接收机中，零中频接收机将信号经过滤波和放大后直接送入混频器，与此同时，一个频率与信号载波频率相同或相近的本振信号也送入该混频器，然后经过混频和滤波，完成信号解调。

数字化接收机也采用相同的处理方法构成数字化零中频接收机，其基本构成如图 5-3 所示。

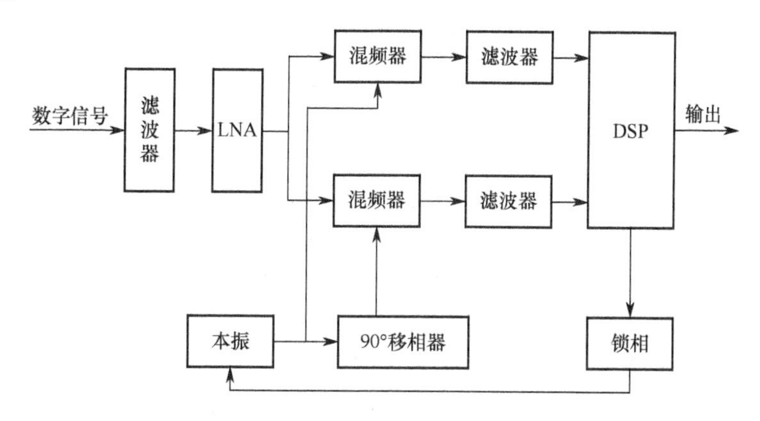

图 5-3　数字化零中频接收机的基本构成

数字化零中频接收机直接将射频信号下变频为基带，它的信道选择仅要求一个具有尖锐截止特性的低通滤波器。为了保证在处理过程中不丢失信息，这种接收机一般采用正交混频的方式，即将经过滤波和放大后输出的模拟信号分成两路，分别送入两个混频器，并同时与两路正交的本振信号进行混频，使变频后的信号变为频率为零的两路正交基带信号。这两路正交基带信号通过一个低通滤波器，在同一时钟的控制下进行 A/D 转换，然后送入 DSP 进行分析处理。

对于幅度调制的信号，其两个边带以载波为对称轴，其中的任意一个边带都可以

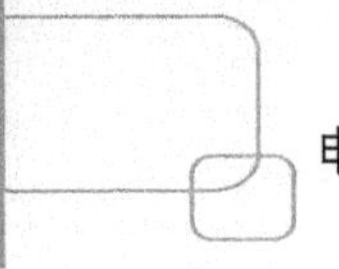

反映整个信号的信息，这时接收机可以是真正的零中频接收机，其本振与信号载频完全相同。

对于 FSK、FM、BPSK 和频分复用的信号，其信号的频谱在载频两边分别表示不同的调制信号。如果将这些信号转换到零中频，将会造成频谱混叠，也就无法正确地进行信号频谱的监测。在这种情况下，信号就不能直接“搬移”到零中频，而应先转换到较低的中频上，并且要求下变频后的信号最低频率不能低于零频，因此称其为准基带信号（见图 5-4）。虽然它不是真正的基带信号，但是其频率较低，可以很容易地实现低通采样和实时处理。

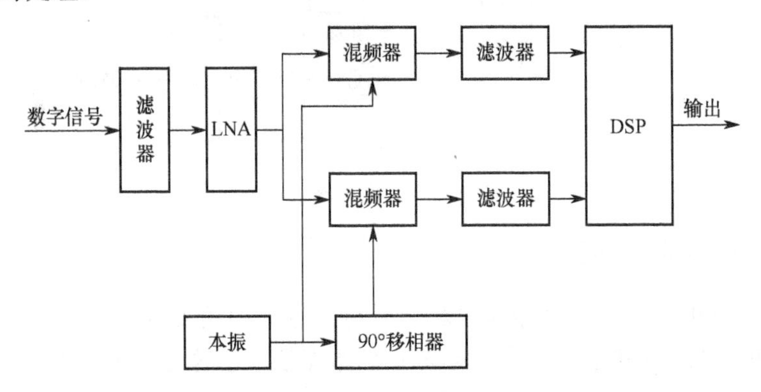

图 5-4　数字化准零中频接收机示意图

影响零中频接收机性能的主要因素有正交混频器的隔离度、动态范围、噪声系数、接收机 I 支路和 Q 支路的不平衡性。采用零中频接收机结构的设备目前主要是高速突发扩频通信设备。

三、数字化中频接收

如前文所述，无论是直接数字化接收机，还是数字化零中频接收机，要使其很好地工作，就必须使用具有高度线性的低噪声放大器（LNA）、高性能的模/数转换器（ADC）和高处理速度的数字信号处理器（DSP）。然而，这些要求都是受限的，目前很难满足上述接收机的实际需要。

于是人们开始对通用的超外差接收机的中频进行数字化处理，并取得了较好的效果，形成了数字化中频接收机，也称为超外差中频数字化接收机。在该接收机中，射频信号通过一次混频，有时是两次混频或三次混频，下变频到一个较低的中频信号，然后对此中频信号进行数字处理。这种结构缓解了上述接收机技术上的实现难度，因此目前大部分数字化接收机都采用这种结构。

超外差中频数字化接收机通常有 3 种形式：超外差窄带中频数字化接收机、超外差宽带中频数字化接收机、超外差综合中频数字化接收机。这里主要介绍超外差窄带中频数字化接收机。

超外差窄带中频数字化接收机的前端与超外差接收机没有什么不同，不同之处是前者的中频输出采用了数字处理技术。数字处理的实现方法主要有两种：第一种是先进行正交混频，然后进行 A/D 转换和滤波，最后送到 DSP 处理；第二种是先进行 A/D 转换，然后使其与数控本振进行正交混频，最后送到 DSP 处理。这两种方法中的第二种具有较好的性能，因此超外差窄带中频数字化接收机都采用第二种数字处理方法。图 5-5 是超外差窄带中频数字化接收机的基本结构示意图。

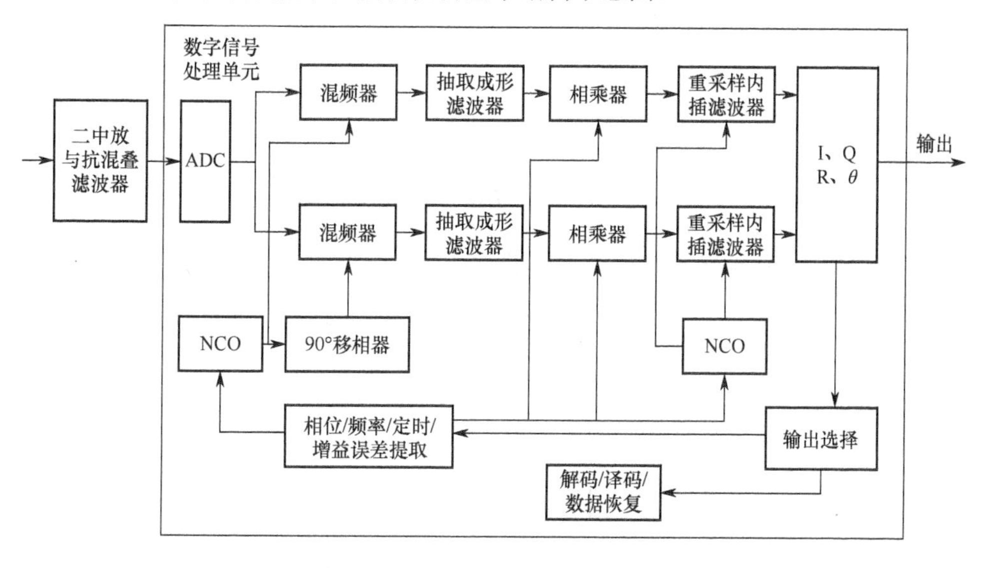

图 5-5　超外差窄带中频数字化接收机的基本结构示意图

在图 5-5 中，如果数控振荡器（NCO）的频率与输入中频信号的频率相等或近似相等，就构成了一个零中频接收机。不同的是，前面讨论的零中频接收机的原理是直接从射频变为零中频，这里的零中频接收机的原理是从第二中频或第三中频后下变到零中频。由于采用此处方法进行正交混频输出的是基带信号，对基带信号进行数字处理相对而言比较容易，因此它特别适合对高数据速率的信号进行实时处理。

第二节　宽带接收技术体制

宽带接收机通常也称为宽开（Wide Open）接收机。它是相对于窄带接收机而言的，能同时接收某一频段范围的所有信号，可用于对信号频率域的快速搜索。

一、直接数字化接收

监测接收机的主要功能是从天线接收所有无线电信号并选择所需信号，在接收机输出端输出无线电信号并选择所需信号，在接收机输出端输出无线电信号所传送的信息。早期的接收机普遍使用模拟电路，被称为模拟接收机。数字化监测接收机的基本结构如图 5-6 所示。根据数字化实现方法的不同，数字化监测接收机可以分为直接数字化监测接收机、数字化零中频监测接收机、数字化准零中频监测接收机和数字化中频监测接收机。

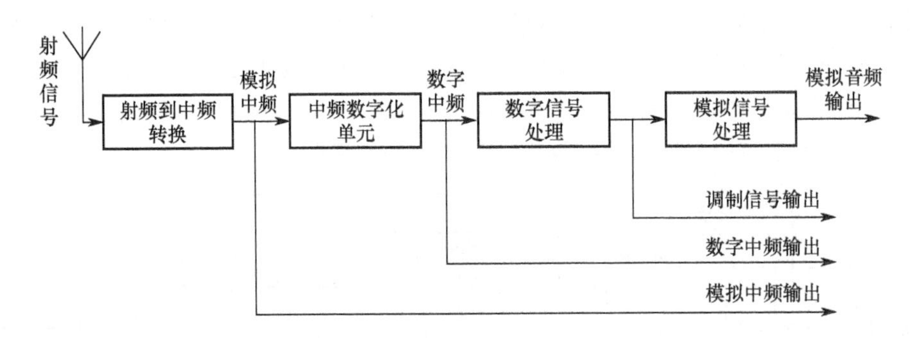

图 5-6 数字化监测接收机的基本结构

直接数字化监测接收机的基本结构如图 5-7 所示。

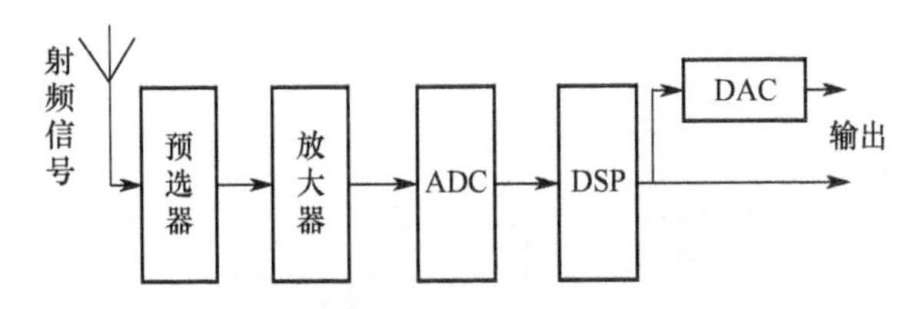

图 5-7 直接数字化监测接收机的基本结构

直接数字化监测接收机将天线接收的射频信号（RF），经过预选器滤波和放大后直接送入模数转换器（ADC）进行数字化，信号数字化后送入数字信号处理器（DSP）单元进行处理，完成信号接收。直接数字化监测接收机有时还需要经过数模转换器（DAC）输出模拟信号。

直接数字化监测接收机可以只对频段内某一窄带信号进行接收和分析，因而可用作分析接收机。由于在频率方面接收机是宽开的，它也可以同时对频段内所有信号进行分析处理，因此其也可用作搜索接收机。理论上，只要接收机所用的 ADC 能按照采样定理对其接收的信号进行模数转换，其就可以实现数字化。然而，目前 ADC 的性能还难以满足射频的直接数字化，因此这种接收和处理方式只能用于低频信号和部分高频信号，其他频段的信号还难以采用此种结构的接收机进行监测和分析处理。

二、数字宽开搜索截获接收

数字宽开搜索截获接收，即利用数字信号处理技术实现对某一频段范围内所有信号的实时监测，从而瞬时完成对这一频段范围内信号的搜索截获。这里的“宽开”是指接收机具有宽带特性，即接收机对某一频段范围内的信号都能响应。数字宽开搜索截获接收机通常将整个工作频段范围划分为若干频段，宽开的范围通常对应一个频段。在单一频段工作时，其工作没有扫描或搜索的过程，它在一瞬间对这一频段范围的信号实施采样，然后通过 FFT 和数据处理，获得这一频段范围的所有信号频率分量的幅频特性，经处理获得每个信号的幅频特性，从而完成对该频段范围信号的截获。如果将其送到显示器上，就可以看到这一频段范围内所有信号的幅频特性的分布情况。

数字宽开搜索截获接收机的基本结构如图 5-8 所示。它由 3 部分组成：宽开模拟前端、数字信号处理部分和控制部分。宽开模拟前端除了是宽开的，其他与一般的接收机前端并没有什么不同。宽开模拟前端通常包括低噪声放大器、宽带滤波器、一级或两级混频电路，以及相应的宽带中频滤波器和中频放大器。数字信号处理部分包括 A/D 转换与存储模块、FFT 处理模块、数字处理器等。控制部分包括整个接收机的控制器、人机界面模块和显示器。A/D 转换与存储模块完成信号从模拟到数字的转换，并将高速采样数据存储到存储器中，以备其他模块使用。FFT 处理模块完成对采样数据的频谱变换，将时域信号变换为频域信号。数字处理器对 FFT 处理模块的处理结果进行处理，形成需要的信号幅频特性。控制器完成对整个接收机工作的控制。在控制器的统一控制下，各模块协调工作，从而完成对确定频段信号的截获。另外，控制器、键盘和显示器等用于人与机器之间的信息交换。

数字宽开搜索截获接收机有多种形式，常用的有单路处理和多路处理两种方式。图 5-8 是一个单路处理数字宽开搜索截获接收机的结构框架图。为了提高截获概率，多路处理方式也常被数字宽开搜索截获接收机采用。

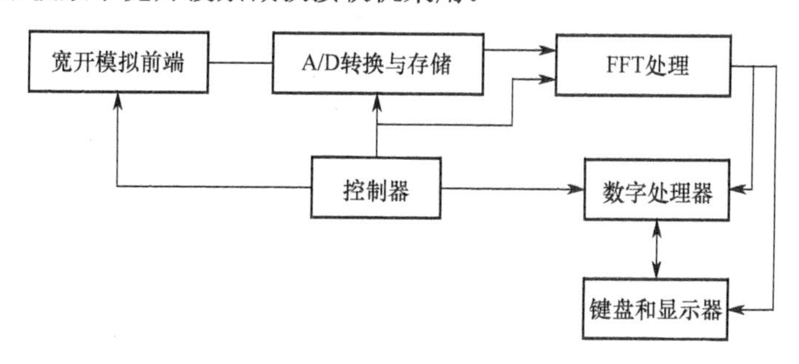

图 5-8　单路处理方式数字宽开搜索截获接收机的结构框架

三、信道化接收

为了提高截获概率，数字宽开搜索截获接收机也常采用多路处理方式。图 5-9 是多路处理方式数字宽开搜索截获接收机的结构框架，高频前端输出信号经分路器分路，然后送入并行的中频信道，进行类似上文所述的处理，从而完成信号的搜索截获。

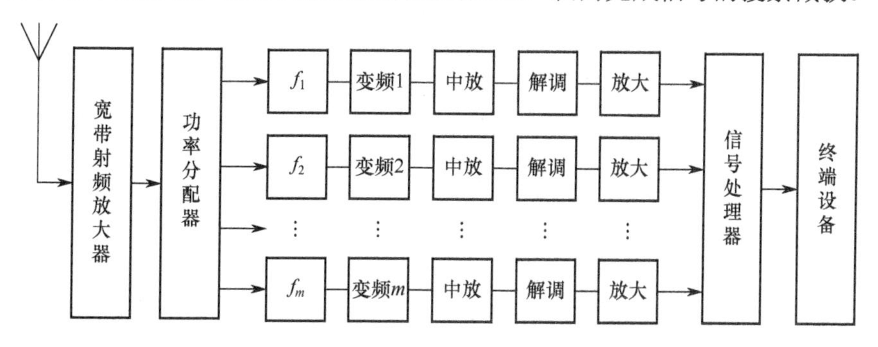

图 5-9　多路处理方式数字宽开搜索截获接收机的结构框架

习题与思考题

1. 简要归纳数字接收技术中的宽带接收和窄带接收原理。
2. 采用超外差接收技术如何实现宽带接收?
3. 简述监测接收机中的混频器变频原理及其发挥的作用。

第六章

电磁频谱模拟接收技术

随着电磁频谱监测工作需求的增多和监测技术的进步，电磁频谱监测接收技术的种类也在不断增加。电磁频谱监测总体上可以分为模拟监测接收和数字监测接收两大类。早期的电磁频谱监测都是模拟监测接收，主要有模拟全景显示搜索接收、模拟压缩接收和模拟信道化接收等。

第一节　模拟全景显示搜索接收

早期的电磁频谱监测采用的是通信接收机。通信接收机的扫描频段很窄，并且需要手动调节旋钮来实现，对于监测到的信号也只能通过声音去判断。在实际应用中，人们关注的可能不仅是某一个很窄的频段，要想对一个很宽的频段内的信号进行掌握并显示出来，通信接收机就无法实现。在这种情况下，人们可以采用模拟全景显示搜索接收机来实现。

要想了解通信接收机和模拟全景显示搜索接收机的区别，就需要从它们的基本流程着手。

一、基本流程

早期的无线电监测都使用通信接收机，其本振输出是单频信号。另外，通信接收机的搜索需要手动调节，一个频段内需要逐个频率地靠耳朵去听，如图 6-1 所示。信号通过天线送到射频放大器进行放大，之后通过混频器与本振信号进行变频，取差频得到中频信号，再经中频放大解调，最终送给用户耳机。

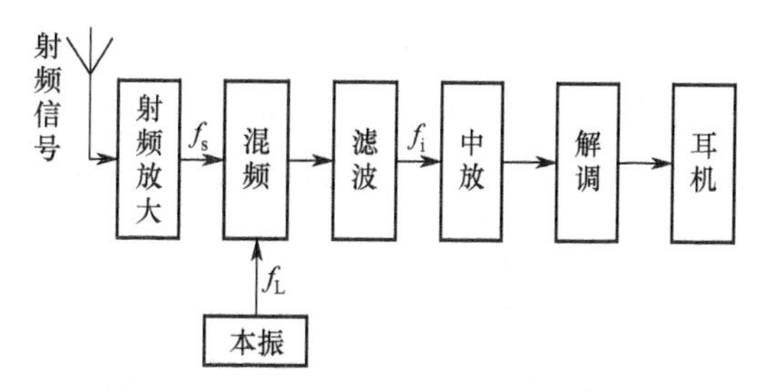

图 6-1　通信接收机的基本流程

电磁频谱监测需要在一个频段内对信号进行搜索，并且需要将信号的全景图显示出来，通信接收机无法满足这样的需求，模拟全景显示搜索接收机可以很好地解决这一问题。

模拟全景显示搜索接收机的主要功能是搜索、截获无线电信号，即在预定的频段内自动地搜索，将截获到的无线电信号频率、电平参数进行粗略的测量，并将该频段内信号的频率和相对幅度显示在显示器上。模拟全景显示搜索接收机显示的是在预定频段内所搜索截获到的无线电信号的“全景”图，该接收机之名也由此而来。模拟全景显示搜索接收机也可简称为全景显示搜索接收机或全景接收机。目前，实际应用的常规全景显示搜索接收机采用的都是超外差体制。

全景显示搜索接收机的原理框图如图 6-2 所示。与通信接收机所不同的是，其采用了预选器对信号进行初步筛选；其采用的锯齿波电压产生器、视频放大器和显示器，可以实现对信号的搜索和显示。

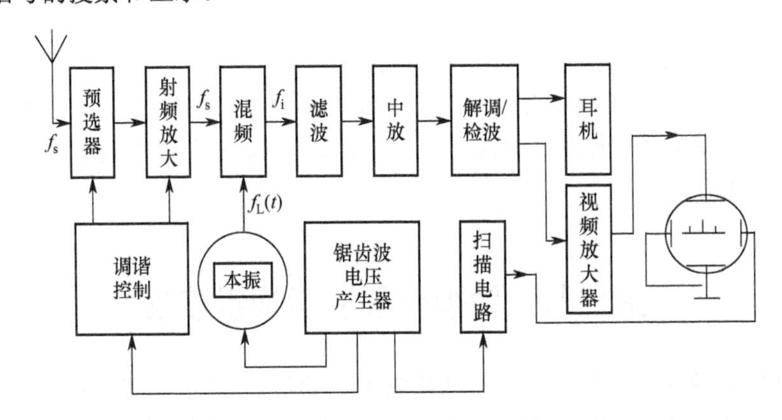

图 6-2 全景显示搜索接收机的原理框图

全景显示搜索接收机按照时间进行频率搜索，并且将信号显示出来，其具体原理就涉及频率搜索技术和全景显示技术。

二、频率搜索

谈到频率搜索技术，就不得不提到全景显示搜索接收机的两个关键器件，即锯齿波电压产生器和压控振荡器。

（一）锯齿波电压产生器

锯齿波电压产生器可以输出锯齿状电压，在每个周期内，电压幅度随时间呈现线性变化。通过图 6-2 可以知道，锯齿波电压产生器与本振、调谐控制回路、扫描电路连接，它可以输出本地振荡器的控制电压，对预选器回路和射频放大回路进行同步调谐，并且对扫描电路进行控制。

（二）压控振荡器

压控振荡器（VCO）的作用是输出本地信号，结合变频器完成对频率的搜索。

设 VCO 的控制灵敏度为K_L，锯齿波电压的变化幅度为U_m，锯齿波电压的变化周

期为 T。因为压控振荡器输出信号的频率是随电压线性变化的（见图 6-3），锯齿波电压产生器产生的锯齿状电压控制压控振荡器的输出信号，所以压控振荡器的输出信号的频率在一个周期内是随时间线性变化的，如图 6-4 所示。由于压控振荡器输出信号的频率随时间线性增大，因此得到的信号波形会随时间越来越密，如图 6-5 所示。

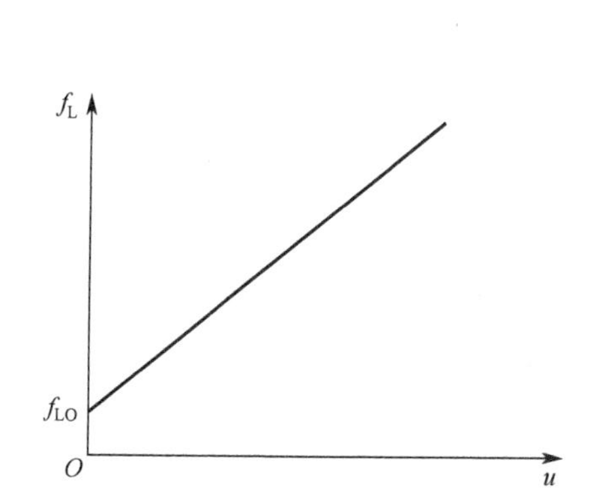

图 6-3 压控振荡器信号频率随电压的变化关系

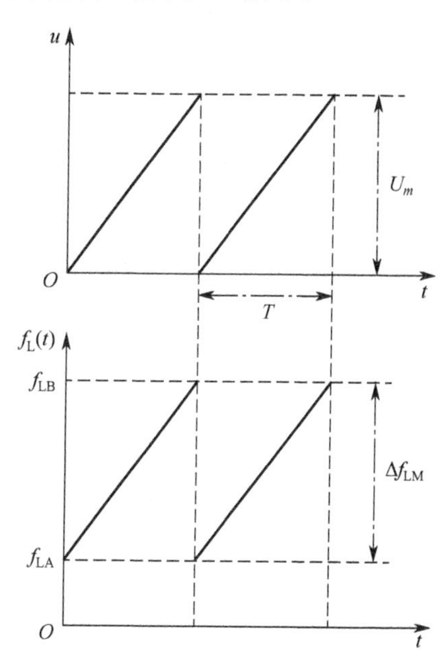

图 6-4 锯齿波电压产生器电压变化导致频率的变化

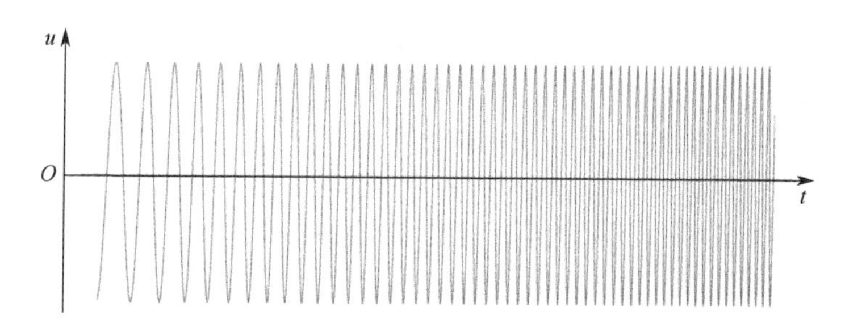

图 6-5 压控振荡器扫频信号波形

再回到图 6-4 中，因为 VCO 控制特性的灵敏度为 K_L，则 $K_L = \Delta f_L / \Delta u$，显然 K_L 为一个常数。$f_L(t)$ 的扫频范围为 $\Delta f_{LM} = f_{LB} - f_{LA} = K_L U_m$，知道了扫频范围，就可以计算得到 VCO 的扫频速度 $v_f = \Delta f_{LM} / T = K_L U_m / T$。

在一个谐振系统的输入端加恒定振幅的正弦信号，缓慢改变输入信号的频率，在每一个频率上都能在谐振系统中建立稳定的振荡。这样测量出的谐振系统输出电压随频率变化的曲线，就是该谐振系统的静态频率响应曲线。一般接收机中，通常都用静态频率响应来反映接收机的频率特性。但是，如果在谐振系统的输入端加恒定振幅的扫频信号，则谐振系统输出电压随频率变化的曲线就与静态频率响应曲线有所不同，它不仅与

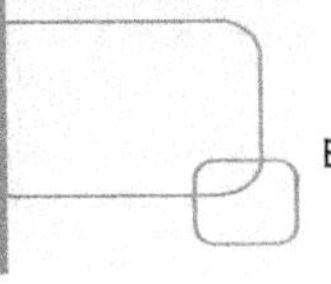

静态频率响应有关，而且与扫频信号的扫频速度有关。此时得到的频率响应称为动态频率响应。

动态频率响应与静态频率响应的不同是谐振系统的惰性造成的。因为惰性的存在，快速扫频信号在经过谐振系统时，来不及建立起稳定的振荡，当扫频频率扫过谐振系统的静态谐振曲线范围后，谐振系统中储存的电磁能量需要经过一定的延迟时间才能逐渐损耗衰减掉。图 6-6 显示了单谐振回路的静态频率响应曲线和动态频率响应曲线。其中，横坐标 $\alpha = 2Q(\omega-\omega_0)/\omega_0$，$\alpha$ 为单谐振回路的广义失谐量，Q 为单谐振回路的质量因数，ω_0 为单谐振回路的谐振角频率；纵坐标 $D(\omega)$为系统输出电压与输入电压之比；$k=\sqrt{\pi/v_f}\Delta f_1$，$\Delta f_1$ 为单谐振回路的通频带。另外，$k=\infty$的曲线表示当 $v_f=0$ 时单谐振回路的静态频率响应曲线；其他曲线是 k 为不同值时的动态频率响应曲线。

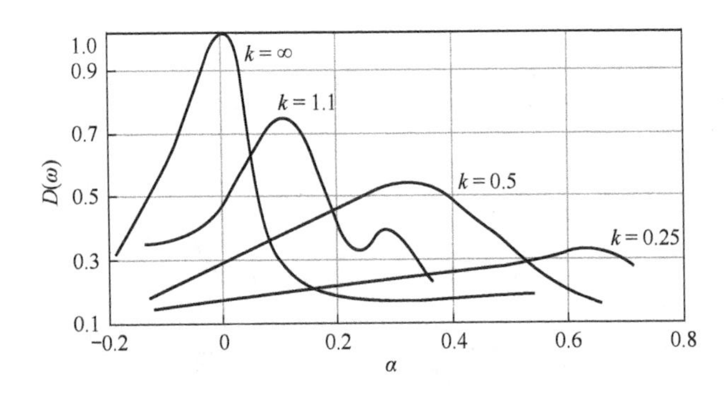

图 6-6　单谐振回路的静态频率响应曲线和动态频率响应曲线

从图 6-6 可以得出以下 3 个结论：

（1）动态频率响应曲线的最大值小于静态频率响应曲线的最大值，并且扫频速度越大，动态频率响应曲线的最大值越小；

（2）动态频率响应曲线的通带宽于静态频率响应曲线的通带，并且随着扫频速度的增大，动态频率响应曲线的通带将变得越来越宽；

（3）动态频率响应曲线的最大值不是在谐振角频率 ω_0 处，而是向扫频信号频率变化的方向移动。扫频速度越大，动态频率响应曲线的最大值偏离 ω_0 越远。

实际上，上述结论对于多谐振回路构成的谐振系统也是成立的。

从以上结论很容易推断出，动态频率响应对全景显示搜索接收机性能的影响表现为：接收灵敏度下降，接收机的频率分辨率下降，被测量信号的参数（信号幅度、频率、持续时间等）误差增大。扫频速度越大，上述影响越严重。

在动态频率响应条件下，接收机所表现的频率分辨率称为动态频率分辨率。动态频率分辨率不仅与接收机的静态频率特性有关，而且与扫频速度有关。在静态频率特性一定的情况下，动态频率分辨率皆低于静态频率分辨率，并且扫频速度越大，接收机的动态频率分辨率越低。

按以上的扫频速度工作，接收机的动态频率分辨率必然低于静态频率分辨率。全景显示搜索接收机通常设置不同的中频带宽和不同的扫频速度，当选用窄带工作时，应选择小的扫频速度，这样既可以保证不降低接收机的灵敏度，又可以比选用宽带工作（选用大的扫频速度）时获得更高的频率分辨率。

但是，在不牺牲接收机灵敏度的条件下，大的扫频速度和高的频率分辨率是互相矛盾的。因为在大的扫频速度下，为了不降低接收机的灵敏度，必须增加接收机的带宽，而带宽的增加必然导致接收机频率分辨率的降低。这一矛盾，在对跳频信号进行监测时表现得尤为突出。

三、全景显示

实现了频率搜索之后，下一步就是如何将信号显示出来。想要了解信号是如何显示的，依然需要从原理框图着手。通过观察图 6-2 可以知道，压控振荡器搜索到信号后，经过混频、滤波、中放、检波后，最终送到显示器显示出来，其中关键的一步就是要通过滤波器。

设输入的两个信号为 f_{s1} 和 f_{s2}，输入的本振信号为 $f_L(t)$，经过混频器混频、滤波器滤波、中放、检波、视频放大后加到 CRT。

假设中频滤波器具有钟形频率响应曲线（见图 6-7），并且在接收机的频率搜索范围内存在两个信号频率 f_{s1} 和 f_{s2}（见图 6-8）。很显然，只有在满足 $f_i - B/2 < f_L(t) - f_{s1} < f_i + B/2$ 且 $f_i - B/2 < f_L(t) - f_{s2} < f_i + B/2$ 时，中频滤波器才有输出，并且输出信号的幅度随着偏离滤波器中心频率 f_i 的大小而变化。

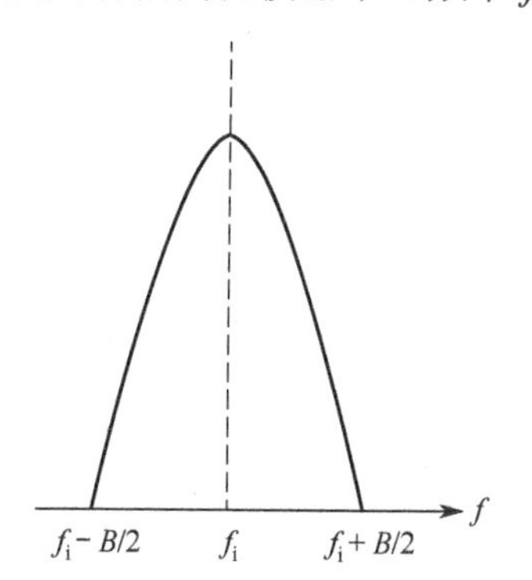

图 6-7　中频滤波器频率响应曲线

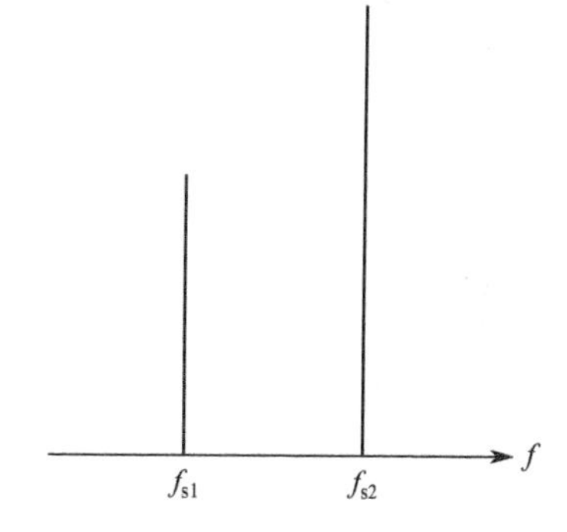

图 6-8　信号频率

（一）频率显示

在频率搜索速度很小的条件下，滤波器输出信号的包络与其频率响应曲线的形状基本一致。此信号经过中放、包络检波和视频放大，然后加到显示器上。显示器上显示的波形与滤波器输出信号的包络一致。因为 f_{s1} 和 f_{s2} 两个信号频率通过滤波器的时间不同，所以在显示器上两个信号频率显示的时间也是不同的。在线性扫频的条件下，频率与时间成线性关系（见图 6-9），频率低的先混频、先显示，频率高的后混频、后显示，可以按线性关系在显示器的横坐标上直接标出与时间对应的频率。所以，显示器上的横坐标轴既是时间轴，也是频率轴。

（二）相对幅度显示

输入信号经滤波器后的输出信号形状和滤波器的频率响应曲线形状基本一致，幅度与输入信号近似成比例，此后的电路中放、检波、视频放大都可以认为是对信号幅度的线性放大，因此，纵坐标显示的信号幅度表征了信号幅度的强弱，但并不是输入信号的绝对幅度。显示器显示波形如图 6-10 所示。

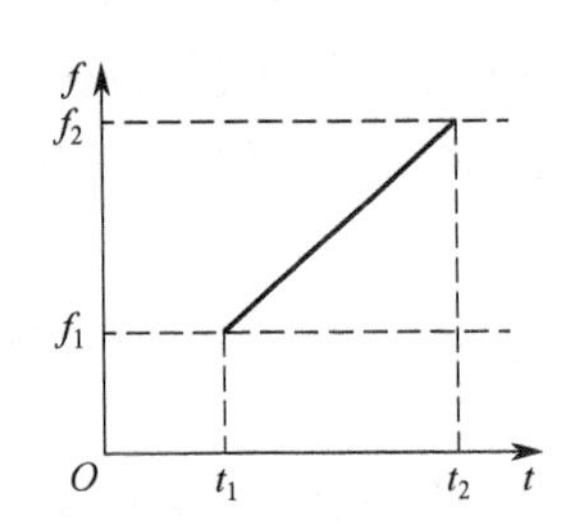

图 6-9　频率与时间的对应关系

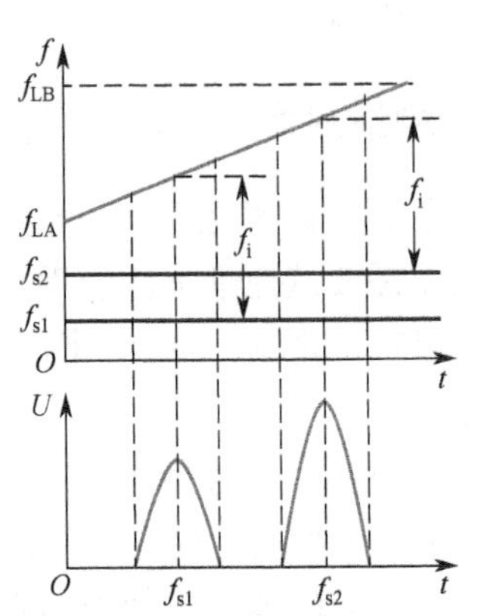

图 6-10　显示器显示波形

四、主要技术指标

全景显示搜索接收机的某些技术指标的含义与一般监测接收机是一致的，如频率覆盖范围、频率稳定度、选择性、对干扰的抑制能力等。这类技术指标不再赘述，下面主要介绍全景显示搜索接收机的一些特殊技术指标。

1. 全景显示灵敏度

全景显示灵敏度是，在满足全景显示所需要的额定电压和额定信噪比的条件下，在接收天线上所需要的最小感应电动势。全景显示灵敏度一般都在微伏量级。

2. 全景显示带宽

全景显示带宽是全景显示器上可同时显示的整个频段范围，也称全景观察带宽。在显示器确定的情况下，显示器屏幕上表示频段范围的扫描线长度是一定的，如果显示的频段范围太宽，则显示分辨率下降，因此，全景显示搜索接收机一般都有几种可供选择的显示带宽。当选择窄的显示带宽时，可获得高的显示分辨率。

3. 全景搜索时间

全景搜索时间是搜索全景显示带宽所需的时间。全景搜索时间与搜索的频段范围、步进频率间隔、频率转换时间及在每个搜索频率上的驻留时间有关。例如，超短波通信电台在 30～90MHz 范围内，步进频率间隔一般为 $\Delta F = 25\text{kHz}$，则信道数 $N = 2400$ 个。

假设全景显示搜索接收机在上述频段范围内依次搜索每个信道（步进频率间隔为 25kHz），接收机的频率转换时间为 T_1，在每个搜索频率上的驻留时间为 T_2，则搜索全频段所需要的时间为 $T_M = N(T_1 + T_2)$。

实际监测接收机给出的全景搜索时间，有的是全频段搜索时间，有的是全频段中各个分频段的搜索时间。

4. 搜索速度和扫频速度

搜索速度和扫频速度（或称扫频速率）是与全景搜索时间相联系的指标。搜索速度是指每秒搜索的信道数或搜索的频段范围；扫频速度一般是指每秒搜索的频段范围。

5. 频率分辨率

频率分辨率（或称频率分辨能力）是指全景显示搜索接收机能够分辨出的两个相邻频率信号之间的最小频率间隔。

由前面的讨论可知，如果全景显示搜索接收机接收到的是单频信号，那么显示器上显示的并非单根谱线，而是与中频滤波器频率响应有关的输出响应曲线。该输出响应曲线反映了检波器输出电压波形的形状。如果频率分别为 f_1 和 f_2 的两个信号被接收，只要 f_1 与 f_2 之间有足够大的间隔，则显示器上显示的是两条独立的输出响应曲线，如图 6-11（a）所示；如果 f_1 和 f_2 之间的间隔减小，则两条输出响应曲线将出现重叠部分。当重叠部分增大到一定程度时，合成的输出响应曲线就变为单峰曲线，如图 6-11（b）所示；此时无法将频率为 f_1 和 f_2 的两个信号区分开来。

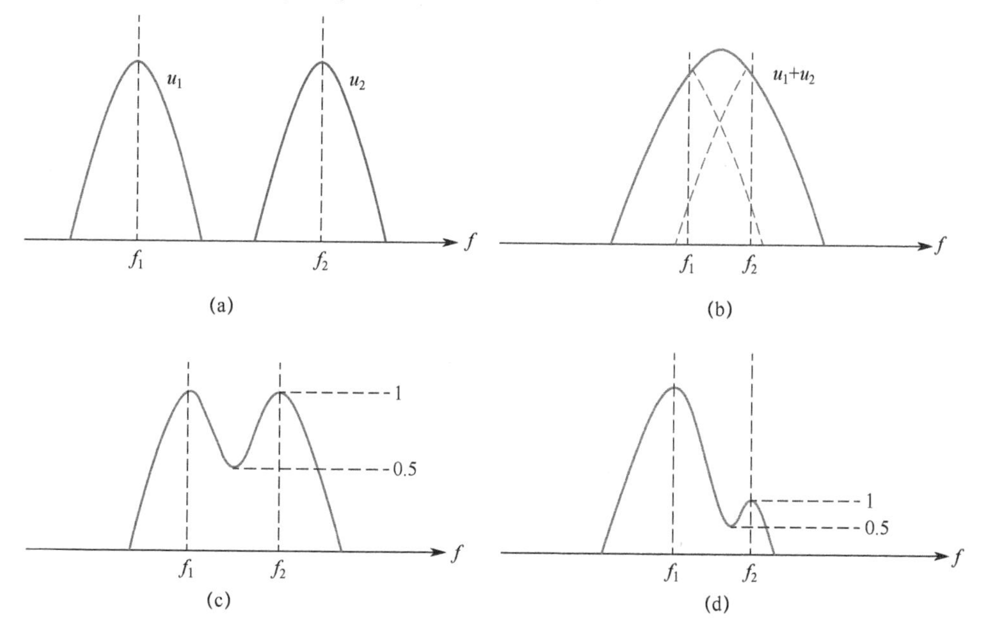

图 6-11　频率分辨率示意图

为了分辨两个相邻的频率，对频率分辨率有以下两种定义。

定义 1：对于两个等幅度的正弦信号，当全景显示搜索接收机显示器显示的双峰曲线的谷值为峰值的一半时，两个信号的频率差称为该接收机的频率分辨率，如图 6-11（c）所示。

定义 2：对于两个幅度相差 60dB 的正弦信号，当全景显示搜索接收机显示的双峰曲线的谷值为小幅度信号峰值的一半时，两个信号的频率差称为该接收机的频率分辨率，如图 6-11（d）所示。

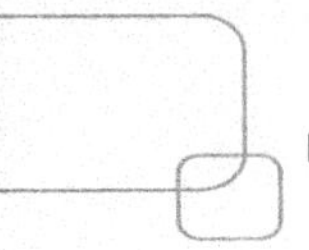

在以上定义中，定义 2 是以不等幅信号作为依据的，与实际情况较为接近，但不便于分析计算；而定义 1 用于分析计算比较方便。对于同一部接收机，与定义 2 相比，按定义 1 得出的频率分辨率更高。

6. *动态范围*

动态范围是全景显示搜索接收机在正常工作条件下输入信号幅度的最大变化范围。动态范围通常用分贝表示，即

$$动态范围 = 20\lg E_{smax}/E_{smin}\text{（dB）}$$

式中，E_{smin} 受全景显示搜索接收机全景显示灵敏度的限制；E_{smax} 的取值与所采用的动态范围的定义有关，通常由无寄生干扰动态范围的定义来确定。寄生干扰是由全景显示搜索接收机的非线性引起的，主要影响是使全景显示搜索接收机出现虚假信号，因此，无寄生干扰动态范围也称无虚假信号动态范围。在寄生干扰中，受影响最严重的是三阶互调干扰，因此常常以三阶互调干扰的大小作为确定 E_{smax} 的依据。在全景显示搜索接收机输入端加入两个等幅正弦干扰信号，当输出的三阶互调干扰达到某一规定值时，所对应的输入干扰电压的大小，即 E_{smax}。

第二节　模拟压缩接收

第一节介绍了模拟全景显示搜索接收技术，由于模拟全景显示搜索接收技术只能在一个频段内进行扫描，频率搜索速度与频率分辨率存在矛盾，不能有效监测跳频信号，而模拟压缩接收技术是实现对跳频信号监测的有效手段。

利用模拟压缩接收技术的接收机是一种快速频率搜索的超外差接收机。因为这种接收机采用了压缩滤波器，将输入的射频信号压缩为窄脉冲，因而被命名为压缩接收机。又因为这种接收机采用快速频率扫描本振，能够在频段内实现频率扫描，所以其也被称为微扫接收机。

压缩接收机最早用于雷达和雷达对抗。由于压缩接收机较好地解决了普通超外差全景显示搜索接收机中存在的扫频速度和频率分辨率之间的矛盾，因而在对跳频信号的截获监测方面显示出了巨大的潜力。随着跳频通信技术研究的不断深入，压缩接收机也被应用到跳频信号监测领域。

要想了解压缩接收机与全景显示搜索接收机的不同，需要从压缩接收的基本流程着手。

一、基本流程

压缩接收的基本流程如图 6-12 所示。接收机接收到的射频信号经宽带射频放大器放大后送入混频器，与扫描本振（LO）输出的线性扫频信号（线性调频信号）相混频，则混频器的输出亦为调频信号。

假设射频信号是频率为 f_{s1} 的连续波信号（CW），LO 输出为正斜率线性调频信号（见图 6-13），混频后取差频，即 $f_i = f_L(t) - f_{s1}$，则混频器输出亦为正斜率线性调频信

号。此信号送入中频放大器，中放带宽为 B_i，中心频率为 $f_{\rm i}$，中放输出信号为调频宽脉冲信号 u_i。中放输出的调频宽脉冲信号经压缩滤波器后被压缩成窄脉冲信号 u_c。此窄脉冲信号经过对数放大、检波变为视频脉冲信号，再经视频放大器输出 u_o。采用对数放大器的目的在于增大接收机的动态范围。视频放大器输出的窄脉冲信号送至信号处理器进行处理，亦可同时送至显示器进行显示。

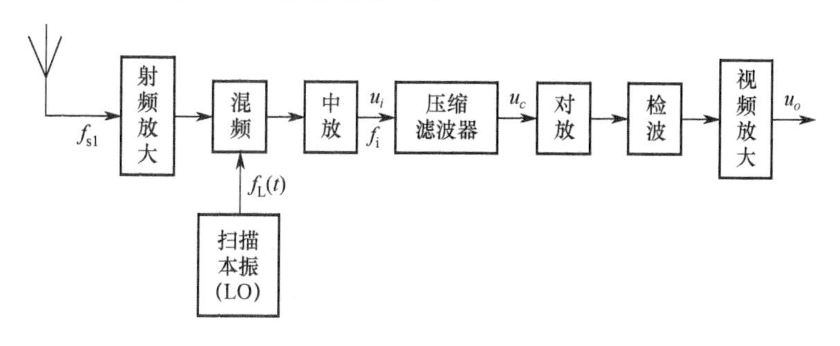

图 6-12　压缩接收的基本流程

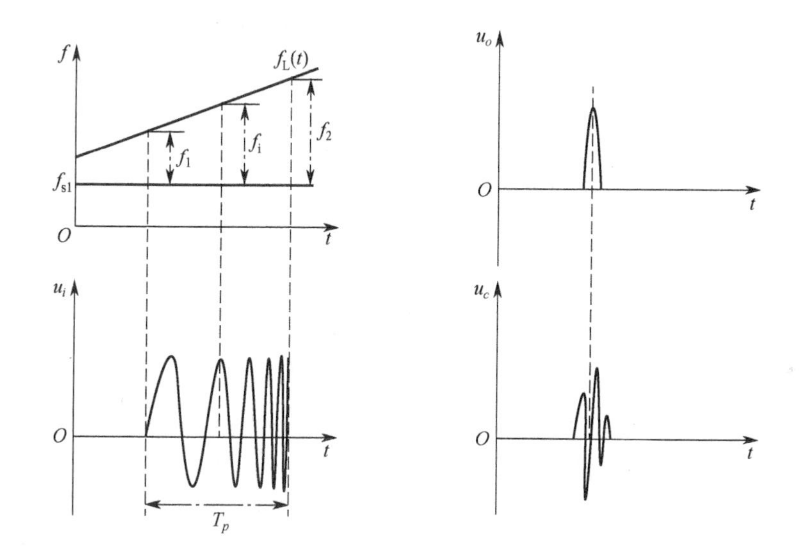

图 6-13　信号压缩示意图

由上面的讨论不难看出，压缩滤波器是压缩接收机的关键部件。压缩滤波器一般采用声表面波色散延迟线（SAW-DDL）。SAW-DDL 对不同的频率具有不同的延迟时间，即这种延迟线具有“色散”特性。DDL 要把输入的调频宽脉冲信号压缩为窄脉冲信号，要求 DDL 的“色散”延迟特性必须与输入的调频信号匹配。所谓匹配，是指 DDL 的线性时延—频率特性的斜率与调频信号的线性调频特性的斜率必须符号相反，而绝对值大小相等。例如，调频信号具有正斜率的线性调频特性，线性调频特性的斜率为 $K_{\rm F}$，与之匹配的 DDL 的线性时延—频率特性的斜率应为 $-K_{\rm F}$。

另外，在压缩接收机中，用作压缩滤波器的 DDL 的带宽与中频带宽是一致的（用 B_i 表示，图中 $B_i = f_2 - f_1$），其带宽可以从几十兆赫到上千兆赫。由此可见，压缩接收

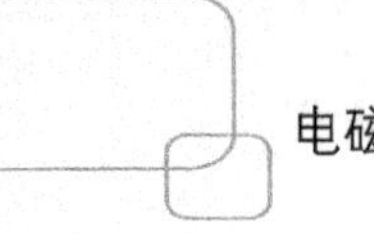

机是一种宽带接收机。在图 6-13 中，$T_p = t_2 - t_1$，表示在带宽 B_i 内的最大时延差，又称色散时延。

二、色散时延

图 6-14 显示了 SAW-DDL 的一种基本结构，它由具有压电效应的基片［材料为铌酸锂（$LiNbO_3$）等］和制作在基片上的两个金属薄膜换能器组成。两个换能器制作成“叉指”形，故称叉指换能器。为了获得色散特性，两个换能器的叉指分布都是不均匀的。左边的换能器，从左到右叉指由疏到密分布；右边的换能器则相反。两个换能器互为镜像。

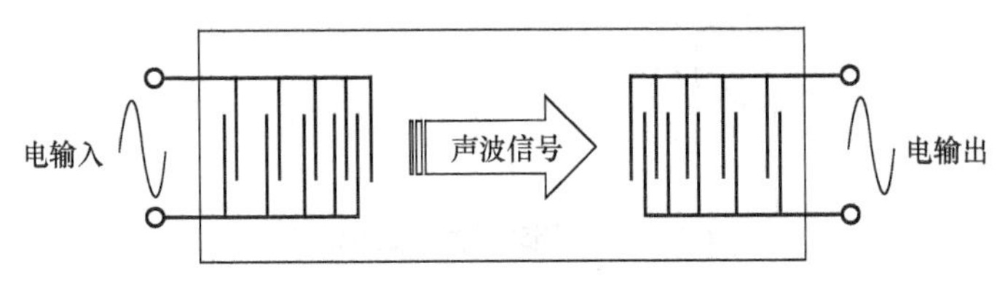

图 6-14　声表面波色散延迟线（SAW-DDL）结构

当高频信号输入左边的换能器时，由于逆压电效应，在基片中激励产生声波，并沿基片传播。当声波传播到右边的换能器时，由于压电效应，在右边的换能器中产生电信号并输出到负载上。由此可见，左边的换能器实现电—声转换，右边的换能器实现声—电转换，基片则起传递和延迟声波的作用。输出信号的延迟时间取决于声波在基片中的传播时间。

在 DDL 中，不同的频率成分由不同的叉指换能器产生和接收，高频成分由换能器中叉指稠密的部分产生和接收，而低频成分则由换能器中叉指稀疏的部分产生和接收。

图 6-15 显示了另一种常用 SAW-DDL 的结构形式，这是一种带反射器结构的 SAW-DDL。输入和输出换能器制作成倾斜的叉指色散结构。在换能器的对面有色散光栅，用作声波反射器。此色散光栅可以是金属条带，也可以是刻蚀在基片表面的凹槽。高频成分在两个换能器互相远离的一端产生和接收，而低频成分在两个换能器互相靠近的一端产生和接收。因此，信号的不同频率成分时延不同，高频成分比低频成分的传播路径短，这就是色散时延。SAW-DDL 的时延—频率特性曲线的斜率为负，如图 6-16 所示。

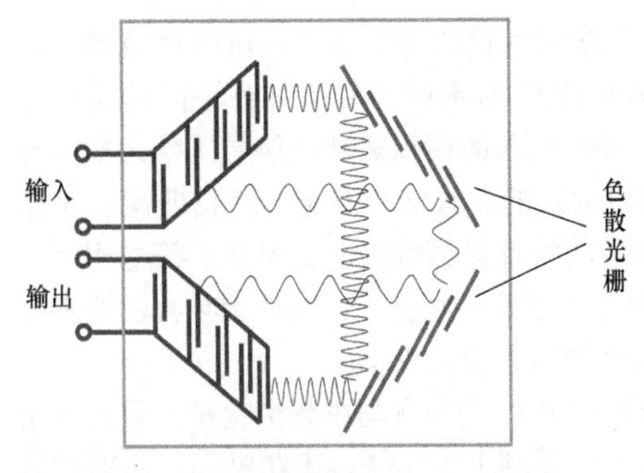

图 6-15　带反射器结构的 SAW-DDL

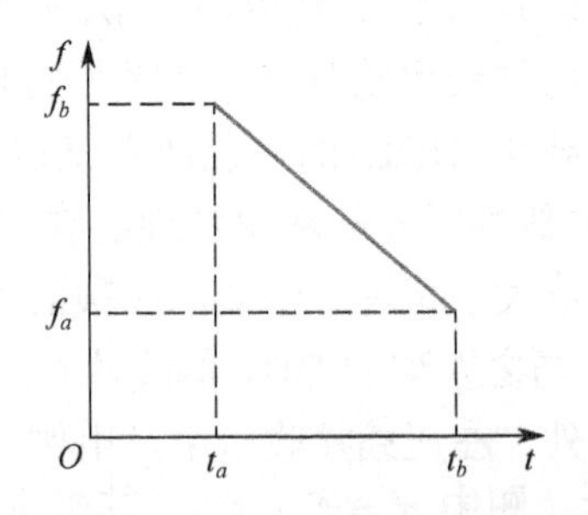

图 6-16　SAW-DDL 的时延—频率特性

中心频率、带宽和色散时延（DDL 的时延差）是 DDL 的 3 个重要性能参数。中心频率主要取决于叉指换能器中叉指指条的宽度和指条之间的间隔。DDL 的中心频率一般为 30～300MHz，也可以达到 10～1500MHz。DDL 的带宽主要取决于叉指对数，叉指对数越多，带宽越窄。DDL 具有很宽的带宽，其相对带宽可以达到中心频率的 50%～100%。色散时延取决于在 DDL 带宽内最高频率与最低频率声波传播的路程差，显然，路程差越大，时延差越大。对于相同结构的 DDL 而言，在中心频率一定的情况下，换能器的叉指对数越少，则 DDL 的带宽越宽，但时延差也越小。所以，随着 DDL 带宽的增大，色散时延会减小。表 6-1 列出了目前一些不同带宽 DDL 对应的最大色散时延的范围。

表 6-1　不同带宽 DDL 对应的最大色散时延

带宽 B_l/MHz	最大色散时延/μs
10	80～100
20	60～80
50	45～60
100	20～30
200	5～15
500	2～3
1000	0.4～0.6

在压缩接收机中，DDL 的色散特性用于两种情况。

第一，DDL 作为压缩线（PCL），用于脉冲压缩，这就是前面讨论的用 DDL 将 FM 宽脉冲信号压缩为窄脉冲信号。

第二，DDL 作为展宽线（PEL），用于脉冲展宽。DDL 用于脉冲展宽的原理如图 6-17 所示。窄脉冲产生器在定时脉冲的作用下，产生周期性窄脉冲序列，然后送入 DDL。窄脉冲可以是视频窄脉冲（一般用 δ 脉冲），由于窄脉冲包含极丰富的频谱成分，各频谱成分经过 DDL 后的延迟时间不同，因此可以在 DDL 输出端得到 FM 宽脉冲信号。DDL 输入周期性窄脉冲序列，其输出则为周期性线性调频信号。在压缩接收机中，常用这种方案作为扫描本振（LO），用于输出扫频信号。用 DDL 产生的扫频信号不存在回扫时间。当然，为了满足扫频带宽和匹配的要求（与压缩线匹配），在必要时可以对 DDL 输出的信号频率进行适当变换。

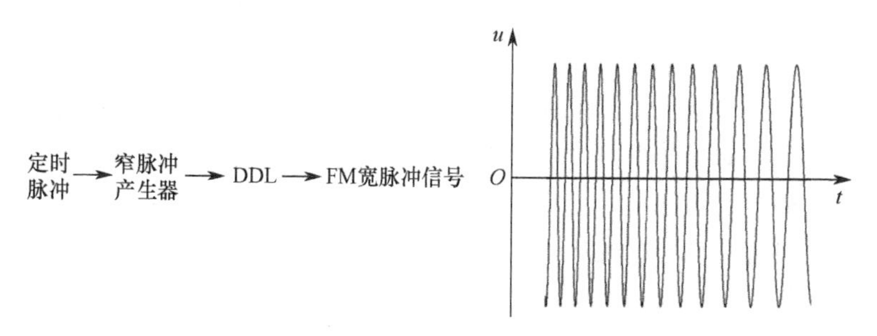

图 6-17　DDL 用于脉冲展宽的原理

在实际应用中，输入 DDL 的窄脉冲序列一般应用射频窄脉冲，而较少应用视频窄脉冲。这是因为视频窄脉冲的频谱分布随频率升高而幅度减小，使得 DDL 中心频率附近的频谱分量很低，结果导致 DDL 的输出信号幅度很小；而射频窄脉冲的频谱以脉冲载频为中心，占据很宽的频段范围，并且距离脉冲载频越远的频谱分量，其幅度越小。这样，只要适当选择射频脉冲载频，就可以在 DDL 的中心频率附近得到较高的频谱分量，从而使 DDL 输出较大的信号幅度。

三、信号压缩

压缩滤波器中的 DDL 具有色散时延特性，那么具体是怎样将信号进行压缩的呢？压缩滤波器是压缩接收机的关键部件。

DDL 的时延—频率特性与 FM 宽脉冲信号的调频特性相匹配的情况下，FM 宽脉冲信号才能被压缩为窄脉冲信号，这可以用图 6-18 加以定性说明。以中频带宽两端的瞬时频率 f_1 和 f_2 为例，FM 宽脉冲信号中 f_1 出现的时间为 t_1，而 DDL 对 f_1 的延迟时间为 t_2，则 f_1 在 DDL 输出端出现的时间为 t_1+t_2；FM 宽脉冲信号中出现 f_2 的时间为 t_2，而 DDL 对 f_2 的延迟时间为 t_1，则 f_2 在 DDL 输出端出现的时间也是 t_1+t_2。同理，FM 宽脉冲信号中任何一个瞬时频率在 DDL 输出端出现的时间都是一样的。这样一来，DDL 就把 FM 宽脉冲信号压缩为一个在 t_1+t_2 时刻出现的窄脉冲信号。

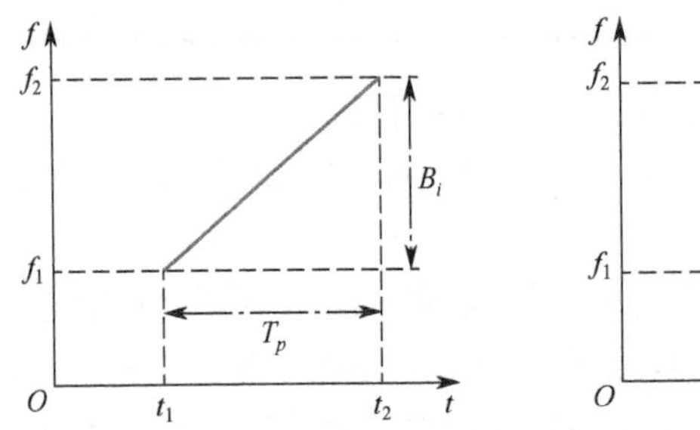

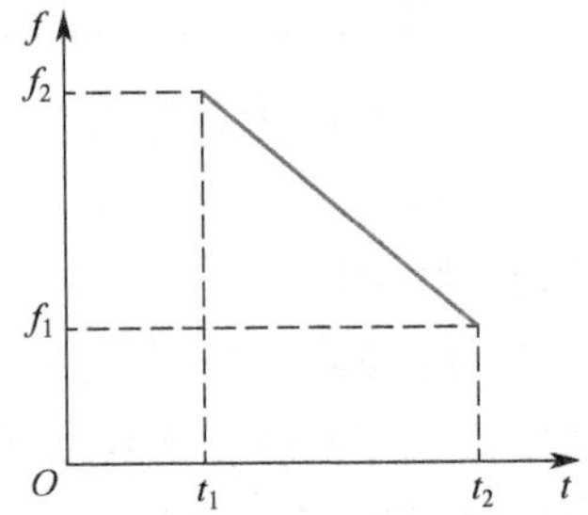

图 6-18　FM 宽脉冲信号的调频特性与时延特性示意图

如何将信号进行全压缩呢？如图 6-19 所示，若要保证对 $f_{\text{smin}} \sim f_{\text{smax}}$ 频段内所有输入信号进行全压缩，则必须使 DDL 的输入 FM 宽脉冲信号具有相同的宽度，即 $f_{\text{Lmax}}-f_{\text{Lmin}}=(f_{\text{smax}}-f_{\text{smin}})+(f_2-f_1)$，这样，经 DDL 压缩后的窄脉冲信号才能正确反映输入射频信号的大小和频率。如果处于射频带宽边缘上的信号（f_{smin} 和 f_{smax}）能进行全压缩，那么，其他频率的信号也一定能进行全压缩。

由以上讨论可以看出，压缩接收机的基本工作原理是将不同频率的输入信号，压缩为不同时间出现的窄脉冲信号，由于窄脉冲信号的延迟时间与输入信号的频率呈现线性关系，因此，根据窄脉冲信号出现的时间，就可以确定输入信号的频率。窄脉冲信号的幅度则可以反映输入信号的大小。

在压缩接收机中，DDL 作为压缩线输出窄脉冲信号的特性对接收机的性能有重要的影响，下面对 DDL 输出的窄脉冲信号进行分析。

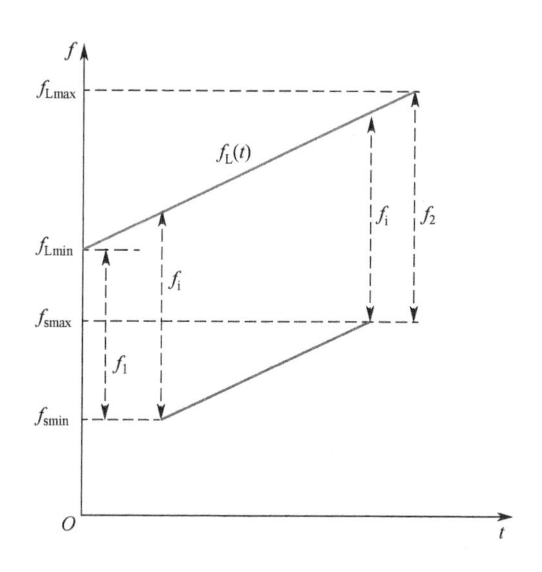

图 6-19　信号全压缩示意图

假设 DDL 的带宽为B_i，色散时延为T_p，T_p也等于 DDL 输入的 FM 宽脉冲信号的宽度。

1. DDL 输出信号的振幅包络具有抽样函数$S_a(x)$的形状

DDL 输出信号的最大值为输入信号振幅的$G_C^{1/2}$倍，其中，$G_C = B_i T_p$。

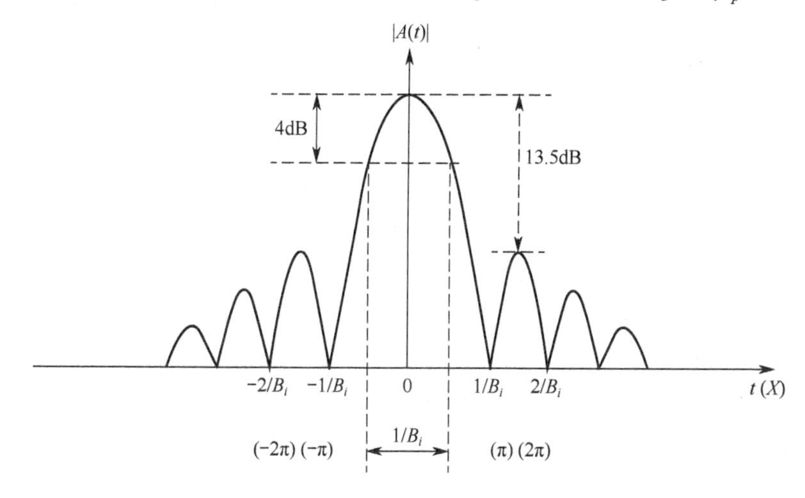

图 6-20　DDL 输出信号

2. 输出脉冲的宽度T_p

（1）主瓣两个零点之间的宽度$T_p(0) = 2 / B_i$。

（2）主瓣由最大值下降 4dB 时所对应的宽度$T_p(4\text{dB}) = 1 / B_i$。

3. DDL 输出的旁瓣电平

DDL 的输出信号具有采样函数的形状，除主瓣外，其还有许多旁瓣。从对 DDL 的性能要求来看，旁瓣越小越好，理想的情况是没有旁瓣。最大的旁瓣是靠近主瓣的第一

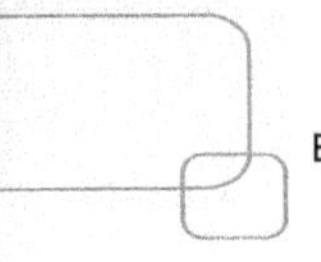

对旁瓣，通过计算可知旁瓣电平相对于主瓣电平下降了13.5dB，因此旁瓣电平较高。

压缩接收机在同时接收强信号和弱信号的情况下，强信号的旁瓣电平可能超过弱信号的主瓣电平，从而导致压缩接收机的动态范围变小，这是目前 DDL 存在的一个主要问题。

四、主要特点

相较于普通超外差接收机，压缩接收机具有以下 6 个主要特点。

（1）压缩接收机在很高的频率搜索速度下，仍具有较高的频率分辨率。普通搜索式超外差接收机的频率搜索速度和频率分辨率受接收机带宽的直接制约，两者存在无法克服的矛盾；而压缩接收机不受带宽的直接制约，所以能同时获得高的频率搜索速度和高的频率分辨率。下面通过粗略的概算说明这个问题。

由前面的讨论已知，对于普通搜索式超外差接收机，在不降低接收机灵敏度的情况下，最大频率搜索速度为$v_f = (B_r)^2$，其中B_r为接收机带宽。接收机的频率分辨率主要取决于接收机的带宽B_r和频率搜索速度。在频率搜索速度不大于上述最大频率搜索速度的情况下，可以近似认为频率分辨率等于接收机带宽，即$\Delta f \approx B_r$，于是得到$v_f \approx (\Delta f)^2$。

压缩接收机的频率分辨率主要取决于 DDL 输出脉冲宽度T_p。在此取 4dB 脉冲宽度作为输出脉冲宽度，即$T_p = 1/B_i$。因为 DDL 的时延—频率特性是线性的，时域脉冲宽度T_p对应的频域宽度即接收机的频率分辨率。

通过计算可知，在保持相同频率分辨率的情况下，压缩接收机的频率搜索速度是普通搜索式超外差接收机的 G_C 倍。如果两种接收机保持相同的带宽，则不难证明，压缩接收机的频率分辨率是普通搜索式超外差接收机的G_C倍。

应当指出，以上是对两种监测接收机比较得到的结论。对压缩接收机自身而言，受 DDL 性能的制约，当频率搜索速度提高时，其频率分辨率是下降的。此外，在压缩接收机中，检波器电路引起的失真、视频放大器带宽太窄等因素也会导致频率分辨率下降。

（2）压缩接收机对突发通信信号及跳频通信信号具有极高的截获概率。这个特点是由第（1）个特点所决定的。由于压缩接收机具有很高的频率搜索速度和频率分辨率，在接收脉冲信号时，只要 LO 的频率扫描时间小于脉冲的驻留时间，压缩接收机就能以接近 100%的概率截获此信号。就目前 SAW-DDL 器件所达到的水平而言，用压缩接收机以接近 100%的概率捕获 500H/s 乃至 1000H/s 的跳频信号，是可以实现的。这是普通搜索式超外差接收机望尘莫及的。

（3）压缩接收机具有更强的处理同时到达信号的能力。普通搜索式超外差接收机可以处理同时到达的信号，但这些同时到达的信号之间必须有足够的频率间隔。在接收机带宽相同的条件下，压缩接收机的频率分辨率比普通搜索式超外差接收机高得多，因此它能够截获和处理更多的同时到达的信号。

（4）压缩接收机的动态范围较小。压缩接收机的动态范围小是 DDL 输出比较高的旁瓣电平造成的。抑制旁瓣电平常用的方法是在 DDL 之前（或之后）设置加权滤波

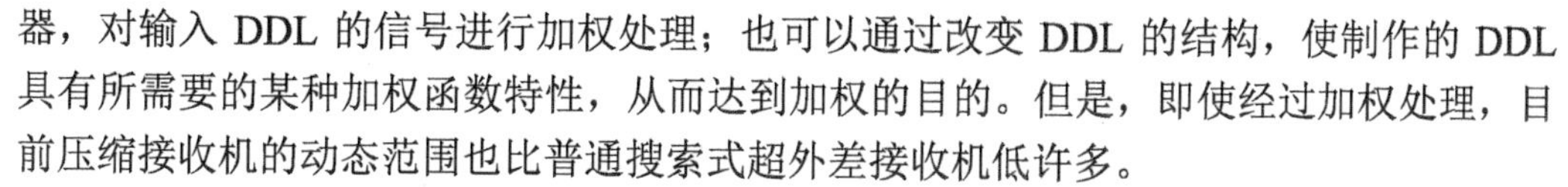

器，对输入 DDL 的信号进行加权处理；也可以通过改变 DDL 的结构，使制作的 DDL 具有所需要的某种加权函数特性，从而达到加权的目的。但是，即使经过加权处理，目前压缩接收机的动态范围也比普通搜索式超外差接收机低许多。

（5）压缩接收机中检波器输出的是压缩后脉冲的包络，使接收信号的调制信息丢失，因此，不能从输出信号中直接获得接收信号所携带的信息，也给信号某些技术参数的测量带来了困难。

（6）压缩接收机以串行形式输出信号，需要用高速逻辑器件和电路来处理接收机的输出。压缩接收机的频率搜索速度比普通搜索式超外差接收机高得多。此外，在接收机带宽很宽的情况下，输出的脉冲宽度很窄。例如，DDL 带宽为 100MHz，其输出脉冲宽度只有 10ns。这些情况，都要求用高速逻辑器件和电路来处理接收机的输出。

第三节　模拟信道化接收

信道化接收方式的接收机是一种具有快速信息处理能力的非搜索式超外差接收机。它既具有超外差接收机灵敏度高、频率分辨率高的优点，又具有快速搜索接收机截获监测概率高的优点，并且具有较强的处理多个同时到达信号的能力。过去，由于信道化接收机所需设备量多、体积大、成本高，因而仅在雷达侦察中得到应用，并且发展比较缓慢。后来，一方面，现代战争条件复杂多变的信号环境对监测接收机提出了更加苛刻的要求；另一方面，计算机技术、电路集成技术和 SAW 滤波器的迅速发展为信道化接收机减小体积、降低成本提供了可能，促使这类接收机有了很大发展。目前，信道化接收机不仅用于雷达侦察，在通信侦察和无线电监测领域也得到了应用。

早期信道化接收技术的实现只能采用集总参数 LC 滤波器，而这种滤波器在频率低端的尺寸和质量太大，在频率高端又难以获得高性能的信道结构参数（如信道的绝对带宽、矩形系数、带外抑制等），使信道化接收技术一度处于停滞不前的状况，人们迫切期望新的高性能器件的出现。

与此同时，另一种能与信道化接收技术在频率截获概率上相匹敌的瞬时测频接收技术（IFM）得到了高度的重视和迅速的发展，特别是数字化瞬时测频接收技术（DIFM）的频率分辨率和可靠性有了更大的提高。IFM 的基本原理是，将待测量的输入雷达信号的频率信息转换成微波鉴相器输出端的相位信息，通过对这种相位信息的测量实现对输入信号频率的测量。实际上，在瞬时测频接收技术中，对相位的测量是通过对几路组合并行输出的电压信号的幅度进行量化来实现的，并且这种量化可以适当地组合以使得量化区间小到足以满足频率分辨率的要求。但是，瞬时测频接收技术有一个致命的弱点：不能处理同时到达的信号。然而，在现代密集的电子对抗信号环境中，存在同时到达信号的概率是相当大的。尽管人们设计了许多辅助的方法来提高 IFM 处理同时到达信号的能力，并已取得了一些有实际价值的进展，但就处理同时到达的信号而言，IFM 与信道化接收技术相比仍显得力不从心。

20 世纪 80 年代中期，国内有研究单位尝试应用集总参数 LC 滤波器来实现信道化

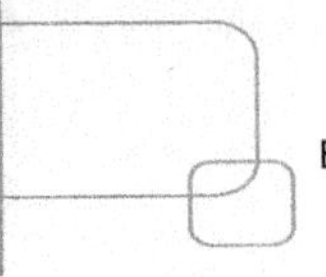

接收技术。尽管这种利用集总参数 LC 滤波器实现的信道化接收机在体积和质量方面存在明显的不足，但它毕竟使国内的研究单位和设计人员看到了在电子对抗信号频率测量方面，信道化接收技术的确显示出了优于传统接收技术的良好性能。可以说，这是在困难的条件下（采用集总参数 LC 滤波器）信道化接收技术在电子对抗中应用所迈出的坚实的一步。

20 世纪 80 年代后期以来，随着国内专用 SAW 器件研制水平的提高，开始有研究单位从事利用 SAW 滤波器实现信道化接收技术的研制工作，并取得了一定的成果和进展。例如，国防科技大学电子科学学院研制的“MZ-6CR 信道化频率接收与干扰引导系统”是国内首次在米波波段上采用 SAW 滤波器实现信道化接收技术。这是一种用于在战场上获取敌方雷达频率信息，并自动引导我方干扰系统对敌方雷达实施瞄准式干扰的电子对抗（ECM）系统。它不仅利用 SAW 滤波器使这种信道化接收机的质量和体积大为减小、可靠性大为提高，而且在每个信道中在对输入的脉冲信号流稀释的基础上进行一定的处理，并利用以单片微型计算机为核心的监控系统对所有的信道状态、截获的频率信息进行控制和处理。另外，该系统还将截获的敌方雷达的频率信息与已掌握的战场敌我双方雷达布置的先验信息进行比较，对我方干扰系统的功率资源实施实时的自适应管理，以达到迅速捕获敌方雷达频率信息并正确引导、分配我方干扰系统实施有效干扰的目的。

总体来看，我国受器件水平的限制，我国信道化接收技术的研制起步较晚，但随着国内器件研制水平的提高，不少研究单位正投入大量人力、物力研究信道化接收技术。

一、基本流程

信道化接收机是采用多信道接收方式实现的，信道化接收方式原理框图如图 6-21 所示。

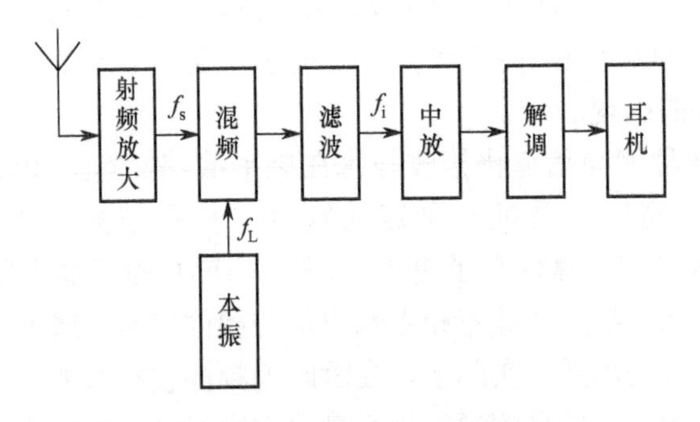

图 6-21　信道化接收方式原理框图

（1）尽管接收机可以在很宽的频段内工作，但是，由于各信道都采用超外差体制，只要各信道的带宽足够窄，信道化接收机就可以获得很高的灵敏度和很高的频率分辨率。

（2）信道化接收机是一种频分制（按频率划分信道）非搜索式接收机，只要在监测频段内（$f_A \sim f_B$）有信号，并且信号强度达到或超过信道化接收机的灵敏度电平，就都能被接收机实时截获。因此，信道化接收机有极高的截获概率。

（3）由于信道化接收机采用多信道接收和并行处理，所以其需要的设备数量大。另外，信道数越多，其所需的设备量越多。减少信道化接收机的设备量是信道化接收机需要解决的重要问题之一。

按信道化接收方式的结构形式，信道化接收可以分为 3 类，即纯信道化接收、频带折叠式信道化接收、时间分割式信道化接收。

二、纯信道化接收

纯信道化接收机的原理框图如图 6-22 所示。

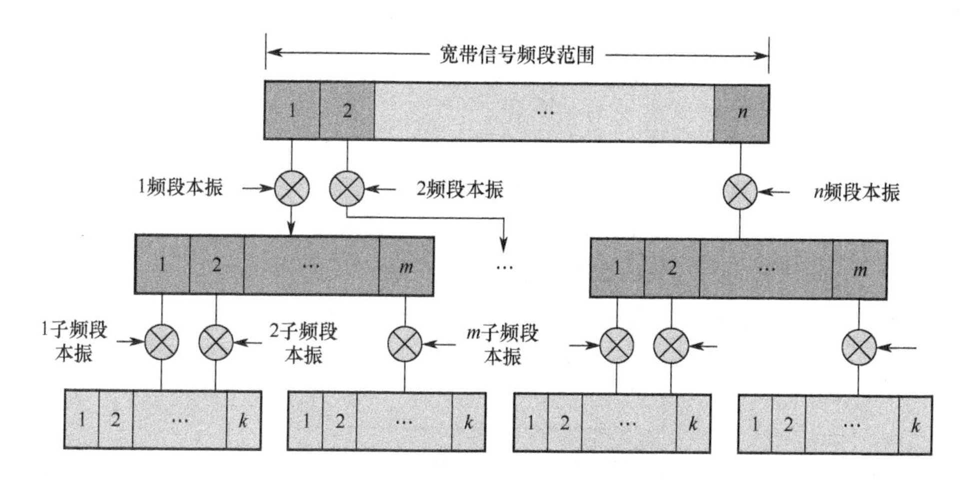

图 6-22　纯信道化接收机的原理框图

由图 6-22 可见，它将整个监测频段（$f_A \sim f_B$）用相互邻接的带通滤波器划分为 n 个频段，每个频段的带宽为 $B_1 = |f_B - f_A|/n$。在每个频段内进行变频、放大处理，使各频段输出变换到相同的频段范围上。这就是接收机中的第一次波道划分。

第二次波道划分是将各频段的输出用带通滤波器划分为 m 个子频段，每个子频段的带宽为 $B_2 = B_1/m = |f_B - f_A|/(mn)$，子频段数共计 mn 个。对每个子频段同样进行变频、放大处理，使各子频段输出变换到相同的频段范围上。

第三次波道划分是实现信道划分，将每个子频段的输出划分为 k 个信道，在每个信道内进行变频、放大、解调，各个信道输出的信号送至信号处理器进行处理。在整个监测频段内的信道总数为 mnk 个。

纯信道化接收机的优点是可以达到很高的灵敏度和频率分辨率，并且具有接近100%的截获监测概率。其主要缺点是，在监测频段较宽和信道数很多的情况下，需要的设备量很大。例如，在 VHF 频段，当 $f = 30 \sim 90$MHz 时，若通信电台的信道频率间隔为 25kHz，如果要求信道化接收机的频率分辨率也为 25kHz，则需要 2400 个信道。这样，信道化接收机的设备量、体积、质量、功耗都很大，成本也很高，甚至达到用户难以承受的程度。如果进一步展宽监测频段并提高频率分辨率，这一问题将更为突出。

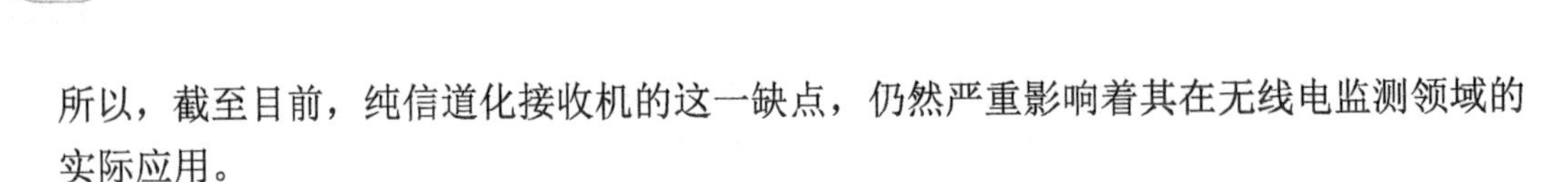

所以，截至目前，纯信道化接收机的这一缺点，仍然严重影响着其在无线电监测领域的实际应用。

三、频带折叠式信道化接收

频带折叠式信道化接收机的原理框图如图 6-23 所示。与如图 6-22 所示的纯信道化接收机的原理框图比较可以看出，图 6-23 中对 n 个分频段通道的输出进行了“折叠”，即把 n 个分频段通道的输出叠加在一起，然后送至子频段分路器。“折叠”的结果是，子频段通道的数目变为 m 个，比图 6-22 减少了$(n-1)m$ 个。经过子频段分路器分路后，信道的数目变为 mk 个，比图 6-22 减少了$(n-1)mk$ 个。如果把 m 个子频段通道的输出也进行“折叠”，则信道的数目将减少为 k 个。由此可见，频带折叠式信道化接收机的设备量比纯信道化接收机的设备量大大减少。这是频带折叠式信道化接收方式的突出优点。

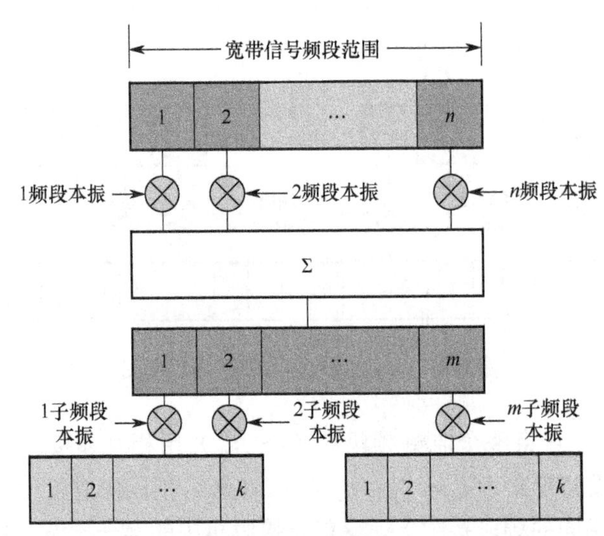

图 6-23　频带折叠式信道化接收机的原理框图

但是，频带折叠式信道化接收机的缺点也很明显，主要有以下 3 个。

（1）造成信道输出的模糊性。当某一个信道有输出信号时，该输出信号属于哪一个分频段是不确定的。如果子频段通道输出也进行折叠，则该信号属于哪一个子频段也是不确定的。为了消除这种模糊性，必须在接收机中设置一些辅助电路，例如，在每个分频段中设检测电路和指示器，用于确定信号的分频段归属问题。

（2）造成信道输出信号的混叠。在分频段通道输出折叠的情况下，不同分频段接收到的信号有可能最后落入同一个信道输出，这便造成信道输出信号的混叠。在这种情况下，就不能将混叠的信号分离开来进行分析和识别。如果接收机工作在信号密集的频段，尤其是短波频段，这个问题的影响将更为严重。

（3）使接收机的灵敏度下降。由于频带折叠，折叠通道的噪声会彼此叠加，接收机输出的总噪声功率将增大，从而导致接收机灵敏度下降。

由于以上缺点的存在，频带折叠式信道化接收机在无线电监测领域的应用受到了很大的限制。

四、时间分割式信道化接收

时间分割式信道化接收机的原理框图如图 6-24 所示。与图 6-23 比较可以看出，它用时分访问开关代替了频带折叠式信道化接收机中的相加器电路（图 6-23 中为∑）。时分访问开关依次轮流与各分频段通道的输出端相连接，把被接通的分频段输出信号送至子频段分路器。时间分割式信道化接收机通常被称为时分访问式信道化接收机。

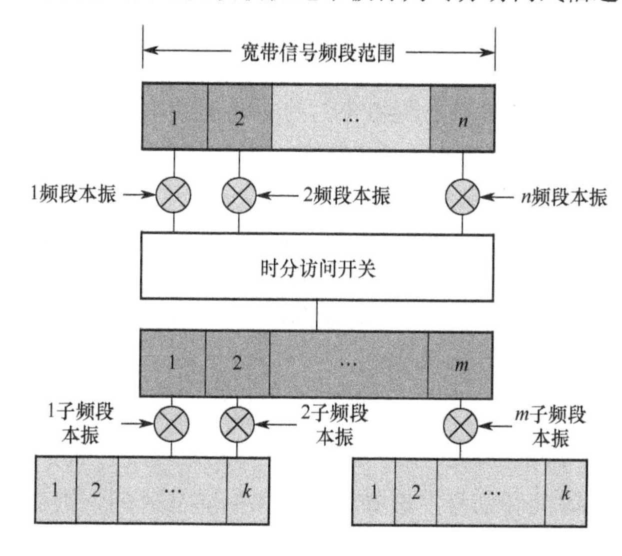

图 6-24　时间分割式信道化接收机的原理框图

时分访问式信道化接收机依然保持了频带折叠式信道化接收机设备量少的优点。由于它每一瞬时只与一个分频段接通，所以它没有频带折叠式信道化接收机的 3 个缺点。但是，它的截获监测概率比频带折叠式信道化接收机低，这是因为任何一个分频段只有在被时分访问开关接通的时段内才能接收该分频段内的信号，而在未接通的时段内，即使出现该分频段内的信号，也不能被截获监测。划分的分频段数越多，时分访问式信道化接收机的截获监测概率越低。可见，时分访问式信道化接收机的是以降低截获监测概率为代价换取设备量减小的。

时间分割式信道化接收机的另一种结构形式如图 6-25 所示。它是步进（频率）搜索和信道化相结合的一种体制结构，这种接收机也被称为搜索式信道化接收机。

在图 6-25 中，信道分路器之前的电路结构与一般的超外差接收机相同，只是射频放大器与中频放大器具有比较宽的带宽。搜索式信道化接收机通过控制频率合成器输出本振频率的变化来实现分频段的转换。由此可见，信道分路器之前的电路结构，其作用与时分访问式信道化接收机子频段分路器之前的电路的作用是相同的，但是搜索式信道化接收机的设备量小于时分访问式信道化接收机，分频段数越多，设备量的减小越显著。

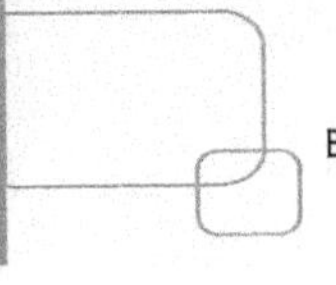

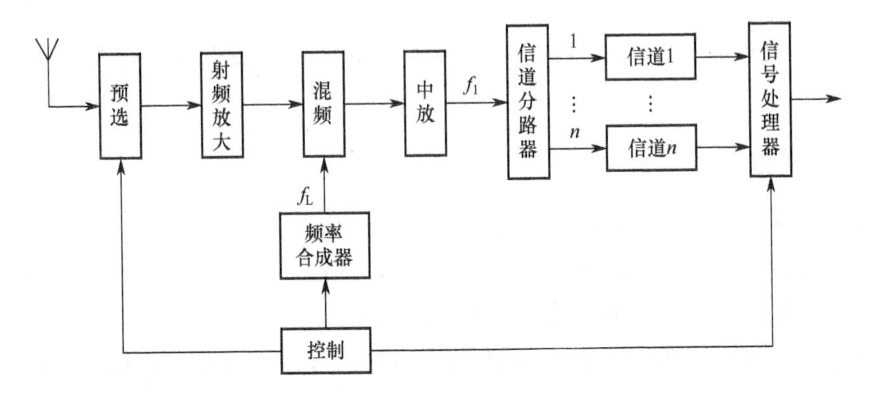

图 6-25 搜索式信道化接收机原理框图

搜索式信道化接收机的截获监测概率与时分访问式信道化接收机是相近的，由于前者的设备量比后者小，电路结构比后者简单，因此前者比后者的应用更广泛。搜索式信道化接收机已在通信侦察中得到了实际应用。

搜索式信道化接收机的截获监测概率与设备量是密切相关的，下面简略地加以说明。

设搜索式信道化接收机的截获监测频率范围为 $f_A \sim f_B$，信道间隔为ΔF，信道数为 n，则分频段的覆盖范围为 $B_D = n\Delta F$，需要的分频段数为

$$m = \frac{|f_B - f_A|}{B_D} = \frac{|f_B - f_A|}{n\Delta F} \tag{6-3-1}$$

设接收机在 $f_A \sim f_B$ 范围内搜索一遍需要的时间为 T（T 又称为搜索周期），若忽略频率合成器的换频时间和信号在选择性电路中的建立时间，则在每个分频段的驻留时间为

$$\Delta T = \frac{T}{m} \tag{6-3-2}$$

由式（6-3-1）和式（6-3-2）可以看出，在搜索式信道化接收机的截获监测频率范围和信道间隔一定的情况下，并行的信道数 n 越大，需要的分频段数 m 越小。增加并行的信道数，势必会导致设备量增加，并且会对信号处理器提出更高的要求。此外，在搜索周期 T 一定的情况下，分频段数越大，在每个分频段的驻留时间越短，必然会使搜索式信道化接收机的截获监测概率降低。

由此可见，从减小设备量考虑，希望并行的信道数要小；从提高搜索式信道化接收机的截获监测概率出发，希望分频段数要小，而希望并行的信道数要大。在进行搜索式信道化接收机设计时，两者要统筹考虑，应在保证一定截获监测概率的情况下，尽量减小搜索式信道化接收机的设备量。

当搜索式信道化接收机用于无线电监测时，由于一般通信信号的持续时间较长，因此仍然可以获得比较高的截获监测概率。如果搜索式信道化接收机用于监测跳频信号，则提高接收机的反应速度至关重要。为此，除了合理地选择并行的信道数和分频段数，还应从以下 3 个方面提高接收机的反应速度。

一是尽量缩短信号处理器的处理时间。为此，应采用高速逻辑电路和器件，并进

行合理的逻辑设计。

二是提高频率合成器的换频速度。为此，应采用高速频率合成器作为接收机的本振。目前，高速频率合成器的换频时间可以达到纳秒（ns）量级。在分频段数不大的情况下，接收机的本振也可以采用固定频率源。固定频率源同时产生 m 个（分频段数）固定的、高稳定的频率，利用高速转换开关控制 m 个频率轮流输出，从而实现分频段的转换。这种换频方式的换频时间一般为几纳秒。

三是缩短滤波器的信号建立时间。信号在滤波器中的建立时间近似与滤波器的带宽成反比，即

$$\Delta t \approx \frac{1}{B} \tag{6-3-3}$$

式中，B 为滤波器带宽。

接收机混频器之前的射频电路部分，滤波器的带宽比较宽，建立时间比较短。例如，$B = 2\text{MHz}$（等于分频段覆盖范围），信号建立时间$\Delta t = 0.5\text{ms}$。并行信道的分路滤波器的带宽比较窄，其信号建立时间往往成为影响接收机反应速度的重要因素。例如，若要求接收机的频率分辨率为 25kHz，一般信道滤波器的带宽 $B \leqslant 25\text{kHz}$，则信号建立时间$\Delta t \geqslant 40\text{ms}$。这样长的信号建立时间，在监测跳频信号时往往是难以容忍的。在不降低接收机频率分辨率的条件下，要缩短信号建立时间，通常采用的一种方法是将信道滤波器的通带展宽，并且做成互相交叠的形式。这种方法通常称为 $2N-1$ 分路法，$2N-1$ 分路法原理可用图 6-26 加以说明。

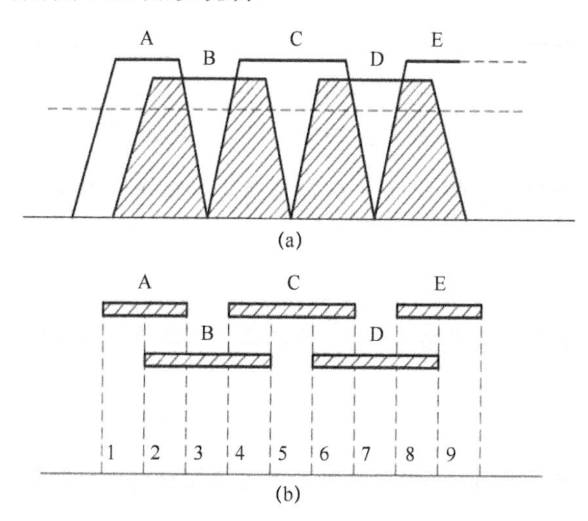

图 6-26　$2N-1$ 分路法原理

图 6-26（a）显示了信道滤波器互相交叠的形式。设接收机的频率分辨率为Δf_D，共有 N 个信道滤波器，信道滤波器的带宽为 $3\Delta f_D$。由图 6-26（b）可以看出，N 个信道滤波器可构成 $2N-1$ 个频区（边缘的信道滤波器的带宽为 $2\Delta f_D$），每个频区的频率覆盖范围为Δf_D。根据信道滤波器的输出可以判断信号所在的频区。例如，信道滤波器 B 和信道滤波器 C 同时有输出，则信号在 4 频区；若仅信道滤波器 C 有输出，则信号在 5 频

区。当然，受信道滤波器特性不理想等因素的影响，可能会出现误判的情况，但这种概率很小，可以忽略。由于频区带宽等于要求的频率分辨率，因此，尽管信道滤波器通带展宽了，但接收机的频率分辨率并未降低。

采用 $2N-1$ 分路法后，因为信道滤波器通带展宽为原来的 3 倍，所以，信号建立时间将缩短为原来的 1/3，这对提高接收机的反应速度是十分有利的。另外，采用 $2N-1$ 分路法后，接收机中并行的信道数也将减少，下面举例加以说明。

假设接收机的分波段带宽为 2MHz，信道间隔为 25kHz，在不采用 $2N-1$ 分路法时，需要并行的信道数为 80 个。若采用 $2N-1$ 分路法，在保持接收机频率分辨率不变的情况下（为 25kHz），只要构成 80 个（信道滤波器带宽为 75kHz）频区即可，由此可以计算得出需要的并行的信道数，即 $2N-1=80$，$N=40.5$，取 $N=41$。也就是说，只要 41 个并行的信道就可以得到 25kHz 的频率分辨率。当然，由于信道滤波器通带的展宽，一个信号可能在两个信道同时有输出，因此需要在接收机中增加监测、判别电路；信道滤波器通带的展宽，也会使接收机的灵敏度、抗干扰能力等下降。

信道化接收机中，需要比较多的分路滤波器，除了要求滤波器具有良好的频率特性，减小滤波器的体积也是十分重要的问题。SAW 带通滤波器具有尺寸小、便于生产及通过改变滤波器结构可以控制其频率特性等优点。所以，SAW 带通滤波器在信道化接收机中有广阔的应用前景。

五、主要技术性能指标与分析

（一）主要技术性能指标

信道化接收技术应具备有一般常规接收技术所具备的各项性能（如接收灵敏度、频率分辨率、动态范围最小脉冲宽度和虚警率等）。除此之外，信道化接收技术还有一些特有的性能指标（如每个信道的频带宽度、总的信道数及所有信道能覆盖的频率范围等）。下面着重分析信道化接收技术所特有的 4 个主要性能指标。

1. 处理同时到达信号的能力

从理论上来讲，对于一个信道总数为 N 的信道化接收机，它所能处理的同时到达信号的个数应为 N。但实际上，受各种因素的限制，信道化接收技术所能处理的同时到达信号的个数远小于其信道总数 N。

2. 间歇时间

对于不能处理同时到达信号的接收机而言，间歇时间是指接收机能够处理两个相隔脉冲信号所允许的最小时间间隔。信道化接收技术能处理同时到达信号，因此信道化接收机的间歇时间定义为它能够处理两组同时到达信号所允许的最小时间间隔。如果有一信道化接收机能同时处理 4 个输入雷达信号，则其间歇时间定义为其正确处理第一组同时到达的 4 个信号与第二组同时到达的 4 个信号之间所允许的最小时间间隔。

3. 虚假响应

在理想情形下，信道化接收机输入端的信号应与输出端的结果存在严格的“一一对应”关系。但在有些情况下，这种“一一对应”关系无法得到保证，从而会产生虚假响应问题。信道化接收机产生虚假响应主要有下述 4 种情形。

（1）相邻信道滤波器性能的非理想化（如边带的交叠或“兔耳”效应等），当一个输入信号的频率位于两个相邻信道中心频率间隔的中心时，在这两个相邻信道都会有信号输出。

（2）信道化接收机输入端的信号能量过强，导致与这一输入信号的中心频率相邻的几个信道均有信号输出。

（3）实现信道化结构的各种滤波器可能存在高次谐波（SAW 带通滤波器就是一个典型例子），会造成虚假响应。例如，对于一个中心频率为 100MHz 的 SAW 带通滤波器，如果设计得不好，则可能存在二次及更高次的谐波，从而造成这样一种情况：若此时信道化接收机输入端信号的频率 $f_0 = 200\text{MHz}$，则在中心频率为 100MHz 的信道也会产生输出，使信道化接收机不仅指示输入端存在一个中心频率为 200MHz 的信号，同时错误地指示输入端还存在一个中心频率为 100MHz 的虚假信号。

（4）交调的影响。交调的影响主要是指三次交调所产生的影响。

4. 瞬时动态范围

瞬时动态范围用来衡量信道化接收机所能处理的同时到达信号的强度范围。一般而言，瞬时动态范围与同时到达信号的脉冲宽度及其频率间隔有关。

（二）性能分析

模拟信道化接收机中使用的滤波器组一般是 SAW 带通滤波器组，其插入损耗很大，典型值为 40dB，在滤波器组之前需要加放大器来改善其灵敏度。若使用 SAW 带通滤波器组，那么放大器的增益必须达到 60dB 左右。即使使用插入损耗为 15dB 左右的电滤波器组，放大器的增益也必须达到 45dB 左右。这个增益在工程上实现较困难。

模拟信道化接收机对窄带脉冲信号的测频能力和频率细分路带宽之间存在矛盾。测频精度越高，模拟滤波器的带宽就越窄，暂态效应就越明显，这样就又会影响到对窄带脉冲信号的测频能力。另外，模拟滤波器的带宽太窄，会导致信号频谱被切掉，引起信号失真，使接收机不易继续对信号进行处理。另外，所需模拟滤波器的数量越多，接收机的体积就越庞大。为了得到适中的测频精度，同时减弱暂态效应的影响，模拟信道化接收机的模拟滤波器的带宽就不能太窄，也不能太宽，一般来说带宽不会小于 20MHz。

从理论上来说，模拟信道化接收机的动态范围可以做得很高，但为了抑制暂态效应，模拟信道化接收机通常会压缩输入信号的动态范围。目前，国内性能最好的 SAW 带通滤波器组经压缩处理后输入信号的动态范围一般控制在 30dB 左右，这种压缩处理操作可以将因暂态效应引起的许多相邻信道的虚假输出控制在较少的相邻信道内。

模拟信道化接收机的截获监测概率近似为 100%。但是，多个信号之间会存在相互抑制现象，即如果整个频带内有几个不同频率的信号，功率大的信号将压制功率小的信号，类似于 IFM 接收机中的捕捉效应，一般是功率大的信号相对更大，功率小的信号相对更小，这样就导致本来可以达到某个灵敏度的小信号可能无法达到该灵敏度状态了，会使信道化接收机的截获监测概率变小。

（三）局限性

由于可以将模拟信道化接收机视为许多并行工作的固定调谐超外差接收机，所以模拟信道化接收机具有超外差接收机的灵敏度高、截获监测概率高（近似 100%）的优点，同时可以提供多路信号处理能力，消除了脉冲信号重叠的问题，这是超外差接收机所没有的优点。但是，模拟信道化接收机的频率分辨率较低。

模拟信道化接收机的处理带宽与其信道带宽和信道数目相关。制作的信道越多，模拟信道化接收机覆盖的带宽就越宽。但是，大量的并行信道会增大接收机的质量和体积，而且造价很高。使用 SAW 带通滤波器组可以减小接收机的体积和质量，如果 SAW 带通滤波器组能大量集成制作的话，其成本也可以降低。但是，SAW 带通滤波器组插入损耗大，动态范围又必须压缩处理，所以接收机的性能会降低。可以说，模拟信道化接收机有用于超宽带信号侦收的潜力，但要实际使用的话，必须要对 SAW 带通滤波器组做进一步研究，还要寻找能够抑制暂态效应但又不会对接收机性能有太大影响的方法。模拟处理方法导致接收机能提取的参数有限，精度较低。

数字信道化接收机是参考模拟信道化接收机的实现原理，结合数字信号处理技术实现的（见图 6-27）。数字信道化接收机的思想是，通过数字方法构造滤波器组，将接收带宽划分为多个子信道，相当于将多个数字接收机并行，然后对所有信道的输出进行数字化处理，实现对信号参数的测量。由于使用了数字方法进行信道化处理，所以数字信道化接收机中不存在信道不均衡的问题。数字信道化接收机通过直接或间接方式将模拟信号转换为数字信号，使信息易于存储，便于后续的信号分析和处理，并且数字化可以保留信号的大部分信息。

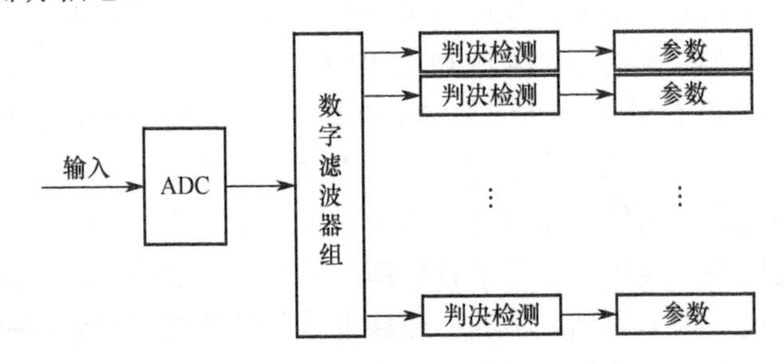

图 6-27　数字信道化接收机原理框图

ADC 是数字信道化接收机中必不可少的器件，它的作用是实现模拟信号向数字信号的转变；数字滤波器组实现数字信道化过程，不同频段的信号从不同的滤波器输出，完成信号频域的分离；判决检测模块消除冗余信道，并输出测量参数。

ADC 的性能（如采样速率和动态范围）和数字滤波器组的性能都会对数字信道化接收机的性能产生很大的影响，在设计的时候都需要重点考虑。数字化并不能消除滤波器之间存在的暂态效应。另外，由于数字信道化可以将信道划分得更细，暂态效应反而会更加严重，会对信号处理产生负面影响，所以在数字信道化接收机中设计数字滤波器组时必须设计合适的滤波器带宽和交叠系数。

相较于模拟信道化接收机，数字信道化接收机具备更强的生存能力和发展潜力。

采用数字技术可以简单、有效地解决模拟信号处理中信号失真的问题；数字滤波器可以做到更好的通带线性相位和阻带抑制，使信号处理获得更准确的结果；数字信道化可以获得很高的测频精度；数字化的数据易于存储，可以进行多次分析处理，以便获得详细的信号信息；数字信道化接收机集成度很高、体积小、质量小，信号处理部分只需要一片小小的数字信号处理芯片就能够实现，更重要的是，其有助于实现软件无线电理论，可以仅通过修改和升级软件来实现不同的功能。

模数混合信道化接收机可以看作多级信道化接收机的一种特例，第一级采用模拟滤波器组实现信道化，第二级采用数字方法实现信道化。其实现方法是，先利用模拟滤波器组将很宽的接收频段进行一级粗分，然后利用 ADC 采样将每个子信道输出的模拟信号数字化，成倍地降低系统对 ADC 采样速率的要求，增大接收机的动态范围。

图 6-28 是模数混合信道化接收机的原理框图。射频信号经下变频后进入模拟滤波器组进行粗略的信道划分；随后将模拟滤波器组的输出信号下变频到中频，用 ADC 实现模拟信号的数字化；对采样后的数字信号进行数字信道化，并输出结果到后面的处理模块，实现侦察分析、信道检测参数估计和频谱融合。

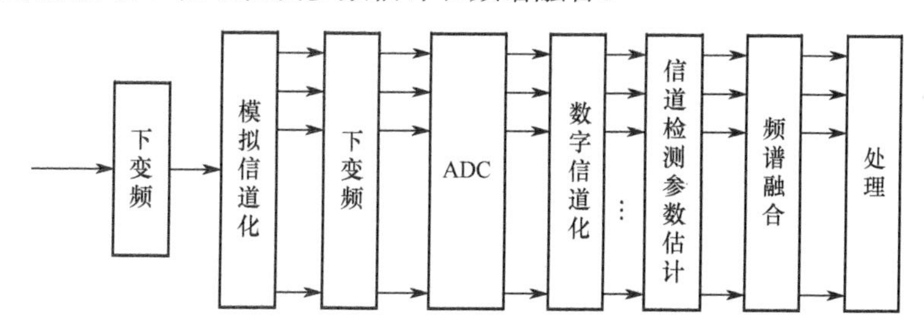

图 6-28　模数混合信道化接收机的原理框图

习题与思考题

1. 绘制全景显示搜索接收机的原理框图，说明实现频率搜索和全景显示的基本原理。
2. 什么是动态频率响应？其与静态频率响应有何不同？
3. 全景显示搜索接收机监测跳频信号会存在什么问题？
4. 全景显示搜索接收的技术指标有哪些？
5. 简要解释全景显示搜索接收机与通信接收机的不同。
6. 绘制压缩接收机的原理框图，并进行简要介绍。
7. 若想在压缩接收机中对信号实现全压缩，需要满足什么条件？
8. 压缩接收机主要有哪些特点？
9. 压缩接收机为什么可以用于监测截获跳频信号？
10. 简要描述声表面波色散延迟线的结构及工作原理。
11. 信道化接收机有哪些类型？各有什么优缺点？

12. 绘制信道化接收机的原理框图，并进行简要描述。

13. 提高搜索信道化接收的反应速率的主要措施有哪些？

14. 为什么信道化接收机对跳频信号有很高的截获监测概率？

15. 信道化接收机的主要技术性能指标有哪些？

16. 信道化接收机与全景显示搜索接收机相比最大的特点是什么？

17. 简要描述信道化接收机的 $2N-1$ 分路法。

18. 某跳频电台的频率覆盖范围 $f_D = 30 \sim 90\text{MHz}$，信道间隔为 $\Delta F = 25\text{kHz}$，跳频速率为 250H/s，每个跳频码的码元宽度 TH = 1/250 = 4ms。要想对该跳频信号达到接近100%的截获监测概率，求其最小扫频速度。在不降低接收机灵敏度的情况下，接收机带宽为多少？

第七章

电磁频谱数字接收技术

随着数字处理技术的发展，特别是数字信号处理芯片功能的不断提高和完善，现代监测接收机越来越多地采用数字处理接收机。采用数字信号处理（DSP）技术实现绝大部分接收机功能的接收系统称为数字接收系统。数字接收机是一种基于数字处理技术的接收机，采用数字信号处理完成绝大部分的接收机功能，如频率变换、滤波、信号解调、信号分析识别等。

宽带数字接收机的发展大致分为 3 个阶段。

第一个阶段是基于基带数字化处理的方法，单信号的频率和相位等精细信息丢失，需要与其他模拟接收机同时协调工作。

第二个阶段，随着 ADC 和 DSP 的飞速发展，数字化接收在 20 世纪 80 年代进入了中频数字处理阶段，对外差式雷达信号侦察接收机输出的中频结果进行 A/D 转换，使雷达信号的幅度、相位等精细信息都被记录存储，便于现代信号处理方法的使用。但是，这种方法同模拟超外差接收机一样仍然需要频率引导和延迟环节，信号实时处理性能较差。

第三个阶段的发展方向还无法确定，总体说来是结合新出现的高速数字信号处理器件，使用更多成熟的数字信号处理方法，在高速 FPGA、DSP 器件上实现多速率信号处理、带通信号处理等技术。千兆赫兹 ADC 的问世、上千 MIPS DSP 的不断出现，以及通信领域软件无线电系统的成功应用，使得宽带、数字化、实时信号处理已经成为电子业界的热点。美国海军实验室的实验系统将瞬时监视带宽提高到 500MHz，采用模拟正交双通道采样，经快速存储后由高速专用 IFFT 芯片处理，在频域内提取信号参数。基于器件原因，该接收机的采集处理方式为按照门限开时窗处理，不能实现实时全概率接收。

第一节　数字接收的原理

数字接收机涉及很多方面的技术，其中，天线及射频技术较为成熟，基本满足数字接收机的要求，主要问题集中在数字处理部分。相对模拟器件，数字处理器件工作速

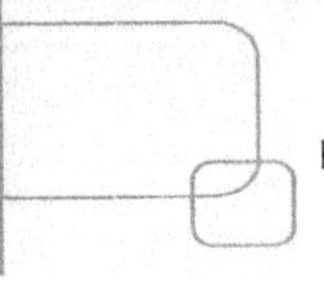

率较低，无法与高速模拟器件相匹配。ADC 的工作速率尽管已经达到兆赫兹以上，但是与雷达信号的频率分布相比还远远不够。特别是高速数字信号处理器的工作速率较低，无法与宽开的 ADC 的工作速率相匹配，有 1～2 个数量级的差距，它们之间工作速率的瓶颈阻碍了数字接收机的进一步发展。为了降低 ADC 的输出数据率，使其与 DSP 的工作速率相匹配，人们通常采用带通采样、正交变换等方法。

一、采样原理

信号采样是信号由连续时间信号（通常为模拟信号）转变为离散时间信号（通常为数字信号）的第一步，同时是最为重要的一步。只有以“适当的”采样频率完成模拟信号到数字信号的采样过程，才能使采样的数字信号“准确无误”地恢复成原始的模拟信号。

（一）奈奎斯特采样定理

奈奎斯特采样定理：对于一个频带受限于（0, f_m）的连续时间信号 $x(t)$，当以某个特定的频率 f_s 对其进行等间隔采样时，如果要使采样得到的离散时间信号能够无失真地恢复成原信号 $x(t)$，那么这个频率 f_s 就必须满足 $f_s \geqslant 2f_m$。

在奈奎斯特采样定理中，所允许的最大采样时间间隔 $T_s = 1/(2f_m)$ 被称为奈奎斯特间隔，对应的最低频率 $f_s = 2f_m$ 被称为奈奎斯特频率。奈奎斯特采样定理说明，对于一个最高频率为 f_m 的连续时间信号，不需要知道信号的所有频率分量就可以通过采样后的信号将其完全重建出来。奈奎斯特采样定理为将离散的数字信号恢复为连续的模拟信号提供了理论基础。

（二）带通采样定理

带通信号的特点是，含有有用信息的部分占用的带宽与其中频相比很小。若沿用奈奎斯特采样定理，采样频率需要高于目标信号最高频率的 2 倍，若带通信号中频很高，则会导致采样频率过高，进而使后续处理很难实现，或者后处理速度满足不了需求。由于带通信号本身的带宽并不一定很宽，因此能不能采用比奈奎斯特频率更高的频率来采样，甚至以 2 倍的奈奎斯特频率来采样，这就是带通采样理论要解决的问题。

带通采样定理：设有一个频率带限信号 $X(t)$，其频带在（f_L, f_H）内，如果其奈奎斯特频率为 $f_s = 2(f_L + f_H)/(2n+1)$，其中，$n$ 取能满足 $f_s \geqslant 2(f_H - f_L)$ 的最大整数，则通过用 f_s 进行等间隔采样所得到的采样信号 $X(nT_s)$ 能准确地确定原信号 $X(t)$。

对于带通模拟信号，由于其带宽远远小于其最高频率，因此可以用比奈奎斯特采样频率更低的频率来采样，从而提高性能，并降低对 ADC 的要求。

带通采样应用到雷达侦察接收系统中有它固有的缺点：一是带通采样需要有两个参数信号中心频率和带宽，才能确定正确的采样率；二是对于 N 个同时到达的信号需要 N 路带通欠采样硬件。

二、正交变换

数字下变频中最常用的技术就是数字混频正交，其主要包括 3 个部分，即数控振荡器（Numerically Controlled Oscillator，NCO）、混频器、低通抽取滤波器。由于下变频后信号处于过采样状态，因此需要降低信号的速率以便后续处理的进行，这里添加了抽取滤波器对其进行抽取以降低信号的速率，再加上抗混叠滤波器，用于保证信号不失真。

用数字混频低通滤波实现正交变换时，输入的模拟信号先进入 ADC，经过采样后得到数字信号，然后与来自数控振荡器的两路相位相差 90° 的数字本振信号分别相乘，完成数字混频，混频后的数据经过低通数字滤波器后即可得到所需要的基带 I、Q 两路信号。

接收的任意调制信号可以表示为 $S(t)=A(t)\cdot\cos[\omega t+q(t)]$。式中，$A(t)$为信号的瞬时包络，$q(t)$为信号的瞬时相位。本振信号的表示式为 $u_{\mathrm{L}}(\mathrm{t}) = 2\cos(\omega t)$，经 90° 移相器得到 $U_{\mathrm{L}}(t) = 2\sin(\omega t)$。I 支路混频器的输出为 $A(t)\cdot\cos[\omega t + q(t)]\cdot[2\cos(\omega t)] = A(t)\cdot\cos q(t) + A(t)\cdot\cos[2\omega t + q(t)]$，经放大、低通滤波后，第二项（倍频项）被滤除，设放大器增益为 1，则第一项输出为 $S_{\mathrm{I}}(t) = A(t)\cdot\cos q(t)$，再经 ADC 采样后得到 $S_{\mathrm{I}}(n) = A(n)\cdot\cos q(n)$。同理，在 Q 支路可以得到，$S_{\mathrm{Q}}(t) = A(t)\cdot\sin q(t)$，$S_{\mathrm{Q}}(n) = A(n)\cdot\sin q(n)$。

由上可见，$S_{\mathrm{I}}(t)$和 $S_{\mathrm{Q}}(t)$都为基带信号，$S_{\mathrm{I}}(n)$ 和 $S_{\mathrm{Q}}(n)$ 送入 DSP 模块后，进行运算，则可以得到数字形式的瞬时包络和瞬时相位。

由于从信号的瞬时包络和瞬时相位中易于提取信号的一些技术特征，可用于信号解调，因此正交变换在无线电监测接收机中有广泛的应用。

与模拟实现方式相比，用数字混频低通滤波来实现正交变换的优点是：两个正交本振序列的形成及混频相乘的过程都是数字运算，使得输出的 I、Q 两路信号幅度一致性较好、相位正交性较好、稳定性更强。

第二节　数字全景显示搜索接收

第六章全景显示搜索接收中讨论了在全景显示搜索接收机中实现频率搜索和全景显示的基本原理。模拟全景显示搜索接收机存在以下问题：对镜像干扰的抑制能力差，无法提供多次混频信号，接收机没有统一的控制单元，接收机的动态范围小，无法直接测量信号技术参数。

随着数字处理技术和微机在全景显示搜索接收机中的广泛应用，目前实际应用的全景显示搜索接收机的基本组成与如图 7-1 所示的原理框图已有较大差别。目前实际应用的全景显示搜索接收机的原理框图如图 7-2 所示。下面重点说明图 7-2 与图 7-1 的不同之处。

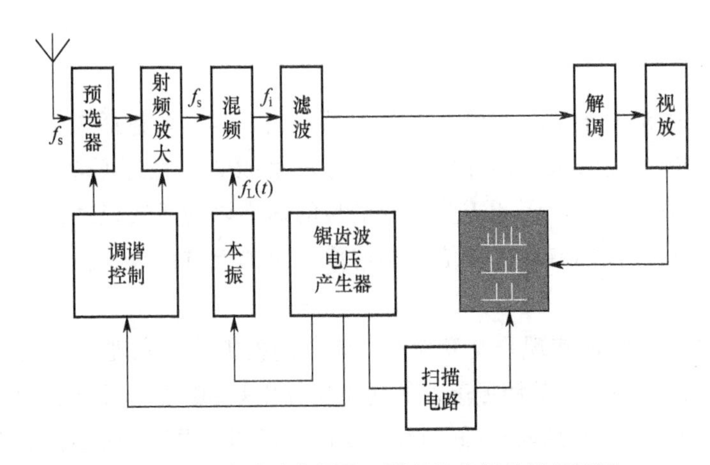

图 7-1 改进前的全景显示搜索接收机的原理框图

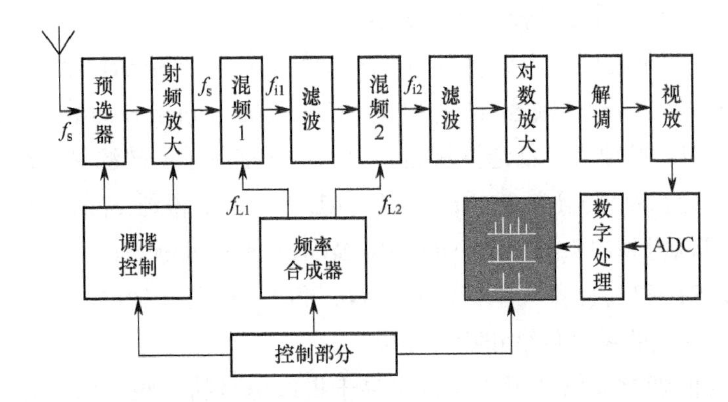

图 7-2 目前实际应用的全景显示搜索接收机的原理框图

（1）如图 7-2 所示的原理框图为一个二次变频的超外差接收体制方案。前面已经指出，为了提高接收机对干扰的抑制能力，实际应用的接收机一般采用二次变频（有的也采用三次变频）方案。全景显示搜索接收机也不例外。

（2）采用频率合成器为两次混频提供本振信号 f_{L1} 和 f_{L2}。其中，f_{L1} 在微机控制下（属于图 7-2 中“控制部分”）可以改变，以实现频率搜索；f_{L2} 一般为固定频率。由于频率合成器具有很高的频率稳定度，并且其频率的改变容易被微机控制，所以在监测接收机中得到普遍应用。但是，频率合成器的输出频率是不连续的，因此监测接收机的频率搜索也是不连续的。

（3）在解调器之前采用了对数放大器，目的在于增大接收机的动态范围。

（4）在图 7-1 中，视频放大器输出的信号直接送到显示器，显示的实时性好，但只能对截获的信号进行瞬时显示。在图 7-2 中，视频放大器输出信号经模数变换后，先送到数字处理器进行处理，再送到显示器进行显示。数字处理之后，可以分析测量信号的某些参数，并使显示功能也大大增强。由于数字处理需要一定的时间，因此，显示的实时性稍差，实际应用中可能变为准实时显示。

（5）接收机在“控制部分”的统一控制下协调工作。“控制部分”的核心是微机

（或微处理机），还包括接口及附属电路与设备等。

由于接收机中采用了微机控制、数字处理技术和频率合成器，因此接收机的频率搜索功能和显示功能大大增强。目前实际应用的接收机的主要功能可以体现在3个方面。

1. *频率搜索方面*

一是可以进行全频段频率搜索，频率搜索由低端向高端或者由高端向低端进行；二是可以进行部分频段搜索，预先设置分频段的低端频率 f_1 和高端频率 f_2，则在 f_1～f_2 频段内进行频率搜索；三是可以按预先设置的重点信道进行搜索，主要用于监视已知频率的无线电信号是否工作。频率搜索可以按频率的高低顺序进行，也可以按信号的优先等级进行。此外，可以预先设置频率搜索的步进频率间隔、信号门限电平（超过门限电平时被截获）及在每个信道的驻留时间；还可以预先设置保护频率和保护频段，在频率搜索时能自动跳过保护频率和保护频段。保护频率和保护频段通常为已知的工作频率和工作频段。

2. *信号显示方面*

显示器一般采用双踪显示或多踪显示。显示的功能主要有 3 点：一是全频段显示，即在全频段内显示截获信号的情况；二是分频段显示，即只显示某一分频段内的信号分布情况；三是扩展显示，即显示某一频率附近很窄频段内的信号情况，由于显示的频段范围很窄，因此可以得到比较高的显示分辨率。扩展显示一般用于显示感兴趣的信号。此外，除了对正在工作的信号进行准实时显示，显示器还可以对已知的“旧信号”进行记忆显示。“旧信号”是指事先已截获的信号，并对其进行了记录存储，有需要时，可将其显示出来以便与正在工作的信号进行比较。

3. *信号技术参数的显示、存储和标记*

显示器上一般可以显示信号的频率和相对幅度，有必要时将这些参数进行记录存储，以备后续调出显示。另外，为了将重点信号频率区分出来，往往在重点频率上加标记符号（如用符号“+”或“!”）以示区别。

第三节　数字信道化接收

频率信道化是，将原来的输入信号频带进行分割，使其成为多个子频段（也称为子信道），再将这些较短的子频段进行处理的过程。近年来，频率信道化技术在无线通信领域和电子战接收机方面的应用非常广泛和深入。我们也可以将这一处理过程作为一套滤波器组来看待，不同频率的信号由不同的输出端输出；最后测量输出端输出的结果，就能求出输入信号的频率。采用这种结构的接收机的特点是，通过降低滤波器的速率，就能够具有全概率接收侦察带宽内信号的能力，同时大大提高了频率分辨率。当前，信道化处理一般使用短时傅里叶变换（STFT）技术和多速率滤波器组两种方法来实现。图 7-3 为数字式信道化接收机的结构框图。

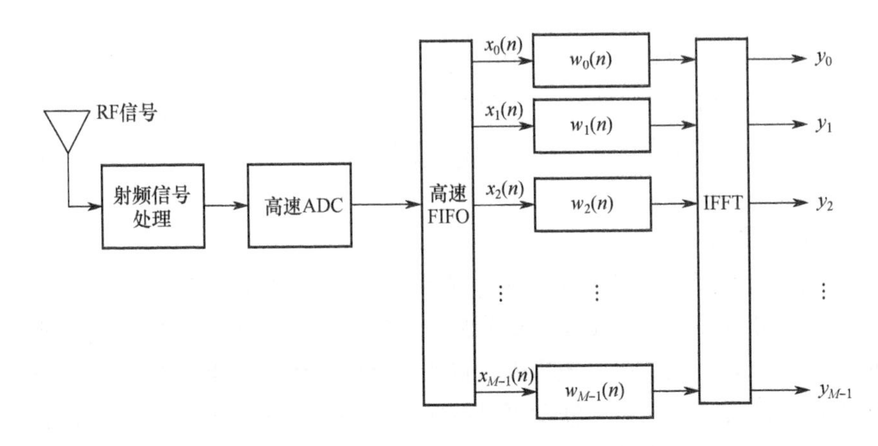

图 7-3 数字式信道化接收机的结构框图

一、基于双速率欠采样宽带数字信道化接收

我们通过奈奎斯特采样定理可以知道，只有采样频率大于信号最高频率的 2 倍时，采样后的信号才可以无失真地恢复成原来的信号。如果不满足上述要求，信号的频谱就会产生混叠，也就是我们通常所说的有频率模糊。信号的真实频率可以通过比较精确地得到信号的频率相对于采样频率的模糊数目来得到。利用这种方法在较低采样速率条件下可以获得比较精确的目标信号频率。这种方法有比较明显的优点，即选用较高位数的 ADC 器件，使接收机的瞬时动态范围得到了明显的提高。

要达到对模糊信号的频率解模糊，我们可以运用参差双通道采样对信号进行采样处理。采用这种方式对同一信号采样，再进行数字信道化处理，则处理后的信号会在不同信道出现。这种设计方式采用了两个不同的采样频率进行采样处理，得到的折叠带宽也各不相同。当采样处理过的信号在不同模糊频带出现时，信号所在信道的变化就不同。根据这个特点，我们就可以利用余数定理对其频率解模糊。

对多信号采样时，我们可以采用双速率欠采样方法，但这容易产生组合错误，因此需要对多个模糊进行“配对”。“配对”是将同一频率的信号经过两个不同的采样频率采样后的模糊频率进行正确的组合以得到真实频率的估计值的方法，以此来保证测频的正确性。雷达信号的“配对”有时域上的“配对”和频域上的“配对”两种方法。时域上的“配对”方法是以信号的包络特征及信号的到达时间为依据进行的。频域上的“配对”方法主要是根据信号的能量及相位进行的。当信号复杂、难以“配对”时，同时运用两种方法可以更好地区分信号。

数字化接收机主要是将数字信道化技术与双速率欠采样技术相结合来实现的。在较小采样速率下，通过这种方法能够实现对大带宽信号的检测。在较小采样速率下，我们可以选择高位数的 ADC 器件，以提高其瞬时动态范围。

二、基于并行数字下变频（DDC）的数字信道化接收

基于并行 DDC 的信道化接收的结构如图 7-4 所示，子信道信号被下变频到基带，

每个子信道的输出信号 $x_k[n]$ 的数据率降为输入信号 $x[n]$ 的 $1/D_k$，可以在更低的数据率上进行信号处理和数据处理。

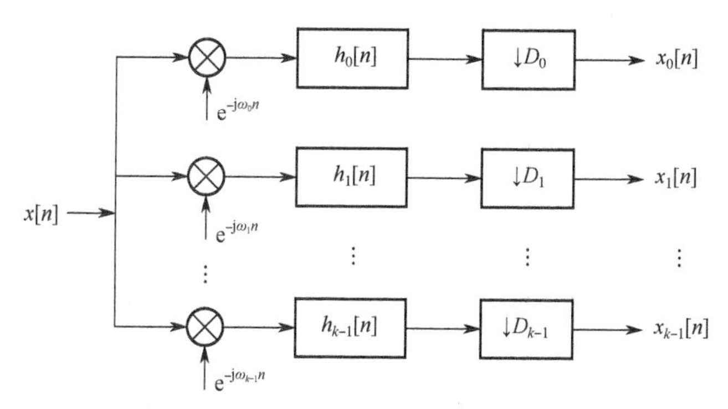

图 7-4　基于并行 DDC 的信道化接收的结构

DDC 主要包括 NCO、混频器、低通滤波器（Low Pass Filter，LPF）、抽取器。假设在图 7-4 中，输入信号为 $x[n]$，第 k 个 DDC 的 NCO 为 k_j，混频后的信号为 x_N、$k[n]$，滤波后的信号为 x_F、$k[n]$，抽取后的信号为 $x_k[n]$，抽取因子为 D_k，对它们进行 DFT，可得到其频谱。

实信号的频谱具有共轭对称性，即 $X(f)=X^*(-f)$，因此，单边频谱就可以完全描述实信号。DDC 后只剩下单边频谱，如图 7-5 所示。由于下变频后信号已经被搬移到基带，所以可以通过抽取来降低采样率且不会导致频谱混叠。由图 7-5 可见，要想抽取后的信号频谱不发生混叠，DDC 必须满足 $D_k\omega_{H,k}\leqslant\pi$，其中，$\omega_{H,k}$ 为第 k 个支路的复基带信号的最大频率。

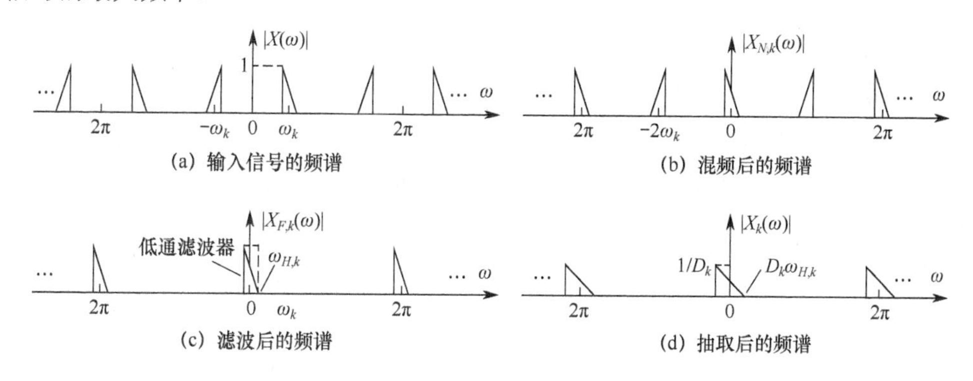

图 7-5　DDC 的频谱变换过程

在传统的 DDC 结构中，NCO 和 LPF 的数据率和输入信号的数据率相同。当输入信号为宽带信号时，采样率较高，当前的 ADC 可以满足高速采样的要求（目前，单片 ADC 的最大采样率已经超过 5GSps），但数字信号处理器的处理能力非常有限（时钟频率一般为 500MHz 以下），这造成了信号处理的瓶颈。

为了得到适用于高速、宽带系统的 DDC，可以对传统 DDC 中的滤波器进行多相分解。传统 DDC 的等效结构及基于多相分解的 DDC 结构如图 7-6 所示。

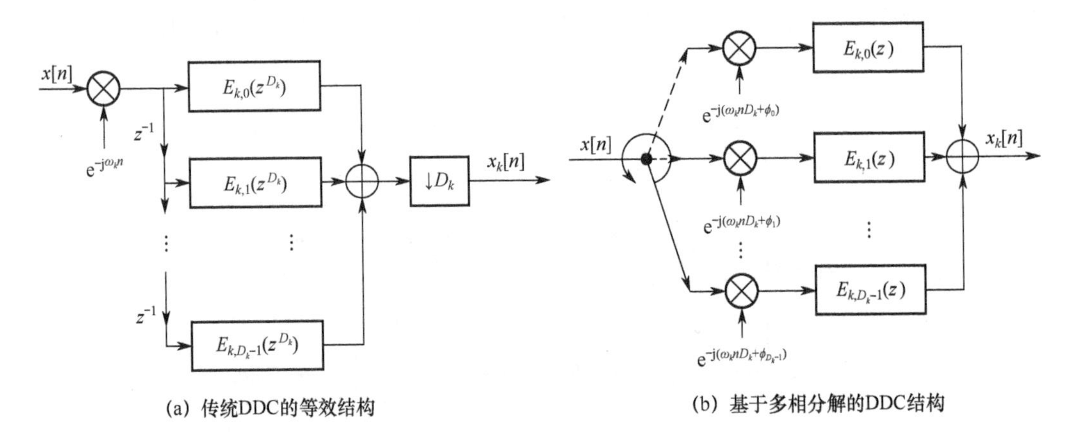

(a) 传统DDC的等效结构　　(b) 基于多相分解的DDC结构

图 7-6　传统 DDC 的等效结构及基于多相分解的 DDC 结构

三、基于多相滤波的数字信道化接收

基于并行 DDC 的信道化结构具有普遍适用性，对子信道的中心频率和带宽没有特殊的限制。该信道化结构的最大的缺点是，每个子信道都需要独立的 NCO、混频器、LPF、抽取器，因此它的体积和成本随着信道数的增加而增加。

如果信道均匀划分，则每个信道可以采用相同参数的滤波器，从而可以简化信道化结构。在以下的讨论中，除非特别声明，信道划分都采用均匀划分方式。

设信道数为 K，抽取因子为 D，并且它们满足 $K=FD$（F 为正整数），滤波器的长度为 N。如果 $F=1$，则抽取后每个信道的输出数据率和信号的带宽一致，信号频谱占满（$0, 2\pi$），这被称为临界抽取。

多相滤波模型如图 7-7 所示。通过多相滤波模型可知，其首先对输入数据时延抽取，然后对处理过的信号数据进行旋转搬移并对其进行滤波处理，最后对各路数据进行离散傅里叶变换运算就能得出结果并输出。在这个结构中，一般把低通滤波器 $h(n)$叫作原型滤波器，0 通道的滤波器特性 $g_0'(m)$ 就是它的抽取，其阶数是 L/D；而它的抽取及旋转搬移是其余通道的滤波器特征。

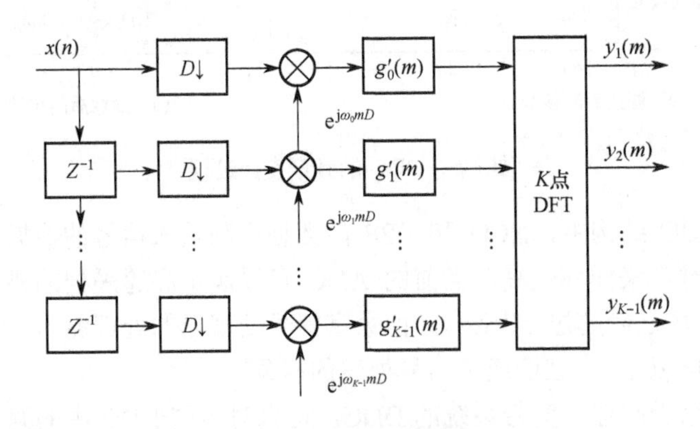

图 7-7　多相滤波模型

多相结构的快速傅里叶变换主要由 P 个 L 点 FFT 运算模块、时延模块、P 个加权电路 3 个部分构成。P 个 L 点 FFT 运算模块的输出结果经过加权就能够得到信道 k 的输出结果。如图 7-8 为多相结构的 FFT 实现原理。

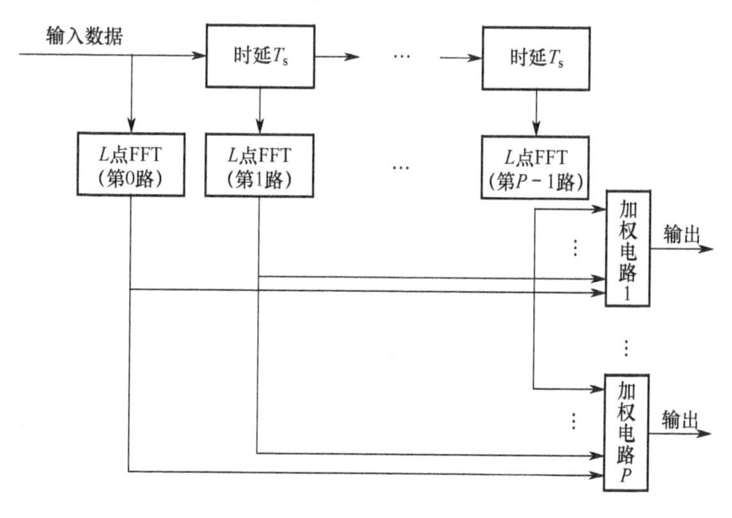

图 7-8　多相结构的 FFT 实现原理

第四节　其他数字接收

在不同的使用领域和具体环境任务要求下，数字接收机的系统结构和形式差异不大，但其数字信号处理算法差异较大。随着器件性能水平的提升和 DSP 技术的发展，数字接收技术也得到了进一步的发展。

一、数字压缩接收

压缩接收机一直被用在模拟域，适用于信噪比较低的情况。实际上，压缩接收机也可以应用在数字域，只是需要将其进行扩展变换。

压缩接收建立在 Chirp 变换的基础上，下面在此基础上构建数字压缩接收。

信号经过 ADC 采样后得到离散数字信号 $x(n)$；离散数字信号进入混频模块，和线性扫频本振 $m(n)$进行混频得到混频信号 $d(n)$；将混频信号和数字延迟模块中的带通滤波器进行卷积运算得到 $y(n)$，完成脉冲压缩得到输出的脉冲尖峰；通过检波器对脉冲尖峰的峰值和位置进行测量，可以通过后续计算得到信号的 PDW 信息。

二、引导式数字接收

引导式数字接收机通过高级器件实现对电磁环境的监视和对雷达频带的测量等相关方法，获取一定的雷达信号信息进而完成对相关信号的接收和处理。引导式数字接收机的结构如图 7-9 所示。

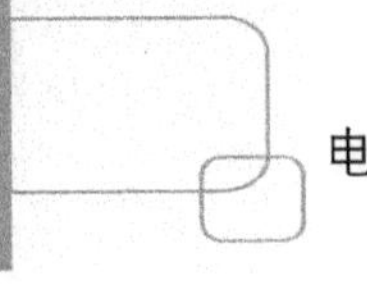

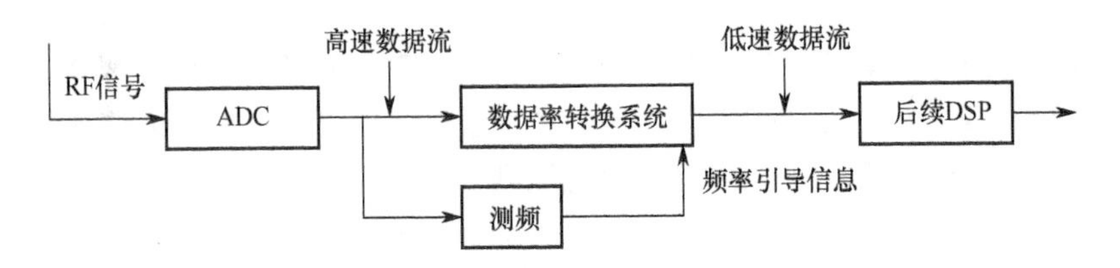

图 7-9　引导式数字接收机的结构

利用这种结构可以把信号信息进行缓存延迟处理，那么信号的引导信息及相关参数就能够在该延迟时间内获得，以此来达到全概率信号侦收的目的。这种方法虽然比较容易实现，但其存在的问题是对系统缓存量和处理速度的要求比较高，致使对引导参数的测量精度不高。引导式数字接收机在实际应用中一般采取宽带系统和窄带系统相结合的形式进行处理。首先，利用宽带系统对目标信号进行粗略测频，得到频率所在的较小范围；然后，利用窄带系统对其进行混频和滤波处理；最后，进一步详细分析目标信号。此外，由宽带系统的测量结果可以解决一些测量的模糊问题。

三、单比特数字接收

单比特数字接收技术主要基于快速傅里叶变换，是一种解决信号处理带宽和处理速度之间矛盾的折中技术。早期，单比特数字接收系统的研制主要是为了提升运算速度，主要是通过去除 FFT 运算中的乘法运算而减小其复杂性实现的。这种 FFT 运算实际上很简单，具体过程是使用高速单比特模数转换器（ADC），这样它的输出就是±1，所以 FFT 的输入也为±1，这样就能够消除 FFT 运算过程中的乘法运算，而采用加减法就可以完成。单比特数字接收机的结构如图 7-10 所示，这种设计使其不但结构简单而且功能容易实现。除此之外，它还具有同一时间处理多个输入信号的能力，而且有较高的灵敏度和频率分辨率。单比特数字接收机结构简单、体积小的特点使其能更好地应用在航空航天领域。单比特数字接收机存在的问题是，动态范围小，在同时多信号复杂条件下的适应能力不强，应用的场合不够广泛。

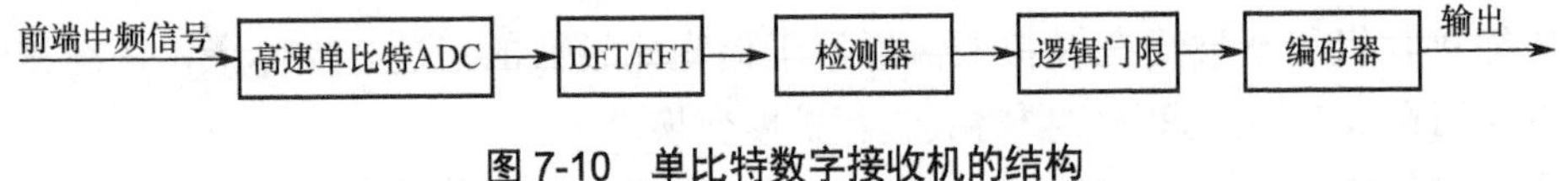

图 7-10　单比特数字接收机的结构

习题与思考题

1. 数字接收机与软件接收机相比有哪些不同？
2. 比较直接数字化方案、直接变频到基带方案和超外差方案的优缺点。
3. 数字接收技术有哪些特点？

第八章

电磁频谱参数测量

无线电监测的重要任务之一就是采用技术手段和相关设备对无线电发射的基本参数和频谱特性参数进行测量。电磁频谱参数测量是合理、有效地指配频率，以及对非法电台、干扰源进行测向、定位和查处的基础。

第一节　频率测量

频率是无线电信号的重要参数之一，频率测量是分析电磁环境复杂度不可或缺的环节。目前，国际监测站采用的测频方法包含常规频率测量方法和基于 DSP 的频率测量方法。

一、常规频率测量方法

国际监测站采用的 3 种最常见的常规频率测量方法是直接李萨如法、频率计数器法和扫描式频谱分析仪法。下面将详细介绍这 3 种常规频率测量方法的原理。

（一）直接李萨如法

在某些情况下，质点同时参与两个不同方向的振动，质点合位移即两个分振动的矢量和。若质点同时在两个相互垂直的方向上进行简谐振动，且满足两个垂直简谐振动频率之比为有理数的条件（而不仅局限于“简单整数比”的情况），那么合运动的轨迹都是稳定的闭合曲线，称为“李萨如图形”。根据闭合曲线的形状特征，能够较为可靠地测量未知信号频率。

李萨如图形的形成原理可以借助振动方程来分析，设在水平方向和垂直方向上的振动方程分别为

$$x = A_1\cos(2\pi f_1 t + \varphi_1) \tag{8-1-1}$$

$$y = A_2\cos(2\pi f_2 t + \varphi_2) \tag{8-1-2}$$

在最简单的情况下，即当 $f_1 = f_2$ 时，φ_1、φ_2 之差决定了李萨如图形的形状。设

$0 \leqslant \varphi_1 - \varphi_2 < 2\pi$，下面对此展开讨论。当 $\varphi_1 = \varphi_2$ 时，$\frac{x}{y} = \frac{A_1}{A_2}$，很显然李萨如图形为过原点的直线；当 $\varphi_1 = \varphi_2 + \frac{\pi}{2}$ 或 $\varphi_1 = \varphi_2 + \frac{3\pi}{2}$ 时，$\frac{x^2}{A_1^2} + \frac{y^2}{A_2^2} = 1$，即李萨如图形是以 X 轴、Y 轴为对称轴的椭圆，其长轴和短轴长度与简谐振动的振幅 A_1、A_2 有关，但 φ_1 取两种不同值时质点的运动方向相反；当 $\varphi_1 = \varphi_2 + \pi$ 时，$\frac{x}{y} = -\frac{A_1}{A_2}$，此时李萨如图形也为过原点的直线；当 φ_1 与 φ_2 之差为 $[0, 2\pi]$ 内其他任意值时，李萨如图形是普通的椭圆。

在两个简谐振动频率相等的情况下，李萨如图形的形状和质点的运动方向如图 8-1 所示。当两个简谐振动的频率之比不为 1 时，李萨如图形的形状更为复杂，考虑到测量的简便性，一般尽量使被测频率与参考频率之比为 1。

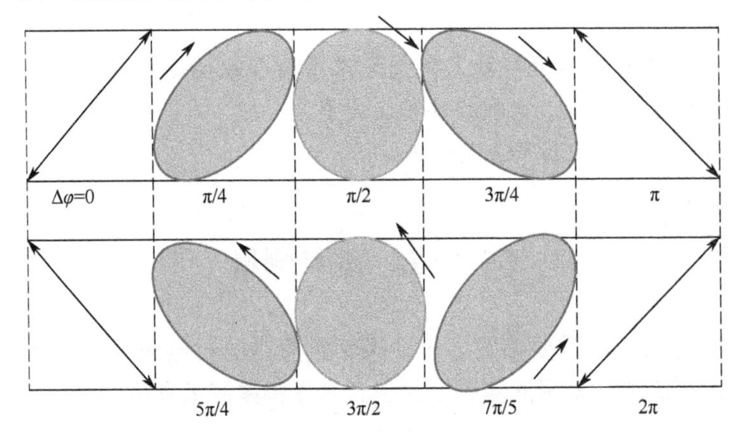

图 8-1　两个简谐振动频率相等情况下，李萨如图形的形状

直接李萨如法被用于测量接收机中频（Intermediate Frequency，IF）输出端的信号频率。如图 8-2 所示，由晶体振荡器控制的频率合成器，其产生信号的频率即接收机中频信号的标称频率 $f_{\text{IF-mark}}$，将该信号连接至示波器 X 端，并将接收机实际输出的中频信号（频率为 f_{IF}）连接至示波器 Y 端。当示波器所显示的图形为椭圆或直线时，可以判定接收机实际输出的中频信号的频率 f_{IF} 等于标称频率 $f_{\text{IF-mark}}$。若示波器显示更为复杂的图形，则表明中频信号的频率与标称频率不相等，接下来需要一边微调晶振频率、一边观察示波器输出，直到能够在示波器上观察到椭圆或直线。

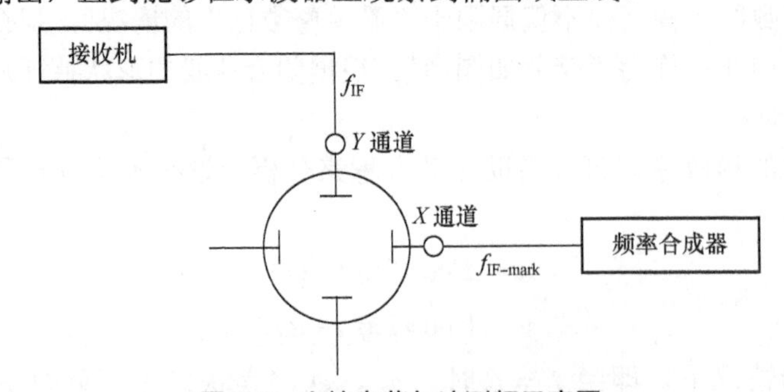

图 8-2　直接李萨如法测频示意图

（二）频率计数器法

频率计数器是一种时域信号频率测量仪器，具备操作简便、测量迅速的优点，已经在科研、教学、工业生产等领域得到广泛应用。

1. 直接计数测频法

直接计数测频法是一种最基本的测频方法，其优势在于原理简单、易于实现。根据所测频率的不同，直接计数测频法的测频原理略有区别。

1）高频信号测频

如图 8-3 所示，将被测周期信号转换为可计数脉冲串，将频率计数器内部的频率基准源分频后作为闸门信号，在一个测量周期内闸门信号的有效时间为 T_G，闸门信号有效时脉冲串才能被计数。一个测量周期结束后，统计脉冲串的数目 N 和门控开启时间 T_G，从而求得被测信号的频率 $f_x = N/T_G$。

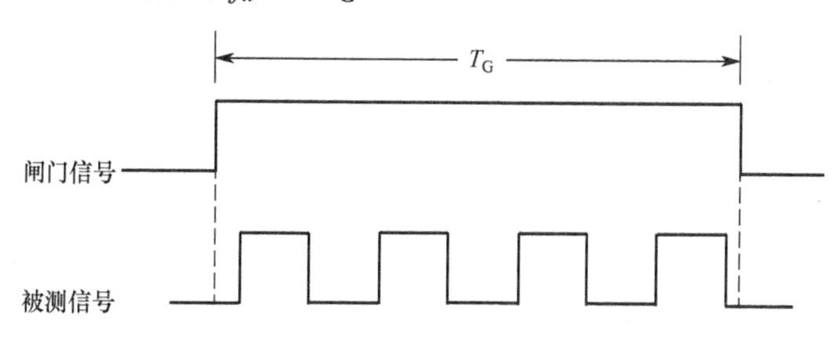

图 8-3 高频信号测频原理

但是，直接计数测频法不可避免地存在误差。首先是计数误差，其是测量原理本身带来的，往往难以消除。如图 8-4 所示，规定被测脉冲信号上升沿触发一次计数，若分别从 t_1、t_2 开始计数，并且计数时长均为 T_G，那么这两次计数显然相差 1 次。在闸门信号有效时间内，被测信号实际计数次数为 f_xT_G，所以有

$$|N - f_xT_G| \leqslant 1 \tag{8-1-3}$$

经过整理，可知计数误差为

$$\left|\frac{\Delta f_{x\text{-count}}}{f_x}\right| = \frac{|N - f_xT_G|}{f_xT_G} \leqslant \frac{1}{f_xT_G} \tag{8-1-4}$$

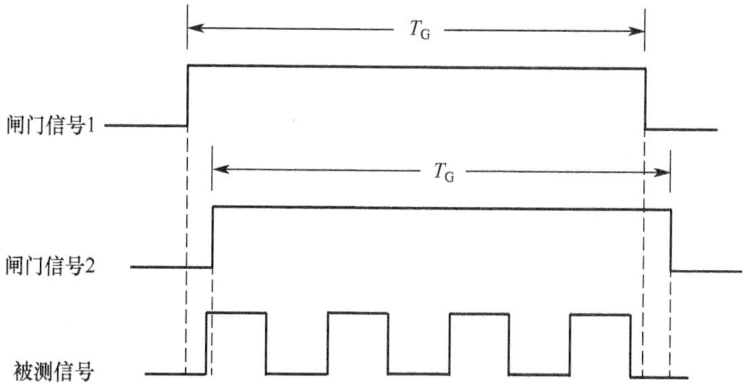

图 8-4 频率计的 ± 1 个计数误差

此外，闸门信号带来的误差也是误差来源之一，其根源在于频率基准源所提供频率的稳定性。由于闸门信号由频率基准源分频得到，所以它引起的测量误差与时基频率误差$|\Delta f_0|/f_0$成正比，即

$$\left|\frac{\Delta f_{x-\text{timebase}}}{f_x}\right| \propto \frac{|\Delta f_0|}{f_0} \tag{8-1-5}$$

在实际应用中，为了尽可能地减小时基频率带来的误差，通常要求频率基准源的准确度至少要比被测信号所要求的频率准确度高 1 个数量级。

至此，可知总的测量误差为

$$\left|\frac{\Delta f_x}{f_x}\right| = \left|\frac{\Delta f_{x-\text{count}}}{f_x}\right| + \left|\frac{\Delta f_{x-\text{timebase}}}{f_x}\right| \tag{8-1-6}$$

分析可知，时基频率误差$|\Delta f_0|/f_0$越小，测量误差越小；被测信号频率 f_x 越大，测量精度越高，所以直接计数测频法适合测量高频信号的频率。

2）低频信号测频

当信号频率较低时，其测频采取的技术思路与高频信号测频相似。不同之处在于，将被测信号（频率为 f_x ）作为闸门信号，由频率基准源分频产生标准计数脉冲（频率为 f_0 ），如图 8-5 所示。记一个测量周期内待测信号的有效时间为T_G，通过统计T_G内脉冲串的数目N，就能求得待测信号频率为

$$f_x \approx \frac{f_0}{N} \tag{8-1-7}$$

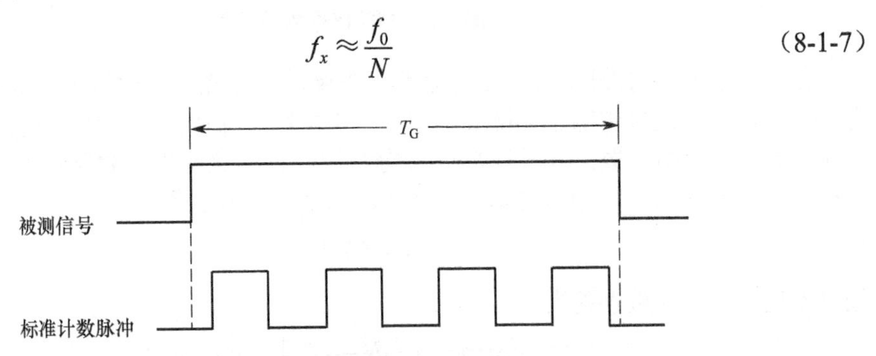

图 8-5　低频信号测频原理

直接计数测频法测量低频信号的误差同样包含两个方面：计数误差和时基频率误差。对于计数误差，我们知道标准计数脉冲在闸门信号的两端容易产生 ±1 个误差，用公式表达分别为

$$\left|\frac{\Delta f_{x-\text{count}}}{f_x}\right| = \frac{1}{N+1} \tag{8-1-8}$$

$$\left|\frac{\Delta f_{x-\text{count}}}{f_x}\right| = \frac{1}{N-1} \tag{8-1-9}$$

综合来看，计数误差近似为$\frac{1}{N}$，经整理可得

$$\left|\frac{\Delta f_{x-\text{count}}}{f_x}\right| \approx \frac{1}{N} \approx \frac{f_x}{f_0} \tag{8-1-10}$$

对于时基频率误差，由于标准计数脉冲是由频率基准源分频后得到的，所以它引起的测量误差与时基频率误差$|\Delta f_0|/f_0$成正比，即

$$\left|\frac{\Delta f_{x-\text{timebase}}}{f_x}\right| \propto \frac{|\Delta f_0|}{f_0} \tag{8-1-11}$$

所以，总的测量误差为

$$\left|\frac{\Delta f_x}{f_x}\right| = \left|\frac{\Delta f_{x-\text{count}}}{f_x}\right| + \left|\frac{\Delta f_{x-\text{timebase}}}{f_x}\right| \tag{8-1-12}$$

观察式（8-1-12），我们知道时基频率误差$|\Delta f_0|/f_0$越低越好。另外，当被测信号频率 f_x 越小时，总的测量精度越高。

直接计数测频法虽然易于实现，但是其测量精度与被测信号的频率密切相关，因此不适合测量精度要求较高的场合，我们需要找到新的测频方法。

2. 等精度测频法

等精度测频法是在直接计数测频法基础上发展而来的，又被称为多周期同步测频法。其特点是测频精度高、测量精度与被测信号的频率无关。如图 8-6 所示，测量过程中仍需要预置闸门信号，假设闸门信号为高电平时有效，当闸门信号开始有效时，并不立即对被测信号脉冲计数，而是等待被测信号来到新的上升沿才启动计数过程；当闸门信号变为低电平时，不会立即终止对被测信号脉冲的计数，而是等到下一个被测信号的上升沿来临前才终止计数过程。与此同时，由频率基准源产生标准计数脉冲，记录实际闸门信号为高电平时标准计数脉冲的数量。若被测信号频率为 f_x，标准计数脉冲频率为 f_0，一个测量周期内对这两种信号的计数分别为 N_x、N_0，那么可知

$$f_x = \frac{N_x f_0}{N_0} \tag{8-1-13}$$

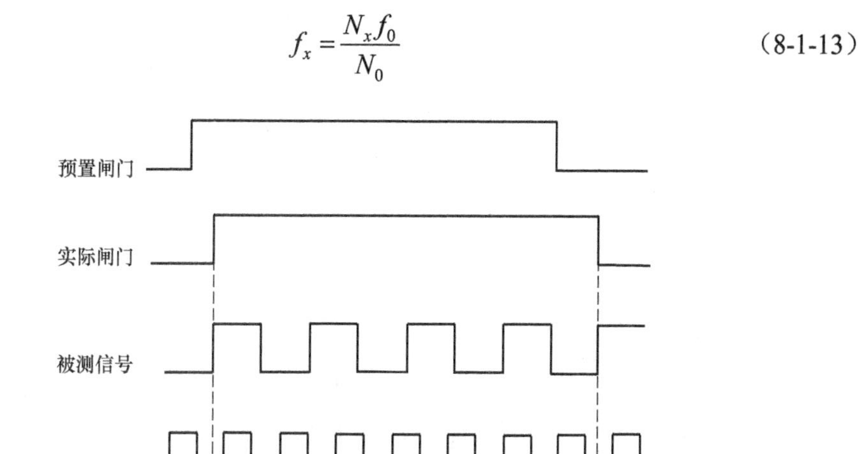

图 8-6 等精度测频法原理

根据误差合成公式，测频误差绝对值的表达式为

$$\Delta f_x = \frac{N_x \Delta f_0}{N_0} - \frac{f_0 N_x \Delta N_0}{N_0^2} + \frac{f_0 \Delta N_x}{N_0} \tag{8-1-14}$$

经整理有

$$\frac{\Delta f_x}{f_x} = \frac{\Delta f_0}{f_0} - \frac{\Delta N_0}{N_0} + \frac{\Delta N_x}{N_x} \tag{8-1-15}$$

由前面所述测频原理可知，在等精度测频法中，被测信号的计数是准确无误的，而标准计数脉冲仍可能存在±1的计数误差，所以式（8-1-15）可以简化为

$$\frac{\Delta f_x}{f_x} = \frac{\Delta f_0}{f_0} - \frac{\Delta N_0}{N_0} \tag{8-1-16}$$

从式（8-1-16）可知，测量误差仅与标准计数脉冲的计数误差、频率基准源的不稳定性有关，而与被测信号本身无关。因此，无论被测信号是高频信号还是低频信号，均可采用等精度测频法。为了提高测频精度，需要尽可能保证标准计数脉冲频率更高、频率基准源更稳定。

（三）扫描式频谱分析仪法

扫描式频谱分析仪是一种频域信号分析仪器，适用于宽频带快速扫描测试，可测频率高达几十兆赫兹。扫描式频谱分析仪的基本结构类似于超外差接收机，如图 8-7 所示。当扫描式频谱分析仪处于扫描状态时，频率可调谐本振在两个频率之间来回扫描，本振信号（频率记为 f_{LO}）与被测信号（频率记为 f_{IN}）混频后产生中频信号（中心频率记为 f_{IF}），中频信号经放大、滤波、检波后得到视频信号，视频滤波器对视频信号加以平滑并将其加载到显示器上。扫描信号发生器同时控制可调谐本振和显示器，以保证两者的同步性。

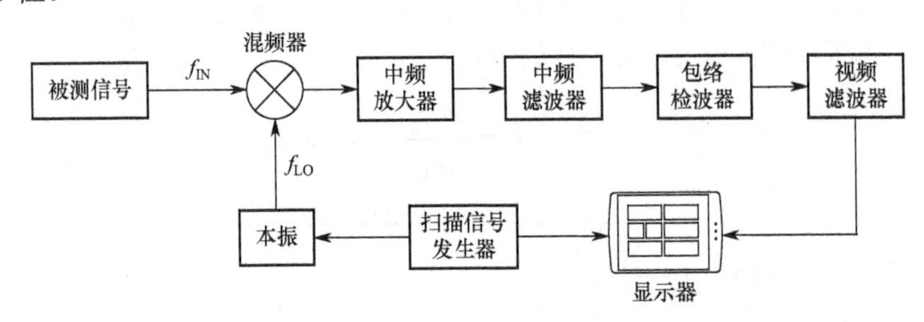

图 8-7　扫描式频谱分析仪原理

确定本振信号频率 f_{LO} 的扫描范围和中频滤波器中心频率 f_{IF}，是设计扫描式频谱分析仪的关键环节。根据混频原理，被测信号频率 f_{IN} 和本振信号频率 f_{LO} 混频后产生新频率，即 $|f_{LO} \pm f_{IN}|$。相较于频率更高的和频信号（频率 $f_{IF} = f_{LO} + f_{IN}$），人们一般更关注频率更低的差频信号（频率 $f_{IF} = |f_{LO} - f_{IN}|$），这是由于器件对高频信号进行数字化处理时，对中频放大、滤波等模块的要求更高，大大提升了设备成本。根据 $f_{IF} = |f_{LO} - f_{IN}|$ 可知，对于确定的 f_{LO} 和 f_{IF}，输入端总有两个频率满足混频要求，即

$f_{IN}=f_{LO}-f_{IF}$ 和 $f'_{IN}=f_{LO}+f_{IF}$，这两个频率关于本振信号频率 f_{LO} 对称，互为镜像频率。在实际应用中，镜像频率会造成很大干扰，而中频信号处理模块无法区分它们，所以必须在混频前过滤掉镜像频率。

对 3GHz 以下的低频信号和 3GHz 以上的高频信号开展测量时，采用的过滤镜像频率的方案并不相同。测量 3GHz 以下的低频信号，宜使 $f_{IF}>f_{IN}$。如图 8-8 所示，可调谐本振从 f_{IF} 处开始扫描，被测信号频率 f_{IN} 和镜像频率 f'_{IN} 距离比较远，在混频器前加低通滤波器即可过滤镜像频率。

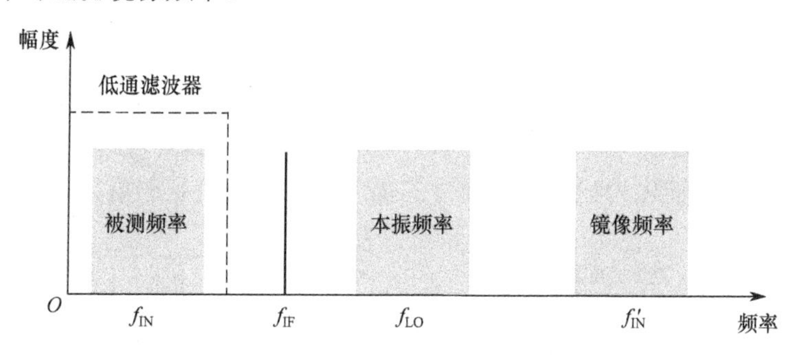

图 8-8　低中频方案

而测量 3GHz 以上的高频信号，宜使 $f_{IF}<f_{IN}$。如图 8-9 所示，被测信号频率 f_{IF} 和镜像频率 f'_{IN} 距离比较近，镜像频率难以过滤，因此混频器前面滤波器的设计更为复杂。为此可采用“预选法”，在混频器前加中心频率可调谐的预选器来过滤镜像频率。预选器本质上是一个带通滤波器，其中心频率和本振频率同步变化，以保证混频后中频信号的稳定性。

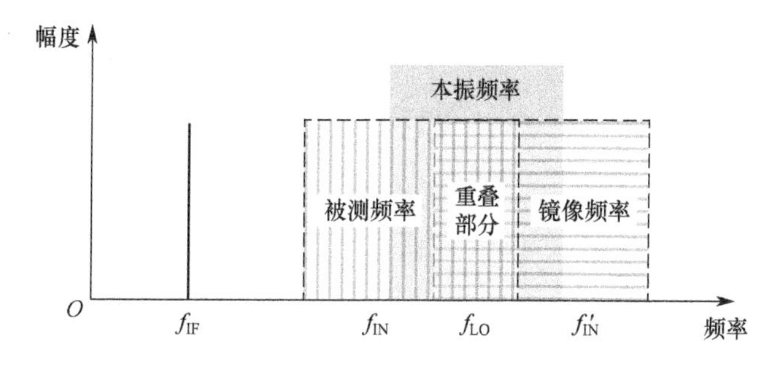

图 8-9　高中频方案

二、基于 DSP 的频率测量方法

（一）瞬时频率测量法

几十年来，瞬时频率测量法（Instantaneous Frequency Measurement，IFM）已经在全球范围内得到广泛应用。例如，在雷达预警领域，由于现代雷达常使用时间压缩、频率捷变、调频调相等方法来反侦查抗干扰，所以接收机必须具备快速测量频率的能力，以避免敌方干扰并实施反干扰。瞬时频率测量法能很好地满足雷达预警测频需求。

延迟线法瞬时测频技术是常用手段之一，图 8-10 显示了该技术的基本原理。设待测信号电压为$V_{in} = A\sin(\omega t)$，其中，A是电压振幅，ω是角频率，t是时间。功率分配器将待测信号分为功率相等的两路，由于延迟线的存在，其中一路信号产生相移$\omega\tau$，那么两路信号的表达式分别为

$$V_1 = \frac{\sqrt{2}}{2} A\sin(\omega t) \tag{8-1-17}$$

$$V_2 = \frac{\sqrt{2}}{2} A\sin(\omega t - \omega\tau) \tag{8-1-18}$$

V_1和V_2混频后再通过低通滤波器，其中高频成分被滤除，只剩直流分量，而直流分量与待测信号的电压振幅A、角频率ω、时延τ有关。延迟线法瞬时测频技术将待测交流信号的频率信息转化为输出直流信号的幅度值，从而达到测量频率的目的。

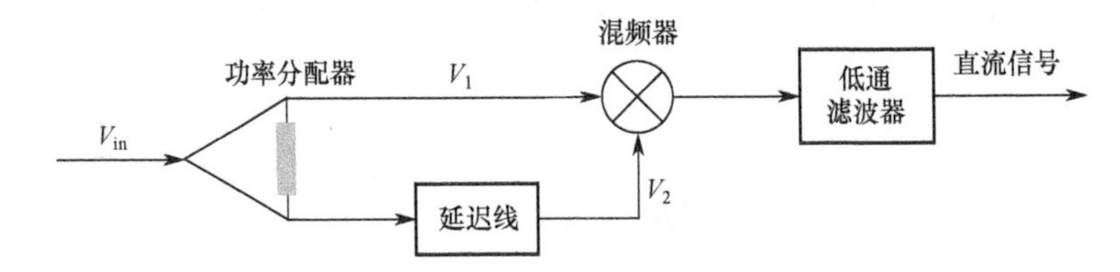

图 8-10 延迟线法瞬时测频技术基本原理

此外，干涉比相法瞬时测频技术由于具备良好的瞬时性而得到广泛应用，其基本原理是将待测信号频率信息转化为两路正交信号的相位信息，如图 8-11 所示。

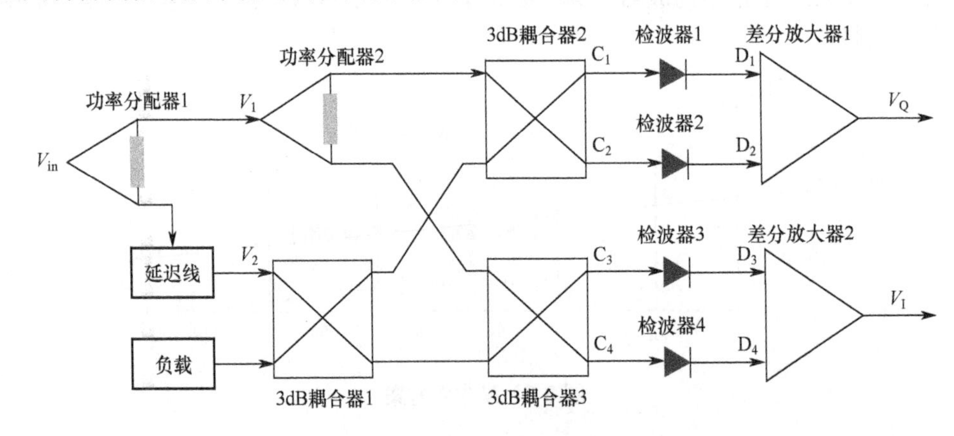

图 8-11 干涉比相法瞬时测频技术基本原理

依然假设待测信号电压为$V_{in} = A\sin(\omega t)$，功率分配器 1 将V_{in}分成两路信号，其中一条路径中包含延迟线，时延τ取决于延迟线的长度，此部分结构与延迟线法瞬时测频技术类似。干涉比相法瞬时测频接收机的另一个重要组成部分是 3dB 耦合器，电路符号如图 8-12 所示。对于图 8-12 中 4 个端口，若端口 1 处的输入信号电压$V_1 = V$，那么根据 3dB 耦合器的工作原理，可知端口 2、端口 4 分别为耦合端、直通端，其输出信号电压分别为

$$V_2 = \frac{\sqrt{2}}{2}V \tag{8-1-19}$$

$$V_4' = \frac{\sqrt{2}}{2}Ve^{-j\frac{\pi}{2}} \tag{8-1-20}$$

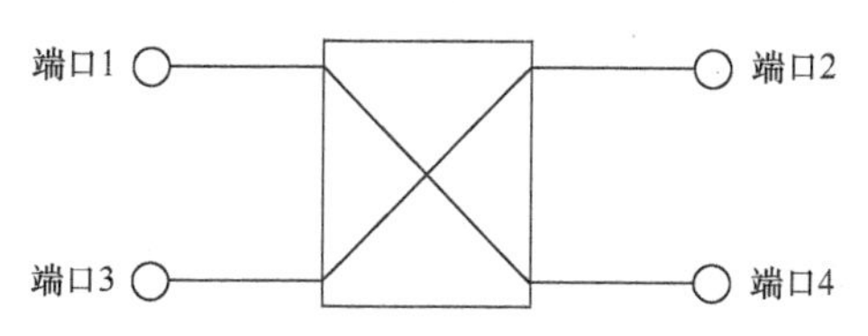

图 8-12　3dB 耦合器电路符号

同理，若施加在端口 3 的信号电压 $V_3 = Ve^{-j\frac{\pi}{2}}$，则端口 2 和端口 4 分别为直通端、耦合端，其输出信号电压分别为

$$V_2'' = \frac{\sqrt{2}}{2}Ve^{-j\pi} \tag{8-1-21}$$

$$V_4'' = \frac{\sqrt{2}}{2}Ve^{-j\frac{\pi}{2}} \tag{8-1-22}$$

由此可得，在图 8-11 中，端口 C_1、C_2、C_3、C_4 处的输出信号电压分别为

$$V_{C_1} = \frac{\sqrt{2}}{4}A\sin(\omega t) + \frac{\sqrt{2}}{4}A\sin\left(\omega t - \omega\tau - \frac{\pi}{2}\right) \tag{8-1-23}$$

$$V_{C_2} = \frac{\sqrt{2}}{4}A\sin\left(\omega t - \frac{\pi}{2}\right) + \frac{\sqrt{2}}{4}A\sin(\omega t - \omega\tau) \tag{8-1-24}$$

$$V_{C_3} = \frac{\sqrt{2}}{4}A\sin(\omega t) + \frac{\sqrt{2}}{4}A\sin(\omega t - \omega\tau - \pi) \tag{8-1-25}$$

$$V_{C_4} = \frac{\sqrt{2}}{4}A\sin\left(\omega t - \frac{\pi}{2}\right) + \frac{\sqrt{2}}{4}A\sin\left(\omega t - \omega\tau - \frac{\pi}{2}\right) \tag{8-1-26}$$

以上 4 路信号经过检波和低通滤波后，最终到达端口 D_1、D_2、D_3、D_4，此时信号电压分别为

$$V_{D_1} = MA^2[1 - \sin(\omega\tau)] \tag{8-1-27}$$

$$V_{D_2} = MA^2[1 + \sin(\omega\tau)] \tag{8-1-28}$$

$$V_{D_3} = MA^2[1 - \cos(\omega\tau)] \tag{8-1-29}$$

$$V_{D_4} = MA^2[1 + \cos(\omega\tau)] \tag{8-1-30}$$

V_{D_1}、V_{D_2}、V_{D_3}、V_{D_4} 经过差分放大得到两路正交信号，即

$$V_I = N\cos(\omega\tau) \tag{8-1-31}$$

$$V_Q = N\sin(\omega\tau) \tag{8-1-32}$$

但在工程实现中，一般不直接使用式（8-1-31）和式（8-1-32）计算反三角函数来

得到信号角频率ω，而是将加权后的正弦、余弦信号经量化电阻网络数字化，这样得到代表相位的数值多为二进制数。

干涉比相法瞬时测频技术具有精度高、响应迅速等优点，能在极宽频率范围内以近乎100%的截获概率，实现对信号载频的快速测量，但其缺点是不能同时检测同时到达的多路信号。如果输入端同时存在多个信号，那么接收机仅会测量能量最强的信号的频率，并且存在测量误差，测量误差与输入信号的相对功率电平有关。另外，干涉比相法瞬时测频技术的频率测量精度取决于时延τ的最大值，从这一点而言，当然希望τ越大越好，但是τ过大会带来相位模糊，将导致工作带宽降低。

在实际应用中，应确保瞬时测频接收机具有足够宽的带宽，使被测信号频率分布在接收机带宽之内。例如，FM广播是最常见的被测信号之一，通常FM广播的频率偏移不超过±75kHz，这要求监测站拥有±200kHz～±300kHz的瞬时捕获带宽。但是，对于乡村电话设备等高速的点对点、点对多点信号，应确保瞬时捕获带宽在±2MHz左右。鉴于带宽越宽，测频接收机的造价越昂贵，国际电信联盟建议在不同需求场景下的瞬时捕获带宽为：对于覆盖9kHz～3GHz的低级监测站，瞬时捕获带宽大约为±200kHz；对于覆盖9kHz～3GHz的低级监测站，瞬时捕获带宽大约为±2MHz；在监测3GHz以上信号或者数字视频广播时，瞬时捕获带宽需要更宽，可达±10MHz。

（二）FFT法

用于频率测量的FFT分析仪应具有以下特性：高频分辨率的接收机、汉明窗能力、外部标准频率输入、至少16比特的分辨率、频率范围应覆盖测频接收机的IF频率范围、远程控制接口等。

当前，FFT已经在频谱分析仪等测量设备中得到普遍应用，为获取更高的频率准确度，通过使用具有汉明加权功能的ZOOM-FFT可以获得极高的频率分辨率。

频率估算是指由功率谱中被检测到的峰值周围的功率谱线来计算正确频率，这会提高用FFT法测量频率的分辨率，即

$$\text{估算频率}=\frac{\sum_{i=j-3}^{j+3}\text{Power}(i)\cdot i\cdot\Delta f}{\sum_{i=j-3}^{j+3}\text{Power}(i)} \tag{8-1-33}$$

其中，j是所关注频率明显峰值的序列下标；$\Delta f=f_s/N$，f_s代表采样频率，N代表获得的时域信号点数。另外，范围$j\pm3$是合理的，因为它代表一个比通常采用的汉明窗口主波瓣更宽的范围，该计算可显著缩短测量时间。

第二节　场强和功率通量密度测量

根据国际电信联盟发布的《频谱监测手册》，测量场强和功率通量密度通常出于以下目的：对于给定的业务，确定无线电信号强度是否合适，以及确定发射源的效率高

低；确定有意干扰信号的信号强度和干扰效应；确定无意干扰信号的信号强度和干扰效应；确定抗干扰措施的效果；测量电波传播现象，用于传播模型的开发和检验；评估电磁场对人体的辐射强弱等。监测站想要获取场强和功率通量密度，但能直接测量的参数往往是 RF 电平，因此需要再通过 RF 电平计算场强和功率通量密度。本节将场强和功率通量密度这两个参数放在一起阐述，同时介绍 RF 电平测量的相关内容。

一、测量原理

根据电磁频谱监测目的，电磁辐射测量方法可以划分为两类：非选频式宽带测量法和选频式测量法。非选频式宽带测量法旨在测量整个关注频段内所有信号源辐射的电磁能量之和，采用无方向性天线，与之对应的仪器是综合场强测量仪。综合场强测量仪通常配有多种型号的探头，以满足对不同频段电磁场的测量需求。选频式测量法则关注特定信号源辐射的电磁能量，采用有方向性天线，与之对应的仪器是频谱分析仪。频谱分析仪通过选取不同的天线和电缆，实现对不同频段内频谱情况的详细分析。

对于上述两类测量仪器，有些型号的设备可以直接读出场强；有些设备则只给出了 RF 电平，需要测量者手动完成从 RF 电平到场强和功率通量密度的转换。实际上，无论是手动计算还是设备自动显示，其遵循的原理是一致的，下文将详细阐述。需要说明的是，电磁频谱监测关注的电波传播范围是远区场，一般认为距离辐射源 3 倍波长之外即为远区场。在实际应用中，无线电信号的传播范围通常足以超过 3 倍波长，因而以下关于场强和功率通量密度的计算公式都是在远区场得到的。

（一）电场强度和磁场强度

在自由空间中，电磁辐射源远区场的电场强度 E（单位：V/m）、磁场强度 H（单位：A/m）之间存在如下关系：

$$H = \frac{E}{Z_0} \tag{8-2-1}$$

其中，Z_0 代表自由空间波阻抗，取值为120Ω。这意味着在远区场中，只需要知晓电场强度，即可根据式（8-2-1）得到磁场强度。

天线因子是另一个重要的物理量，它反映了天线把空中电磁场转化为接收端电压的能力。若平面波电场强度为E，接收天线输出电压为U_o，那么接收天线的电天线因子为

$$K_e = E / U_o \tag{8-2-2}$$

对应地，磁天线因子为

$$K_h = H / U_o \tag{8-2-3}$$

根据式（8-2-1）可知，电天线因子和磁天线因子的关系为

$$K_e = Z_0 \cdot K_h \text{ 或 } K_e(\text{dB/m}) = 51.5(\text{dB}) + K_h(\text{dB/m}) \tag{8-2-4}$$

但在实际应用中，我们往往只知道接收天线的增益G，而非天线因子，这两个物理量的转换关系为

$$K_e = \frac{1}{\lambda\sqrt{G}}\sqrt{\frac{4\pi Z_0}{R_N}} \tag{8-2-5}$$

其中，R_N 代表接收天线的标称负载阻抗。一般天线的负载阻抗为50Ω，式（8-2-5）可整理成更简洁的形式，即

$$K_e = \frac{9.73}{\lambda\sqrt{G}} = \frac{f(\text{MHz})}{30.81\sqrt{G}} \tag{8-2-6}$$

那么，电天线因子和天线增益的关系为

$$K_e(\text{dB/m}) = 20\lg f(\text{dB}) - 29.77(\text{dB}) - G(\text{dB}) \tag{8-2-7}$$

其中，频率 f 的数量级为MHz。

由此，可以用接收天线的输出电压来计算电场强度 E，即

$$E(\text{dB}\mu\text{V/m}) = U_o(\text{dB}\mu\text{V}) + K_e(\text{dB/m}) \tag{8-2-8}$$

式（8-2-8）适用于电天线因子 K_e 不包含天线和接收机之间传输电缆造成衰减的场景。若考虑传输电缆衰减 A_c，那么式（8-2-8）应修正为

$$E(\text{dB}\mu\text{V/m}) = U_o(\text{dB}\mu\text{V}) + K_e(\text{dB/m}) + A_c(\text{dB}) \tag{8-2-9}$$

其中，电压 U_o 代表接收机输入端电压。

电场强度还有另一种计算方法。假设从频谱分析仪读取的无线电信号功率为 P_i，测试系统增益为 G_R，考虑天线和接收机之间传输电缆造成的衰减 A_c，那么天线的实际接收功率 P_r 为

$$P_r(\text{dBmW}) = P_i(\text{dBmW}) - G_R(\text{dB}) + A_c(\text{dB}) \tag{8-2-10}$$

对于负载阻抗为50Ω的频谱分析仪，若已知电天线因子 K_e，那么电场强度 E 为

$$E(\text{dB}\mu\text{V/m}) = P_r(\text{dBmW}) + K_e(\text{dB/m}) + 107(\text{dB}) \tag{8-2-11}$$

（二）功率通量密度

功率是表征无线电信号强度的另一个重要物理量。但是，如果直接使用功率来衡量信号发射强度，就不能体现信号功率随空间地域变化的特征，为此需要引入“功率通量密度”的概念。功率通量密度 S 是指单位面积无线电信号的功率，单位为W/m^2。对于自由空间中的线极化波，有

$$S = E^2 / Z_0 \tag{8-2-12}$$

其中，E 是电场强度，Z_0 是自由空间波阻抗。

有效面积 A_e 是表征接收天线接收空间电磁波能力的基本参数，它和天线接收功率 P_r、信号功率通量密度 S、天线增益 G 之间的关系为

$$A_e = \frac{P_r}{S} = \frac{\lambda^2 G}{4\pi} \tag{8-2-13}$$

所以，在已知天线接收功率 P_r 和有效面积 A_e 的前提下，可以通过计算监测信号的功率通量密度，即

$$S(\text{dBW/m}^2) = P_r(\text{dBW}) - A_e(\text{dBm}^2) \tag{8-2-14}$$

二、测量天线的选择

天线尺寸和电磁波频率之间存在对应关系，频率越低、波长越长的电磁波，所匹配的天线尺寸越庞大，因此根据待测信号频率范围选择合适的测量天线至关重要。国际电信联盟发布的 ITU-R SM.378 建议书，对测量天线的选择给出了相关建议。

（一）30MHz 以下的电磁波

由于 30MHz 以下的电磁波波长大于 10m，考虑体积因素，实际天线长度通常比波长要短。垂直天线是测量此类电磁波较为常见的选择，其中又以不对称垂直天线居多。不对称垂直天线在天线底端和地面之间存在馈电，具有良好导电性的地面（如海水、湿润的地面）相当于一面“镜子”，地面之下有与地上天线对称的另一半，即“镜面作用”大大减小了天线体积。但当地面导电性不良时，天线效果将变得很差，因此需要配合地网一起使用。地网通常由围绕不对称垂直天线的导体组成，导体呈现辐射状向水平方向延伸。使用不对称垂直天线测量 30MHz 以下的电磁波时，建议天线长度短于 1/4 波长，组成地网的辐射状导体长度至少为天线长度的 2 倍，相邻导体间夹角不超过 30°；也可以使用具有类似接地系统的垂直倒锥天线。另外，测量 30MHz 以下的电磁波还可以使用单圈或多圈绕制的环形天线，环形天线具备收拢体积小的优势，适用于使用大口径及超大口径天线的场合。

（二）30MHz～1GHz 的电磁波

30MHz～1GHz 的电磁波，其波长为 30cm～10m。该波段对应的天线长度可以设计得和波长几乎相近，通常选取短单级、半波偶极子天线。使用半波偶极子天线时，要注意避免和环境中其他天线或电缆的耦合，这是因为对数周期、圆锥对数螺旋等类型的天线被大量应用于 30MHz～1GHz 的高频频段。在安装天线时，最好将天线安装在高出地面 10m 的地方。如果必须测量距地面较近位置的场强，则应特别注意避免和地面、车辆顶部、车载系统产生互耦。

（三）1GHz 以上的电磁波

对 1GHz 以上的电磁波开展测量时，宜采用定向天线。定向天线在一个或几个特定方向上发射或接收电磁波的能力极强，在其他方向上发射或接收电磁波的能力极弱，具备较好的抗干扰能力，测量结果受环境影响较小。

三、测量时长和测量地点的选取

不同监测任务适用的测量时长亦不相同。根据国际电信联盟发布的《频谱监测手册》，有以下几种情况：为获取有关季节性和太阳黑子周期性变化的电波传播信息而进行的较长时期连续记录（可以长达几十年）；为观测信号电平昼夜差异等短期变化而开展的较短时期连续记录；较长时间间隔采样（如每隔 90 分钟采样 10 分钟）；较短时间间隔采样（如每隔 2 分钟采样 2 秒）。

《频谱监测手册》也对测量地点的选取提出了要求。测量 30MHz 以下电磁波的场强和功率通量密度时，宜在固定地点开展测量活动，鉴于自然地物和人造地物容易对该频段信号的波阵面造成明显影响，还应尽量选择地势起伏较小的开阔地带，测量地点近周最好没有天线、电力线、电话线、金属屋顶等干扰因素。而 30MHz 以上的电磁波具有视距传播特性，信号易被障碍物反射，原始信号与反射信号同时到达接收天线时，多径效应将使单一测量存在较大误差。为获取更为准确的测量结果，可以采取以下措施：一是选择测量地点时，应尽量确保来波方向没有障碍物阻挡；二是从天线架设高度和水平方向测量地点位置这两个维度改变采样点位置，多点测量并统计大量原始数据有助于提高测量结果的准确性。

第三节　带宽测量

带宽是无线电信号的重要参数之一，准确测量信号带宽可以为无线电管理机构掌握无线电频谱使用情况、维护空中电波秩序提供技术依据。为了满足信号发射和监测测量需求，国际电信联盟对带宽做出了明确定义。

根据《无线电规则》（2020 年版）第 1.152 款，“必要带宽”是指对给定的发射类别而言，恰好足以满足在规定条件下传输信息所要求的速率和质量的频带宽度。“必要带宽”之外的发射均被称为无用发射，包含“杂散发射”和“带外发射”两部分。

根据《无线电规则》（2020 年版）第 1.153 款，“占用带宽”是指在频率下限之下和频率上限之上，信号源发射的平均功率分别等于发射总平均功率的指定百分数 $\beta/2$，一般 $\beta/2$ 取 0.5%。

根据 ITU-R SM.328 建议书，“xdB 带宽”是指，超出频率下限和上限的任何离散频谱分量或连续频谱功率密度至少比预先确定的 0dB 基准电平低 xdB 的频带宽度。

目前，人们主要针对“占用带宽”和“xdB 带宽”开展测量活动，对应地，有两种测量方法：测量“占用带宽”的“β% 方法”，测量“xdB 带宽”的“xdB 方法”。频谱分析仪、监测接收机和采用 FFT 技术的分析仪是测量信号带宽的常用设备。

一、占用带宽测量

“β% 方法”允许带宽测量独立于信号调制方式，因此其是占用带宽测量的优选方法。具体测量原理为：在整个测量跨距中，将测量仪器存储的每个频率点所对应的功率相加，最后得到总功率；从测量跨距的最低频率开始，向高频方向顺序相加每个频率点的功率，直到所得功率之和达到总功率的 0.5%，此处频率记为频率下限 f_1；从测量跨距的最高频率开始，向低频方向顺序相加每个频率点的功率，直到所得功率之和达到总功率的 0.5%，此处频率记为频率上限 f_2。显然，$f_2 - f_1$ 就是信号占用带宽。“β% 方法”假设了一个线状谱，然而在实际应用中除周期信号外，大多信号拥有连续功率谱，不过这并不影响该方法的有效性，只要选择的频率间隔使采样能够很好地复现频谱包络，就足以确定信号的占用带宽。

为了使测量结果更加准确，可以从以下几个方面着手。一是使用高方向性、高前后比的天线，尽可能减轻多径效应的影响。二是设置较长的扫描时间，以保证测量仪器记录的占用带宽相对稳定。由于数字信号占用带宽不随时间推移而变化，所以一般只需要几分钟即可得到测量结果；而模拟信号占用带宽易随时间推移快速变化，需要的测量时间更长一些。三是对于非恒定调制信号，鉴于单次测量存在不确定性，建议至少进行400次测量，用多次测量平均值代替单次测量结果。

另外，为测量仪器设置合理的参数对获取理想测量结果亦十分重要，ITU-R SM.443建议书对此有明确建议。

（1）频率：被测信号中心频率的估计值。

（2）跨距：被测信号估计带宽的1.5～2倍。若该参数过宽，将在计算频率下限 f_1 和频率上限 f_2 过程中引入过量噪声；若该参数过窄，则可能导致跨距中不包含功率低于总功率0.5%的频率点。

（3）分辨率带宽（RBW）：应低于跨距的3%，以确保测量结果的准确性。

（4）显示带宽（VBW）：至少为RBW的3倍。

（5）电平/衰减：加以调整，使信噪比大于30dB。此外，还需要保证信号峰值电平和最远端频率所对应电平至少相差30dB，如图8-13所示，这样就能将测量误差控制在10%以内。

（6）检测器：峰值检波或样值检波。

（7）跟踪：MaxHold（模拟调制），ClearWrite（数字调制）。

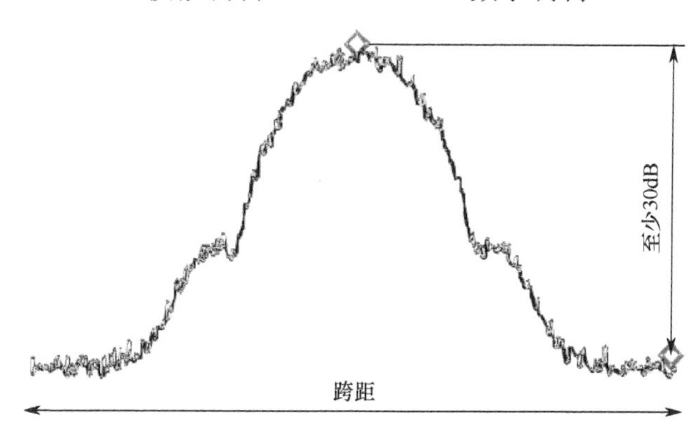

图8-13 信号峰值电平和最远端频率电平之间的差

二、xdB带宽测量

然而，并不是所有场合都适合测量占用带宽，当测量设备无法使用“β%方法”，或者被测信号受到明显干扰时，更适合使用“xdB方法”测量xdB带宽。

“xdB方法”的具体原理为：将信号峰值电平作为0dB参考电平；不同类别的信号所取 x 值也不同，ITU-R SM.443建议书给出了不同发射类别信号对应的 x 值，如表8-1所示；从信号峰值电平对应的频率分别向左、右方向观测，记录比信号峰值电平低xdB处所对应的频率，若有两个以上频率符合要求，那么这些频率的最大差值就是xdB带

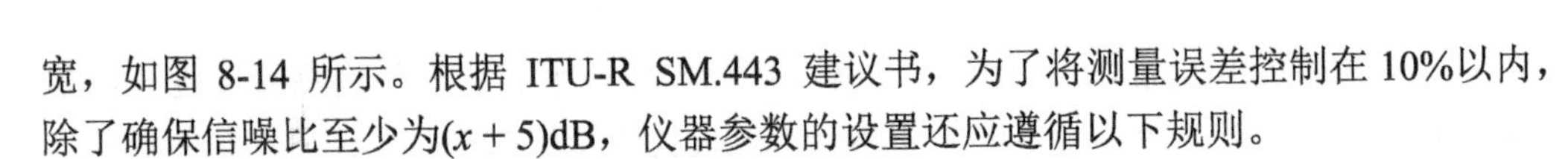

宽，如图 8-14 所示。根据 ITU-R SM.443 建议书，为了将测量误差控制在 10%以内，除了确保信噪比至少为$(x + 5)$dB，仪器参数的设置还应遵循以下规则。

（1）中心频率：被测信号中心频率的估计值。

（2）跨距：被测信号估计带宽的 1.5 倍。

（3）分辨率带宽（RBW）：低于跨距的 3%。

（4）显示带宽：至少为 RBW 的 3 倍。

（5）检测器：峰值检波。

（6）跟踪：MaxHold（模拟调制）。

表 8-1　不同发射类别信号对应的 x 值

发 射 等 级	测量 xdB 带宽时 x 的取值	备　注
A1A	30	
A1B	30	
A2A	32	
A2B	32	
A3E	35	
B8E	26	
F1B	25	
F3C	25	
F3E	26	
G3E	26	
F7B	28	
H2B	26	
H3E	26	
J2B	26	
J3E	26	
R3E	26	
C7W	12	平均超过 300 次扫描
G7W	8	平均超过 100 次扫描

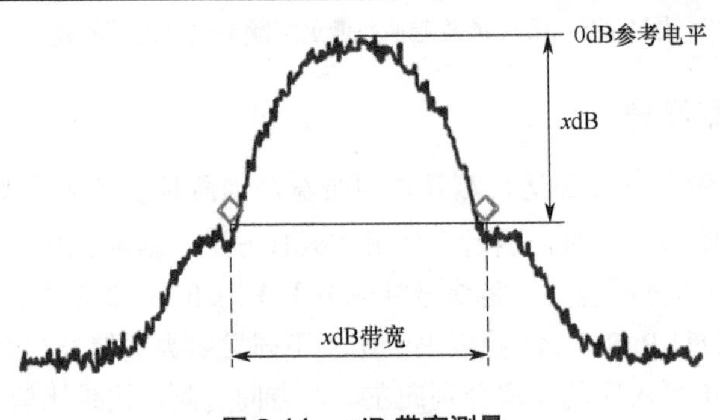

图 8-14　xdB 带宽测量

在表 8-1 中，“发射等级”的第一个符号代表主载波调制方式，第二个符号代表调制主载波的信号性质，第三个符号代表拟发送信息类型。表 8-2、表 8-3、表 8-4 分别列出了这 3 类符号的具体含义。

表 8-2　主载波调制方式符号对照表

主载波调制方式		符号名称
调幅主载波	双边带	A
	独立边带	B
	残余边带	C
	单边带，全载波	H
	单边带，抑制载波	J
	单边带，减幅载波或可变电平载波	R
调角主载波	调频	F
	调相	G

表 8-3　调制主载波的信号性质符号对照表

调制主载波的信号性质	符号名称
不采用副载波调制，但包含量化或数字信息的单频道	1
采用副载波调制，包含量化或数字信息的单频道	2
包含模拟信息的单频道	3
包含量化或数字信息的双频道或多频道	7
包含模拟信息的双频道或多频道	8

表 8-4　拟发送信息类型符号对照表

拟发送信息类型	符号名称
电报——用于人工收听接收	A
电报——用于自动接收	B
传真	C
电话（包括声音广播）	E
以上各项的组合	W

“xdB 方法”相比“β% 方法”具有更好的抗干扰性。在一般情况下，若干扰信号带宽明显窄于有用信号带宽，同时干扰信号和比信号峰值电平低 xdB 的频率点无重叠，则干扰信号并不会对测量结果造成影响，如图 8-15 所示。但是，当信号频谱的一侧带宽边界被干扰频谱遮蔽时，就需要对计算 xdB 带宽的策略加以改动：鉴于在大部分情况下有用信号的频谱呈现对称分布，因此按照频谱宽度的一半（半频谱）估计 xdB 带宽即可，如图 8-16 所示。

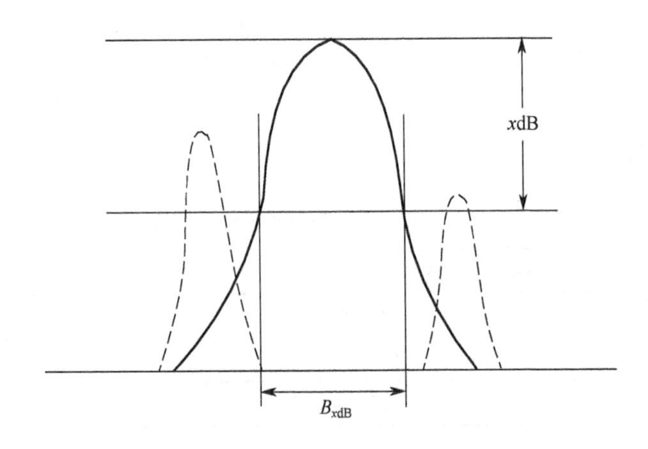

图 8-15 在有干扰情况下，xdB 带宽测量

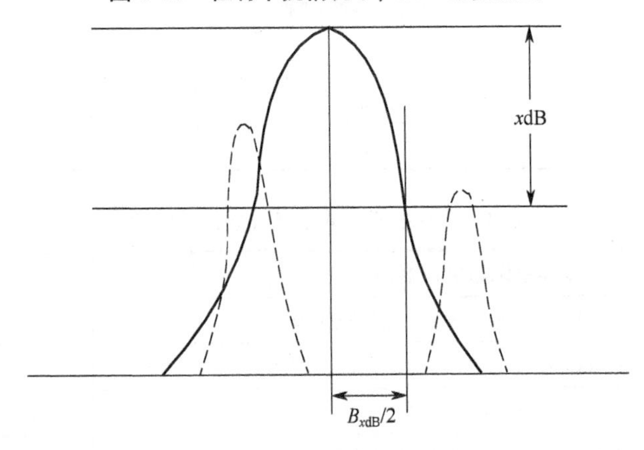

图 8-16 用半频谱测量 xdB 带宽

第四节 调制方式识别

早期的调制方式识别主要依靠手动方式完成，技术人员通过接收信号的各种参数，如瞬时频率、瞬时相位等，以及观察到的波形和频谱等，与现有调制方式的特征参数进行对比，根据参数的匹配程度来进行调制方式的判断。然而，手动调制方式识别存在很大的局限性，其只能识别 ASK 和 FSK 等非相干解调信号，却无法识别相干解调的 PSK 信号。经过自动调制方式识别领域科研人员的多年努力，自动调制方式识别逐渐替代了手动调制方式识别，并且具有识别速度快、识别准确率高、识别范围广等优势。

按照分类器的不同，现有的信号调制方式识别方法可大致分为两类：第一类是基于最大似然假设检验的方法，该类方法采用概率论和假设检验理论来完成信号调制方式识别；第二类是基于统计特征的模式识别方法，该类方法使用信号瞬时统计特征、高阶累积量、循环累积量、小波变换等统计特征，再使用决策树、神经网络和聚类算法等分类器，进行信号调制方式识别。第二类方法由于特征提取简单、易于计算、适应性强，成为目前应用较为广泛的调制方式识别方法，也是当前调制方式识别领域的研究热点。

一、信号调制

常用的信号调制方式有 AM、FM、PM、ASK、FSK、PSK、QAM、MSK、OFDM 等，以下重点对 ASK、FSK、PSK 和 QAM 这 4 类数字调制方式进行介绍。

（一）幅度键控调制

幅度键控（Amplitude Shift Key，ASK）调制是一种利用基带信号改变载波幅度的调制方式，即直接利用归零或不归零的单极性基带信号与载波信号相乘，获得调制信号。二进制幅度键控调制一般根据基带信号来控制载波的通断，而多进制幅度键控调制对二进制幅度键控调制进行了拓展，使用多电平调制载波信号。

幅度键控调制信号的时域表达式为

$$s_{\mathrm{ASK}}(t)=\left[\sum_{n}a_{n}g(t-nT_{\mathrm{s}})\right]\cos(2\pi f_{c}t) \tag{8-4-1}$$

其复信号表达式为

$$s_{\mathrm{ASK}}(t)=\sum_{n}a_{n}g(t-nT_{\mathrm{s}})\mathrm{e}^{\mathrm{j}2\pi f_{c}t} \tag{8-4-2}$$

其中，a_n 为基带信号的幅度，对于 MASK，a_n 有 M 种取值，$a_n \in \{(2m-1-M)$，$m=1,2,\cdots,M\}$；$g(t)$为基带信号使用的成型脉冲，其持续时间为 T_{s}；f_c 为载波频率。

（二）频移键控调制

频移键控（Frequency Shift Key，FSK）调制是一种利用基带信号改变载波频率的调制方式。多进制频移键控调制的载波可以有 M 种不同载波频率与不同基带信号对应。其时域表达式为

$$s_{\mathrm{FSK}}(t)=\sum_{n}g(t-nT_{\mathrm{s}})\cos[2\pi(f_{c}+\Delta f)t] \tag{8-4-3}$$

其复信号表达式为

$$s_{\mathrm{FSK}}(t)=\sum_{n}g(t-nT_{\mathrm{s}})\mathrm{e}^{\mathrm{j}2\pi(f_{c}+\Delta f)t} \tag{8-4-4}$$

其中，f_c 为载波频率；Δf 为频偏频率。

（三）相移键控调制

相移键控（Phase Shift Key，PSK）调制是一种利用基带信号改变载波相位的调制方式。多进制相移键控调制的载波会在码元改变处产生相位跳变，其变化量大小有 M 种。其时域表达式为

$$s_{\mathrm{PSK}}(t)=\sum_{n}g(n-T_{\mathrm{s}})\cos(2\pi f_{c}t+\theta_{n}) \tag{8-4-5}$$

其复信号表达式为

$$s_{\mathrm{PSK}}(t)=\sum_{n}g(t-nT_{\mathrm{s}})\mathrm{e}^{\mathrm{j}2\pi f_{c}t}\mathrm{e}^{\mathrm{j}\theta_{n}} \tag{8-4-6}$$

其中，f_c 为载波频率；θ_n 为调制相位，其有 M 种取值，即 $\theta_n \in \{2\pi(n-1)/M, n=1,2,\cdots,M-1\}$。

（四）正交幅度调制

正交幅度（Quadrature Amplitude Modulation，QAM）调制是一种利用基带信号对载波的幅度和相位进行联合调制的调制方式。针对前文所述几种调制方式存在的信号空间中各点间的距离随着调制阶数 M 的增加而减小的不足，正交幅度调制充分利用了信号空间，可以在 M 较大时获得较好的功率利用率和较低的误码率。

QAM 调制的时域表达式为

$$\begin{aligned} s_{\text{QAM}}(t) &= \sum_n a_n g(t-nT_s)\cos(2\pi f_c) + \sum_n b_n g(t-nT_s)\sin(2\pi f_c t) \\ &= \sum_n A_n g(t-nT_s)\cos(2\pi f_c t+\varphi_n) \end{aligned} \tag{8-4-7}$$

其复信号表达式为

$$s_{\text{QAM}}(t) = \sum_n (a_n + \text{j}b_n) g(t-nT_s)\text{e}^{-\text{j}2\pi f_c t} \tag{8-4-8}$$

其中，a_n 和 b_n 为两路正交码元的基带信号；$A_n = \sqrt{a_n^2 + b_n^2}$；$\varphi_n = \arctan\dfrac{b_n}{a_n}$；$f_c$ 为载波频率。

二、调制方式识别方法

在对调制信号进行识别初期，我们主要通过观察信号的时域波形和频域频谱图，再结合个人经验来判断调制信号的类型。明显地，这种人工调制方式识别方法会带来极大的误差，并且会不可避免地加入主观影响。随着人们需求的增加，调制信号种类也越来越多，而且变得越来越复杂，调制方式识别方法逐渐从人工识别向自动识别过渡。调制方式自动识别技术自从 1969 年诞生以来，在几十年内发展得越来越成熟，国内外陆续发表了多篇论文，在特征参数提取、分类器构造和分类算法设计等方面取得了大量的研究成果。这些论文中所采取的方法主要有两类，一类是基于决策理论的最大似然假设检验方法，另一类是基于特征提取的统计模式识别方法。总体来说，第一类方法虽然具有更优良的识别性能，但其需要的先验知识较多且计算复杂度较高，工程实现较困难，并且所能识别的调制信号的种类通常也较有限；第二类方法正好相反，它一般只需要很少的先验知识，甚至不需要先验知识，而且计算复杂度相对第一类方法小，便于工程实现，但是它通常很容易受到噪声影响，在低信噪比下的识别效果不佳。本章接下来对这两种方法进行具体介绍。

（一）最大似然假设检验方法

最大似然假设检验方法是指利用概率论和假设检验理论将调制方式识别问题转化为复合假设检验问题，常用的统计量是似然函数比。其主要过程是：先确定一个具有不同调制方式的信号分类集，然后将接收信号通过映射得到观测值，再计算信号分类集中每种调制方式对应观测值的似然函数比，选取似然函数比中最大的那个所对应的信号类型作为判决结果。最大似然假设检验方法有一个缺点，它需要准确地知道信号的许多先验信息，如均值、方差、信噪比、分布函数等参数。然而，在非协作通信场景下，信号信息及信道参数未知，导致构造的似然函数常常含有未知参数，未知参数的不同处理方法会形成不同的似然函数比判决统计量。如果把未知参数当作随机变量处理，则其属于平均似然比检验（ALRT）；如果把未知参数当作未知的确定参数处理，则其属于广义似然比检验（GLRT）。与 ALRT 分类器相比，GLRT 分类器虽然性能较差，但是 GLRT 分类器不像 ALRT 分类器那样需要知道信号功率和信道噪声方差的明确信息，并且其计算复杂度更小，因而更实用，也可以应用于更多的场合。如果把未知参数的其中一部分当作随机变量处理，而把另一部分当作未知的确定参数处理，则其属于混合似然比检验（HLRT）。HLRT 综合了 ALRT 和 GLRT 的优点，其识别性能可以接近 ALRT，但是计算复杂度更小。另外，为了减小对参数进行最大似然估计的计算量，业界还衍生出了准混合似然比检验。基于似然函数比检验的调制方式识别方法从理论上来说得到的识别结果是最优的，但其需要较多的先验知识，与统计量相比，似然函数的计算量更大，容易受参数估计偏差影响，因而稳健性较差、识别范围也较窄。

假设待识别的调制方式有 c 种，记为 $\{S_i\}_{i=1}^{c}$，对应 c 种调制方式有 H_i 种假设检验，调制方式为 $S_i(i=1,2,\cdots,c)$。

贝叶斯理论提供了一种最小错误概率的分类器，通过找到最大后验概率（需要先验概率和条件概率，求出后验概率）设计贝叶斯分类器。当所有调制方式先验概率相等时，最优贝叶斯分类器简化为最大似然分类器，即

$$H_{i*}=\arg\max_{H_i} L(H_i\,|\,R)=\arg\max_{H_i} L(R\,|\,H_i) \tag{8-4-9}$$

其中，R 表示接收信号观测集。

对信号的似然函数进行处理，可以得到用于分类的充分统计量，然后与每个合适的门限进行比较，完成调制方式分类功能。这一方法需要确切知道信号的某些参数，如分布函数表达式，以及正态分布时的均值、方差、信噪比参数等。

调制方式识别接收机工作于非协作通信环境下，数字通信的信息内容是未知的，同时存在信号参数的估计误差，所构造的似然函数中一般含有未知参数。要使用该似然函数设计分类器必须确定其中的未知参数，可以通过平均似然比检测、广义似然比检测等方法解决这个问题。

1. 平均似然比检测（Average Likelihood Ratio Test，ALRT）

考虑未知调制参数估计的影响，将接收信号用复基带等效表示为

$$r(t)=s(t)+n(t) \tag{8-4-10}$$

$$s(t)=a_i\sum_{k=1}^{N}\mathrm{e}^{\mathrm{j}(2\pi\Delta ft+\theta_\varepsilon)}s_k^{(i)}(t)g(t-(k-1)T_\mathrm{s}-\varepsilon T_\mathrm{s}),\ 0\leqslant t\leqslant NT_\mathrm{s} \tag{8-4-11}$$

其中

$$a_i = \sqrt{E_s / \sigma^2_{s^{(i)}} E_p}\,, \quad \sigma^2_{s^{(i)}} = \frac{1}{M_i}\sum_{m=1}^{M_i}\left|s_m^{(i)}\right|^2 \tag{8-4-12}$$

式中，E_s 为基带信号能量；E_p 为发送脉冲能量；Δf 为残留载波频率或频率偏移；θ_ε 为载波相位误差，分为两部分，一部分是相位周定误差 θ，在整个观测时间内为常数，另一部分是相位随机抖动ϕ_k（$k=1,2,\cdots,N$），是独立同分布的随机变量，在一个符号周期内不变；$\{s_k^{(i)}\}_{k=1}^N$ 为 $N-1$ 个来自第 k 种调制方式的发送符号；T_s 为符号时间；ε（$0\leqslant \varepsilon \leqslant 1$）是定时误差；$g(t)=p_T(t)\otimes h(t)$，$h(t)=\alpha \mathrm{e}^{\mathrm{j}\varphi}\delta(t-\tau)$ 为信道冲激响应，α、φ、τ 分别为信道幅度、相移、时延；$n(t)$是独立的复高斯加性白噪声，其双边功率谱密度为 N_0。

对于调制方式识别来说，除了预期调制方式集这个必要条件，没有任何先验知识可以利用。因此，上述公式中的参数均是未知量，用向量$\boldsymbol{v}_i(i=1,2,\cdots,c)$表示，即

$$\boldsymbol{v}_i = [a_i, \Delta f, \theta_\varepsilon, \{\phi_k\}_{k=1}^N, g(t), \varepsilon, T_\mathrm{s}, N_0]^\mathrm{T} \tag{8-4-13}$$

相应于未知参数向量$\boldsymbol{v}_i$，ALRT 函数为

$$L(r(t)\,|\,H_i) = E_{\boldsymbol{v}_i}\{L(r(t)\,|\,\boldsymbol{v}_i, H_i)\} \tag{8-4-14}$$

式中，$E_{\boldsymbol{v}_i}\{\cdot\}$ 表示求期望，即

$$L(r(t)\,|\,H_i) = \int L(r(t)\,|\,\boldsymbol{v}_i, H_i)\, p(\boldsymbol{v}_i\,|\,H_i)\,\mathrm{d}\boldsymbol{v}_i \tag{8-4-15}$$

由 $n(t)=r(t)-s(t)$服从高斯分布，有

$$L(r(t)\,|\,\boldsymbol{v}_i, H_i) = \frac{1}{\sqrt{\pi N_0}}\exp\left(-\frac{1}{N_0}\left\|r(t)-s(t)\right\|^2\right) \tag{8-4-16}$$

注意

$$\left\|r(t)-s(t)\right\|^2 = \int_0^{NT_\mathrm{s}}(r(t)-s(t))^*(r(t)-s(t))\,\mathrm{d}t \tag{8-4-17}$$

最终，将似然比函数式（8-4-17）代入式（8-4-16）得到调制方式识别结果。分类器也可以表示成似然函数比的形式，即

$$\frac{L(r(t)\,|\,H_i)}{L(r(t)\,|\,H_j)} \overset{H_i}{\geqslant} \tau_{\mathrm{ALRT}}^{ij}\,, \quad \frac{L(r(t)\,|\,H_i)}{L(r(t)\,|\,H_j)} \underset{H_j}{\leqslant} \tau_{\mathrm{ALRT}}^{ij}\,, \quad i \neq j\,, \quad i,j=1,2,\cdots,c \tag{8-4-18}$$

式中，$\tau_{\mathrm{ALRT}}^{ij}$ 是判决阈值。

2. 广义似然比检测（Generalized Likelihood Ratio Test，GLRT）

在 ALRT 中，$\boldsymbol{v}_i$ 中每个未知参数都作为随机变量，求解这些未知参数的 PDF 非常困难。因此，另一种方法是将它们看成确定量，似然函数考虑这些参数的最大化。可以利用各种手段对未知参数进行估计，将得到的参数估计值用于似然函数中。当采用最大似然估计这些参数时，就得到 GLRT 的似然函数为

$$L(r(t)\,|\,H_i) = \max(L(r(t)\,|\,\boldsymbol{v}_i, H_i)) \tag{8-4-19}$$

将式（8-4-19）代入式（8-4-16）也可以得到 GLRT 似然函数比形式，即

$$\frac{L(r(t)|H_i)}{L(r(t)|H_j)}\overset{H_i}{\geqslant}\tau_{\mathrm{GLRT}}^{ij},\quad \frac{L(r(t)|H_i)}{L(r(t)|H_j)}\underset{H_j}{\leqslant}\tau_{\mathrm{GLRT}}^{ij},\quad i\neq j,\quad i,j=1,2,\cdots,c \tag{8-4-20}$$

式中，$\tau_{\mathrm{GLRT}}^{ij}$是判决阈值。

似然比调制分类的优点主要有两方面。第一，似然比调制分类在理论上保证了在贝叶斯最小误判代价准则下分类结果是最优的，并且可以通过理论分析得到分类性能曲线。第二，似然比分类器使用范围广泛，使用复信号序列设计似然比分类器，应用了信号星座图的分布统计，所以在理论上来说对于任意两种不同调制方式的码元同步复信号，都能设计出似然比分类器。因此，首先用通用解调算法，求出不同阶次的MASK、MPSK 和 MQAM 的码元同步复信号序列，然后用似然比调制分类方法对任意两种类型的信号进行分类。

当然，似然比调制分类方法也存在局限性。第一，已有的似然比调制分类方法大多数对码元同步采样序列进行处理，这就隐含着要知道信号的载频、码速率、码元定时甚至匹配滤波器所需的基带成型脉冲形式。第二，未知参数的存在，导致似然比调制分类的充分统计量表达式很复杂，计算量较大，难以实时处理。

（二）基于特征提取的统计模式识别方法

基于特征提取的统计模式识别方法主要有两个重要部分：一是特征参数提取，二是调制方式分类识别。其基本流程是：首先，对已知调制类型的信号进行预处理，选择和提取它们的分类特征送入分类器，按照事先确定好的分类规则对分类器进行训练，或者通过对信号特征的统计量分析直接设置分类器的阈值，完成分类器的训练；然后对待分类信号进行预处理，构造有效的分类特征参数送入已经训练好的分类器或者设置好阈值的分类器进行识别，在不同的信噪比条件下对多种调制信号进行仿真得出方法的识别性能。

在调制方式识别的整个过程中，特征参数提取是极为重要的一部分，它不仅影响所连接的分类器的性能，而且影响最终的识别率。特征参数的种类有很多，包括瞬时信息、星座图、时频分布、高阶统计量、循环平稳特征、复杂度、混沌特征等。应用比较广泛的分类器主要有 3 类：决策树、神经网络和聚类算法。通过分析已发表文献，本部分简要介绍现有的特征参数和分类器。在现有的识别方法中，每类特征参数通常只适用于分类特定几类调制信号，对于多种数字调制信号的分类常常需要结合不同的特征参数，通常来说调制信号的种类越多，所需的特征参数种类也越多。决策树分类器形式简单，但需要研究者自己通过对不同调制信号在不同信噪比条件下的同一特征参数进行仿真，寻找特征参数的分类门限。神经网络的拓扑结构和学习算法是其两大核心，实现较为复杂，而且需要注意各种参数的设置，但是它能够进行自适应学习，寻找输入与输出之间的非线性关系，无须寻找特征参数的分类门限。聚类算法可以视为，通过考虑包含在一个大集合中的所有可能细分集合的一小部分，就可以得到可判断聚类的方案；聚类结果依赖选定的算法与准则，因此，聚类算法是一个试图识别数据集合聚类特殊性质的学习过程。

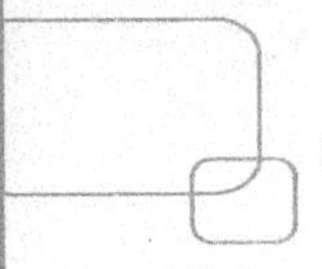

1. 基于判决理论的分类方法

决策树分类器也叫作多级分类器，是模式识别中用得比较早的一种分类技术。决策树分类器的思想是，将复杂的问题逐级分解，使复杂分类问题通过简单的方式得到解决。决策树分类器的一般结构如图 8-17 所示。

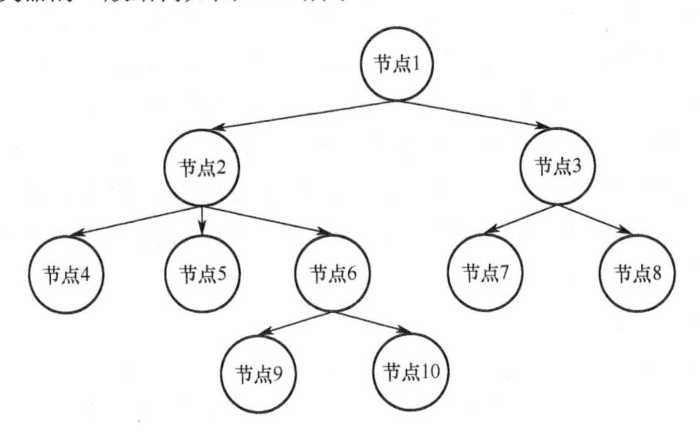

图 8-17 决策树分类器的一般结构

通常，根节点、中间节点和叶节点组成一个决策树分类器。其中，叶节点表示某一类别，根节点和中间节点都代表某个特征参数。在一般情况下，特征参数会取一个门限值，决策树分类器比较该特征参数的值与门限值的差别并进入下一层。正是由于决策树每次只对一个特征参数进行比较，所以识别算法简单，也容易实现；但同时对特征参数的分类性能有较高要求。若选取的特征参数充分有效，则分类结果会很好，分类速度也会很快。

决策树分类器主要存在以下几个问题。第一，对于不同识别流程采用相同的特征参数，如果这些特征参数处在不同的判决节点位置，则会导致在同一信噪比条件下具有不同的识别率。第二，在每个判决节点处只使用一个特征参数来判决，会导致判决时过分依赖第一个特征参数的正确性，如果某次分类错误，则这种错误会延续下去，所以使用决策树作为分类器时一定要选择性能非常好的特征参数。第三，每次判决时，每个特征参数都需要设置一个门限值，而该门限值的选取对识别率影响很大，并且有些特征参数的值与信噪比有关，这就要求在不同信噪比条件下设置不同的门限值。

2. 基于神经网络的分类方法

神经网络分类器进行模式识别的过程为：首先是训练过程，通过大量的训练样本，对网络进行训练，并根据某种学习规则不断对连接权值和阈值进行调节，使神经网络具有某种期望的输出，这种输出可以将训练样本正确分类到其所属类别中，此时可以认为网络学习到输入样本间存在内在规律；然后是识别过程，应用前面训练所得到的连接权值和阈值，对送入网络的样本进行分类。

BP 神经网络是一种具有 3 层及以上、单向传播的前向网络，包括输入层、隐含层和输出层，每层由若干个神经元组成，同一层之间无任何连接，而前后两层神经元之间实现全连接，如图 8-18 所示。其中，输入层含 m 个神经元，对应于 BP 神经网络可感

知的 m 个输入，也是样本特征微量空间的维数；输出层含 n 个神经元，与 BP 神经网络的 n 个输出相应对应，是类别空间的维数；隐含层的神经元数目可以根据需要设置。

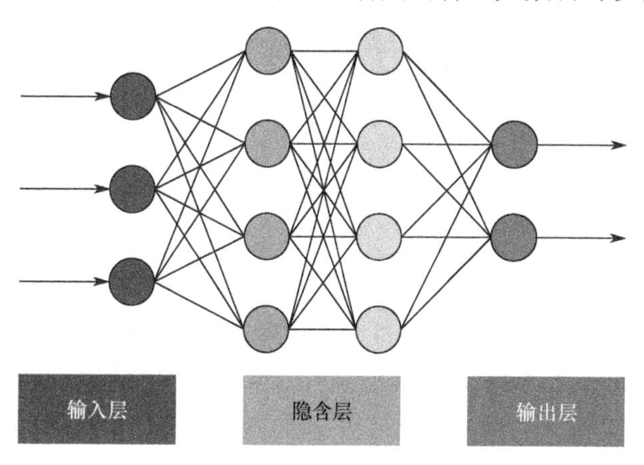

图 8-18　BP 神经网络

3. 基于聚类算法的分类方法

上述分类器是在已知类别标签样本集的基础上进行的，但在很多实际应用中，由于缺少形成模式类的知识，只能在没有类别标签的样本集中进行工作，这就是通常所说的非监督模式识别方法或聚类方法。

聚类被描述为，“空间中包含相对高密度点的连续区域，由相对低密度点区域将其与其他相对高密度点区域分开。”聚类是主要用于确定两个向量之间的“相似度”及合适的测度，选择合适的算法，基于选定的“相似度”对向量进行分类。聚类算法可以视为，通过考虑包含在一个大集合中的所有可能划分集合的一小部分，就可以得到可判断聚类的方案，聚类结果依赖选定的算法和准则，因此聚类算法是一个试图识别数据集合聚类特殊性质的学习过程。

聚类算法主要包括顺序算法、层次聚类算法、基于代价函数最优的聚类算法和一些不能归为上述三类的其他聚类算法。基于代价函数最优的聚类算法是最常用的聚类算法之一，其用最优代价函数 J 来量化可判断性，通常聚类数量 m 是固定的。其中，最具代表性的算法包括 C 均值聚类算法和模糊 C 均值聚类算法。在其他聚类算法中，减法聚类算法是一种运算量小且性能优的聚类算法，它通常与其他聚类算法组合使用，以获得运算量小和聚类性能好的综合性能。

在信号调制识别中，聚类算法主要应用于具有典型星座图特征的调制信号的识别，如 MPSK、MQAM 信号等。此时，基于聚类的调制识别算法包括两个基本步骤：重构信号星座图和设计分类器。其中，聚类算法主要实现信号星座图的重构，而分类器则主要采用最大似然比的方法。

三、信号统计特征

通常用于调制方式识别的信号特征主要有瞬时统计量、高阶累积量、循环累积量、谱相关特征和小波变换特征等。

（一）瞬时统计量

在估计得到接收信号的载波频率和码元速率的基础上，可以提取一些概括信号的特征量。下面研究 5 个描述信号幅度、频率、相位的特征值。

1．描述信号包络变化程度的 R 参数

定义

$$R=\frac{\sigma^2}{\mu^2} \tag{8-4-21}$$

其中，μ 为数字调制信号的包络平方的均值，σ^2 为包络平方的方差。

R 参数一般用于区分恒包络信号与包络随码元变化的信号，即 MPSK、MFSK 与 MASK、MQAM。由于 MASK、MQAM 等幅度调制信号的包络变化一般比较大，因此其方差一般较大；而 MPSK、MFSK 等恒包络信号的包络一般为直线，其方差比较小。所以，可以通过设置合适的判决门限来对上述两类信号进行区分。

2．零中心归一化瞬时幅度绝对值的标准偏差 σ_{aa}

定义

$$\sigma_{\text{aa}}=\sqrt{\frac{1}{N_s}\sum_{i=1}^{N_s}a_{\text{cn}}^2(i)-\left(\frac{1}{N_s}\sum_{i=1}^{N_s}\left|a_{\text{cn}}(i)\right|\right)^2} \tag{8-4-22}$$

其中，$a_{\text{cn}}(i)=a_n(i)-1$，$a_n(i)=\dfrac{a(i)}{m_a}$，$m_a=\dfrac{1}{N}\sum\limits_{i=1}^{N_s}a(i)$，$m_a$ 为瞬时幅度 $a(i)$ 的平均值；N_s 为接收信号的采样点数。

由于 2ASK 信号的零中心归一化瞬时幅度在其高低幅度间变化，并且大小相等、符号相反，因此 2ASK 信号的零中心归一化瞬时幅度的绝对值为常数，即 2ASK 信号不含绝对的幅度信息，$\sigma_{\text{aa}}=0$；而 4ASK 信号具有比较绝对、直接的幅度信息，即 $\sigma_{\text{aa}}>0$。因此，σ_{aa} 一般用于区分 2ASK 信号和 4ASK 信号，即通过设置合适的判决门限就可以区分 2ASK 和 4ASK 调制的信号。为了达到更好的区分效果，可以对信号包络进行中值滤波，去除脉冲噪声影响之后再进行计算。

3．零中心归一化瞬时幅度谱密度的最大值 $\gamma_{\max}$

定义

$$\gamma_{\max}=\frac{\max\max\left|\text{FFT}(a_{\text{cn}}(i))\right|^2}{N_s} \tag{8-4-23}$$

其中，$a_{\text{cn}}(i)=a_n(i)-1$，$a_n(i)=\dfrac{a(i)}{m_a}$，$m_a=\dfrac{1}{N}\sum\limits_{i=1}^{N_s}a(i)$，$m_a$ 为瞬时幅度 $a(i)$ 的平均值；N_s 为接收信号的采样点数。

$\gamma_{\max}$ 常用来区分 MFSK 与 MASK、MPSK 调制信号。MFSK 调制信号瞬时幅度为定值，且零中心归一化瞬时幅度为零，同理其谱密度也为零；而 MASK、MPSK 调制信号瞬时幅度会随码元变化。因此，同样可以通过设置合适的判决门限来区分 MFSK

与 MASK、MPSK 调制信号。另外，将信号瞬时幅度除以其平均值进行归一化可以消除信道增益对该值的影响，从而提升算法的稳定性。

4. 零中心非弱信号段瞬时相位非线性分量绝对值标准偏差 σ_{ap}

定义

$$\sigma_{\mathrm{ap}}=\sqrt{\frac{1}{C}\sum_{a_n(i)>a_t}\phi_{\mathrm{NL}}^2(i)-\left(\frac{1}{C}\sum_{a_n(i)>a_t}\left|\phi_{\mathrm{NL}}(i)\right|\right)^2} \tag{8-4-24}$$

其中，$\phi_{\mathrm{NL}}(i)$ 为瞬时相位的非线性分量；C 为所有 $\phi_{\mathrm{NL}}(i)$ 中 $a_n(i)>a_t$ 的个数，a_t 为门限值，用于去除噪声对提取特征量的影响。

对于 2PSK 调制信号，其瞬时相位取值一般为 0 和 π，因此在得到相位中心后，其相位跳变即 π/2，故 2PSK 调制信号不含绝对相位信息；4PSK 调制信号则不同，其瞬时相位有 4 个值，取绝对值后仍含有相位信息，故 4PSK 调制信号包含绝对的、直接的相位信息。因此，σ_{ap} 一般用于区分 2PSK、4PSK 调制信号，通过设置合适的判决门限就可以实现对 2PSK、4PSK 调制信号的有效分类。

5. 零中心归一化非弱信号段瞬时频率绝对值的标准偏差 σ_{af}

定义

$$\sigma_{\mathrm{af}}=\sqrt{\frac{1}{C}\sum_{a_n(i)>a_t}f_{\mathrm{NL}}^2(i)-\left(\frac{1}{C}\sum_{a_n(i)>a_t}\left|f_{\mathrm{NL}}(i)\right|\right)^2} \tag{8-4-25}$$

其中，$f_{\mathrm{NL}}(i)=f_c(i)/r_s$，$f_c(i)=f(i)-m_f$，$m_f=\dfrac{1}{N}\sum_{i=1}^{N_s}f(i)$，$r_s$ 为数字调制信号的码元速率，$f(i)$为瞬时频率；C 为所有 $f_{\mathrm{NL}}(i)$ 中 $a_n(i)>a_t$ 的个数，a_t 为门限值，用于去除噪声对提取特征量的影响。

σ_{af} 一般用于区分 2FSK、4FSK 调制信号。2FSK 调制信号的零中心归一化瞬时频率随比特高低变化，一般两电平频率大小相等、符号相反，2FSK 调制信号的零中心归一化瞬时频率的绝对值是常数，因此 2FSK 调制信号不含绝对频率信息。4FSK 调制信号含有绝对、直接的频率信息。基于此，同样可以通过设置合适的判决门限来对 2FSK 调制信号和 4FSK 调制信号进行分类。

（二）高阶累积量

高阶累积量以其对噪声不敏感的特性，在数字信号处理领域获得了广泛应用。

1. 高阶矩和高阶累积量

令随机变量 x 具有概率密度 $f(x)$，其特征函数定义为

$$\varPhi(\omega)=\int_{-\infty}^{\infty}f(x)\mathrm{e}^{\mathrm{j}\omega x}\mathrm{d}x \tag{8-4-26}$$

可以发现，特征函数即概率密度函数 $f(x)$ 的傅里叶变换。因为概率密度函数 $f(x)\geqslant 0$，所以特征函数 $\varPhi(\omega)$ 在原点有最大值，即

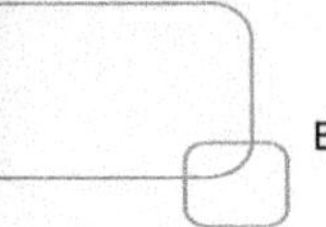

$$\varPhi(\omega) \leqslant \varPhi(0) = 1 \tag{8-4-27}$$

又由 $E\{g(x)\} = \int_{-\infty}^{\infty} g(x) f(x) \mathrm{d}x$ 可得特征函数的最常见形式为

$$\varPhi(\omega) = E\{\mathrm{e}^{sx}\} \tag{8-4-28}$$

对式（8-4-28）中 $\varPhi(\omega)$ 求 k 次导数，可得

$$\varPhi^k(s) = E\{x^k \mathrm{e}^{sx}\} \tag{8-4-29}$$

故有

$$\varPhi^k(0) = E\{x^k\} = m_k \tag{8-4-30}$$

也即 $\varPhi(s)$ 在原点的 k 阶导数与 x 的 k 阶矩 m_k 在数值上相等。于是通常将 $\varPhi(s)$ 或 $\varPhi(\omega)$ 称为 x 的矩生成函数，也称为第一特征函数。

定义函数

$$\varPsi(\omega) = \ln \varPhi(\omega) \tag{8-4-31}$$

为 x 的累积量生成函数，也叫作第二特征函数，可写作 $\varPsi(s)$。$\varPsi(s)$ 的 k 阶导数在原点的值即随机量 x 的 k 阶累积量 c_k，即

$$c_k = \left.\frac{\mathrm{d}^k \varPsi(s)}{\mathrm{d}s^k}\right|_{s=0} \tag{8-4-32}$$

又由式（8-4-27）可知，$\varPhi(0) = 1$，从而有 $\varPsi(0) = 0$。因此，$\varPsi(s)$ 展开成 Taylor 级数为

$$\varPsi(s) = c_1 s + \frac{1}{2} c_2 s^2 + \cdots + \frac{1}{k!} c_k s^k + \cdots \tag{8-4-33}$$

另外，$\varPhi(s) = \mathrm{e}^{\varPsi(s)}$，即有

$$\varPhi'(s) = \varPsi''(s) \mathrm{e}^{\varPsi(s)}, \quad \varPhi''(s) = \{\varPsi''(s) + \varPsi'(s)\} \mathrm{e}^{\varPsi(s)} \tag{8-4-34}$$

令 $s = 0$，则有

$$\varPhi'(0) = \varPsi'(0) = m_1, \quad \varPhi''(s) = \{\varPsi''(s) + \varPsi'(s)\} \mathrm{e}^{\varPsi(s)} \tag{8-4-35}$$

比较式（8-4-33）和式（8-4-35），可以得

$$c_1 = m_1, \quad c_2 = m_2 - m_1^2 \tag{8-4-36}$$

也就是说，随机量 x 的一阶累积量 c_1 等于其一阶矩 m_1，而二阶累积量 c_2 与二阶矩 m_2 减去其一阶矩 m_1 的平方相等。

推广上述随机变量的高阶矩和高阶累积量的定义，可以得到随机向量的高阶矩和高阶累积量的定义。

令 $\boldsymbol{x} = [x_1, x_2, \cdots, x_k]^{\mathrm{T}}$ 为随机向量，对其特征函数

$$\varPhi(x_1, x_2, \cdots, x_k) = E\{\exp[\mathrm{j}(\omega_1 x_1, \omega_2 x_2, \cdots, \omega_k x_k)]\} \tag{8-4-37}$$

求 $r = v_1 + v_2 + \cdots + v_k$ 次偏导数，可得

$$\frac{\partial^r \Phi(\omega_1,\omega_2,\cdots,\omega_k)}{\partial\omega_1^{v_1}\partial\omega_2^{v_2}\cdots\partial\omega_k^{v_k}} = \mathrm{j}^r E\{x_1^{v_1}x_2^{v_2}\cdots x_k^{v_k}\exp[\mathrm{j}(\omega_1x_1+\omega_2x_2+\cdots+\omega_kx_k)]\}$$

$$\frac{\partial v_1+\cdots+v_k}{\partial\omega_1^{v_1}\cdots\partial\omega_k^{v_k}}\Phi_x(\omega_1,\cdots,\omega_k) \tag{8-4-38}$$

显然，若令 $\omega_1=\omega_2=\cdots=\omega_k=0$，则由式（8-4-38）可以得出

$$m_{v_1}m_{v_2}\cdots m_{v_k}=E(x_1^{v_1}x_2^{v_2}\cdots x_k^{v_k})=(-\mathrm{j})^r\left.\frac{\partial^r\Phi(\omega_1,\omega_2,\cdots,\omega_k)}{\partial\omega_1^{v_1},\partial\omega_2^{v_2},\cdots,\partial\omega_k^{v_k}}\right|_{\omega_1=\omega_2=\cdots=\omega_k=0} \tag{8-4-39}$$

这就是 $[x_1,x_2,\cdots,x_k]^{\mathrm{T}}$ 随机向量的 r 阶矩的定义。

类似地，$[x_1,x_2,\cdots,x_k]^{\mathrm{T}}$ 的 r 阶累积量可以用其累积量生成函数 $\Psi(\omega_1,\cdots,\omega_k)=\ln\Phi(\omega_1,\cdots,\omega_k)$ 定义为

$$\begin{aligned} c_{v_1\cdots v_k} &= (-\mathrm{j})^r\left.\frac{\partial^r\Psi(\omega_1,\cdots,\omega_k)}{\partial\omega_1^{v_1},\cdots,\partial\omega_k^{v_k}}\right|_{\omega_1=\omega_2=\cdots=\omega_k=0} \\ &= (-\mathrm{j})^r\left.\frac{\partial^r\ln\ln(\omega_1,\cdots,\omega_k)}{\partial\omega_1^{v_1},\cdots,\partial\omega_k^{v_k}}\right|_{\omega_1=\omega_2=\cdots=\omega_k=0} \end{aligned} \tag{8-4-40}$$

可以证明

$$\frac{\partial v_1+\cdots+v_k}{\partial\omega_1^{v_1}\cdots\partial\omega_k^{v_k}}\Phi_x(\omega_1,\cdots,\omega_k) \tag{8-4-41}$$

存在且连续。因此，如果将 $\Phi_x(\omega_1,\cdots,\omega_k)$ 展开成 Taylor 级数，则有

$$\Phi_x(\omega_1,\cdots,\omega_k)=\sum_{v_1+\cdots+v_k\leqslant n}\frac{\mathrm{j}^{v_1+\cdots+v_k}}{v_1!\cdots v_k!}m_{v_1},\cdots,m_{v_k}\omega_1^{v_1}\cdots\omega_k^{v_k}+o(|\omega|^n) \tag{8-4-42}$$

其中，$|\omega|=|\omega_1|+\cdots+|\omega_k|$。

由于 $\Phi_x(\omega_1,\cdots,\omega_k)$ 是连续的，且 $\Phi_x(0,\cdots,0)=1$，因此该函数在零的某个邻域 $\omega<\delta$ 内不为零。在该邻域内，有

$$\frac{\partial^{v_1+\cdots+v_k}}{\partial\omega_1^{v_1}\cdots\partial\omega_k^{v_k}}\ln\Phi_x(\omega_1,\cdots,\omega_k) \tag{8-4-43}$$

存在且连续，其中，$\ln z$ 表示对数的主值（若 $z=r\mathrm{e}^{\mathrm{j}\theta}$，则取 $\ln z=\ln r+\mathrm{j}$）。因此，可以用 Taylor 公式将 $\ln\Phi_x(\omega_1,\cdots,\omega_k)$ 展开成

$$\ln\Phi_x(\omega_1,\cdots,\omega_k)=\sum_{v_1+\cdots+v_k\leqslant n}\frac{\mathrm{j}^{v_1+\cdots+v_k}}{v_1!\cdots v_k!}m_{v_1},\cdots,m_{v_k}\omega_1^{v_1}\cdots\omega_k^{v_k}+o(|\omega|^n) \tag{8-4-44}$$

为了方便表示，取 $v!=v_1!\cdots v_k!$，$|v|=v_1+\cdots+v_k$，$\omega^v=\omega_1^{v_1}\cdots\omega_k^{v_k}$，并令 $c_v=c_{v_1}\cdots c_{v_k}$ 及 $m_v=m_{v_1}\cdots m_{v_k}$，则式（8-4-42）和式（8-4-44）可分别写为

$$\Phi(\omega)=\sum_{|v|\leqslant n}\frac{\mathrm{j}^{|v|}}{v!}m_v\omega^v+o(|\omega|^n) \tag{8-4-45}$$

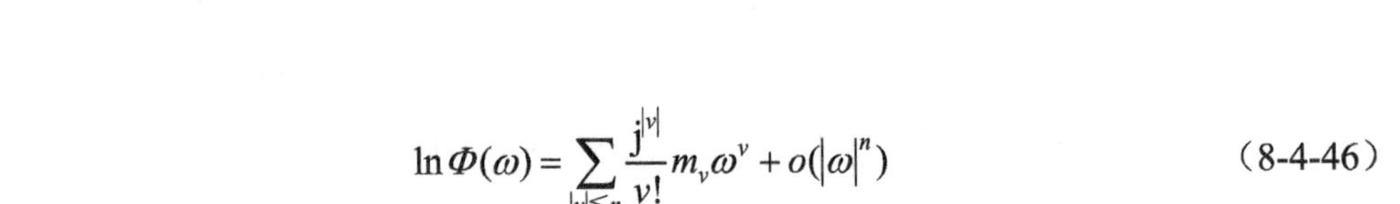

$$\ln \Phi(\omega)=\sum_{|v|\leqslant n}\frac{\mathrm{j}^{|v|}}{v!}m_v\omega^v+o(|\omega|^n) \tag{8-4-46}$$

也就是说，随机向量$[x_1,x_2,\cdots,x_k]^{\mathrm{T}}$的$[v_1,v_2,\cdots,v_k]$阶矩和累积量可被当作矩生成函数和累积量生成函数的 Taylor 级数展开中ω^v项的系数。

特别地，取$v_1=v_2=\cdots=v_k=1$，便得到最常见的k阶矩和k阶累积量，将它们分别记作

$$m_k=m_{1\cdots1}=\mathrm{mom}(x_1,\cdots,x_k) \tag{8-4-47}$$

$$c_k=c_{1\cdots1}=\mathrm{cum}(x_1,\cdots,x_k) \tag{8-4-48}$$

设$\{x(n)\}$为零均值的k阶平稳随机过程，该过程的k阶矩$m_{kx}(\tau_1,\cdots,\tau_{k-1})$定义为

$$m_{kx}(\tau_1,\cdots,\tau_{k-1})=\mathrm{mom}[x(n),x(n+\tau_1),\cdots,x(n+\tau_{k-1})] \tag{8-4-49}$$

而k阶累积量$c_{kx}(\tau_1,\cdots,\tau_{k-1})$定义为

$$c_{kx}(\tau_1,\cdots,\tau_{k-1})=\mathrm{cum}[x(n),x(n+\tau_1),\cdots,x(n+\tau_{k-1})] \tag{8-4-50}$$

从式（8-4-49）和式（8-4-50）可以看出，平稳随机过程$x(n)$的k阶矩和k阶累积量实质上就是取$x_1=x(n),x_2=x(n+\tau_1),\cdots,x_k=x(n+\tau_{k-1})$之后的随机向量$[x(n),x(n+\tau_1),\cdots,x(n+\tau_{k-1})]$的$k$阶矩和$k$阶累积量。

2. 高阶累积量和高阶矩的转换关系

令$\boldsymbol{x}=[x_1,x_2,\cdots,x_k]^{\mathrm{T}}$为随机向量，且$\{E(|x_i|^n)\}\leqslant\infty$（$i=1,\cdots,k$；$n\geqslant1$），则对于满足$|v|\leqslant n$的$v=(v_1,v_2,\cdots,v_k)$，可得到高阶矩和高阶累积量之间的转换关系为

$$m_{(v)}=\sum_{\lambda^{(1)}+\cdots+\lambda^{(q)}=v}\frac{1}{q!}\frac{v!}{\lambda^{(1)}!\cdots\lambda^{(q)}!}\prod_{p=1}^{q}c_{(\lambda^{(p)})} \tag{8-4-51}$$

$$c_{(v)}=\sum_{\lambda^{(1)}+\cdots+\lambda^{(q)}=v}\frac{(-1)^{q-1}}{q}\frac{v!}{\lambda^{(1)}!\cdots\lambda^{(q)}!}\prod_{p=1}^{q}m_{(\lambda^{(p)})} \tag{8-4-52}$$

其中，$|\lambda^{(p)}|\geqslant0$表示$\lambda^{(p)}$的全部非负整数集合，且其和为$v$。更一般地，矩和累积量的转换关系为

$$m_x(I)=\sum_{p}\prod_{k=1}^{q}c_x(I_{p_k}) \tag{8-4-53}$$

$$c_x(I)=\sum_{p}(-1)^{p-1}(p-1)!\prod_{k=1}^{q}m_x(I_{p_k}) \tag{8-4-54}$$

式（8-4-53）称为累积量矩（CM）公式，式（8-4-54）称为矩累积量（MC）公式。其中，$I=(1,2,\cdots,k)$代表随机向量$\boldsymbol{x}=[x_1,x_2,\cdots,x_k]^{\mathrm{T}}$的元素下标集合，即

$$m_x(I)=\mathrm{mom}[x_1,\cdots,x_k] \tag{8-4-55}$$

$$c_x(I)=\mathrm{cum}[x_1,\cdots,x_k] \tag{8-4-56}$$

其中，I_p是将I中的元素经过重新组合后的集合；q为I_p中组的个数；I_{pk}表示I_p的第k

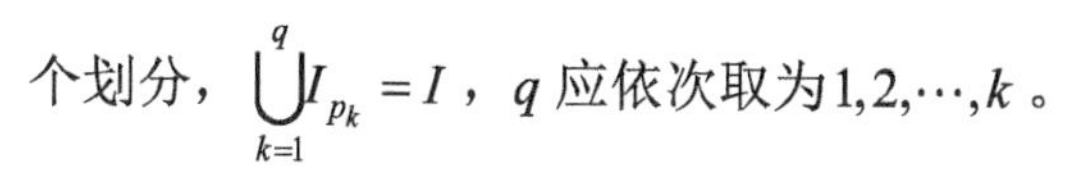

个划分，$\bigcup_{k=1}^{q} I_{p_k} = I$，$q$ 应依次取为$1,2,\cdots,k$。

3. 平稳随机过程的高阶矩和高阶累积量

平稳随机过程 $x(n)$（$n=0,\pm1,\pm2,\cdots$），其 k 阶矩存在，为

$$\mathrm{mom}[x(n),x(n+\tau_1),\cdots,x(n+\tau_{k-1})]=E[x(n)x(n+\tau_1)\cdots x(n+\tau_{k-1})] \tag{8-4-57}$$

此值是时延 $\tau_1,\tau_2,\cdots,\tau_{k-1}$ 的函数，$\tau_i=0,\pm1,\pm2,\cdots$，因此称之为 $x(n)$的 k 阶矩函数，记作

$$m_{kx}(\tau_1,\cdots,\tau_{k-1})=E[x(n)x(n+\tau_1)\cdots x(n+\tau_{k-1})] \tag{8-4-58}$$

类似地，$x(n)$的 k 阶累积量函数记作

$$c_{kx}(\tau_1,\cdots,\tau_{k-1})=\mathrm{cum}[x(n)x(n+\tau_1)\cdots x(n+\tau_{k-1})] \tag{8-4-59}$$

对于一个零均值平稳随机过程，$x(n)$的 k 阶累积量函数也可定义为

$$c_{kx}(\tau_1,\cdots,\tau_{k-1})=E[x(n)x(n+\tau_1)\cdots x(n+\tau_{k-1})]-E[G(n)\cdots G(n+\tau_{k-1})] \tag{8-4-60}$$

其中，$G(n)$是二阶统计量的高斯随机过程，且具有与 $x(n)$ 相同的分布。可见，采用上述定义计算得到的高阶累积量不仅能够作为度量值来度量 $x(n)$ 的高阶相关性，也能够度量其非高斯性。综上所述，高阶累积量是一个描述随机过程 $x(n)$ 偏离正态程度的值。

4. 数字调制信号的高阶累积量

对于一个复随机过程 $x(n)$，设其平均值等于零，则可得其 p 阶混合矩为

$$m_{pq}=E[x(n)^{p-q}x^*(n)^q] \tag{8-4-61}$$

其中，*表示函数的共轭。

根据共轭项位置的不同，二、四、六阶累积量可以分别定义为

$$c_{20}=\mathrm{cum}(x,x)=m_{20} \tag{8-4-62}$$

$$c_{21}=\mathrm{cum}(x,x^*)=m_{21} \tag{8-4-63}$$

$$c_{40}=\mathrm{cum}(x,x,x,x)=m_{40}-3(m_{20})^2 \tag{8-4-64}$$

$$c_{41}=\mathrm{cum}(x,x,x,x^*)=m_{41}-3m_{21}m_{20} \tag{8-4-65}$$

$$c_{42}=\mathrm{cum}(x,x,x^*,x^*)=m_{42}-|m_{20}|^2-2(m_{21})^2 \tag{8-4-66}$$

$$c_{60}=\mathrm{cum}(x,x,x,x,x,x)=m_{60}-15m_{40}m_{20}+30m_{20}^3 \tag{8-4-67}$$

$$c_{63}=\mathrm{cum}(x,x,x,x^*,x^*,x^*)=m_{63}-9c_{42}c_{21}-6c_{21}^3 \tag{8-4-68}$$

在实际的信号处理过程中，数据量非常有限，且噪声影响较大，信号高阶累积量只能取估计值。设接收信号的采样点为$r_k(k=1,2,\cdots,N)$，则可得到信号高阶累积量的估计值为

$$\widehat{c_{20}}=\frac{1}{N}\sum_{k=1}^{N}r_k^2 \tag{8-4-69}$$

$$\widehat{c_{21}}=\frac{1}{N}\sum_{k=1}^{N}|r_k|^2 \tag{8-4-70}$$

$$\widehat{c_{40}}=\frac{1}{N}\sum_{k=1}^{N}r_k^4-3\widehat{m_{20}}^2 \tag{8-4-71}$$

$$\widehat{c_{41}} = \frac{1}{N}\sum_{k=1}^{N} r_k^3 r_k^* - 3\widehat{m_{20}}\widehat{m_{21}} \tag{8-4-72}$$

$$\widehat{c_{42}} = \frac{1}{N}\sum_{k=1}^{N} \left|r_k^4\right| - \left|\widehat{m_{20}}\right|^2 - 2\widehat{m_{21}}^2 \tag{8-4-73}$$

$$\widehat{c_{60}} = \frac{1}{N}\sum_{k=1}^{N} r_k^6 - 15\widehat{m_{40}}\widehat{m_{20}} + 30\widehat{m_{20}}^2 \tag{8-4-74}$$

$$\widehat{c_{63}} = \frac{1}{N}\sum_{k=1}^{N} \left|r_k^6\right| - 9\widehat{c_{42}}\widehat{c_{41}} - 6(\widehat{c_{21}})^3 \tag{8-4-75}$$

随着接收信号采样长度的增加，信号各阶累积量的估计值是渐近无偏的一致估计。

可以推导出平均功率归一化的各调制信号各阶累积量的理论值如表 8-5 所示，其中 E 为信号能量。

表 8-5　平均功率归一化的各调制信号的各阶累积量的理论值

调 制 方 式	$\lvert c_{20}\rvert$	$\lvert c_{21}\rvert$	$\lvert c_{40}\rvert$	$\lvert c_{41}\rvert$	$\lvert c_{42}\rvert$	$\lvert c_{63}\rvert$
2ASK	E	E	$2E^2$	$2E^2$	$2E^2$	$16E^3$
4ASK	E	E	$1.36E^2$	$1.36E^2$	$1.36E^2$	$8.32E^3$
2FSK	0	E	0	0	E^2	$4E^3$
4FSK	0	E	0	0	E^2	$4E^3$
2PSK	E	E	$2E^2$	$2E^2$	$2E^2$	$16E^3$
4PSK	0	E	E^2	0	E^2	$4E^3$
16QAM	0	E	$0.68E^2$	0	$0.68E^2$	$2.08E^3$
64QAM	0	E	$0.6191E^2$	0	$0.6191E^2$	$1.7972E^3$

（三）循环累积量

数字通信信号一般是信息序列经过采样、编码、调制等操作产生的。采样、编码、调制等操作具有周期性，所以数字通信信号更适合建模为循环平稳信号。因此，在数字通信信号的调制识别中，还可以利用信号的循环累积量作为特征参数。这里利用基带信号的循环平稳特性，在循环累积量域内构造基于循环累积量的分类特征参数，并将上述基于平稳时间序列模型的累积量分类方法推广至循环平稳域。

统计特性随时间周期性变化的随机过程称为循环平稳过程。从本质上看，循环平稳过程是一种特殊的非平稳过程。许多受周期因素影响的自然信号和人工信号都具有循环平稳的性质。自然信号包括受天体周期运动影响的大气、水文、海洋变化等；而人工信号包括数字通信信号等。统计特性随时间周期性变化的随机过程中产生的信号称为循环平稳信号，因此，在循环信号处理框架内研究数字通信信号能够充分利用信号固有的结构特征，从而提高与之对应的信号分类、参数估计、信道辨识等信号处理算法的性能。

1. 循环平稳信号和时变函数

一个具有零均值的复随机过程 $x(t)$ 的时变函数（Temporal Moment Function，TMF）为

$$R_x(t,\boldsymbol{\tau}) = \hat{E}^{\{\alpha\}}\left\{\prod_{j=1}^{n} x(t+\tau_j)\right\} \tag{8-4-76}$$

式中，$\boldsymbol{\tau}=\{\tau_1,\tau_2,\cdots,\tau_n\}^{\mathrm{T}}$ 为迟延向量；$\hat{E}^{\{\alpha\}}\{\cdot\}$ 正弦波抽取算子，定义为

$$\hat{E}^{\{\alpha\}}\{x(t)\} = \sum_{\alpha}\left\langle x(u)\mathrm{e}^{-\mathrm{j}2\pi\alpha u}\right\rangle_t \mathrm{e}^{-\mathrm{j}2\pi\alpha t} \tag{8-4-77}$$

式中，$\langle\cdot\rangle_t$ 是时间平均算子，α 取所有使得时间平均结果不恒为 0 的值。

2. 时变累积量函数和循环时变累积量函数

复随机过程的时变累积量函数（Temporal Cumulant Function，TCF）为

$$C_x(t,\boldsymbol{\tau})_n = \sum_{p_n=\{v_k\}_{k=1}^{p}}\left[(-1)^{p-1}(p-1)!\prod_{j=1}^{p} R_x(t,\tau_{v_j})_{n_j}\right] \tag{8-4-78}$$

对应的循环时变累积量函数（Cyclic Temporal Cumulant Function，CTCF）为

$$C_x^{\beta}(\tau_n) = \left\langle C_x(t,\boldsymbol{\tau})_n \mathrm{e}^{-\mathrm{j}2\pi\beta t}\right\rangle = \sum_{p_n=\{v_k\}_{k=1}^{p}}\left[(-1)^{p-1}(p-1)! \times \sum_{\alpha^{\mathrm{T}}l=\beta}\prod_{j=1}^{p} R_x(t,\tau_{v_j})_{n_j}\right] \tag{8-4-79}$$

为方便后续章节的应用，这里给出随机过程的四阶时变累积量函数，即

$$\begin{aligned} C_{x,40}(t,\tau_1,\tau_2,\tau_3) = {} & E^{\{\alpha\}}\{x(t)x(t+\tau_1)x(t+\tau_2)x(t+\tau_3)\} - \\ & E^{\{\alpha\}}\{x(t)x(t+\tau_1)\}E^{\{\alpha\}}\{x(t+\tau_2)x(t+\tau_3)\} - \\ & E^{\{\alpha\}}\{x(t)x(t+\tau_2)\}E^{\{\alpha\}}\{x(t+\tau_1)x(t+\tau_3)\} - \\ & E^{\{\alpha\}}\{x(t)x(t+\tau_3)\}E^{\{\alpha\}}\{x(t+\tau_1)x(t+\tau_2)\} \end{aligned} \tag{8-4-80}$$

$$\begin{aligned} C_{x,41}(t,\tau_1,\tau_2,\tau_3) = {} & E^{\{\alpha\}}\{x(t)x(t+\tau_1)x(t+\tau_2)x^*(t+\tau_3)\} - \\ & E^{\{\alpha\}}\{x(t)x(t+\tau_1)\}E^{\{\alpha\}}\{x(t+\tau_2)x^*(t+\tau_3)\} - \\ & E^{\{\alpha\}}\{x(t)x(t+\tau_2)\}E^{\{\alpha\}}\{x(t+\tau_1)x^*(t+\tau_3)\} - \\ & E^{\{\alpha\}}\{x(t)x^*(t+\tau_3)\}E^{\{\alpha\}}\{x(t+\tau_1)x(t+\tau_2)\} \end{aligned} \tag{8-4-81}$$

$$\begin{aligned} C_{x,42}(t,\tau_1,\tau_2,\tau_3) = {} & E^{\{\alpha\}}\{x(t)x^*(t+\tau_1)x(t+\tau_2)x^*(t+\tau_3)\} - \\ & E^{\{\alpha\}}\{x(t)x^*(t+\tau_1)\}E^{\{\alpha\}}\{x(t+\tau_2)x^*(t+\tau_3)\} - \\ & E^{\{\alpha\}}\{x(t)x(t+\tau_2)\}E^{\{\alpha\}}\{x^*(t+\tau_1)x^*(t+\tau_3)\} - \\ & E^{\{\alpha\}}\{x(t)x^*(t+\tau_3)\}E^{\{\alpha\}}\{x^*(t+\tau_1)x(t+\tau_2)\} \end{aligned} \tag{8-4-82}$$

四阶循环时变累积量函数为

$$C_{x,40}^{\beta}(\tau_1,\tau_2,\tau_3) = \left\langle C_{x,40}(t,\tau_1,\tau_2,\tau_3)\mathrm{e}^{-\mathrm{j}2\pi\beta t}\right\rangle_t \tag{8-4-83}$$

$$C_{x,41}^{\beta}(\tau_1,\tau_2,\tau_3) = \left\langle C_{x,41}(t,\tau_1,\tau_2,\tau_3)\mathrm{e}^{-\mathrm{j}2\pi\beta t}\right\rangle_t \tag{8-4-84}$$

$$C_{x,42}^{\beta}(\tau_1,\tau_2,\tau_3) = \left\langle C_{x,42}(t,\tau_1,\tau_2,\tau_3)\mathrm{e}^{-\mathrm{j}2\pi\beta t}\right\rangle_t \tag{8-4-85}$$

循环时变累积量函数与时变累积量函数之间的关系为

$$C_{x,40}(t,\tau_1,\tau_2,\tau_3)=\sum_{\beta}C_{x,40}^{\beta}(\tau_1,\tau_2,\tau_3)\mathrm{e}^{\mathrm{j}2\pi\beta t} \tag{8-4-86}$$

$$C_{x,41}(t,\tau_1,\tau_2,\tau_3)=\sum_{\beta}C_{x,41}^{\beta}(\tau_1,\tau_2,\tau_3)\mathrm{e}^{\mathrm{j}2\pi\beta t} \tag{8-4-87}$$

$$C_{x,42}(t,\tau_1,\tau_2,\tau_3)=\sum_{\beta}C_{x,42}^{\beta}(\tau_1,\tau_2,\tau_3)\mathrm{e}^{\mathrm{j}2\pi\beta t} \tag{8-4-88}$$

也就是说，四阶循环时变累积量函数是四阶时变累积量函数的傅里叶展开系数。

3. 循环时变累积量函数的性质

循环平稳信号的循环时变累积量函数在不同信号处理算子下有以下几点性质。

（1）两个相互独立循环平稳信号的时变累积量等于各自时变累积量的和。这一性质对循环时变累积量也成立。用公式表示为 $z(t)=x(t)+y(t)$，若 $x(t)$与 $y(t)$相互独立，则有

$$C_z(t,\boldsymbol{\tau}')_n=C_x(t,\boldsymbol{\tau}')_n+C_y(t,\boldsymbol{\tau}')_n \tag{8-4-89}$$

式中，$\boldsymbol{\tau}=[\tau_1,\tau_2,\cdots,\tau_{n-1}]^{\mathrm{T}}$，$n$ 为时变累积量函数的阶数。

令 $\beta=\beta_x$，若 $C_y^{\beta_x}(t,\boldsymbol{\tau}')_n\equiv 0$，则有 $C_z^{\beta_x}(t,\boldsymbol{\tau}')_n=C_x^{\beta_x}(t,\boldsymbol{\tau}')_n$，从而可以实现循环时变累积量域中的信号选择性参数估计功能。

（2）相乘调制。若 $z(t)=x(t)y(t)$，$x(t)$与 $y(t)$相互独立，且 $x(t)$为一个非随机信号，则有

$$C_z(t,\boldsymbol{\tau}')_n=L_x(t,\boldsymbol{\tau}')_n C_y(t,\boldsymbol{\tau}')_n \tag{8-4-90}$$

$$L_x(t,\boldsymbol{\tau}')_n=\prod_{j=1}^{n-1}x(t+\tau_j) \tag{8-4-91}$$

当 $\tau_0=0$ 时，式（8-4-90）和式（8-4-91）称为降维循环时变累积量函数（Reduced-Dimension Cyclic Temporal Cumulant Function，RD-CTCF）。

（3）线性时不变滤波。设滤波器冲激响应为 $h(t)$，若

$$z(t)=x(t)\otimes h(t)=\int_{-\infty}^{\infty}h(\lambda)x(t-\lambda)\mathrm{d}\lambda \tag{8-4-92}$$

则有

$$C_z^{\beta}(\underline{\tau})_n=\int_{-\infty}^{\infty}\cdots\int_{-\infty}^{\infty}\left[\prod_{j=0}^{n-1}h^{(*)_j}(\lambda_j)\right]C_x^{\beta}(\underline{\tau}-\underline{\lambda})_n\,\mathrm{d}\underline{\lambda} \tag{8-4-93}$$

式中，$\underline{\lambda}=\{\lambda_0,\lambda_1,\cdots,\lambda_{n-1}\}$，$\underline{\tau}=\{\tau_0,\tau_1,\cdots,\tau_{n-1}\}$。

（4）在循环平稳信号处理理论框架内，非随机信号包括常数、周期信号和多周期信号，任何一个循环平稳随机信号与非随机信号都是相互独立的。

（5）对循环平稳（模拟）信号过采样，得到循环平稳时间序列，且上述性质仍然成立。

（四）小波变换特征

传统的信号分析是建立在傅里叶变换基础上的，但傅里叶分析是一种全局变换，即要么完全在时域，要么完全在频域，无法表征信号的时频局域性质。小波变换是一种

信号的时间-频率分析方法，具有多分辨分析的特点，同时具有时域局部化和频域局部化的性质。利用小波变换将信号在不同尺度下分解，能呈现各种调制类型信号的细节，因此近年来小波变换已被应用到通信信号调制方式的自动识别分类中。

任意 $L^2(R)$ 空间中的函数 $s(t)$ 的连续小波变换 WT 定义为

$$\mathrm{WT}(ab)=\int s(t)\psi_{(a,b)}^{*}(t)\mathrm{d}t=\frac{1}{\sqrt{a}}\int s(t)\psi^{*}\left(\frac{t-b}{a}\right)\mathrm{d}t \tag{8-4-94}$$

式中，a 为尺度因子；b 为平移因子；*表示复共轭；$\psi(t)$ 为小波函数且满足容许性条件

$$W_g=\int_{-\infty}^{\infty}\frac{|\psi(\omega)|}{|\omega|}\mathrm{d}\omega<\infty \tag{8-4-95}$$

式中，$\psi(\omega)$ 为 $\psi(t)$ 的傅里叶变换。$\psi_{(a,b)}(t)$ 为小波母函数 $\psi(t)$ 经过伸缩平移得到的小波基函数

$$\psi_{(a,b)}(t)=a^{-1/2}\psi\left(\frac{t-b}{a}\right) \tag{8-4-96}$$

小波变换可以看成信号通过冲激响应为 $\psi_{(a,b)}(t)$ 的带通滤波器组的滤波，且该带通滤波器组的中心频率和带宽随着尺度 a 的变化而变化。

假设 $\psi(t)$ 为一个对称双窗函数，其时频窗的中心为 (t,ω)，时宽、频宽分别为 Δt、$\Delta\omega$，那么对于 $\psi_{(a,b)}(t)$ 来说，其时频窗的中心为 $(b+at,\ \omega/a)$，时宽、频宽为 $a\Delta t$、$\Delta\omega/a$。当 a 变小时，时频窗的时宽变小，而频宽增大，且时频窗的中心向频率增大的方向移动；当 a 变大时，时频窗的时宽增大，而频宽变小，且时频窗的中心向频率减小的方向移动。这反映了小波的变焦特性，即高频段的时间分辨率高、频率分辨率低；低频段的频率分辨率高、时间分辨率低。

用不同的小波基分析同一个问题会产生不同的结果，常见的小波函数有 Haar 小波、Daubechies 小波、Coiflet 小波、Symlet 小波和 Morlet 小波等。Haar 小波形式简单，易于计算，并且对瞬态信号，尤其是相位变化的瞬态信号具有较强的检测能力。

1. Haar 小波变换

Haar 小波函数是小波分析中应用最早，也是最简单的一个具有紧支撑的正交小波函数。Haar 小波函数定义为

$$\psi(t)=\begin{cases}0, & -0.5<t\leqslant 0\\ -1, & 0<t\leqslant 0.5\\ 0, & \text{其他}\end{cases} \tag{8-4-97}$$

其小波基函数 $\psi_{(a,b)}(t)$ 为

$$\psi_{(a,b)}(t)=\begin{cases}\dfrac{1}{\sqrt{a}}, & -0.5a<t\leqslant 0\\ -\dfrac{1}{\sqrt{a}}, & 0<t\leqslant 0.5a\\ 0, & \text{其他}\end{cases} \tag{8-4-98}$$

2. 基于Haar小波变换特征

基于小波变换的特征量主要是指信号的小波变换幅度中包含的信息的特征量，一般通过搜索小波变换幅度直方图获得。直方图是一种统计意义上的量值，它代表信号某种特征值的分布特性，当间隔无限小、样本很大时，直方图就逼近信号的概率密度函数。

小波变换幅度直方图是指小波变换幅度的分布特性。

下面给出在调制识别分析中常用到的几个小波变换特征。

1）小波变换幅度经中值滤波后的方差 VAR(WT)

VAR(WT)表示将调制信号进行小波变换，得到的小波变换幅度经过中值滤波后求得的方差。VAR(WT)反映的是各调制信号的小波变换幅度的稳定性。进行中值滤波的原因是去除小波变换幅度的毛刺对直方图统计产生的影响。

2）归一化小波变换幅度经中值滤波后的方差 $\mathrm{VAR(WT)}_u$

$\mathrm{VAR(WT)}_u$ 表示将调制信号幅度归一化后进行小波变换，得到的小波变换幅度经过中值滤波后求得的方差。$\mathrm{VAR(WT)}_u$ 反映的是幅度归一化后的调制信号经过小波变换得到的小波变换幅度的稳定性。

3）调制信号经过小波变换后得到的小波变换幅度直方图的峰值个数 N_p

对于不同的调制信号，N_p 表征不同的信息。例如，对于 MFSK 调制信号，经过小波变换后，小波变换幅度直方图的峰值个数表征的是信号的频率个数 M。在实际操作中，小波变换后还要进行中值滤波，以滤除相位跳变引起的毛刺。N_p 一般通过对直方图进行波峰搜索确定。

习题与思考题

1. 阐述频率计数器法测频的基本思想，并阐述产生测量误差的原因。
2. 在测量场强和功率通量密度时，针对不同被测频率，选择测量天线的原则是什么？
3. 阐述占用带宽与 xdB 带宽的区别，以及测量这两种带宽时仪器参数的设置要求。
4. 比较最大似然假设检验方法和基于特征提取的模式识别方法的优缺点。
5. 简述各调制信号的瞬时统计量的特性。
6. 简述各调制信号的高阶累积量的特性。
7. 循环时变累积量函数有何性质？
8. 常用小波变换函数有哪些？

第九章

无线电测向基础

电磁频谱管理的目的是避免和消除无线电频率使用中的相互干扰，维护空中电波秩序，使有限的电磁频谱和卫星轨道资源得到合理、有效的利用，以保证无线电通信系统使用效能的正常发挥。要达到这一目的，电磁频谱管理机构必须十分清楚地了解所面临的电磁信号环境，掌握各类无线电信号及各种电磁干扰信号在时域、空域、频域等方面的分布情况，这就必须借助于无线电测向。

第一节　无线电测向概述

无线电测向是无线电监测的重要内容。在无线电监测工作中，通过无线电测向，获取无线电信号的来波方向，判断信号属性，识别未知信号，获取多个方位角，还可以更为精确地测定发射源的位置，为查处非法信号和有害干扰提供重要依据。

一、无线电测向相关概念

无线电测向是利用无线电定向测量设备，通过测量目标辐射源（无线电发射台）的无线电特性参数，获得电波传播方向的过程，也称为无线电定向，简称测向。

无线电测向的物理基础是无线电波在均匀媒质中传播的匀速线性，以及定向天线接收电波的方向性。无线电测向实质上是测量电磁波波阵面的法线方向相对于某一参考方向（通常规定为通过测量点的地球子午线正北方向）的夹角。能完成这一测量任务的无线电设备称为无线电测向机或无线电测向设备。无线电测向过程不辐射电磁波，就辐射源方面来说，它对测向活动既无法检测，又无法阻止。

被测辐射源的方向通常用方位角表示，它是通过观测点（测向站所在位置）的地球子午线正北方向与被测辐射源到观测点连线按顺时针所形成的夹角，方位角的范围为0°～360°。

通常以测向天线所在位置作为观测参考点，在水平面 0°～360° 范围内考察目标辐射源来波信号的方向，称为来波信号的水平方位角，通常用θ来表示。方位角描述的是目标辐射源准确的来波方向，是没有考虑误差的精确描述。

值得注意的是，测向天线相对来波信号的方位与目标电台的真实方位从严格意义上来说是有差别的，主要表现在方位角的定义中没有考虑电波传播过程中的非理想状态，它将导致来波信号方向后延伸线与目标辐射源到测向机天线之间连线的差别。但我们在实际工作中所说的方位角通常是指目标辐射源到测向天线之间的连线与地理正北方向（地球子午线正北方向）按顺时针所形成的夹角。

测向设备对某一目标电台的来波信号进行测向，所得到的实际测量值（或所得到的目标方位读数）称为示向度，有时也称为方位线，通常用ϕ来表示。若电波在理想的均匀媒质中传输，并且测向设备不存在测量误差，则示向度和方位角相同，即$\phi=\theta$。在实际测向过程中，电波在非理想的均匀媒质中传输将引起电磁波波阵面畸变，使得电磁波波阵面的法线方向偏离目标电台到测向天线的连线方向；测向设备的测量误差总是不可避免地或大或小存在。因此，测向设备所测得的示向度ϕ与目标辐射源真实方位角θ之间的差别将客观存在，或者说测向误差总是客观存在的。

测向误差通常用$\Delta\phi$来表征，即$\Delta\phi=\phi-\theta$，用它衡量目标辐射源真实方位角θ与测向设备对该目标电台来波信号进行测向所得到的示向度ϕ之间的偏差。

θ、ϕ、$\Delta\phi$三者的定义和彼此之间的关系如图 9-1 所示。

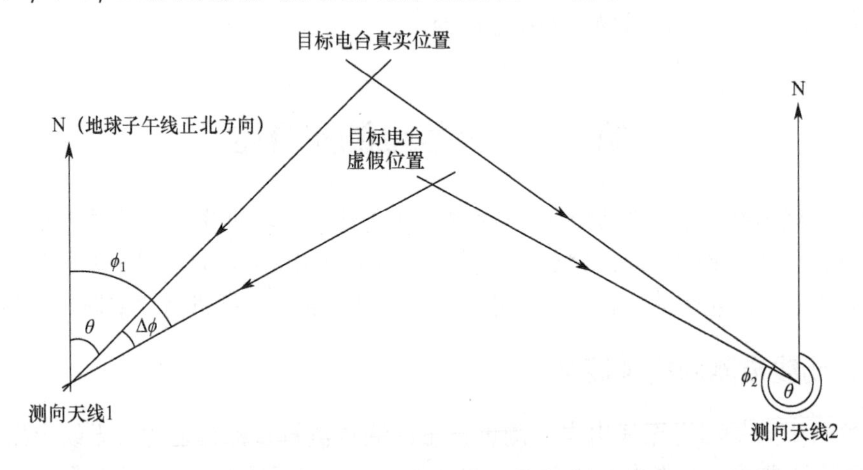

图 9-1　θ、ϕ、$\Delta\phi$三者的定义和彼此之间的关系示意

二、无线电测向的主要用途

无线电测向系统获取目标辐射源信号的来波方位信息，可以归结为对未知位置的目标辐射源进行无源定位，以及相对于已知位置的目标辐射源确定测向系统自身所在平台的位置这两个目的，其对应的实际应用有辐射源寻的、导航、后方三角交会定位、平面三角交会定位、垂直三角交会定位 5 种。

（一）辐射源寻的

测向系统利用目标辐射源的到达方向信息，使测向系统自身所在平台朝目标辐射源所在平台的位置移动，这就是通过无线电测向的辐射源寻的。其中，目标辐射源的位置可以是已知的，也可以是未知的。如果测向数据无误差，则可以引导测向系统自身所在平台沿最直接、最短的路径对辐射源寻的，但实际测向系统总是不可避免地存在系统误差和随机误差，因此寻的路径会根据误差的特性有所不同。随机误差的存在会使寻的路径不稳定，但最终总会到达目标辐射源；系统误差的存在使寻的沿着一条对数螺旋路径趋近目标辐射源。

（二）导航

导航是指根据移动测向系统对已知位置目标辐射源的测向数据，引导测向系统自身所在平台沿所要求的路径航进。这里辐射源的位置不是测向系统自身所在平台的航程终点，而只是为其航程提供参考方向。

在世界上许多地区，精确的远程导航设备，如罗兰、SATNAV、GPS、塔康等已获得广泛应用，然而世界上还有一些地区尚缺乏或没有可用的导航设备，在那里无线电测向就成为其主要的导航设备。例如，澳洲及其附近地区没有罗兰导航系统，SATNAV 和 GPS 的覆盖也是间断性的，因此在该地区大量使用航海和航空用的 MF、HF 频段的无线电信标，并通过无线电测向来导航。

即使在现代化导航系统覆盖的区域，仍有许多位置导航的性能很差。例如，信号传播路径小角度相交产生的精度几何弱化现象（GDOP），使佛罗里达南部和加勒比海地区罗兰 C 导航系统的导航精度下降；另外，由于信号强度降低，百慕大地区和夏威夷岛罗兰 C 导航系统的导航性能也比较差。在雷暴雨天气条件下，百慕大地区罗兰 C 导航系统的导航性能就不能满足要求，而该地区航海用的无线电信标具有极大的覆盖范围和极高的导航性能，因此无线电测向就成为其主要的导航备用手段。

无线电测向的导航过程是一个简单的测向和方位数据比较过程，通过对已知位置的目标辐射源测向，来估计自身位置是否位于某一指定的航线上，或者根据其测向数据来修正当前航向与规定航线的偏离量。

（三）后方三角交会定位

后方三角交会定位根据测向系统对多个已知位置的辐射源所测得的方位数据反过来进行定位，确定测向系统自身所在平台的坐标位置。这种方式早期常用于车、船及其他机动台站的自身定位，近期逐步被 GPS 定位系统所替代。

（四）平面三角交会定位

平面三角交会定位根据分散在多个已知位置的固定测向系统对目标辐射源的静态方位测量的数据进行交会定位，或者根据能实时测定自身位置的单个移动测向系统对目标辐射源的动态方位测量的数据进行交会定位，进而确定该目标辐射源的地理位置。

（五）垂直三角交会定位

垂直三角交会定位的应用之一是在测得天波信号到达的水平方位角和仰角，并已知天波折射点电离层高度的情况下，确定对应辐射源的位置。这种定位方式也被称为单站定位，只适用于天波信号，要求测向系统同时提供来波的水平方位角和仰角，以及天波折射点电离层高度的精确值，因而在实际应用中垂直三角交会定位一般仅局限在固定测向站对 HF 频段远距离目标辐射源的战略情报侦察。

垂直三角交会定位的应用之二是根据机载测向系统测得的地面辐射源的水平方位角和俯角，以及测向系统自身所在平台（飞机）的高度进行定位，确定目标辐射源的地理位置。这种定位方式又被称为 AZ/EL 测向定位法。

三、无线电测向技术与设备

为了实现对目标辐射源来波方位的测量，所有的测向设备从测量技术的本质来说，都是利用天线输出信号在振幅或相位上反映的与目标来波方位有关的特性进行测量。较现代化的测向技术则同时利用天线输出信号的振幅和相位特性进行测量，因此从获取方位信息的原理来看，无线电测向可以分为幅度法测向、相位法测向、空间谱测向法 3 类。一是利用测向天线输出感应电压的幅度来进行测向的“幅度法测向”；二是通过测量电磁波的波前到达两副或多副天线的时间差或相位差来进行测向的“相位法测向”；三是利用现代阵列信号处理技术将电磁波的幅度和相位综合处理，求解空间电磁波频谱能量在空间的分布状态，由此确定来波方向的“空间谱测向法”。

现代无线电测向技术的物理实现应该包含定向天线单元对目标来波信号的接收、测向信道接收机对定向天线单元接收信号的变换处理、测向终端处理机对来波方位信息的提取和显示这 3 个环节。因此，现代无线电测向设备由测向天线、测向信道接收机和测向终端处理机三大部分组成，如图 9-2 所示。

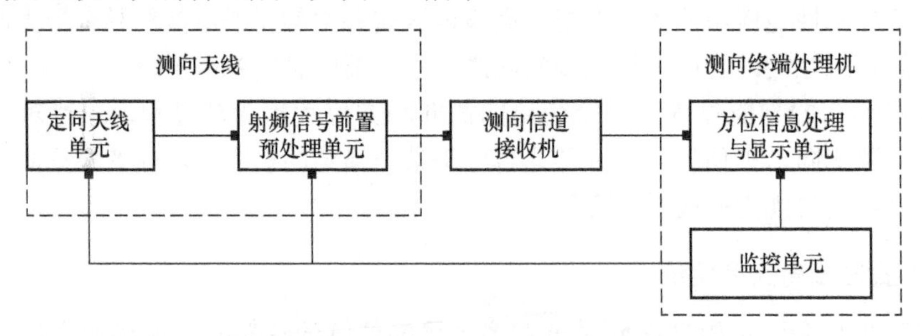

图 9-2 现代无线电测向设备基本组成

无线电监测测向系统通常由天线系统、监测接收机、测向定位设备、系统软件及系统附件等几个部分组成，系统规模可根据监测测向系统完成的主要功能进行灵活配置。以 R&S 公司的单信道数字测向机（Digital Direction Finder）DDF195 为例，其基本组成如图 9-3 所示。

单信道数字式测向机 DDF195 由测向单元、监测接收机、UHF 测向天线 ADD071（1.3～3GHz）、VHF/UHF 测向天线 ADD195（20～1300MHz）、HF 测向天线 ADD119（0.5～30MHz）和同轴电缆组成。

测向天线通常包括定向天线单元和射频信号前置预处理单元两个部分。定向天线单元可以是单元定向天线，也可以是多元阵列全向或定向天线。天线接收来波信号，并使信号的幅度或相邻天线元接收信号的相位差中含有来波信号的方位信息。

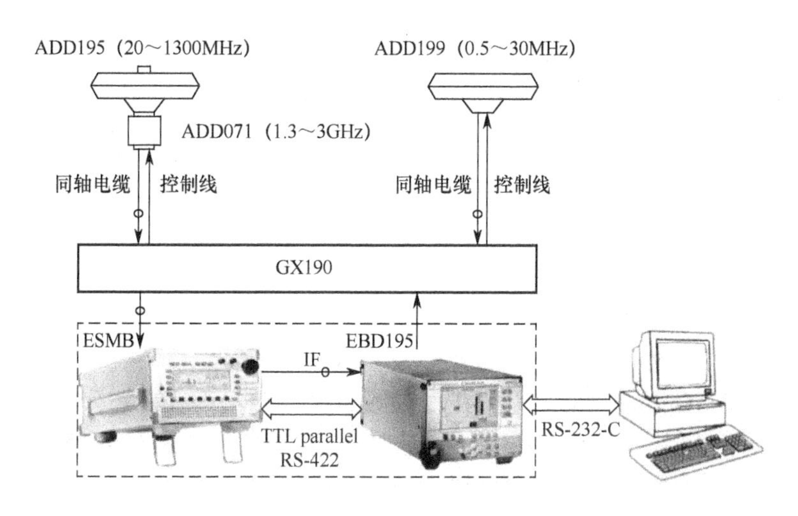

图 9-3　DDF195 基本组成

测向信道接收机用于对测向天线输出信号进行选择、放大、变换等，使之适应后面测向终端处理机对信号的接口要求。根据测向方法的不同和特殊的需要，测向信道接收机可选择单信道、双信道或多信道接收机。通常双信道、多信道接收机采用共用本振的方式，以确保多信道之间相位特性的一致性。

测向终端处理机包括方位信息处理与显示单元、监控单元两个部分，它通常包含 A/D 转换、高速 DSP，以及采用 LCD、EL、CRT 显示的一台工业计算机。方位信息处理与显示单元将测向信道接收机输出信号中所包含的来波信号方位信息提取出来，并进行分析处理，最后按指定的格式和方式显示出来。一般来说，测向信道接收机输出的模拟信号首先 A/D 转换成数字信号，随后高速 DSP 根据采用的测向方法对 A/D 采样数据进行变换处理，提取其来波信号方位信息。这一过程在目标信号的持续时间内快速重复进行，主处理机的 CPU 根据信号质量和场地环境等具体情况，对高速 DSP 各次测得的来波信号方位数据进行统计分析、误差校正、信号质量评估等综合处理，处理结果采用数字极坐标、统计直方图或数字示向度等形式显示、输出。

监控单元对测向天线、测向信道接收机、方位信息处理与显示单元等各部分的工作状态进行监视与控制。

四、无线电测向技术发展

在理想情况下，辐射源远场区的波前等相位线是平行线，然而实际辐射源发射电波的波前沿着传播途径会不断受到各种干扰，因而到达测向天线的等相位线就不再是理想的直线，而是弯曲的结构，如图 9-4 所示。由于测向过程是以相邻天线元等效等相位线的法线方向来确定来波信号方向的，因此在波前被干扰的情况

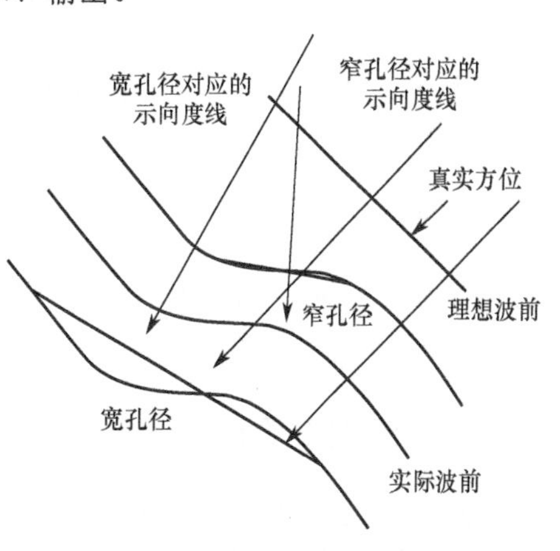

图 9-4　有波前干扰情况下宽孔径与窄孔径的比较

下，显然宽孔径天线所产生的误差小于窄孔径天线。宽孔径与窄孔径的划分，通常以最低工作频率对应的波长来衡量，如果$\delta/\lambda>1$，则称为宽孔径，否则就称为窄孔径。

宽孔径测向尽管能对测向精度带来显著的改善，但是也存在天线设备庞大、结构复杂及其他一系列工程实现方面的问题，一般只适用于固定站的使用场合。窄孔径测向由于天线结构简单、机动灵活，具有工程实现和战术应用方面的优势，因而在无线电战术测向中被普遍采用。随着新体制、新技术在无线电测向领域的应用和发展，以及人们对波前弯曲引起的窄孔径测向误差的逐步深入研究，窄孔径无线电测向技术的发展将在新的层次和高度得到促进。

人工、半自动和全自动测向是根据测向设备的自动化程度来划分的，实际上这是对其工作方式的一种描述，在某种程度上反映了测向设备的质量指标和技术先进性。人工测向是早期测向设备比较普遍的工作方式，测向时操作员需要承担调整测向信道接收机的各种工作状态、搜索目标信号、转动测向天线和操作其他辅助设备等工作任务，并通过人耳听辨或早期的视觉模拟显示来确定目标信号来波方位与测向天线自身所处方向两者之间的关系，进而测定来波的示向度并确定其置信度。

近期的测向设备普遍采用半自动测向工作方式，在测向过程中有些工作如天线的旋转、测向信道接收机工作状态的调整、信道的预置、方位测定过程中大部分的辅助工作及示向度数据获取与处理工作都是自动完成的。在某些复杂环境下，如信号非常密集、存在较强的干扰、信号结构非常复杂或信号质量非常差等，测向设备工作状态的设置与控制过程、示向度数据的读取过程、示向度数据的可信度评估过程及示向度数据的某些处理过程仍然需要操作员人工辅助来完成。

随着现代数字信号处理技术及大数据、人工智能等计算机技术的发展和普及应用，测向数据的采集与处理过程中机器自动完成的工作越来越多，设备的自动化程度也越来越高。

第二节　无线电测向主要性能指标

选择测向系统是一件细致的工作，因为面对给定操作环境和测向性能要进行折中处理。不管测向原理如何，许多测向性能是一部测向机必须具备的。设备的操作环境和设计性能必须满足特定的工作要求。每种型号的测向机一旦设计定型，在其技术资料中都会有关于性能指标方面的说明，这是衡量测向机性能是否满足用户要求的重要依据。对一部测向机或一套测向系统性能指标的描述有许多条款，从技术分析的角度可以归纳为以下性能指标。

一、测向准确度

测向准确度是指测向设备所测得的来波示向度与被测辐射源的真实方位之间的角度差，一般用均方根值表示。测向准确度越高越好，或者说测向误差越小越好。在实际考察测向设备的测向准确度指标时，有一个因素需要引起足够的注意，这就是对测向场地的要求。在给出测向准确度指标时通常都会注明为标准场地测量条件，而测向设备在实际使用中其天线周围的场地环境很难达到指标中所要求的标准场地测量条件，因此实际测向准确度比指标中给出的往往会低一些。

指标中给出的测向准确度通常用$\Delta\theta$表示。就现阶段无线电测向技术的发展水平而言，普通的最小信号法测向体制所能达到的测向准确度通常为$\Delta\theta=3°\sim5°$，比幅法测向体制所能达到的测向准确度通常为$\Delta\theta=2°\sim3°$，而采用多普勒法或干涉仪法等较新体制的测向设备，其测向准确度可以达到$\Delta\theta=0.5°\sim1.5°$。相对来说，工作在超短波波段的测向设备较工作在短波波段的测向设备更容易达到较高的测向准确度。

二、测向灵敏度

测向灵敏度有时又简称灵敏度，它用于衡量测向机在满足正常测向精度要求条件下对微弱信号的测向能力。测向灵敏度用正常测向条件下在测向天线处所要求的最小来波信号场强表示，单位为μV/m。

在满足正常测向精度要求条件下，所需要的最小来波信号场强越微弱，测向灵敏度就越高；反过来说，如果一部测向机的测向灵敏度较高，就说明它具有对远距离微弱信号的测向能力，或者说它可以用于远距离的测向场合。

测向灵敏度是一个与信噪比有关的指标，严格来说在给出测向灵敏度指标时要同时注明对信噪比的要求。一般来说，测向天线对目标来波信号的接收过程中有噪声附加到接收信号上，引起信噪比的降低，测向接收信道机在对测向天线输送来的接收信号进行高频选择放大、混频、中频滤波、中频放大等过程中，也会进一步引起信噪比的降低，信噪比降低到一定程度就有可能使得后面的方位信息处理与显示单元无法提取满足精度要求的来波方位数据，或者说，在测向接收信道机输送到方位信息处理与显示单元的信号中，目标来波信号被部分甚至全部淹没在噪声中，使得方位信息处理与显示单元无法得到正确的来波信号方位数据，产生超出测向精度指标要求的测向误差。

测向灵敏度指标的高低主要取决于测向天线和测向信道接收机。测向信道接收机就是一部制式的接收机，它有接收灵敏度指标要求，只有输入信号满足接收灵敏度所要求的强度和对应的信噪比，才能保证输出信号满足方位信息处理与显示单元所要求的强度和信噪比，而测向信道接收机所要求的输入信号强度与信噪比又要靠测向天线来满足。测向天线对来波信号的接收能力越强，或者说测向天线接收来波信号时的天线增益（也称为天线有效高度）越高，则天线输出信号越容易满足测向信道接收机的要求，因而测向灵敏度也越高；测向信道接收机对输入信号的要求越低（接收灵敏度越高），则对测向天线输出信号的要求也越低，相对来说它接收更微弱的信号就能满足该输出要求，因而测向灵敏度也越高。

由此可见，提高测向天线对微弱信号的接收能力，或者提高测向信道接收机的灵敏度指标都可以有效提高测向机的测向灵敏度，但是通常测向信道接收机的灵敏度达到一定的指标后很难再有大的提高，要继续提高测向灵敏度就只有在测向天线上寻找出路，这就引出了多种体制和多种类型的测向天线。从体制上分，测向天线有小基础无源测向天线、小基础有源测向天线和大基础测向天线等。通常来说，大基础测向天线对微

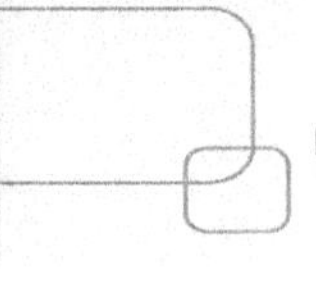

弱信号的接收能力最强，小基础有源测向天线次之，小基础无源测向天线对微弱信号的接收能力最差。

需要指出的是，在考察测向灵敏度指标时还要对“接收信号动态范围”这一指标有所关注。“接收信号动态范围”是指可以正常测向的信号强度变化范围。由于测向灵敏度决定了在正常测向条件下最小信号场强的要求，因而根据接收信号动态范围就可以推算在正常测向条件下允许的最大信号场强，如果信号强度超出所允许的最大信号场强，则可能引起信号失真而影响测向精度，甚至会引起接收信道阻塞，使测向机无法工作。接收信号动态范围主要取决于测向信道接收机，因而如果在测向机指标中没有明确接收信号动态范围这一指标，就要从对应测向信道接收机的指标中去查找。

三、工作频率范围

工作频率范围是指测向设备在正常工作条件下从最低工作频率到最高工作频率的整个频率覆盖范围，亦称测向设备的频段覆盖范围。目前，对测向设备工作频率范围的要求是能够覆盖某个完整的频段，并对相邻频段有一定的扩展。例如，短波测向设备要求能够覆盖频率为 10kHz～30MHz 的整个中长波波段到短波波段，并与超短波波段的低波段在工作频率上有重叠；超短波测向设备要求能够覆盖 20～1000MHz（或 1300MHz）整个 VHF、UHF 频段；微波测向设备则要求能够覆盖频率为 1～18GHz（或 26.5GHz）的微波高波段。

测向设备的工作频率范围主要取决于测向天线的频率响应特性和测向信道接收机的工作频率范围。有时测向信道接收机能够覆盖某个宽阔的频率范围或整个波段，而单副测向天线在对应频率范围内的响应特性达不到指标要求，这时就需要采用多副测向天线来分别覆盖各个对应的子波段，最终实现对全波段的频率范围覆盖。这种方式在超短波以上波段的测向设备中应用非常普遍，例如，在 20～1000MHz（或 1300MHz）的整个 VHF、UHF 频段通常需要三副测向天线来覆盖。R&S 公司的 DDF195 测向机，HF 频段测向天线 ADD119 的工作频率范围为 0.5～30MHz，VHF、UHF 频段测向天线 ADD195 的工作频率范围为 20～1300MHz，UHF 频段测向天线 ADD071 的工作频率范围为 1300～3000MHz。

四、处理带宽和频率分辨率

不同体制和调制样式的无线电通信信号，通常占据不同的信号带宽，这就要求测向信道接收机能够选择不同的处理带宽与之相适应。另外，测向设备在搜索状态下工作时，通常希望有较宽的处理带宽，以提高截获概率，而在测向状态下又希望有与目标信号相适应的尽量窄的带宽，便于滤除带外干扰，达到最佳的测向效果。

测向设备的处理带宽主要取决于测向信道接收机的中频选择性，也就是中频滤波器的带宽。目前，短波测向信道接收机的中频选择带宽有 18kHz（10kHz）、6kHz、3kHz、±2.8kHz（对应于上、下边带信号的测向）、1kHz、300Hz 等多个档次可供选择；而超短波测向信道接收机的中频选择带宽有 150kHz、50kHz、25kHz、12.5kHz、6kHz 等多个档次可供选择。

频率分辨率是衡量测向设备从频率上选择区分两个相邻信号的能力。对于早期的人工听觉测向设备来说，它靠测向操作员的人耳听辨来对目标信号进行测向，对于同时进入测向信道接收机的两个信号，如果彼此有几十赫兹的频率间隔，则通过人耳听辨可以有效地区分开，当然其频率分辨率与测向操作员的听辨能力有关；对于近期的视觉显示测向设备来说，其频率分辨率主要取决于测向设备的最小处理带宽或测向信道接收机中频选择带宽的最小值及中频滤波器的矩形系数。在实际工作中，在调整测向信道接收机工作频率过程中可以利用选择中频滤波器的带宽来区分两个在频率上相邻的信号。在这种情况下，测向设备的频率分辨率主要取决于中频滤波器的矩形系数。对于现代采用 FFT 技术的测向设备，其频率分辨率主要取决于 FFT 谱线间隔和选用的 FFT 窗函数。

一般来说，无线电测向设备很少采用空域上具有尖锐方向特性的天线，主要靠频率上的选择性来区分密集复杂电磁信号环境中的不同来波信号，因此测向设备的通带选择性和频率分辨率是其重要的性能指标之一。

五、可测信号的种类

可测信号的种类在测向设备的指标中简称可测信号，它说明测向设备可以对哪些种类的信号进行正常测向，这些种类之外的信号则无法正常测向。测向设备可测信号的种类主要受测向信道接收机体制和解调能力的制约，在某些情况下也与测向天线及测向设备的体制有关。

随着无线电技术的发展，信号的调制方式越来越多，也越来越复杂，特别是在军用无线电通信中，作为通信的一方为了防止信息传输过程被敌方侦察截获和干扰，采取了许多技术措施，形成了各种具有很强抗侦察截获、抗干扰能力的通信体制和信号样式，如猝发通信、扩频通信、跳频通信等。无线电测向技术要适应通信技术的发展，首先要适应各种信号样式的变化，也就是要求测向设备对各种体制、不同样式的无线电信号都能自动或手动地选择相应的解调方式和其他技术措施，达到正常测向的目的。

根据测向设备可测信号的种类来划分，测向设备目前有对常规无线电信号进行测向的常规体制测向设备及对扩频、跳频等特殊体制无线电信号进行测向的特种体制测向设备。但实际上常规体制测向设备并不能对所有的常规无线电信号进行测向，通常只能对其中的某一部分信号进行测向。特种体制的测向设备，如对付跳频通信的测向设备也不能对所有的跳频通信信号都正常测向，而只能对某一速率范围内的信号进行正常测向。例如，美国 Zeta 公司生产的 Z7000 测向设备属于常规体制的无线电信号测向设备，它能对 CW、AM、FM、PSK、FSK 等常规无线电信号进行测向，而在选配适当的解调器后才可以对 SSB、ICW（连续等幅波）信号和脉冲信号进行测向。

测向设备可测信号的种类从某种意义上来说是衡量其技术先进性的重要指标，如果可测信号的种类覆盖了当前各种最新体制的无线电信号样式，并且在关键指标上能达到当前最高标准，例如，对付跳频通信的测向设备能够适应当前跳频电台的最高跳速，则这种测向设备就具有无可争辩的先进性。

六、抗干扰性

测向机的抗干扰性指标包括两个方面的内涵：其一是衡量测向机在有干扰噪声的背景下进行正常测向的能力，通常用测向机在正常测向条件下允许的最小信噪比来衡量；其二是衡量测向机在干扰环境下选择信号、抑制干扰的能力，它用信号和干扰同时进入接收信道的情况下所允许的最大干信比来衡量。下面介绍三种影响较大的干扰。

（一）波前失真（相干干扰）的影响

在实际工作中，测向机在失真的电磁场中工作，测向性能将起重要作用。不管测向所用技术如何，测向机总是从电磁场中取出一个方向信息。假定电磁场均匀、没有失真地传播，其波前是一个理想的平面，则此时等相位线和等幅度线都是平行的直线。但是，这在实际情况下是不存在的。

沿着电磁波传播路径有物体反射和边缘绕射，在 HF 频段还可能由于特殊的与频率有关的传播条件，产生多径传输，结果造成干扰，使原来的平面波产生失真。互相干扰的波有不同的相互关系，如幅度、相位、角度差等，结果产生复杂的失真。

测向天线只能检测波前的一小部分，视天线直径 D 而不同，得到的方向总是沿平均波前的垂直方向。在失真电磁场中，可能得到显著不同的结果。其方位角差随测向天线的孔径相对于失真电场等相位线的波纹而变。显然选用与波长相比较直径较大的测向天线可以减小由于失真电场所产生的误差。当 $D/\lambda > 1$ 时，测向天线称为宽孔径测向天线；当 $D/\lambda < 0.5$ 时，测向天线称为窄孔径测向天线；当 D/λ 取[0.5,1]的中间值时，测向天线称为中孔径测向天线。

宽孔径测向天线具有极好的工作性能，它可以减小测向天线附近物体的影响。因为物体的反射波与直射波有相似的幅度，而其方位角可能有很大差别，所以会形成紊乱的多径波。

（二）去极化影响

去极化意味着测向天线与入射波的极化平面有一定的角度差。测向机对极化波的响应主要取决于所用的天线系统，也与测向方法有关。在一般情况下，受传播因素影响，几乎所有的便携式或车载式发射机都用垂直极化。为此 UHF、VHF 测向天线，也由垂直偶极子组成。当接收电场中水平极化分量很低时，测向误差可以忽略。在飞机上常用水平极化，直升机测向也用水平极化。在此情况下，可使测向机仅对电场中的垂直极化分量工作。当然，测向天线具有水平测向能力更好。

（三）同信道干扰影响

如果在同一信道中除所需信号外还有另一种信号，则称之为非相干同信道信号。使用一般的交通管制测向机，则会由于同信道干扰产生有误差的方位角，需要设法识别或抑制。对于无线电监测用的测向机，在存在同信道干扰或人为干扰时，应该尽可能区分各个信号的方位角；甚至在对最弱的信号感兴趣的时候，也可以获得方位角。

七、时间特性

测向设备的时间特性指标包括两个方面的内容，其一是测向速度，其二是完成测向所需要的信号最短持续时间。

对于测向速度指标，有的测向设备用测定一个目标信号的来波方位所需的最短时间来衡量，有的测向设备用每秒完成的测向次数来描述。显然两者是有区别的，前者包括设置测向设备工作状态、截获目标信号、完成测向并输出方位数据；后者则在测向工作状态下对同一个目标信号进行重复测向。

以前的测向设备都采用高速微处理机来完成功能控制和信息处理，测向速度与早期测向设备相比有很大的提高。目前，具有代表性的测向速度指标是完成一次测向所需的时间为 100ms，最短时间可以达到 10ms，而重复测向的速度通常可以达到 100 次/s，最快可以达到 1000 次/s。

完成测向所需的信号最短持续时间，包括测向设备截获目标信号后的信号建立时间与获取方位数据所需的最短采样时间。在考察所需的信号最短持续时间时，通常将测向设备设置在等待截获信号的状态，目标信号一出现就采集足以确定来波方位的数据，因而一次测向所需的采样时间大体上决定了完成测向所需的信号最短持续时间。在对常规通信信号进行测向时，信号的持续时间通常满足各种体制测向设备的时间要求。对猝发通信、跳频通信等短时性信号进行测向时，信号的持续时间很可能满足不了某些测向设备所需的信号最短持续时间要求。

目前，测向设备所需的信号最短持续时间一般为毫秒至秒量级，有的高速测向设备可测向的最短信号持续时间可达 10μs。

八、可靠性

可靠性是衡量测向设备在各种恶劣环境下无故障正常工作的质量指标，包括对工作温度范围的要求、对湿度的要求、对冲击振动的要求等，还包括对测向设备的平均故障间隔时间（MTBF）要求。

另外，衡量测向设备的其他一些性能指标包括设备的平均修复时间（MTTR）、设备的可用性、体积、质量、工作电源的标准和波动范围、天线架设的人员和时间、用户操作时的自动化程度、显示方式、人机界面的友好性等。

习题与思考题

1. 什么是无线电测向？无线电测向的物理基础是什么？对此你是如何理解的？
2. 测向机的主要性能指标有哪些？
3. 无线电测向机是由哪几个基本部分组成的？试简述各部分的作用。
4. 根据“方位角”“示向度”“测向误差”三者的定义，比较它们之间的联系与区别。
5. 无线电测向技术从获取方位信息的原理来看可以分为哪几类？

第十章

振幅法测向

振幅法测向根据测向天线上感应的电压幅度具有确定的方向特性，当天线旋转或等效旋转时，其输出电压幅度按极坐标方向图变化这一原理来进行测向，因而振幅法测向又被称为极坐标方向图测向。

振幅法测向可以分为最小信号法测向、最大信号法测向、比幅法测向、幅度综合法测向四类。

第一节　最小信号法测向

最小信号法测向是根据测向天线极坐标方向图的零接收点来确定目标信号来波方位的一种测向方法。早期的测向设备通过人耳听辨测向信道接收机输出信号的音量大小来判定天线极坐标方向图的零接收点是否对准了来波方位，当天线极坐标方向图的零接收点对准来波方位时，天线感应电压理论上为零，测向信道接收机输出信号的幅度为零，耳机中没有声音发出（称为“消音”）。根据这一原理，最小信号法测向通常又被称为小音点测向或听觉小音点测向。最早的小音点测向采用纯“听觉”判定的工作方式，后来逐步发展到采用“视”和“听”结合的工作方式。现代的小音点测向设备具有较高的自动化程度，示向度数据的获取与处理都实现了数字化，并具有极坐标方向图、统计直方图等多种显示、输出方式，但为了应对某些特殊的应用场合，“听觉”判定的工作方式一般仍然保留着。

最小信号法测向通常使用具有“8”字形方向特性的天线，如单环天线、间隔双环天线、Adcock 天线、角度计天线等，典型的人工听觉小音点测向和自动视觉小音点测向原理框图分别如图 10-1（a）、图 10-1（b）所示。

人工听觉小音点测向机通过操作员手动控制天线的旋转，并听辨测向信道接收机输出信号的大小来确定天线极坐标方向图的小音点是否对准了来波方位，最后从指针与测向天线同轴旋转的方位读盘上读出示向度。

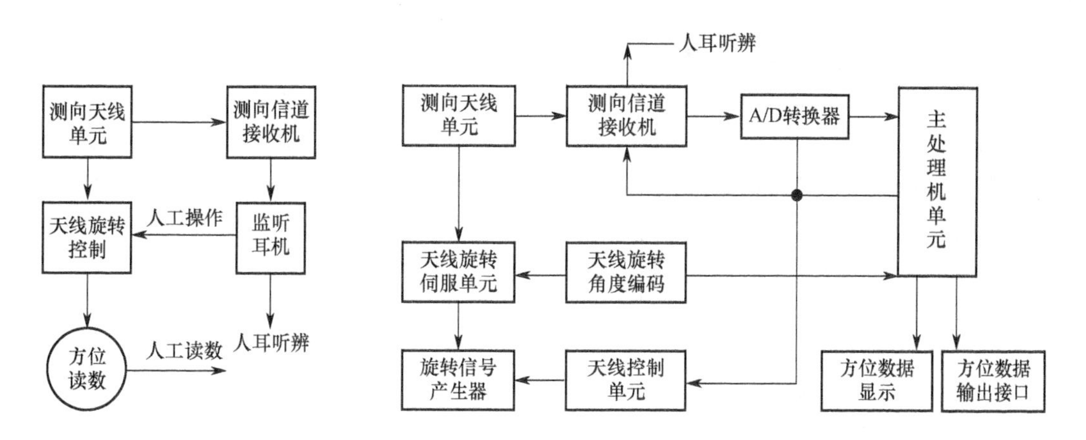

(a) 人工听觉小音点测向原理框图　　(b) 自动视觉小音点测向原理框图

图 10-1　人工听觉小音点测向和自动视觉小音点测向原理框图

对于自动视觉小音点测向，测向天线的旋转是在主处理机单元控制下自动进行的，旋转信号产生器产生的信号控制天线旋转伺服单元按一定的转速或指定的角度驱动天线自动旋转，天线感应的电压通过测向信道接收机转换为中频信号，再经过 A/D 转换器转换成数字信号送到主处理机单元，在那里与天线旋转角度编码数据一起进行综合分析处理，形成天线接收目标来波信号的极坐标方向图，并从极坐标方向图的最小接收点位置确定来波方位的估值，得到示向度的统计直方图。方位测量结果可以在本机的屏幕上显示、输出，在必要的情况下也可以通过接口输出到无线电监测系统的指挥控制分系统。测向信道接收机保留一路监听输出，以便在必要的情况下能够通过人工听辨最低限度地保证测向机的正常工作。这类测向设备通常采用具有“8”字形方向特性的天线，在测向过程中会出现两个小音点，即测向数据会出现 180° 的方位模糊现象，需要进一步采取所谓“定单向”的步骤。“定单向”最常用的方法是增加一个无方向性的垂直天线（又称为“辨向”天线），它与具有对称结构的“8”字形极坐标方向图一起形成一个具有单向特性的“心脏形”极坐标方向图，由此就可以“唯一”地确定目标信号来波方位的估值。

一、人工听觉小音点测向

人工听觉小音点测向设备根据其所采用的天线结构形式不同可分为三类：单环天线体制的听觉小音点测向机、间隔双环天线体制的听觉小音点测向机、角度计天线体制的听觉小音点测向机。

在近距离测向场合下，通常采用单环天线加中央垂直天线这种复合体制的听觉小音点测向机，如图 10-2 所示。这种测向机的单环天线可以手动绕中心轴线自由旋转，在单环天线旋转过程中，方位读盘的指针与之同轴旋转，当单环天线平面的法线方向处于正北方位时，方位读盘的指针指在 0° 位置，若测向信道接收机的工作频率和工作状态（通带选择、解调方式、AGC 控制方式、天线衰减等）已设置好，则只要单环天线平面的法线方向没有对准来波方位，天线输出信号的幅度就不为零，通过测向信道接收

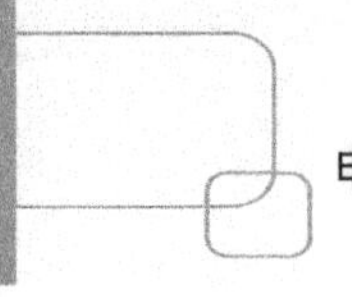

机后输出到监听耳机的音频信号就有一定的幅度，耳机中也就有音响发出。旋转单环天线，其接收信号的幅度随单环天线平面的法线方向ϕ与目标信号来波方位θ之差按正弦规律$\sin(\theta-\phi)$变化，测向信道接收机输出到监听耳机的音频信号幅度或耳机中发音的强度也按$\sin(\theta-\phi)$正弦规律变化。显然，当耳机中发出的声音最小或耳机中听不到对应目标信号的声音时，说明单环天线平面的法线方向对准了目标信号的来波方位线（示向度），即$\theta=\phi_0$或$\theta=\phi_0+\pi$，与单环天线同轴旋转的方位盘指针指示了目标信号的来波方位值。

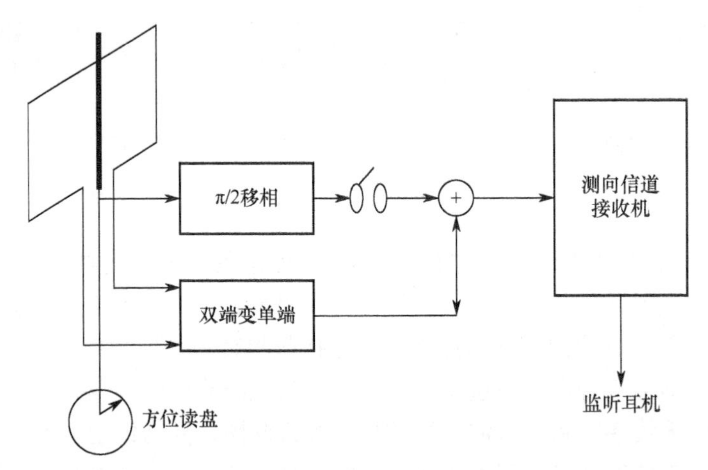

图 10-2　单环天线加中央垂直天线体制的听觉小音点测向机原理框图

目标信号的来波方位线测定以后，需要进一步确定$\theta=\phi_0$还是$\theta=\phi_0+\pi$，此时只需要将开关 S 闭合。设中央垂直天线与单环天线一起形成的复合天线方向函数为$f(\phi)=1+\sin(\theta-\phi)$，在$\theta=\phi_0$或$\theta=\phi_0+\pi$的基础上顺时针旋转单环天线 90°。如果$\theta=0$，则$f(\phi_0+90°)=0$，对应于“心脏形”极坐标方向图的小音点；如果$\theta=\phi_0+\pi$，则$f(\phi_0+90°)=2$，对应于“心脏形”极坐标方向图的大音点。反过来说，如果顺时针旋转单环天线 90°后耳机中听到的是小音点，则说明$\theta=\phi_0$；如果耳机中听到的是大音点，则说明$\theta=\phi_0+\pi$。

在中远距离测向场合下，可以采用间隔双环天线体制的听觉小音点测向机，其原理框图如图 10-3 所示。为了提高测向接收的灵敏度，间隔双环天线接收的电压先经过前置放大后再送到测向信道接收机，最后由耳机监听测向信道接收机输出音频信号幅度的大小，由此判断来波方位与天线平面的法线方向的交角。

当间隔双环天线轴线的法线方向指向正北方位时，对应方位读盘的指针指示 0°位置，旋转双环天线，方位读盘的指针与之同轴旋转，当双环天线轴线的法线方向旋转到指向目标信号的来波方位时，不管是地波还是天波，天线输送到测向信道接收机的电压都是零，因此监听耳机中不会听到声音，此时方位盘指针所指示的读数就是目标信号的来波方位线。反过来说，当天线旋转到监听耳机中没有听到声音或者听到的声音最小时，此时方位读盘指针所指示的数是否就是来波方位线呢？显然不能如此下结论，因为当来波信号的传播方式为地波传播时，间隔双环天线的方向特性中有 4 个与来波方位有

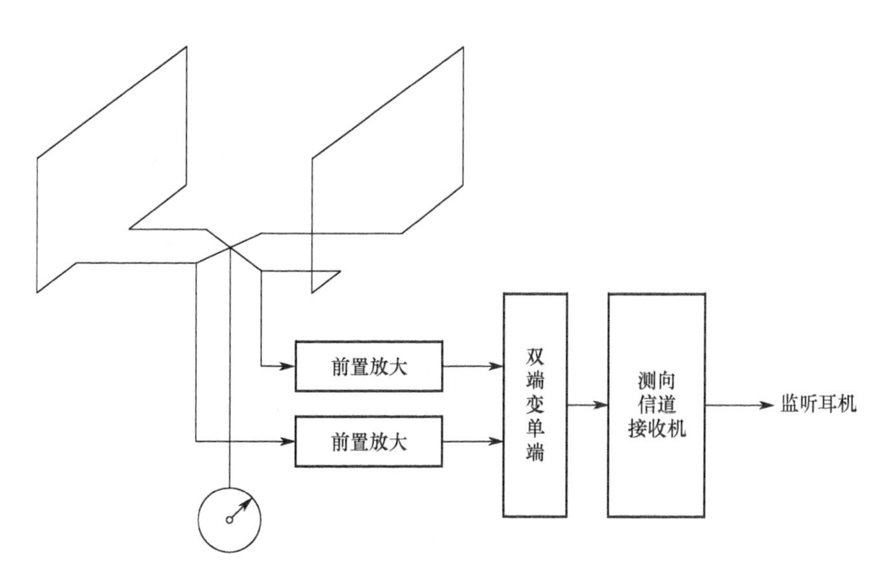

图 10-3　间隔双环天线体制的听觉小音点测向机原理框图

确定关系的小音点，也就是说，对于近距离地波信号，当双环天线旋转到其轴线的法线方向对准来波方位时，对应于天线接收方向特性的零值点，此时方位盘指针所指示的读数对应于来波方位线；当双环天线旋转到其轴线方向对准来波方位时，也对应于天线接收方向特性的零值点，此时监听耳机也听不到声音，但方位盘指针所指示的读数却与来波方位线正交。当来波信号的传播方式为天波传播时，间隔双环天线的方向特性中一般只有两个零值小音点，即来波方位线，同时还会有两个与来波方位无确定关系的非零值小音点或零值小音点。换言之，当双环天线旋转到其轴线的法线方向对准来波方位时，对应于天线接收方向特性的零值点，此时监听耳机中听不到声音，方位盘指针所指示的读数就是来波方位线。在除此之外的其他所有方位，天线方向特性可能会存在两个局部最小接收点，但一般不会有零值接收点，即监听耳机中总会听到声音，即使天线的正常极化接收分量与水平极化接收分量满足某种特例使得还有一对零值接收点出现，其对应的两对极大值接收点也不平衡，可以较容易地区分开来，如图 10-4 所示。由此可见，间隔双环天线体制的听觉小音点测向机在测向过程中，如果仅根据监听耳机中听不到声音时对应方位盘指针所指示的读数来确定来波方位线，则对远距离天波信号测向是正确的，但是对近距离地波信号测向就会出现来波方位线判断的模糊现象。为了辨明这种模糊现象，并消除它的有害影响，下面对地波传播条件下间隔双环天线接收方向特性中两对零值接收点形成的原因进行简单的分析。

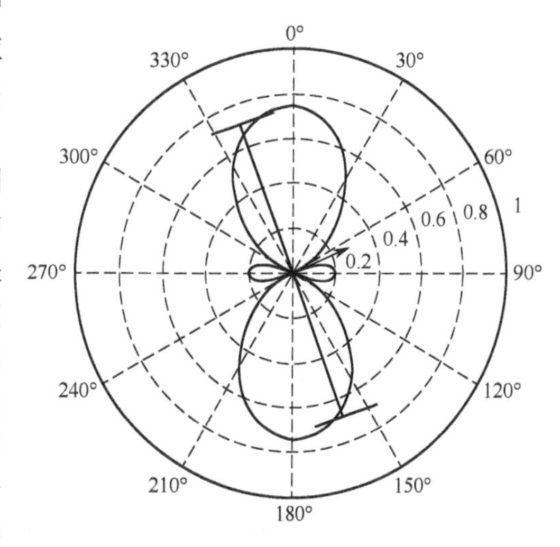

图 10-4　接收天波信号时可能出现的特例

一是共轴间隔双环天线的中心轴线方向，对应于单环天线平面的法线方向，单环天线对地波的接收为零，对天波的接收不为零，但双环天线之间的波程差也不为零，因此，双环天线对地波的接收为零，对天波的接收不为零。由于这对零值接收点仅存在于地波信号，在天波信号中就不存在，因此它又被称为“虚假”小音点，此时方位读盘指针所指示的数值不能作为来波方位线的测量值。

二是共轴间隔双环天线中心轴线的法线方向，对应于单环天线的平面方向，尽管单环天线无论对天波信号还是地波信号都有最大接收，但双环天线之间的波程差为零，因此双环天线最终的输出总是为零。由于这对零值接收点无论在什么条件下都存在，因此它又被称为“真实”小音点，此时方位读盘指针所指示的数值就是来波方位线的测量值。

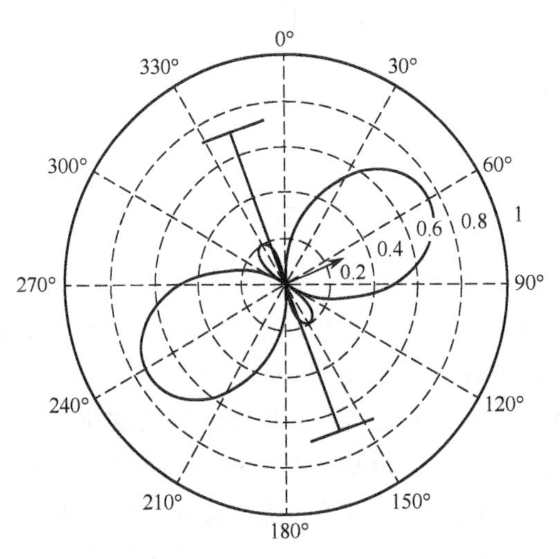

图 10-5　接收地波信号“取和”后的输出特性

“虚假”小音点是由单环天线的“零接收”形成的，“真实”小音点是由双环天线之间的“零波程差”形成的，在测向时要寻找“真实”小音点位置，剔除“虚假”小音点所带来的模糊影响，只需要将双环天线之间原来的“取差”输出变换成“取和”输出，显然此时“虚假”小音点的“零接收”将依然存在，而“真实”小音点的“零接收”将变成“最大接收”，由此就可以辨明“真实”小音点与“虚假”小音点，如图 10-5 所示。

上述两种听觉小音点测向机都需要旋转天线，这样就带来了天线的机械旋转和时效性问题，为此出现了采用角度计天线的听觉小音点测向机，其原理框图如图 10-6 所示。

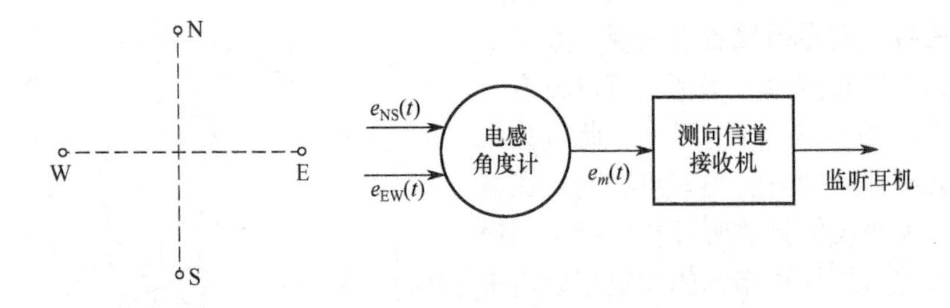

图 10-6　采用角度计天线的听觉小音点测向机原理框图

角度计天线可以采用四元角度计天线或 Roche 天线，南北和东西两副天线将接收的信号分别送到角度计对应的两个场线圈，角度计搜索场线圈所感应的信号 $e_m(t)$，并送到测向信道接收机。根据前面对角度计天线工作原理的分析结论，$e_m(t)$的方向特性 $f_m(\phi)=\sin(\phi-\theta)$，当 $\phi=\theta$ 时，搜索场线圈平面与合成磁场矢量方向平行，$e_m(t)=0$，测向信道接收机输出到监听耳机的信号也为零，监听耳机中没有声音发出。因此，当角度计的搜索场线圈旋转到目标信号的声音在监听耳机中消失时，与之同步旋转的方位盘指针所指示的数值 ϕ_0 就是目标信号来波方位的测量值，即 $\theta = \phi_0$ 或 $\theta = \phi_0 + \pi$。

二、自动视觉小音点测向

人工听觉小音点测向存在时效性差和测向精度低两大问题，但是它也具有设备结构简单、人耳听觉具有非常好的模糊选择性等优点，尤其是能够在密集复杂的信号环境中准确选择目标信号进行测向，这在其他体制的测向设备中难以保证。因此，人工听觉小音点测向存在非常严重的缺陷，也具有非常显著的优势，如何克服其缺陷而保留其优势，一直是无线电测向领域致力解决的难题。

现代微电机、微型计算机、专用数字信号处理器、信号处理理论与工程技术的发展，为最小信号法测向由人工听觉判断来波方位向自动（视觉）获取方位数据的转变、由人工操作的工作方式向自动控制的工作方式转变奠定了必要的基础。近期研制的小音点测向机都是“自动小音点测向机”或“自动视觉小音点测向机”，实现了结构小型化、操作控制自动化、处理与显示数字化。典型的自动小音点测向机原理框图如图 10-7 所示。

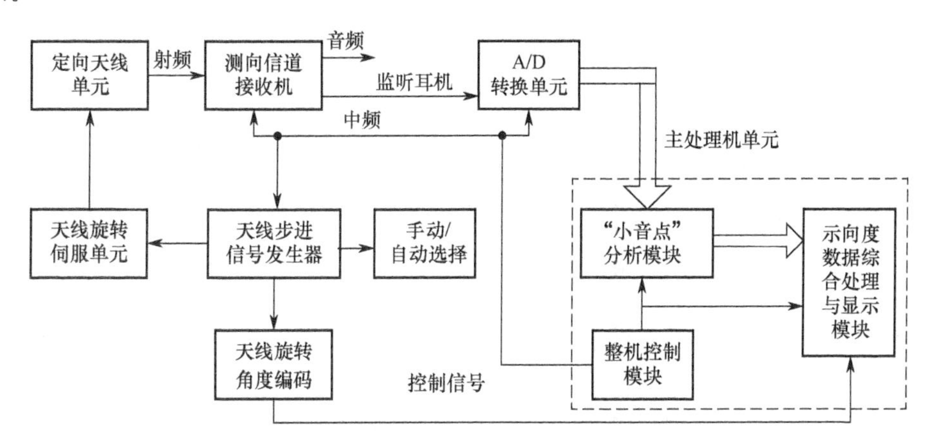

图 10-7 典型的自动小音点测向机原理框图

在主处理机单元的控制下，由天线步进信号发生器产生一个控制天线周期性步进旋转的信号，并通过天线旋转伺服单元驱动定向天线单元的步进旋转，天线旋转伺服单元通常是一个可控的驱动电机或马达，天线在各个时刻对应的步进偏角由角度编码单元实时地反馈到主处理机单元，在那里将采样信号时域波形的时间轴与平面 360° 方位对应起来。定向天线接收的信号通过测向信道接收机的转换与处理，输出一路中频信号到 A/D 转换单元。A/D 转换单元以 T_s 的采样周期（或 f_s 的采样频率）将中频信号转换成数字信号，送到主处理机单元分析处理。主处理机单元的“小音点”分析模块一般采用时域处理的方法，分析确定天线一个旋转周期内采样信号时域波形的最小幅值点，它对应于来波信号的方位测量值。目前的测向设备中一般都配有人工和自动两种工作方式。人工方式由操作员观察分析，并通过移动光标测量采样信号时域波形中最小幅值所处的位置；自动方式则采用平滑滤波、拟合估计等算法分析确定采样信号时域波形中最小幅值所处的位置。目标信号和传输信道具有随机波动性，因此在天线每个旋转周期内所测得的采样信号时域波形最小幅值位置也会有或大或小的变化，因此“小音点”分析模块得到采样信号时域波形最小幅值所处的位置测量值，并送到示向度数据综合处理与显示模块进一步处理，包括统计处理、极坐标显示分析、统计直方图显示分析、质量评估等，最终输出目标信号来波方位测量结果的统计估值、均方误差和可信度（或质量等级）。

时域处理方法在测向信道接收机通带内只存在单一目标信号且信噪比较高的情况下可以达到比较高的测向精度，但如果信噪比较低，则测向精度将急剧降低。如果测向信道接收机通带内存在两个以上目标信号，则无法得出有效的方位测量值。

采用频域处理方法即短时 FFT 处理，通过信号频谱峰值来描述目标信号幅度的大小，可以有效解决在低信噪比条件下或同时非相干多目标条件下的方位测量问题，但是也使时效性降低。因为它要求定向天线在每个步进点至少得停留一个时间段 NT_s（N 为 FFT 的点数），以完成数据采集和 FFT 处理。利用小波变换的时频综合特性是解决在低信噪比条件下或同时非相干多目标条件下的方位测量问题的有效途径，它集中了时域处理方法和频域处理方法的优点，能够在定向天线旋转过程中连续采样分析。图 10-8 所示为基于小波变换的小音点测向设备原理框图。

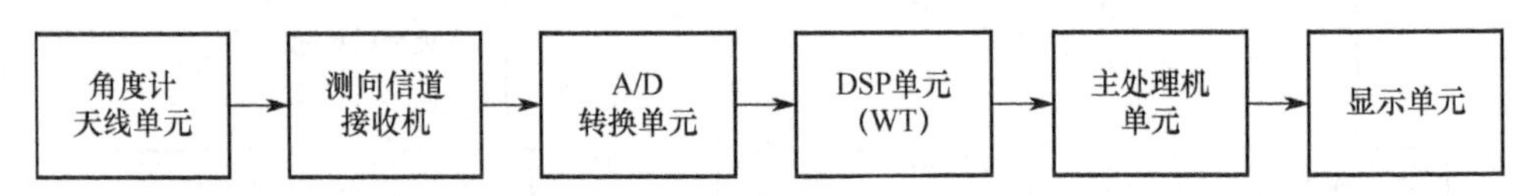

图 10-8 基于小波变换的小音点测向设备原理框图

测向信道接收机输出的中频信号经过 A/D 转换后，进入高速 DSP 单元进行小波变换（WT），同时得出其对应的时域和频域综合结果，并以时频三维图形方式显示、输出。在时频三维图形中，峰值随时间的变化特性反映了角度计天线接收空间目标信号的方向特性，在基准信号的支持下，各目标信号峰值随时间的变化特性又可以转换为随方位的变化特性，并且由小音点所处的位置确定目标信号的来波方位。

实际测向设备一般还设置了定向天线的手动旋转控制功能和测向信道接收机的人工监听输出功能，以保证在最恶劣的电磁信号环境下能够通过人工操作保持基本的测向工作能力。

第二节 最大信号法测向

最大信号法测向是利用天线极坐标方向图的最大接收点来确定目标信号来波方位的一种测向方法。最大信号法测向的精度主要取决于天线极坐标方向图的主瓣 3dB 带宽，如果其主瓣 3dB 带宽很窄，则测向精度就会比较高。

一、最大信号法测向原理

最大信号法测向的基本原理是，利用波束宽度为 θ_r 的窄波束天线，以一定的速度在测角范围 Ω_{AOA} 内连续搜索，当收到的信号最强时，天线波束指向就是辐射源信号的到达方向角。最大信号法测向的基本原理如图 10-9 所示。

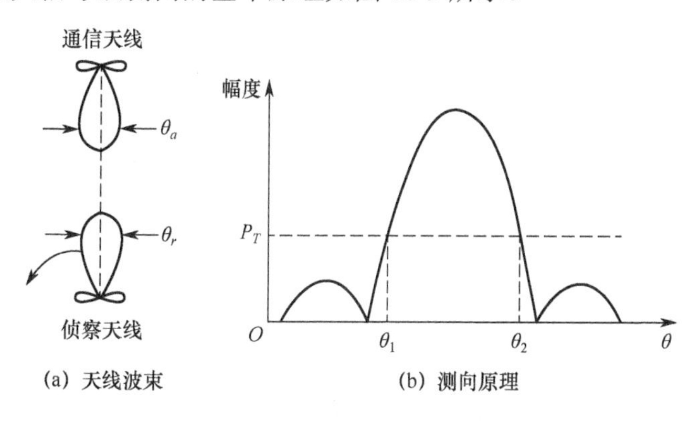

图 10-9　最大信号法测向的基本原理

最大信号法测向通常采用两次测量法，以提高测角精度。在天线搜索过程中，当辐射源信号的幅度分别高于、低于检测门限时，分别记录波束指向角 θ_1 和 θ_2，且将它们的平均值作为到达角的一次估计值，即

$$\hat{\theta}=\frac{1}{2}(\theta_1+\theta_2) \tag{10-2-1}$$

二、测角精度和角度分辨率

最大信号法的测角误差包括系统误差和随机误差，其中，系统误差主要来源于测向天线的安装误差、波束畸变和非对称误差等，可以通过各种系统标校方法消除或者减小。这里主要讨论随机误差。

测角系统的随机误差主要来自系统噪声。受噪声的影响，最大信号法测向检测的角度 θ_1 和 θ_2 出现偏差 $\Delta\theta_1$ 和 $\Delta\theta_2$，通常这两个偏差是均值为零的随机过程。由于两次测量的时间较长，可以认为 $\Delta\theta_1$ 和 $\Delta\theta_2$ 是统计独立的，并且具有相同的分布，因此测角均值为

$$E[\hat{\theta}]=\frac{1}{2}(\theta_1+\Delta\theta_1+\theta_2+\Delta\theta_2)=\frac{1}{2}(\theta_1+\theta_2) \tag{10-2-2}$$

式中，$E[\cdot]$ 是统计平均。

角度测量方差为

$$D[\hat{\theta}]=\frac{1}{2}D[\Delta\theta_1]=\frac{1}{2}D[\Delta\theta_2]=\frac{1}{2}D[\Delta\theta] \tag{10-2-3}$$

设检测门限对应的信号电平为 A（最大增益电平的一半），噪声电压均方根为 σ_n，天线波束的公称值为 A/θ_r，将噪声电压换算成角度误差的均方根值，即

$$\sigma_\theta = (D[\Delta\theta])^{1/2} = \frac{\sigma_n}{A/\theta_r} = \frac{\theta_r}{\sqrt{S/N}} \tag{10-2-4}$$

式中，$A/\theta_r = \sqrt{S/N}$，即测角方差为

$$D[\Delta\theta] = \frac{\sigma_n}{A/\theta_r} = \frac{\theta_r^2}{2(S/N)} \tag{10-2-5}$$

可见，最大信号法测向的测角方差与波束宽度的平方成正比，与检测信噪比成反比。

最大信号法测向的角度分辨率主要取决于测向天线的波束宽度，而波束宽度与天线口径 d 有关。根据瑞利光学分辨率准则，当信噪比大于 10dB 时，角度分辨率为

$$\Delta\theta = \theta_r = 70\frac{\lambda}{d} \tag{10-2-6}$$

三、最大信号法测向特点

最大信号法测向的优点是：测向系统灵敏度高；成本低，只需要单通道；具有一定的多信号测向能力；测向天线可以与监测天线共用。

最大信号法测向的缺点是：空域截获概率与天线的方向性成反比；难以对驻留时间短的信号测向；测向误差较大。

第三节　比幅法测向

比幅法测向是利用来波信号在两副结构和电气性能相同的天线上感应电压的幅度之比，即两个极坐标方向图的交叠点特性来完成测向任务的。如果测向天线采用锐方向性天线，则比幅法测向就是通过比较两副天线输出的信号是否相等来进行测向的，因此其又称为等信号法测向，如图 10-10（a）所示。

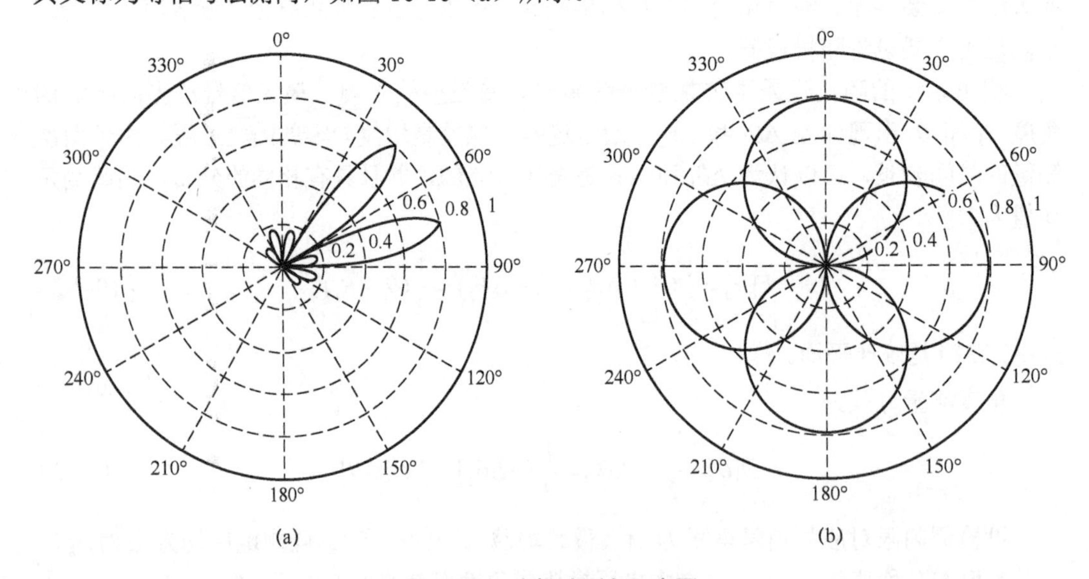

图 10-10　比幅法测向示意图

如果此时天线有稍微的旋转，则两副天线输出的电压幅度就会有很大的差别，因而它与最小信号法测向一样有很高的测向精度，并且因为利用极坐标方向图的主瓣进行测向，所以有比较高的测向接收灵敏度。图 10-10（b）是采用“8”字形方向特性的天线实施比幅法测向的示意图，它要计算两副天线输出电压的比值才能完成测向任务，例如，将两副天线正交配置在 NS 方位和 EW 方位，则输出电压分别正比于 $\cos\theta$ 和 $\sin\theta$，输出电压比值 $E_{EW}/E_{NS}=\sin\theta/\cos\theta=\tan\theta$，因此根据其比值就可以确定来波方位值 θ。

以下是两种典型的比幅法测向技术。

一、单脉冲比幅法测向

单脉冲比幅法测向使用 N 副相同方向图函数的天线，均匀分布在 360° 方向。通过比较相邻两副天线输出信号的幅度，获得信号的到达方向。相邻比幅法测向是单脉冲比幅法测向技术的一种，典型的四通道单脉冲测向系统组成原理如图 10-11 所示。

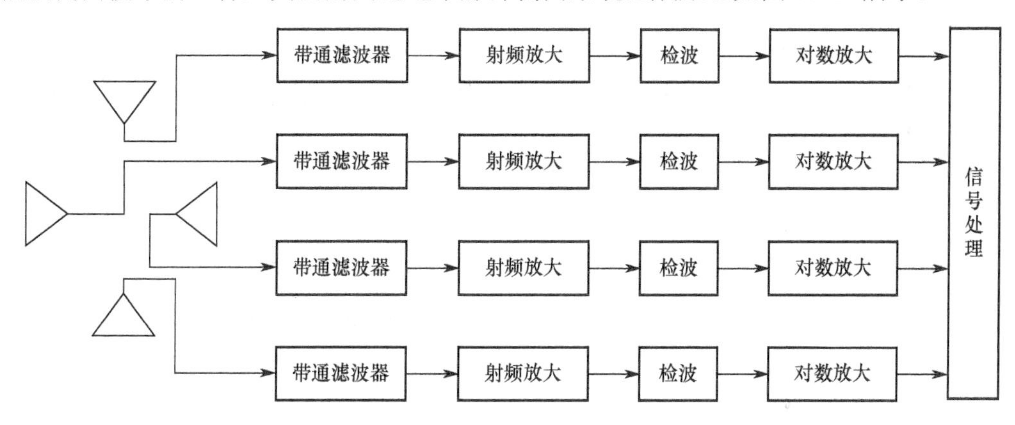

图 10-11　四通道单脉冲测向系统组成原理

每副天线分别对应一个接收通道，接收通道由射频放大、检波、对数放大等组成。将 N 副具有相同方向图的天线均匀分布在$[0, 2\pi]$方位内，相邻天线的张角 $\theta_s=2\pi/N$，设各天线方向图函数为

$$F(\theta-i\theta_s)\quad(i=0,1,\cdots,N-1)\tag{10-3-1}$$

各天线接收的信号经过相应的幅度响应为 K_i 的接收通道，输出信号的包络为

$$s_i(t)=\lg[K_iF(\theta-i\theta_s)A(t)]\quad(i=0,1,\cdots,N-1)\tag{10-3-2}$$

式中，$A(t)$是接收信号的包络。设天线方向图是对称的，即 $F(\theta)=F(-\theta)$，当信号到达方向位于任意两副天线之间，且偏离两副天线等信号轴的夹角为 φ 时，其关系如图 10-12 所示。

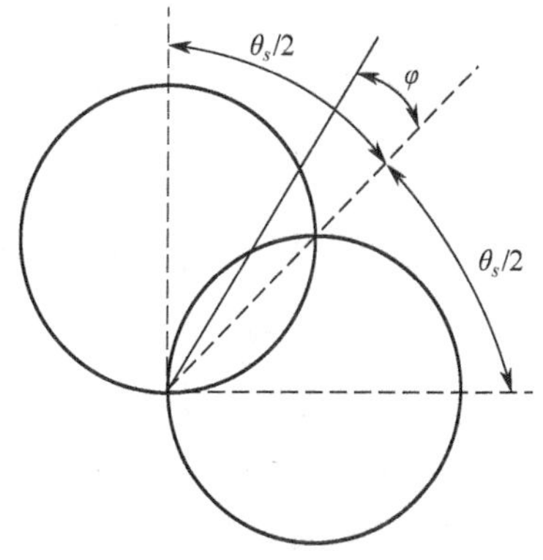

图 10-12　相邻天线方向图

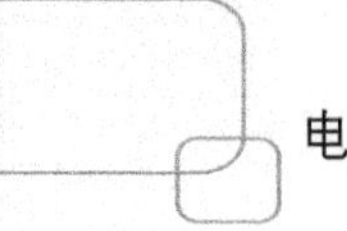

对应通道输出的信号分别为

$$\begin{cases} s_1(t) = K_1 F(\theta_s / 2 - \varphi) A(t) \\ s_2(t) = K_2 F(\theta_s / 2 + \varphi) A(t) \end{cases} \tag{10-3-3}$$

将两通道的输出信号相除，得到输出电压比为

$$R = \frac{s_1(t)}{s_2(t)} = \frac{K_1 F(\theta_s / 2 - \varphi) A(t)}{K_2 F(\theta_s / 2 + \varphi) A(t)} \tag{10-3-4}$$

还可以用分贝表示其对数电压比，有

$$R_{\text{dB}} = 10\lg\left[\frac{K_1 F(\theta_s / 2 - \varphi)}{K_2 F(\theta_s / 2 + \varphi)}\right] \tag{10-3-5}$$

各通道幅度响应均为 K_i，即完全相同，则式（10-3-5）简化为

$$R = \frac{F(\theta_s / 2 - \varphi)}{F(\theta_s / 2 + \varphi)} \tag{10-3-6}$$

式（10-3-6）给出了两通道输出电压与到达方向的关系，是相邻比幅法测向的基础。在测向系统中，方向图函数 $F(\theta)$和天线张角是已知的，因此可以利用式（10-3-6）计算到达方向角 φ。

当采用高斯方向图函数时，方向图的表达式为

$$F(\theta) = \mathrm{e}^{-1.3863\frac{\theta^2}{\theta_r^2}} \tag{10-3-7}$$

式中，θ_r是半功率波束宽度。设 $K_1 = K_2$，将 $F(\theta)$代入对数电压比表达式，得到

$$R = \frac{12\theta_s}{\theta_r^2}\varphi \qquad \text{（单位：dB）} \tag{10-3-8}$$

或者

$$\varphi = \frac{\theta_r^2}{12\theta_s} R \tag{10-3-9}$$

可见，波束越窄，天线越多，误差越小。

与最大/最小幅度法测向相比，相邻比幅法测向的优点是测向精度高、具有瞬时测向能力，但是其所需设备复杂，并且要求多通道的幅度响应具有完全一致性。

二、沃特森-瓦特比幅法测向

沃特森-瓦特（Watson-Watt）比幅法测向是比幅法测向的一种。它利用正交的测向天线接收的信号，分别经过两个相位响应完全一致的接收通道进行变频放大，然后求解或者显示（利用阴极射线管显示）反正切值，表示来波方向。沃特森-瓦特比幅法测向具体实现时可以采用多信道，也可以采用单信道。

现代沃特森-瓦特比幅法测向设备增加了自动数字测向、数字信号处理等微电子技术，使设备的功能更强、性能更高，得到广泛的应用，其组成如图 10-13 所示。

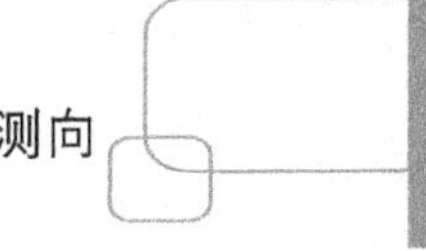

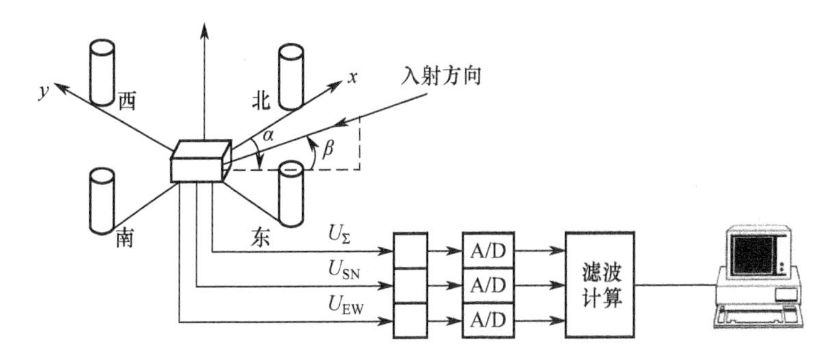

图 10-13　沃特森-瓦特比幅法测向设备组成

下面以四天线阵（Adcock 天线）为例说明沃特森-瓦特比幅法测向的基本原理。如图 10-14 所示，一个均匀平面波以方位角 α、仰角 β 照射到正交天线阵。设天线阵中心点接收电压为

$$U_0(t) = A(t)\cos(\omega t + \varphi_0) \tag{10-3-10}$$

以正北方向为基准，在圆阵上均匀分布的四个天线单元获得的电压为

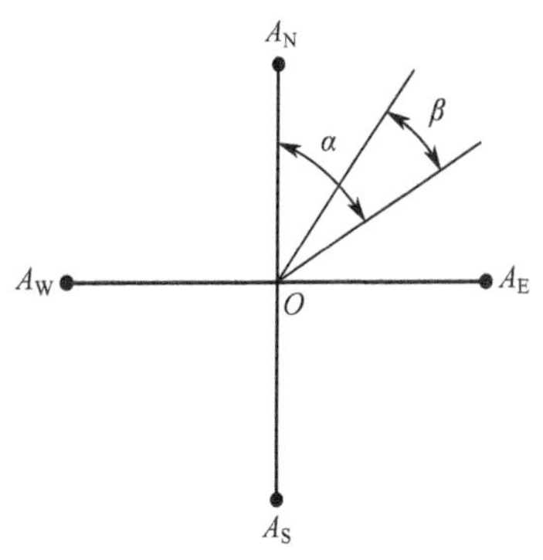

图 10-14　沃特森-瓦特比幅法测向的天线位置关系

$$\begin{cases} U_N(t) = A(t)\cos\left(\omega t + \varphi_0 + \dfrac{\pi d}{\lambda}\cos\alpha\cos\beta\right) \\ U_S(t) = A(t)\cos\left(\omega t + \varphi_0 - \dfrac{\pi d}{\lambda}\cos\alpha\cos\beta\right) \\ U_W(t) = A(t)\cos\left(\omega t + \varphi_0 + \dfrac{\pi d}{\lambda}\sin\alpha\cos\beta\right) \\ U_E(t) = A(t)\cos\left(\omega t + \varphi_0 - \dfrac{\pi d}{\lambda}\sin\alpha\cos\beta\right) \end{cases} \tag{10-3-11}$$

式中，α 为电波入射方位角；β 为电波入射仰角；d 为天线直径；λ 为信号波长；ω 为信号角频率；$A(t)$为信号包络。

天线阵的输出是两组天线的电压差，即

$$\begin{cases} U_{SN}(t) = U_S(t) - U_N(t) = 2A(t)\sin\left(\dfrac{\pi d}{\lambda}\cos\alpha\cos\beta\right)\sin(\omega t + \varphi_0) \\ U_{EW}(t) = U_E(t) - U_W(t) = 2A(t)\sin\left(\dfrac{\pi d}{\lambda}\sin\alpha\cos\beta\right)\sin(\omega t + \varphi_0) \end{cases} \tag{10-3-12}$$

当 $d \ll \lambda$ 时，式（10-3-12）可化简为

$$\begin{cases} U_{SN}(t) \approx 2A(t)\dfrac{\pi d}{\lambda}\cos\alpha\cos\beta\sin(\omega t + \varphi_0) \\ U_{EW}(t) \approx 2A(t)\dfrac{\pi d}{\lambda}\sin\alpha\cos\beta\sin(\omega t + \varphi_0) \end{cases} \tag{10-3-13}$$

天线阵输出的差信号的幅度分别是方位角的余弦函数和正弦函数，是仰角的余弦函数。天线阵输出的和信号为

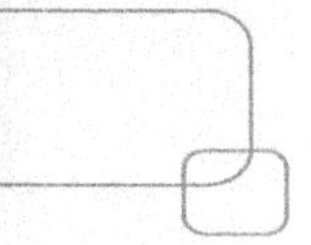

$$\begin{aligned}U_{\Sigma} &= U_{\mathrm{S}}(t)+U_{\mathrm{N}}(t)+U_{\mathrm{E}}(t)+U_{\mathrm{W}}(t)\\ &= 2A(t)\cos(\omega t+\varphi_0)\left[\cos\left(\frac{\pi d}{\lambda}\cos\alpha\cos\beta\right)+\cos\left(\frac{\pi d}{\lambda}\sin\alpha\cos\beta\right)\right]\\ &= 2A(t)\cos(\omega t+\varphi_0)C(\alpha,\beta)\end{aligned} \tag{10-3-14}$$

注意到，当且仅当满足

$$C(\alpha,\beta)=\cos\left(\frac{\pi d}{\lambda}\cos\alpha\cos\beta\right)+\cos\left(\frac{\pi d}{\lambda}\sin\alpha\cos\beta\right)>0$$

或者

$$2\cos\left[\frac{\sqrt{2}}{2}\frac{\pi d}{\lambda}\cos\beta\cos\left(\alpha-\frac{\pi}{4}\right)\right]\cos\left[\frac{\sqrt{2}}{2}\frac{\pi d}{\lambda}\cos\beta\cos\left(\alpha+\frac{\pi}{4}\right)\right]>0$$

或者$\frac{d}{\lambda}<\frac{\sqrt{2}}{2}$时，天线阵输出和信号的正交项$U_{\Sigma\perp}=2A(t)\sin(\omega t+\varphi_0)C(\alpha,\beta)$与两个差信号相同，它们的乘积分别为

$$\begin{cases}V_{\mathrm{SN}}(t)\approx[2A(t)]^2\dfrac{1-\cos 2(\omega t+\varphi_0)}{2}C(\alpha,\beta)\dfrac{\pi d}{\lambda}\cos\alpha\cos\beta\\ V_{\mathrm{EW}}(t)\approx[2A(t)]^2\dfrac{1-\cos 2(\omega t+\varphi_0)}{2}C(\alpha,\beta)\dfrac{\pi d}{\lambda}\sin\alpha\cos\beta\end{cases} \tag{10-3-15}$$

经过低通滤波后，输出信号为

$$\begin{cases}W_{\mathrm{SN}}(t)\approx[2A(t)]^2C(\alpha,\beta)\dfrac{\pi d}{\lambda}\cos\alpha\cos\beta\\ W_{\mathrm{EW}}(t)\approx[2A(t)]^2C(\alpha,\beta)\dfrac{\pi d}{\lambda}\sin\alpha\cos\beta\end{cases} \tag{10-3-16}$$

可以求得α和β分别为

$$\begin{aligned}\alpha &= \arctan\left(\frac{W_{\mathrm{EW}}(t)}{W_{\mathrm{NS}}(t)}\right)\\ \beta &= \arccos\left(\frac{\sqrt{(W_{\mathrm{EW}}(t))^2+(W_{\mathrm{NS}}(t))^2}}{\frac{\pi d}{\lambda}A(t)\sqrt{(U_{\Sigma}(t))^2(U_{\Sigma\perp}(t))^2}}\right)\end{aligned} \tag{10-3-17}$$

传统的沃特森-瓦特比幅法测向采用阴极射线管（Cathode Ray Tude，CRT）显示到达角。将两个差通道输出电压分别送到偏转灵敏度一致的阴极射线管的垂直偏转板和水平偏转板上，在理想情况下，在荧光屏上将出现一条直线，它与垂直方向的交角就是方位角。在一般情况下，电波存在干涉，显示的图形不再是一条直线而是一个椭圆，它的长轴指示来波方向。目前，沃特森-瓦特比幅法测向通常采用数字信号处理技术，通过数字滤波器提取信号，计算来波方向。单信道沃特森-瓦特比幅法测向系统结构简单、体积小、质量小、机动性能好，但是测向速度受到一定的限制。多信道沃特森-瓦特比幅法测向的特点是测向时效高、速度快、准确性高、可测跳频信号，并且CRT显示可

以分辨同信道干扰；但是，其系统结构复杂，并且要求接收机通道幅度和相位一致，实现的技术难度较高。

第四节　幅度综合法测向

综合利用最大信号法测向、最小信号法测向及天线阵法测向的典型例子是乌兰韦伯测向系统。该测向系统利用圆阵完成测向和空间搜索。

一、幅度综合法测向原理

短波乌兰韦伯测向系统的圆形天线阵的平面分布及分组原理如图 10-15 所示。

40 副垂直天线均匀分布在一个半径为 50m 的圆周上，每次取用圆形天线阵上任意相邻的 12 副天线并分成两组，$A_1 \sim A_6$ 天线为一组，$B_1 \sim B_6$ 天线为另一组。根据锐方向性天线阵理论，当电波从这两组天线的对称轴方向传播时，如果将各天线元接收的电势进行适当的延迟，使其等效为弦 AB 上排列的天线元所接收的电压，即得到 $A_1' \sim A_6'$、$B_1' \sim B_6'$ 两个直线天线阵。在乌兰韦伯测向系统中，各天线的延迟是由电容角度计中的延迟网络来完成的。圆形天线阵各阵元所接收的电势分别经过相同长度的电缆馈至电容角度计的各个定片，而各动片均接有具有适当相移特性的延迟网络。各电容动片依次接到延迟线的不同抽头处，两组天线的各阵元对应的两组延迟线也对称分布。

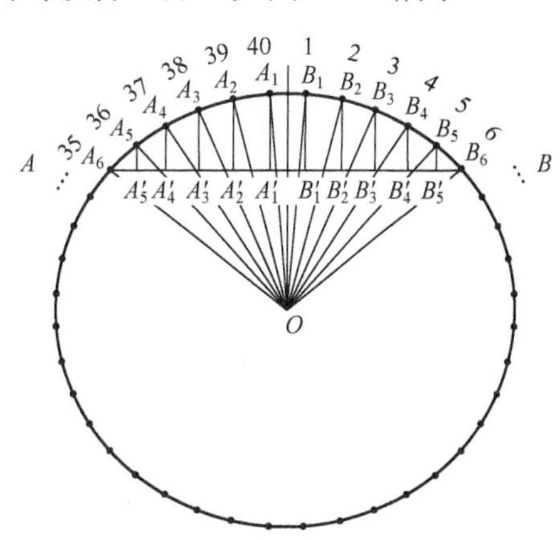

图 10-15　乌兰韦伯圆形天线阵的平面分布及分组原理图

当电波来波方向沿两组天线阵元的对称轴方向时，电波依次到达 A_1、B_1，A_2、B_2，…，A_6、B_6，设计延迟线使各天线接收的电势经过延迟后，变为同相位电势到达分群射频变压器，由此得到两组天线阵元接收的信号电压 U_A 和 U_B，并馈送至和差器。和差器由控制开关控制，分别输出和电压 U_Σ 或差电压 U_Δ：

$$
\begin{aligned}
U_\Sigma &= U_A + U_B \\
U_\Delta &= U_A - U_B
\end{aligned} \tag{10-4-1}
$$

式中

$$U_A = \boldsymbol{W}_A' \boldsymbol{X}_A，\quad U_B = \boldsymbol{W}_B' \boldsymbol{X}_B，$$

$$\boldsymbol{X}_A = [x_{A_1}, x_{A_2}, \cdots, x_{A_6}]^{\mathrm{T}}，\quad \boldsymbol{X}_B = [x_{B_1}, x_{B_2}, \cdots, x_{B_6}]^{\mathrm{T}}$$

$$\boldsymbol{W}_A = [\mathrm{e}^{\left(-\mathrm{j}\frac{2\pi r}{\lambda}\cos(\phi_{A_1}-\theta)\cos\beta\right)}, \cdots, \mathrm{e}^{\left(-\mathrm{j}\frac{2\pi r}{\lambda}\cos(\phi_{A_6}-\theta)\cos\beta\right)}]^{\mathrm{T}}$$

$$\boldsymbol{W}_B = [\mathrm{e}^{\left(-\mathrm{j}\frac{2\pi r}{\lambda}\cos(\phi_{B_1}-\theta)\cos\beta\right)}, \cdots, \mathrm{e}^{\left(-\mathrm{j}\frac{2\pi r}{\lambda}\cos(\phi_{B_6}-\theta)\cos\beta\right)}]^{\mathrm{T}}$$

其中，θ为方位角，β为仰角，一般在相移网络设计时按 20° 取值，ϕ为天线相对于 A_1、B_1中心的夹角。

由于两组天线阵元的接收电势左右依次对称，U_Δ 接近零值，信号受到的抑制最强，测向接收信道输出也趋于零值，因此音频输出信号最微弱，这对人耳听觉来说就是小音点；而U_Σ是 12 副天线接收的电势经延迟处理后的同相位电势之和，此时信号获得的增益最大，测向接收信道输出也趋于最大值，因此音频输出信号最强，这对人耳听觉来说就是大音点。

假设电容角度计的延迟网络按照圆形天线阵孔径半径和波长之比为 2、仰角为 20°来设计，空中有一来波，方位角为 150°，仰角为 20°，即来波方向为（150°, 20°），假设信号的信噪比为 20dB，则两组天线阵元此时的接收电势差输出、和输出变化曲线分别如图 10-16 和图 10-17 所示。

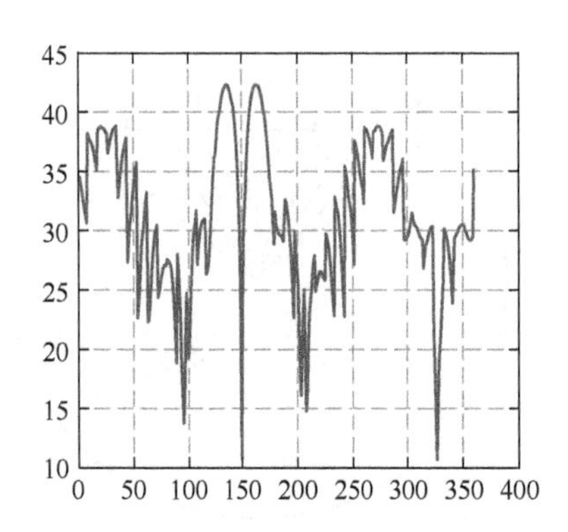

图 10-16　两组天线阵元的接收电势的差输出特性

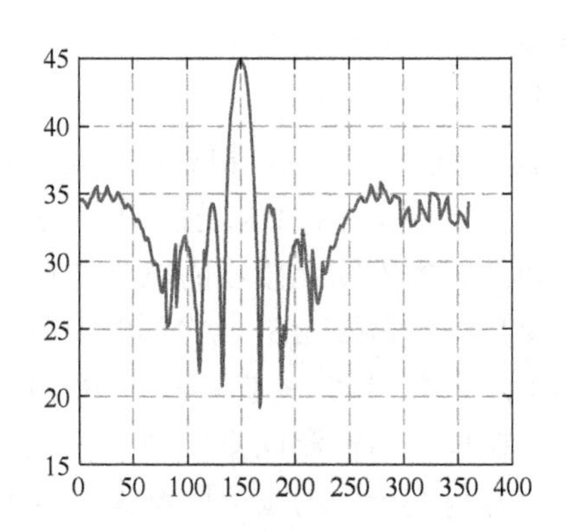

图 10-17　两组天线阵元的接收电势的和输出特性

假设空中有两个来波，来波方向为（80°, 20°）、(250°, 20°），圆形天线阵孔径半径和波长之比仍然为 2，信号的信噪比均为 20dB，则此时的差输出、和输出变化曲线分别如图 10-18 和图 10-19 所示。

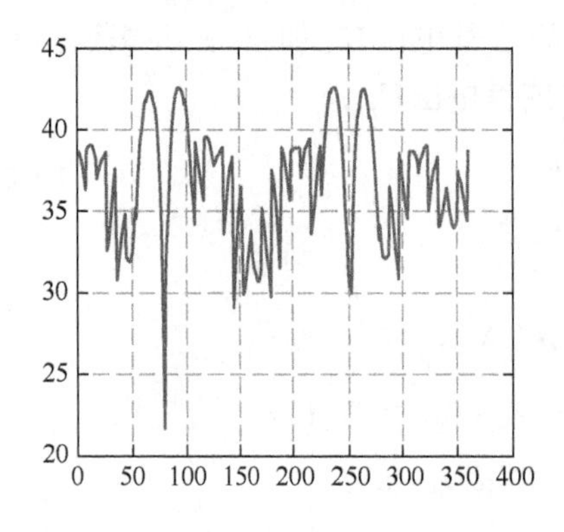

图 10-18　差输出特性（来波仰角 20°）

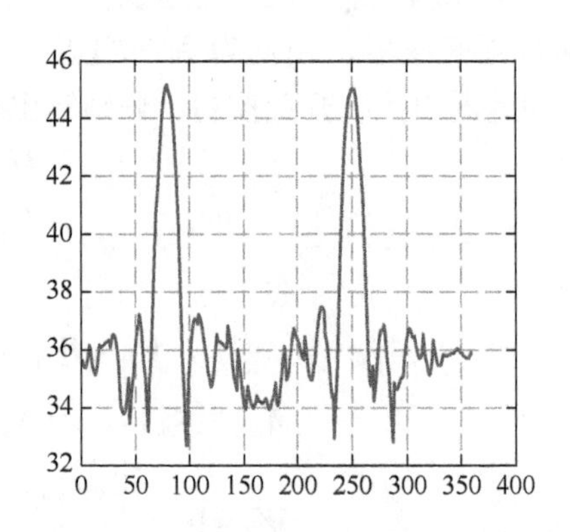

图 10-19　和输出特性（来波仰角 20°）

假设空中有两个来波，方向为（80°, 50°）、（250°, 50°），圆形天线阵孔径半径和波长之比仍然为 2，信号的信噪比均为 20dB，则此时的差输出、和输出变化曲线分别如图 10-20 和图 10-21 所示。

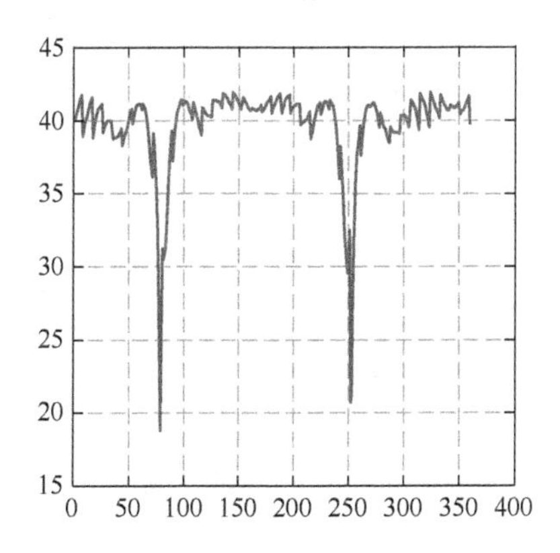

图 10-20　差输出（来波仰角 50°）

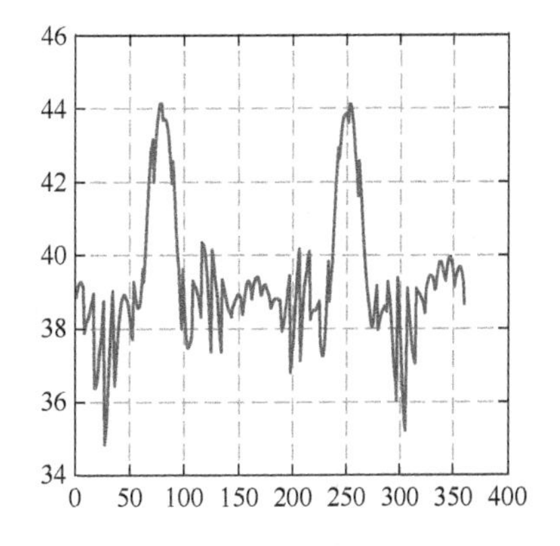

图 10-21　和输出（来波仰角 50°）

假设空中有两个来波，方向为（80°, 0°）、（250°, 0°），圆形天线阵孔径半径和波长之比仍然为 2，信号的信噪比均为 20dB，则此时的差输出、和输出变化曲线分别如图 10-22 和图 10-23 所示。

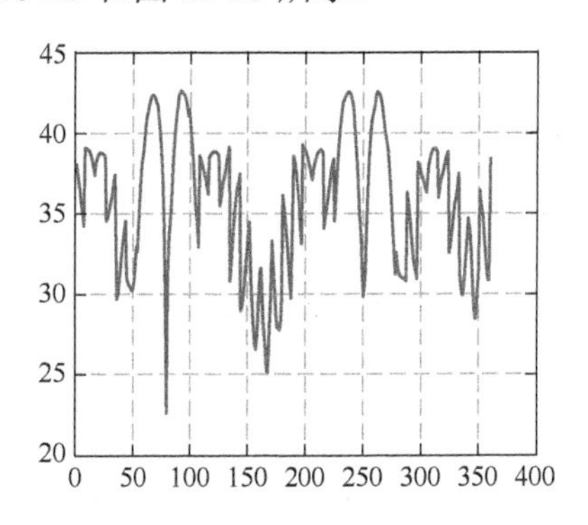

图 10-22　差输出（来波仰角 0°）

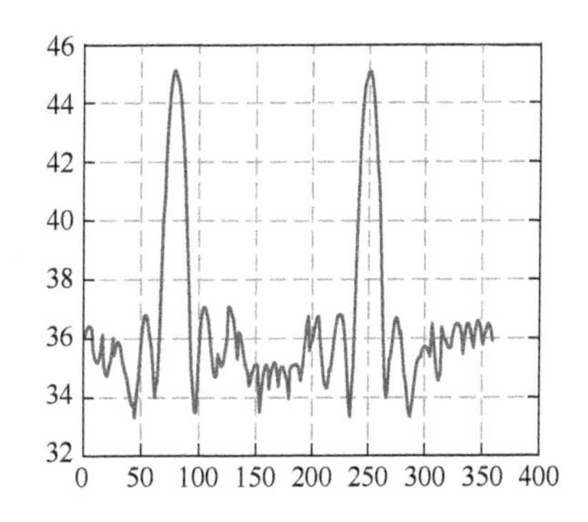

图 10-23　和输出（来波仰角 0°）

由图 10-16、图 10-18、图 10-20 和图 10-22 可见，乌兰韦伯测向系统的差输出有一个突出的特点：在来波方向输出达到最小，而在左右临近处各有一个明显的峰值。由图 10-17、图 10-19、图 10-21 和图 10-23 可知，乌兰韦伯测向系统的和输出也有一个突出的特点：在来波方向输出达到最大。另外，由图 10-20～图 10-23 可以看出，由于乌兰韦伯测向系统是按照仰角为 20° 来设计移相网络的，如果来波仰角高于设计值，则会导致方位测量有误差，同时使得小音点两旁的肩峰变小，使人工较难搜寻到小音点；如果来波仰角低于设计值，则系统的方位测量性能基本不受影响。在实际使用时，人们可以操作电容角度计转盘来选择不同的天线组，使其方向图也随电容角度计的动片沿圆形天线阵连续地转动（也可通过电子开关的切换控制其自动、连续地转动）。由以上仿真结果可以看出，利用系统输出的和信号即大音点的高灵敏度，可以快速、粗略地确定目标信号的来波方位；而利用系统输出的差信号即小音点左右两边对称分布的一个大音点，并且该小音点具有很尖锐的特性，在测向时可以保证测向结果的准确性。

乌兰韦伯测向系统的优势在于：系统灵敏度很高，对远距离微弱信号尤其有效；在多信号情况下，能比较容易地区分各个不同方位的来波信号。早期的乌兰韦伯测向系统必须依靠人工辅助才能完成测向，这既是它的优势，也是它的局限。其优势在于它充分利用了人脑的综合模糊识别判断能力，由于人脑具有在复杂情况下并行执行多模式信号的分辨能力，因此系统处理复杂情况的性能大大提高；其局限性在于自动化程度低、测向时间长，必须依靠人工对整个空域进行搜索，电容角度计人工旋转一圈并清晰地分析判断目标信号来波方位需要数秒，因此只有对持续时间超过几秒的信号才能够正常测向。目前，乌兰韦伯测向系统采用电子开关控制电容角度计的自动旋转，并采用数字处理终端对测向数据进行数字自动化处理，可以提高到 40ms 旋转、处理一圈，因此只要信号持续时间大于 40ms 就可以正常截获并准确测向。但是，总体来说乌兰韦伯测向系统对短时信号或突发信号的捕获概率较低。另外，乌兰韦伯测向系统要求同频信号不能处于同一主波束内（所谓瑞利限），如图 10-24 和图 10-25 所示（两个来波信号方位角分别为 150° 和 160° ）。

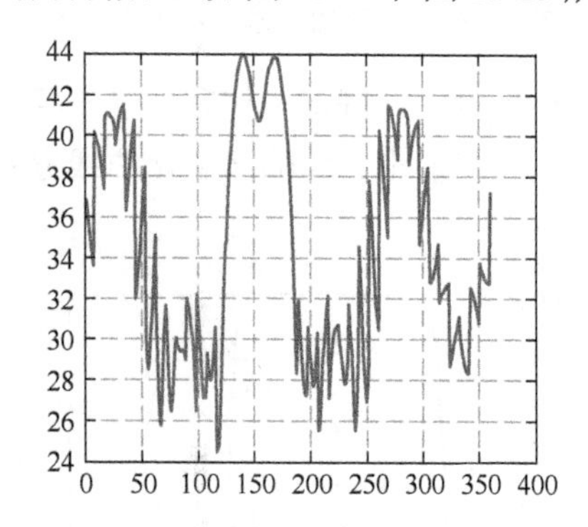

图 10-24　差输出（来波仰角 150° ）

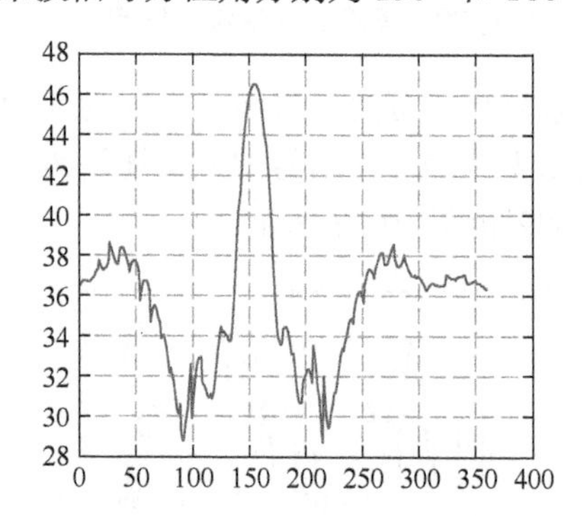

图 10-25　和输出（来波仰角 160° ）

二、幅度综合法测向过程

测向时首先用天线阵和方向图的主瓣最大接收点来搜索目标，粗测其来波方位，然后用天线阵差方向图的主瓣最小接收点进一步精确测定其来波方位。

如图 10-26 所示为和/差法测向系统原理框图，下面简单讨论其工作过程。

（一）听觉测向过程

开关 S_1 置“人工”位时为听觉测向工作方式，此时手动电容角度计输出的和信号 $e_{\Sigma}(t)$与差信号 $e_{\Delta}(t)$由开关 S_2 选择输出到测向信道接收机，最后根据测向信道接收机解调输出的音频信号幅度大小来确定目标信号的来波方位估计值。

测向过程包括对目标信号的搜索粗测和对来波方位的精确测量两个步骤。

首先，根据监测信号引导搜索目标信号并粗测其来波方位值，此时开关 S_2 应设置在和信号位，即选择 $e_{\Sigma}(t)$输出到测向信道接收机，用天线极坐标方向图的主瓣来搜索目标信号，显然这有利于对目标信号的快速搜索截获。搜索过程是通过手动旋转电容角度计来进行的，直到测向信道接收机中有最大信号输出，即监听耳机中有最大音响发出为止，此时与电容角度计同轴旋转的方位盘指针指示的位置就是目标信号来波方位的粗测估计值。

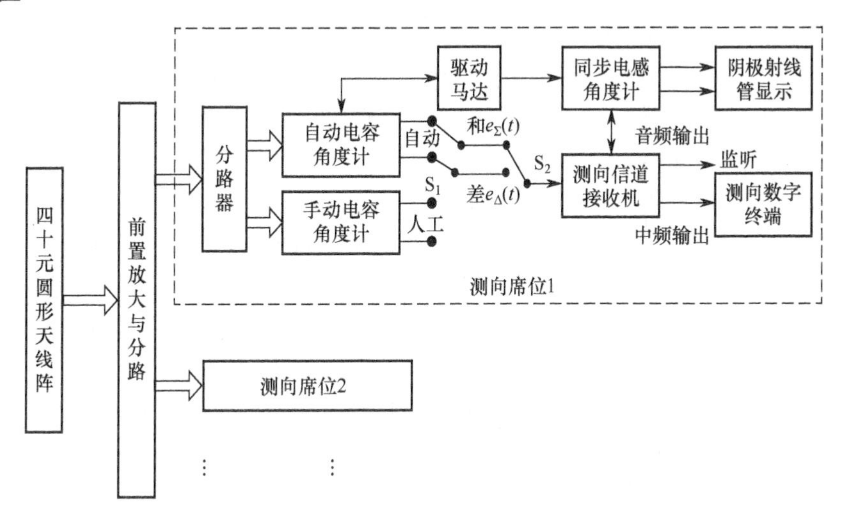

图 10-26　和/差法测向系统原理框图

天线极坐标的和方向图有利于目标信号的搜索，但由于其主瓣宽度比较宽，因而粗测的来波方位值会有比较大的测量误差，需要进一步精测。对来波方位值的精测是紧接前面的粗测进行的，将开关 S_2 改置到差位，即选择 $e_{\Delta}(t)$输出到测向信道接收机，用天线极坐标差方向图两个主瓣中心的最小接收点来精确测量目标信号的来波方位值。由于在该最小接收点附近天线接收信号幅度的变化率非常急剧，手动电容角度计转动很小的角度就会引起天线输出信号的很大变化，即引起监听耳机中音响输出的很大变化，因此可以比较精确地寻找到该小音点位置，即可以比较精确地测量出目标信号的来波方位值。

（二）视觉测向过程

开关 S_1 置“自动”位时为自动视觉测向工作方式，此时自动电容角度计由电动机驱动旋转，其输出的和信号 $e_{\Sigma}(t)$与差信号 $e_{\Delta}(t)$由开关 S_2 选择输出到测向信道接收机，测向信道接收机输出的信号加到一个与自动电容角度计同步旋转的同步电感角度计上，该同步电感角度计与前面讨论角度计天线时介绍的角度计类似，所不同的是接收信道的输出即同步电感角度计的输入加到中央旋转搜索线圈，而角度计的输出是两个正交配置的场线圈。

由于中央旋转搜索线圈产生的交变磁场大小能够反映接收信号的大小，也就是反映了天线极坐标方向图的接收特性，该交变磁场在两个场线圈上的矢量分解产生感应电压，两个感应电压又加到阴极射线管的两对偏转板，在那里合成显示亮线的过程是交变磁场矢量分解产生感应电压的逆过程，因而显示亮线的长度与方向能够反映中央旋转搜索线圈产生的交变磁场的方向和大小。又由于它与电容角度计同步地由电动机驱动旋转，所以显示亮线的长度和方向也反映了电容角度计的指向及天线的接收方向特性。根据这一原理，电动机驱动电容角度计和电感角度计旋转一圈后，在阴极射线管的荧光屏上将得到一个完整的天线极坐标方向图（S_2 设置为和信号位时得到一个完整的天线极坐标和方向图，S_2 设置为差信号位时得到一个完整的天线极坐标差方向图），由天线极坐标和方向图的最大值接收方向或由天线极坐标差方向图的最小值接收方向就可以比较精确地测定目标信号来波方位的估计值。工作在短波波段的和/差法测向系统具有很高的测向接收灵敏度和测向精度，有比较强的抗噪声干扰、抗邻台干扰、抗多径干扰能力，主要军事强国早在第二次世界大战后期及之后的 20 世纪五六十年代都建有适量的此类测向系统，用于后方固定测向站对远距离目标网台的战略无线电测向。

对单目标定频信号测向，采用和/差法测向可以达到比较高的测向精度，但如果在主瓣范围内同时存在两个以上同处于接收通带内的非相干定频信号，则自动视觉测向的结果将会变得非常不可靠，与前面讨论的自动视觉小音点测向类似。

对跳频通信信号，除非测向信道接收机能够自动跟踪目标跳频通信信号，否则受宽频带范围内各种定频信号和干扰信号的共同影响，测向系统将无法得出有效、可靠的方位测量值。

为了解决上述问题，人们目前正在研究对采用和/差法工作方式的测向系统进行技术改造，主要包括两个方面：一是测向信道接收机的通带采用宽频带形式，以满足对跳频通信信号的测向要求；二是增加一个以 PC 机为核心，包括 A/D 转换器与高速 DSP 的测向数字终端，采用小波变换处理技术，以便在频域上区分非相干目标信号的同时，保留其时域上的方位信息。

习题与思考题

1. 人工听觉小音点测向机具有顽强的生命力，到目前为止还被广泛使用，试分析其原因。你认为人工听觉小音点测向机在无线电测向中的应用前景如何？对其有何进一步改进发展的设想？
2. 人工听觉小音点测向中的虚假小音点是如何产生的？怎样克服？
3. 简述和/差法测向的基本原理。
4. 试简述角度计天线系统的人工听觉小音点测向机的工作原理。
5. 画出自动视觉小音点测向机的原理框图，并简述其工作原理。
6. 简述比幅法测向的基本原理。
7. 常用的人工听觉小音点测向机有哪几种类型？它们各自适用于什么场合？
8. 试说明单环天线加中央垂直天线的听络小音点测向机的工作原理及定单向过程。

第十一章

相位法测向

相位法测向与幅度法测向不同，它通过测量电波到达测向天线体系中各天线元上感应电压之间的相位差（而不是幅度）进行测向。电波在各天线元上所感应的电压幅度相同，但由于各天线元配置的位置不同，因而电波传播的路径不同、引起传播时间的不同，最后形成感应电压之间的相位差，并通过相位差进行测向。

相位法测向通过比较按一定结构排列的 2 个及以上天线元接收信号的相位差，获得目标信号来波的到达方位角信息。

如图 11-1 所示的 N、S、E、W 四元天线，设天线对 NS、EW 的间距为 d，来波的方位角为 θ，仰角为 γ，则电波到达天线对 NS、EW 时所形成的相位差分别为

$$\begin{aligned}\varphi_{\mathrm{NS}} &= \frac{2\pi d}{\lambda}\cos\gamma\cos\theta \\ \varphi_{\mathrm{EW}} &= \frac{2\pi d}{\lambda}\cos\gamma\sin\theta\end{aligned} \tag{11-1}$$

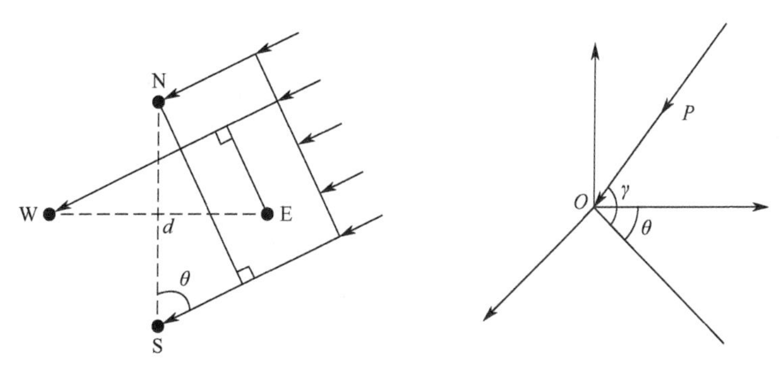

图 11-1　电波到达相邻天线元形成的波程差

由于 $\dfrac{\varphi_{\mathrm{EW}}}{\varphi_{\mathrm{NS}}} = \tan\theta$，所以到达方位角为

$$\theta = \arctan\left(\frac{\varphi_{\mathrm{EW}}}{\varphi_{\mathrm{NS}}}\right) \tag{11-2}$$

到达仰角为

$$\gamma = \arccos\left[\frac{\lambda}{2\pi d}(\varphi_{\mathrm{NS}}^2 + \varphi_{\mathrm{EW}}^2)^{1/2}\right] \tag{11-3}$$

在实际应用的测向方法中，干涉仪测向、多普勒测向和时差法测向都属于相位法测向。

第一节　干涉仪测向

干涉仪测向通过测量位于不同波前的天线接收信号的相位差，经过处理获取来波方向，也称为比相法测向。由于到达各波前的信号相位与幅度无关，因此，该测向方法对幅度特性不敏感。信号的相位差本质上来源于同一个信号到达位于不同波前的天线的时间差，因此从原理上来说这种测向方法至少需要两副天线和两个信道。

一、单基线双信道干涉仪测向设备

根据末端相位提取技术的不同，单基线双信道干涉仪测向设备有 3 种基本结构形式，如图 11-2 所示。

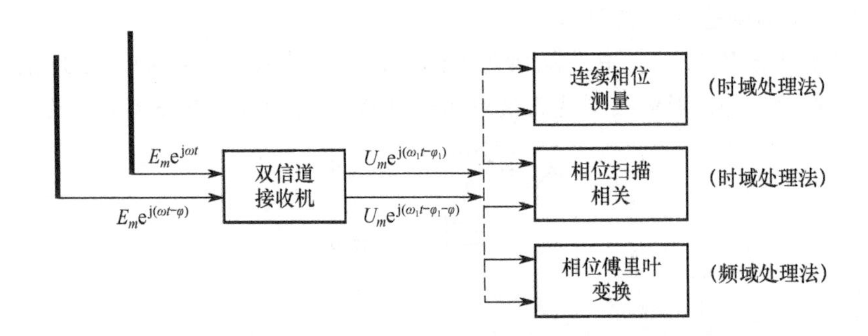

图 11-2　单基线双信道干涉仪测向设备原理框图

考虑以两个天线元中心轴线为方位起点，则对于 θ 方位的来波信号，其相位差 φ 为

$$\varphi = \frac{2\pi d}{\lambda}\cos\gamma\sin\theta \tag{11-1-1}$$

如果来波仰角 γ 已知或可估计，则根据相位差 φ 的测量值就可由式（11-1-1）确定来波方位角 θ 的测量值。

（一）连续相位测量

连续相位测量采用鉴相器测量双信道接收机两路中频输出信号之间的相位差 φ。鉴相器可以采用模拟电路，也可以采用数字电路，如图 11-3 所示为一种采用乘积鉴相器模拟电路框图，鉴相器的 I-Q 积分输出分别为 $\cos\varphi$（I：同相输出）和 $\sin\varphi$（Q：正交输出），该 I-Q 积分输出可继续进行如下处理：

（1）由 $\cos\varphi$ 和 $\sin\varphi$ 的矢量和获取 φ 的模拟测量值 $\hat{\varphi}$；

（2）由正弦-余弦数值变换器变换成数字形式后获取 φ 的数字测量值 $\hat{\varphi}$；

（3）直接加到 CRT 上，给出 φ 的图像显示。

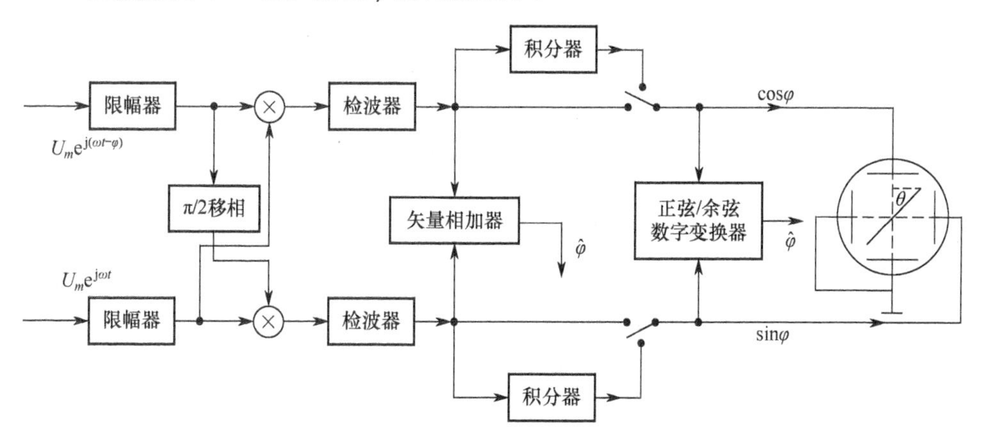

图 11-3　乘积鉴相器模拟电路框图

乘积鉴相器框图中采用检波后的积分，相当于在多个相位差周期内求均，因而可以增强弱信号以改进其测量精度。另外，求均运算的结果能够降低信号调制和多径干扰的有害影响。

双信道接收机两个信道之间的相位失配 $\Delta\varphi$ 通常是工作频率 f 的函数，对于工作在两个信道中心频率的未调载波信号而言，采用相位校对补偿技术可以消除其对应的相位失配，但它不能保证消除通带范围内所有频点对应的相位误差。对于已调制信号，其频谱在接收信道通带范围内的某个区间随机分布，它所引入的相位误差既是时间的函数，又是调制信号频谱结构的函数，采用相位求均技术，可以减小相位误差的随机波动性，从统计的观点来看可以减小相位误差。

在出现多径干扰的情况下，多径合成波的相位随各路径信号相对相位延迟的变化而变化，由此产生“拍频”。简单地说，“拍频”就是多径干涉波传播路径差中的相对变化所产生的相位变化速率。在多个“拍频”周期内采用相位求均技术，可以使相位干涉仪在多径环境下测量出最强信号分量的到达方向，特别是对于只有两个路径的信号相位干涉情况，采用这种测量方法非常有效。

信号幅度和相位的变化，会降低模拟相位的测量精度，采用数字相位测量技术可以较好地适应信号的变化，与模拟方法相比具有更高的测量精度。

这种测量方法可以准瞬时地捕获方位信息，设备简便，不要转换天线，但视场范围有限，容易遭受近频（同时进入接收信道的通带）及邻频干扰，并且需要已知仰角。

（二）相位扫描相关

将双信道接收机的某个输出信道加到压控延迟网络，其延迟时间 $\tau(t)$ 受电压 $u(t)$ 的控制，将经过延迟后的中频输出 $u_2[t-\tau(t)]$ 与另一个信道经固定延迟的中频输出 $u_1(t-\tau_0)$ 送到相关器进行相关运算，如图 11-4 所示。

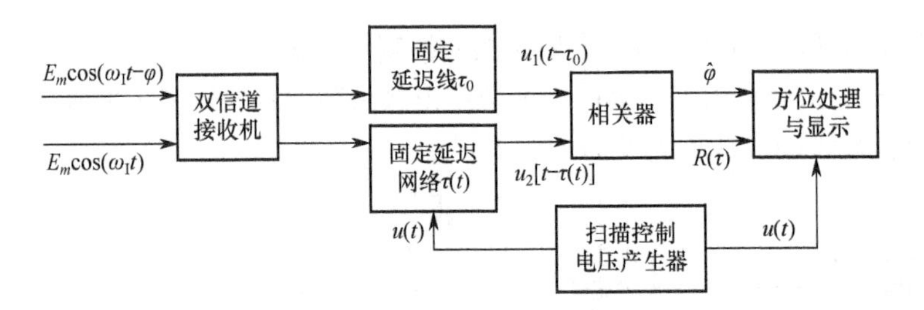

图 11-4 相位扫描相关测向原理框图

相关器的输出为

$$R(\tau)=\int_0^T u_1(t-\tau_0)u_2[t-\tau(t)]\mathrm{d}t \tag{11-1-2}$$

相关运算中的 T 是依据相关器带宽设定的一个比 $\tau(t)$大的值。

设

$$u_1(t-\tau_0)=U_m\cos[\omega_1(t-\tau_0)-\varphi] \tag{11-1-3}$$

$$u_2[t-\tau(t)]=U_m\cos\omega_1[t-\tau(t)] \tag{11-1-4}$$

则

$$\begin{aligned}R(\tau)&=\int_0^T u_1(t-\tau_0)u_2[t-\tau(t)]\mathrm{d}t\\&=U_m^2\int_0^T\cos\omega_1[t-\tau(t)]\cos[\omega_1(t-\tau_0)-\varphi]\mathrm{d}t\end{aligned} \tag{11-1-5}$$

当 $\varphi=\omega_1[\tau(t)-\tau_0]$ 时，$R(\tau)$达到最大值。反过来说，根据 $R(\tau)$达到最大值时对应 $\tau(t)$的值 $\hat{\tau}$，就可以得到相位差的测量值 $\hat{\varphi}$。设两个天线元的间距为 d，来波信号的波长为 λ、仰角为 γ，则根据

$$\varphi=\frac{2\pi d}{\lambda}\cos\gamma\sin\theta \tag{11-1-6}$$

$$\hat{\varphi}=\omega_1(\hat{\tau}-\tau_0) \tag{11-1-7}$$

可得

$$\hat{\theta}=\arcsin\left(\frac{\hat{\varphi}\lambda}{2\pi d\cos\gamma}\right)=\arcsin\left(\frac{\omega_1(\hat{\tau}-\tau_0)\lambda}{2\pi d\cos\gamma}\right) \tag{11-1-8}$$

采用时域相关法能够改善信噪比（SNR），有利于远距离微弱信号的方位测量，但在实际工程中实现的难度比较大。另外，时域相关函数最大值的高精度测定和相关器对带内干扰的敏感问题目前还没有很好的解决办法，因此采用相位扫描相关的实际测向设备不太多见。

（三）相位傅里叶变换

相位傅里叶变换（FFT）采用频域处理技术来测量两个天线元接收信号之间的相位延迟，如图 11-5 所示是相位傅里叶变换测向原理框图，它的后处理包括四个步骤：

（1）时域的 A/D 转换；

（2）频域的 FFT 处理；

（3）相位延迟的计算与综合处理；

（4）来波方位的计算与综合处理。

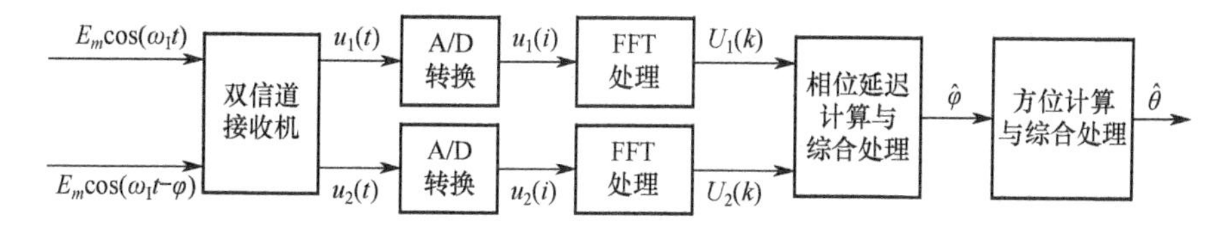

图 11-5　相位傅里叶变换测向原理框图

时域的 A/D 转换将双信道接收机输出的两路中频模拟信号转换成数字信号，为了保证后面 FFT 与处理的性能，A/D 转换后的数字信号通常要选择合适的窗函数进行加窗处理。模拟中频信号、数字采样信号及 FFT 结果三者之间的关系可以表达为

$$u_1(t)=U_m\cos\omega_1 t \tag{11-1-9}$$

$$u_2(t)=U_m\cos(\omega_1 t-\varphi) \tag{11-1-10}$$

$$u_1(i)=U_m\cos\omega_1 iT_s \tag{11-1-11}$$

$$u_2(i)=U_m\cos(\omega_1 iT_s-\varphi) \tag{11-1-12}$$

式中，$T_s=1/f_s$，f_s 为采样频率；$k=0,1,2,\cdots,N-1$；FFT 的频率分辨率 $\Delta f=f_s/N$。

由于 $U_1(k)$ 和 $U_2(k)$ 都包含实部和虚部两个分量，因此第 k 个频点的对应相位差为

$$\varphi(k)=\arctan\left(\frac{U_{2I}(k)}{U_{2R}(k)}\right)-\arctan\left(\frac{U_{1I}(k)}{U_{1R}(k)}\right) \tag{11-1-13}$$

在 FFT 的每个频点上都可以得到一个相位差测量值，每一帧的 N 个频点可以得到 N 个相位差测量值，连续 M 帧的数据采样与 FFT 就可以得到 $M\times N$ 个相位差测量值。如果没有测量误差和干扰存在，且在接收信道的通带内只有单目标信号存在，则这 $M\times N$ 个相位差测量值都相同地反映该目标信号的来波方位值。在实际工作中，测量误差及各种干扰总是不可避免地存在，它不仅反映在每一帧 N 个频点所对应的相位差测量值各不相同，也反映在前后各帧的相位差测量值各不相同，因此需要对这些相位差测量值进行综合处理，如求其统计平均值或最小二乘估计值等，最终得到相位差的估计值 $\hat{\varphi}$。

根据 $\varphi=\dfrac{2\pi d}{\lambda}\cos\gamma\sin\theta$，在仰角 γ 已知情况下，由相位差的估计值 $\hat{\varphi}$ 可以求得来波方位角的估计值 $\hat{\theta}$。但随着测量的不断进行，$\hat{\varphi}$ 不断更新，因而也将不断更新 $\hat{\theta}$，为了使 $\hat{\theta}$ 逐步逼进来波方位角 θ 的值，需要进一步采取剔除奇异值及按确定的处理模型进行加权统计或递推估计等处理措施。

在相位差测量中采用 FFT 技术，是无线电测向技术领域为适应现代数字信号处理理论与技术的发展而向数字化测向迈出的重要一步，它具有如下优点：一是它是一种数

字频域处理技术，能降低信号幅度变化所带来的有害影响；二是采用频谱处理的方法，能够使测向灵敏度得到显著的改善；三是便于相位误差的校正，可以在各个频点都建立相应的相位校正系数表，频率间隔仅取决于 FFT 的频率分辨率；四是能够满足对短时间驻留信号的测向处理要求；五是具有灵活的频域选择性，可以抑制不需要的干扰频谱成分，适应在密集复杂的电磁环境下工作；六是能够预置各种处理模型，对测量数据进行灵活的处理，有效提高最终的测量精度。

二、双基线双信道干涉仪测向

如果要求测向的视角范围覆盖 360°，并需要测量来波的仰角，则必须采用双基线双信道干涉仪测向设备，其原理框图如图 11-6 所示。

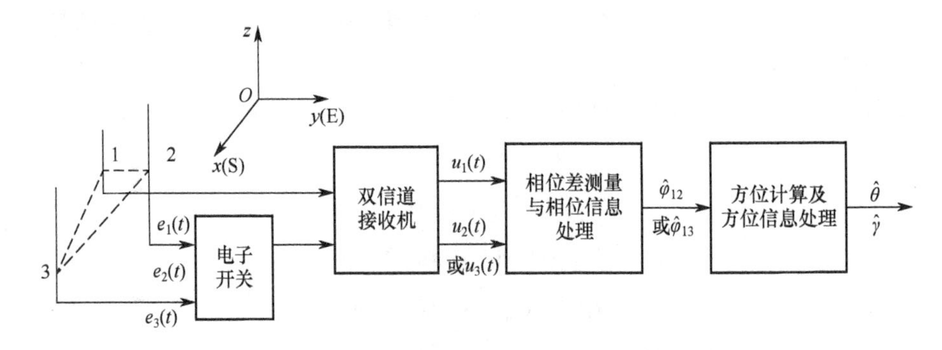

图 11-6　双基线双信道干涉仪测向原理框图

双基线由排列成 L 形或等边三角形的三个天线元组成，天线元 1 接收的信号直接送到双信道接收机的信道 1 输入端口，而天线元 2 和天线元 3 接收的信号通过一个射频开关交替地送到双信道接收机的信道 2 输入端口，因此基线 1-2 和基线 1-3 之间的相位差被交替地测量。

设天线元 1-2 与天线元 1-3 成直角排列，且天线元 1 与天线元 2、天线元 3 的间距相等，以天线元 1 的相位作为参考，基线 1-2 和基线 1-3 之间的相位差分别用 φ_{12}、φ_{13} 来表示，则有

$$\varphi_{12} = \frac{2\pi d}{\lambda}\cos\gamma\sin\theta \tag{11-1-14}$$

$$\varphi_{13} = \frac{2\pi d}{\lambda}\cos\gamma\cos\theta \tag{11-1-15}$$

因此有

$$\hat{\theta} = \arctan\left(\frac{\hat{\varphi}_{12}}{\hat{\varphi}_{13}}\right) \tag{11-1-16}$$

$$\hat{\gamma} = \arccos\left(\frac{\lambda\sqrt{\hat{\varphi}_{12}^2 + \hat{\varphi}_{13}^2}}{2\pi d}\right) \tag{11-1-17}$$

在实际设备的工程设计中，要合理设置天线元 2 与天线元 3 两者之间的转换与驻

留时间，既要保证开关在某一状态接通后的驻留时间与设备的响应处理时间一致，又要有尽量短的转换周期，以保证对短时间驻留信号的可靠测量。

相位差的测量可以采用前文在单基线双信道干涉仪测向中介绍的 3 种方法之一，这里不再赘述。

双基线双信道干涉仪测向设备有 3 个主要优点：第一是能够同时测量来波信号的水平方位角和仰角；第二是与单基线双信道干涉仪测向机相比，其改善了视角范围；第三是降低了天线散射和耦合带来的误差，因为在 3 个天线元中，总有一个天线元处于断开状态。双基线双信道干涉仪测向设备的主要缺点是：需要对天线元 2 和天线元 3 进行开关选通切换，延长了方位测量的时间。

三、双信道四单元天线干涉仪测向

将 4 个天线元按 N、S、E、W 共 4 个方位排列，可以顺序获得 6 条基线的相位比较结果，如图 11-7 所示为双信道四单元天线干涉仪测向原理框图。

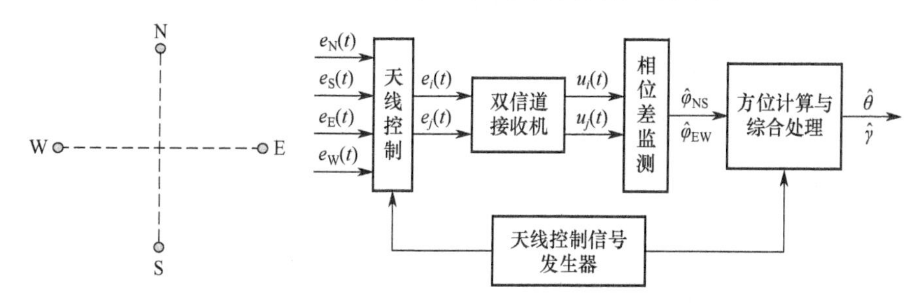

图 11-7　双信道四单元天线干涉仪测向原理框图

设相对天线元的间距为 d，以 4 个天线元的几何中心为参考，顺序测量 NS、EW 两条基线的相位差，若双信道接收机的相位失配为 φ_0，则

$$\varphi_{NS} = \varphi_0 + \frac{2\pi d}{\lambda}\cos\gamma\cos\theta \tag{11-1-18}$$

$$\varphi_{SN} = \varphi_0 - \frac{2\pi d}{\lambda}\cos\gamma\cos\theta \tag{11-1-19}$$

$$\varphi_{EW} = \varphi_0 + \frac{2\pi d}{\lambda}\cos\gamma\cos\theta \tag{11-1-20}$$

$$\varphi_{WE} = \varphi_0 - \frac{2\pi d}{\lambda}\cos\gamma\cos\theta \tag{11-1-21}$$

如果在 4 次顺序测量期间 φ_0 保持不变，则可以采用将 4 个相位差测量值两两相减的办法抵消两个信道固有的相位失配 φ_0，即

$$\varphi_{NS} - \varphi_{SN} = \frac{4\pi d}{\lambda}\cos\gamma\cos\theta \tag{11-1-22}$$

$$\varphi_{EW} - \varphi_{WE} = \frac{4\pi d}{\lambda}\cos\gamma\cos\theta \tag{11-1-23}$$

由此得

$$\hat{\theta}=\arctan\left(\frac{\hat{\varphi}_{\text{EW}}-\hat{\varphi}_{\text{WE}}}{\hat{\varphi}_{\text{NS}}-\hat{\varphi}_{\text{SN}}}\right) \tag{11-1-24}$$

$$\hat{\gamma}=\arccos\left(\frac{\lambda}{4\pi d}\sqrt{(\hat{\varphi}_{\text{NS}}-\hat{\varphi}_{\text{SN}})^2+(\hat{\varphi}_{\text{EW}}-\hat{\varphi}_{\text{WE}})^2}\right) \tag{11-1-25}$$

双信道四单元天线干涉仪测向设备的主要优点是：一是具有水平全方位（360°）的视角范围；二是因为采用了信道转换技术，所以无须信道之间的严格匹配；三是可以同时测量来波的仰角和水平方位角。

双信道四单元天线干涉仪测向设备的缺点是：一是由于各天线元接收的信号顺序分段地（分四个时序）通过双信道接收机，因此增加了目标信号到达方向的捕获时间，降低了接收灵敏度；二是前端的顺序分段与后端的数据处理要同步控制。

双信道四单元天线干涉仪测向设备的测向设备除了应用于军事无线电测向领域，还被广泛地应用于 FM 频段、HF 频段的电波传播研究领域。

四、三信道三单元天线干涉仪测向

将 3 个天线元排列成等边三角形（彼此以 120° 夹角配置），天线元 1、天线元 2 排列在 NS 方位，对应地采用三信道接收机，三信道三单元天线干涉仪测向原理框图如图 11-8 所示。

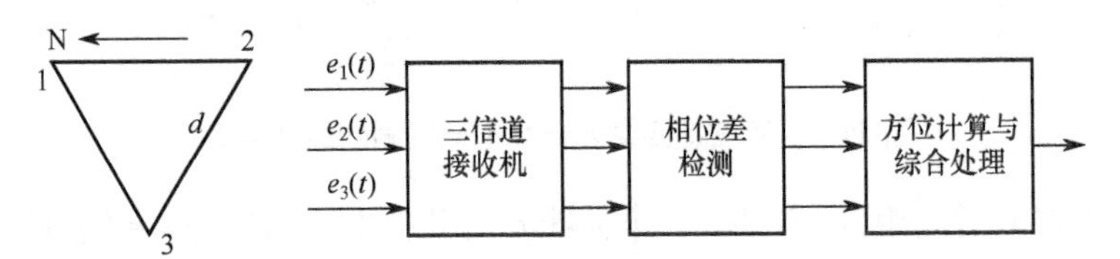

图 11-8　三信道三单元天线干涉仪测向原理框图

3 个天线元对应接收信号之间的相位差分别为

$$\varphi_{1-2}=\frac{2\pi d}{\lambda}\cos\gamma\cos\theta \tag{11-1-26}$$

$$\varphi_{3-1}=\frac{2\pi d}{\lambda}\cos\gamma\cos(\theta-120^\circ) \tag{11-1-27}$$

$$\varphi_{2-3}=\frac{2\pi d}{\lambda}\cos\gamma\cos(\theta-240^\circ) \tag{11-1-28}$$

用这 3 个相位差测量值计算来波的仰角和方位角，得

$$\gamma=\arccos\left\{\frac{(\varphi_{1-2}^2+\varphi_{2-3}^2+\varphi_{3-1}^2)^{1/2}}{\frac{2\pi d}{\lambda}\sqrt{\frac{3}{2}}}\right\} \tag{11-1-29}$$

$$\varphi'_{1-2} = \arctan\left\{\frac{2\varphi_{2-3} + \varphi_{1-2}}{\sqrt{3}\varphi_{1-2}}\right\} \tag{11-1-30}$$

$$\varphi'_{1-3} = \arctan\left\{\frac{-2\varphi_{3-1} - \varphi_{1-2}}{\sqrt{3}\varphi_{1-2}}\right\} \tag{11-1-31}$$

$$\varphi'_{2-3} = \arctan\left\{\frac{-2\varphi_{2-3} - \varphi_{3-1}}{\sqrt{3}(\varphi_{2-3} + \varphi_{3-1})}\right\} \tag{11-1-32}$$

$$\hat{\theta} = \arctan\left\{\frac{\cos\varphi'_{1-2} + \cos\varphi'_{1-3} + \cos\varphi'_{2-3}}{\sin\varphi'_{1-2} + \sin\varphi'_{1-3} + \sin\varphi'_{2-3}}\right\} \tag{11-1-33}$$

在 3 个相位差测量值中，只要使用其中的两个就可以推测得到来波方位角的估计值 $\hat{\theta}$ 和仰角的估计值 $\hat{\gamma}$，但同时使用 3 个相位差测量值可以降低随机测量误差、提高测量精度。相位差检测可以采用模拟方法，也可以采用数字方法或数字方法加傅里叶变换的方法，由于傅里叶变换方法具有数据的相干求均、消除干扰、校准补偿、提高 DOA 精度及计算灵活等优点，因而在现代干涉仪测向设备中被普遍采用。

在相位干涉仪测向设备中，必须实时掌握信道之间相位失配的准确数据，并在后处理中进行校正，这样才能精确测量来波的到达方向信息。从目前的技术发展状况来说，在三信道接收机中，严格的相位匹配和跟踪技术，工程实现的难度非常大。采用信道转换技术可以提供相位失配的数据，但是存在响应时间延长、方位捕获与测量时间延长等问题。最常用的方法是周期性地在前端插入一个对应信号频率的射频校正信号，通过比较校正信号在各信道之间引起的幅度差和相位差，得到对应的误差校正数据，将其存储起来以备正常测量时调用。由于接收信道的工作特性随时间通常会有一定的变化，因此一般每间隔一个时间段（如十几分钟）就要重复一次校正过程。

一个位于通带中心的窄带射频校正信号难以准确给出边带上的相位误差，要准确给出整个通带内的相位误差以适应 FFT 方式的相位测量，必须采用步进式或扫频式的射频校正信号。当扫频式的射频校正信号扫过通带时，执行一次 FFT，确定通带内每个步进频段（步进间隔为频率分辨率 Δf）的幅度和相位误差，这组误差数据就可以用来消除在实际测量过程中信道相位失配对 FFT 各个频点（或以 Δf 为步进间隔的步进频段）所产生的相位误差，从而保证方位测量的精度。

在测向设备工作过程中，三副天线都始终在线工作，此时天线的散射和耦合也将引起误差，这种误差受时间和场地的影响比较小，是一种系统固定误差，在测向场地环境比较好（如达到 A 级场地标准）的情况下，场地校正数据主要针对天线的散射和耦合误差，相关内容将在后面的测向误差处理中论述。

采用三信道三单元天线干涉仪测向设备具有显著的优点，包括：一是能测量瞬时的来波到达方向信息；二是具有水平全方位，即 360° 范围的测量视角；三是能同时测量方位角和仰角；四是能很好地与 FFT 处理技术兼容；五是具有很好的调制容限，能适应各种调制方式的信号；六是使用三条基线的相位差测量数据进行综合处理，可有效提高测量精度。

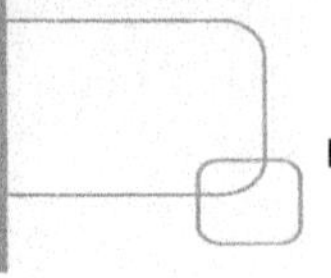

三信道三单元天线干涉仪测向设备的主要缺点是：一是要求主处理器单元具有高速运算能力；二是为了减小误差，需要定时进行信道幅度和相位失配的校正；三是设备结构相当复杂，工程造价高昂。

第二节　相关干涉仪测向

传统的干涉仪法测向存在天线阵的天线元之间距离较近、天线元之间存在互耦，以及受基础基线长度的限制工作频率范围受限等问题。人们在尝试改进天线阵型设计的同时引进了一种新的测向方法，即相关干涉仪测向。

相关干涉仪测向不需要一组小于半波长的基线，天线元之间可以有较大的距离。它不靠基础基线解模糊，而是用相关处理的算法来解决这个问题。这里“相关”的含义就是通过“比较”其相似程度，得到来波方位的确定解，即通过比较用某一基线实测的来波相位差分布与事先已存储的相位差分布的相似性，也就是比较它们随着频率、方位和仰角变化的特性，获取来波的方向。采用了相关处理技术，弱化了天线元之间、载体与天线元之间的互耦影响。因此，相关干涉仪测向是目前应用最多的测向体制。

一、相关干涉仪测向原理

相关干涉仪测向的基本原理是：在测向天线阵列工作频率范围内和 360° 方向上，各按一定规律设点，同时在频率间隔和方位间隔上建立样本群。在测向时，将所测得的数据与样本群进行相关运算和插值处理，以获得来波信号方向。相关干涉仪测向采用多基线技术，可以使用中、大基础天线阵，采用多信道接收机、计算机和 FFT 技术，因而该体制测向灵敏度高、测向准确度高、测向速度快，并且可测来波信号仰角，有一定的抗波前失真能力。

相关干涉仪测向体制的工作流程为：首先，完成各天线元对参考天线元的相位差测量，获取一组相位差测量数据；然后，使用相位差测量数据与存储在存储器中的若干相位差参考数据组进行相关运算；最后，求最大相关系数，取得最大相关系数的相位差参考数据对应的方位角，即所接收信号的电波入射方位角。

必须指出，存储在存储器中的若干相位差参考数据组是实测获得的，这些相位差参考数据是与不同的来波信号方向唯一对应的。

在实际相位干涉仪测向系统中，通常选用多阵元圆形天线阵，天线阵孔径不受小于半个工作波长的约束，这样可以覆盖更宽的频段，同时可以提高测向精度。在圆形天线阵干涉仪测向系统中，为了确定圆形天线阵天线元的数量、天线间距和工作频带的关系，以及建立消除模糊的标准，一般可采用相关处理的算法。

在多元圆阵中，选取若干个天线对，对于一个确定入射角的空间来波，从这些天线对可以得到相应的相位差，这些相位差由天线阵的结构决定。根据已知的天线阵结构，可以计算出相位差，也可以通过实际测量得出。在 360° 全方位上，等间距地选取若干方向 θ_i（$i=1,2,3,\cdots,n$），每个方向有若干个天线对的相位差 φ_j（$j=1,2,3,\cdots,m$）相对应，m 为选取的天线对数量。这些天线对的相位差称为干涉仪系统的原始相位样本，原始相位样本包含了干涉仪系统的所有参数信息。对于某一个实际目标信号，干涉仪系统测量出一组相位差，将这组相位差和系统原始相位样本进行相关处理，计算出它们的相关系数，相关系数的最大值对应的方位角就是目标信号的方位。

将预先得到的空间方向和相应的干涉仪系统的原始相位样本写成复向量形式，即

$$\boldsymbol{\theta}_i = (\varphi_{1i}, \varphi_{2i}, \cdots, \varphi_{mi}), \quad i = 1,2,3,\cdots,n \tag{11-2-1}$$

对于一个空间实际信号，得到的原始相位样本为复向量 $\boldsymbol{\theta}$，$\boldsymbol{\theta}$ 分别和 $\boldsymbol{\theta}_i$（$i = 1,2,3,\cdots,n$）进行相关运算，相关函数的表达式为

$$\rho_i = \frac{\boldsymbol{\theta}^{\mathrm{T}} \cdot \boldsymbol{\theta}_i}{(\boldsymbol{\theta}^{\mathrm{T}} \cdot \boldsymbol{\theta})^{1/2} \cdot (\boldsymbol{\theta}_i^{\mathrm{T}} \cdot \boldsymbol{\theta}_i)^{1/2}}, \quad i = 1,2,3,\cdots,n \tag{11-2-2}$$

ρ_i 中的最大值与其相对应的原始相位样本所代表的方位，就是空间实际入射信号的方位角。

上文引入相关处理的算法等效于在 360° 方向内形成了若干个空间滤波器，对一个空间信号产生的原始相位样本复向量 $\boldsymbol{\theta}$（$\varphi_1,\varphi_2,\cdots,\varphi_m$）进行空间匹配滤波，最佳匹配是 $\boldsymbol{\theta}$ 的共轭匹配，这与相关处理算法的结论是吻合的，相关处理算法的过程就是空间滤波的过程。

利用相关处理算法对干涉仪测向系统进行分析可以得到干涉仪的重要参数，如主瓣宽度、副瓣幅度等。这参数直接关系到干涉仪测向系统的精度和消除模糊的能力，这也是干涉仪测向系统最关心的问题。相关处理算法特别适合现代的数字处理技术，将干涉仪测向系统采集的原始相位样本进行存储，测向过程实际上就是一种典型的数字相关匹配处理过程，该处理过程简单明了。原始相位样本包含干涉仪测向系统的固有偏差、设备制造误差和所有方位角的相位信息，所以本身就可以达到很高的精度。

相关干涉仪测向本质上属于矢量法测向，它是通过测量天线阵的各阵元之间的复数电压分布来计算电波方向的方法，相关干涉仪和空间谱估计都属于这种方法。

相关干涉仪测向采用阵元天线，按照接收信道数目，相关干涉仪分为单通道相关干涉仪、双通道相关干涉仪和多通道相关干涉仪，其基本原理是相同的。

二、相关干涉仪测向过程

以单通道相关干涉仪为例阐述测向过程，如图 11-9 所示。

A_0 ～ A_8 这 9 个天线元按 40° 的间隔均匀地分布在一个半径为 R 的圆周上，且 A_0 位于正北方位。

令天线元 A_1 ～ A_8 上的感应电压相对于天线元 A_0（称为“参考天线元”）上的感应电压的相位差分别为 φ_{01}、φ_{02}、…、φ_{08}。理论证明，这些相位差和来波的频率 f、方位角 α、仰角 θ 及测向天线的半径 R 的关系为

$$\varphi_{01} = \frac{4\pi Rf}{c} \cos\theta \sin 20^\circ \sin(\alpha - 20^\circ)$$

$$\varphi_{02}=\frac{4\pi Rf}{c}\cos\theta\sin40^{\circ}\sin(\alpha-40^{\circ})$$

$$\varphi_{03}=\frac{4\pi Rf}{c}\cos\theta\sin60^{\circ}\sin(\alpha-60^{\circ})$$

$$\vdots$$

$$\varphi_{08}=\frac{4\pi Rf}{c}\cos\theta\sin160^{\circ}\sin(\alpha-160^{\circ})$$

式中，c 为光速。

将 $\theta=0$ 时的 $\varphi_{01}\sim\varphi_{08}$ 分别记为 $\Phi_{01}\sim\Phi_{08}$，即

$$\Phi_{01}=\frac{4\pi Rf}{c}\sin20^{\circ}\sin(\alpha-20^{\circ})$$

$$\Phi_{02}=\frac{4\pi Rf}{c}\sin40^{\circ}\sin(\alpha-40^{\circ})$$

$$\Phi_{03}=\frac{4\pi Rf}{c}\sin60^{\circ}\sin(\alpha-60^{\circ})$$

$$\vdots$$

$$\Phi_{08}=\frac{4\pi Rf}{c}\sin160^{\circ}\sin(\alpha-160^{\circ})$$

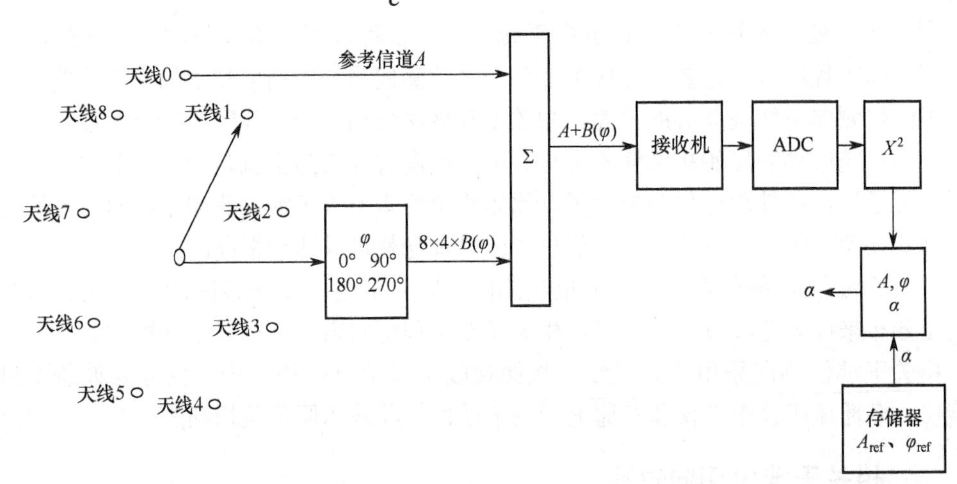

图 11-9　相关干涉仪测向过程

令 $(\Phi_{01},\Phi_{02},\cdots,\Phi_{08})=e$，并称为理论样本点。若方位角 α 以 1° 的步长变化，则得到 360 个理论样本点：

$$e_i=(\Phi_{01i},\Phi_{02i},\cdots,\Phi_{08i}),\quad i=1,2,\cdots,360 \tag{11-2-3}$$

这 360 个理论样本点，分别命名为 e_1、e_2、…、e_{360}。这些样本点都用 $\Phi_{01}\sim\Phi_{08}$ 这 8 个变量来描述。对于任意频率的来波，都可以用式（11-2-3）进行计算而得出它的 360 个理论样本点。

单通道相关干涉仪测向体制，其测向接收机只有一个通道。因此，它不能由相

应的两个天线元感应的射频信号（或变频后的中频信号）直接测量得到$\varphi_{01}\sim\varphi_{08}$，而只能通过测量射频预处理单元后的相应的两个天线元的合成信号的幅度来计算$\varphi_{01}\sim\varphi_{08}$。

0 号天线元（参考天线元）上的感应电压同其他 8 个天线元中每个的感应电压均按下述方式合成。现以 1 号天线元为例来说明这种合成方式。1 号天线元上的感应电压$B(\varphi_{01})$与参考天线元上的感应电压A的合成分 4 个时隙进行。在第 1 个时隙，$B(\varphi_{01})$直接（移相 0°）与A合成再送至接收机。在第 2 个时隙，$B(\varphi_{01})$移相 90°与A合成再送至接收机。在第 3 个时隙，$B(\varphi_{01})$移相 180°与A合成再送至接收机。在第 4 个时隙，$B(\varphi_{01})$移相 270°与A合成再送至接收机。接收机依次将这 4 次合成的信号变频，得到 4 个时隙的中频信号。其电压值的二次幂同参考天线元的感应电压的幅度、1 号天线元的感应电压的幅度，以及这两个感应电压的相位差有下述关系。

当移相 0°时，其电压值的二次幂为

$$p=K^2(A^2+B^2+2AB\cos\varphi_{01}) \tag{11-2-4}$$

式中，A为参考天线元上感应电压的幅度；B为 1 号天线元上感应电压的幅度；φ_{01}为 1 号天线元上感应电压相对参考天线单元上感应电压的相位差；K为接收通道的放大系数。

当移相 90°时，其电压值的二次幂为

$$q=K^2(A^2+B^2+2AB\sin\varphi_{01}) \tag{11-2-5}$$

当移相 180°时，其电压值的二次幂为

$$m=K^2(A^2+B^2-2AB\cos\varphi_{01}) \tag{11-2-6}$$

当移相 270°时，其电压值的二次幂为

$$n=K^2(A^2+B^2-2AB\sin\varphi_{01}) \tag{11-2-7}$$

由式（11-2-4）～式（11-2-6）得

$$4K^2AB\sin\varphi_{01}=p-m \tag{11-2-8}$$

由式（11-2-5）～式（11-2-7）得

$$4K^2AB\cos\varphi_{01}=q-n \tag{11-2-9}$$

式（11-2-8）÷式（11-2-9），得

$$\tan\varphi_{01}=\frac{p-m}{q-n} \tag{11-2-10}$$

由式（11-2-10）可得

$$\varphi_{01}=\arctan\frac{p-m}{q-n}$$

也就是说，通过上述的信号合成方式和数字计算，可以得到 1 号天线元上的感应电压相对参考天线元上的感应电压的相位差φ_{01}。同样地，2～8 号天线元上的感应电压分别与参考天线元上的感应电压按上述方式合成，就可以得到 2～8 号天线元上的感应电压相对于参考天线元上的感应电压的相位差$\varphi_{02}\sim\varphi_{08}$。1～8 号天线元上的感应电压

与参考天线元上的感应电压按上述方式的合成是在测向设备的射频预处理单元完成的。

为了区别实际测得的$\varphi_{01}\sim\varphi_{08}$与按式（11-2-3）计算得出的$\varphi_{01}\sim\varphi_{08}$，将实际测得的$\varphi_{01}\sim\varphi_{08}$加上标符号“′”，即实际测得的1～8号天线元上的感应电压相对参考天线元上的感应电压的相位差为$\varphi'_{01}\sim\varphi'_{08}$。令$(\varphi'_{01},\varphi'_{02},\cdots,\varphi'_{08})=e'$，并称为实测样本点。

将e'与$e_1\sim e_{360}$进行相关运算。从$e_1\sim e_{360}$这360个理论样本点中找出与e'最相似（或最贴近）的那一个理论样本点。该理论样本点所在的方位角，即被测来波的方向。

在工程上，这种计算的测向准确度很差。其原因是移相合成器难以做到相位平衡和幅度平衡。因此，在实际应用中的做法是按下面的叙述进行的。

由于测向设备的射频预处理单元按上述方式工作，因此一个来波在接收机输入端上的射频信号的包络是一个有32个阶梯的周期波。在接收机中，射频信号被线性放大，变频后的中频信号的包络仍然是这个有32个阶梯的周期波。将该感应电压按每个阶梯抽样、量化和编码，即将每个阶梯的电压数字化，于是得到表征这32个电压的32个数字量。将这一组32个数字量作为一个样本点E，意味着一个样本点E有32个变量。在调试时，按5°的方位间隔和5MHz的频率间隔，使测向设备接收信号源发射的信号，而获取这样的32个数值。于是，对于任意选取的频率，有72个不同方位的样本点$E_1\sim E_{72}$。这些样本点，被称为标准样本点，并被存储在计算机中。测向设备在实际工作时，将接收被测信号而获得的32个数字量作为实测样本点E'。将E'与其频率最相近的$E_1\sim E_{72}$这72个标准样本点进行相关运算和插值运算，可以确定来波方向。

三、相关干涉仪的特点

相关干涉仪的技术优势主要表现在：与幅度或相位体制相比，具有高精度、高灵敏度和高抗扰度等突出特点。

相关干涉仪的主要技术特点如下。

（1）允许使用大孔径天线阵，因而有很强的抗多径失真能力。天线阵孔径是指天线阵最大尺寸d与工作波长λ之比，即d/λ。一般$d<\lambda$叫作小孔径，$d=(1\sim2)\lambda$叫作中孔径，$d>2\lambda$叫作大孔径。相关干涉仪测向时同时使用了天线间的矢量电压（幅度和相位）的分布，在很大程度上避免了天线间隔误差和多值性的制约，因而可以使用大孔径天线阵。天线阵孔径直接影响有反射环境下的测向质量，天线阵孔径越大，抗相关干扰的能力越强。

（2）天线阵孔径变大并采用相关算法，为实现高精度测向奠定了基础。相关干涉仪的本机测向准确度在很宽的频段内可以达到1°（RMS），实现测向高精度的基础包括两点：一是在测量天线间电压时，因天线阵孔径大，天线元制造公差引起的电压测量误差相对测量读数变小；二是天线元制造公差及安装平台的影响等都可以包含在样本中，在相关算法中都可以自动消除（注意：这里要求天线阵是稳定不变的）。

（3）天线阵孔径变大并采用相关算法，也为实现测向高灵敏度奠定了基础。相关干涉仪在很宽的频段内具有测量高灵敏度的原因也有两点。一是天线间隔加大降低了白噪声的干扰，比如，在测量两天线间的相位差时，当白噪声的干扰引起的相位抖动为 5°，两天线的相位差为 50° 时，噪声干扰影响为 1/10；若天线间隔加大 1 倍，两天线的相位差 100°，则噪声干扰影响降低为 1/20。二是在对数据进行处理时，相关算法的增益有类似积分的效果。

（4）天线阵孔径变大并采用相关算法，为抗带内干扰奠定了基础。相关干涉仪的另一个特点是只要带内干扰信号比被测信号电平小 3～5dB，测向就基本上不受影响。其原因是天线阵孔径越大，相关曲线越尖锐，这和采用强方向性天线避开同带干扰的效果类似。

基于复矢量电压测量的相关干涉仪测向体制具有测向准确度高、测向灵敏度高、测向速度快、抗干扰能力强、稳定性好、设备复杂度较低等优点，其是目前无线电监测中主流的测向体制。

第三节　多普勒测向

多普勒测向是基于多普勒效应的测向方法。多普勒效应是奥地利天文学家多普勒于 1842 年发现的，爱因斯坦于 1905 年导出了精确的多普勒效应表达式，1947 年英国人首先研制了第一部基于多普勒效应的测向设备。该测向设备采用顺序测量圆形天线阵中相邻阵元入射信号上相位差的方法，测定来波方向。但受技术条件限制，多普勒测向存在一些问题，如抗干扰能力差、存在牵引效应和信号调制误差等，当时这些问题还无法解决，于是英国人就放弃了多普勒测向技术的研究。德国 R&S 公司从 20 世纪 50 年代开始研究多普勒测向，解决了很多多普勒测向技术中存在的问题，提高了测向系统的性能，设计制造出多种多普勒测向设备，并广泛应用于无线电导航、监测、情报侦察、电子战等领域，使多普勒测向成为一种重要的测向手段。

一、多普勒效应

如图 11-10 所示，当波源与观察者之间有相对运动时，观察者所接收到的信号频率 f_s 与波源所发出的信号频率 f_0 之间有一个频率增量 f_d，这种现象叫作多普勒效应，其对应的 f_d 就称为多普勒频移。

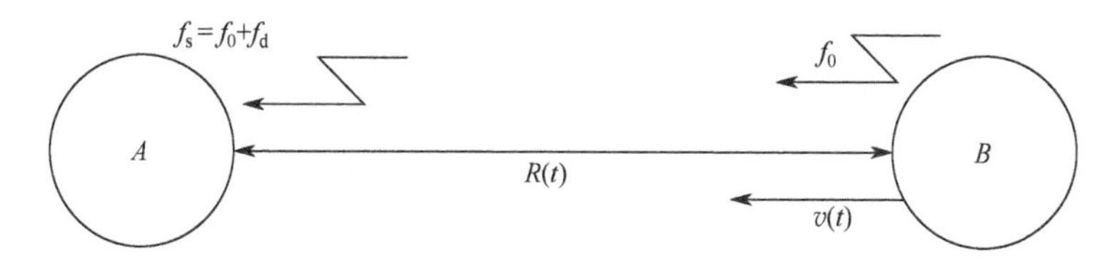

图 11-10　多普勒效应示意图

设波源 B 与观察者 A 之间的相对运动速度为 $v(t)$，A 与 B 两点之间的初始距离为 R_0，电波的传播速度为 v_p，则在 t 时刻的瞬时距离为

$$R(t)=R_0-\int_0^t v(\tau)\mathrm{d}\tau \tag{11-3-1}$$

假设波源 B 在 t 时刻发出的信号表达式为

$$e_B(t)=E_m \mathrm{e}^{\mathrm{j}(2\pi f_0-\varphi_0)} \tag{11-3-2}$$

则该信号到达 A 点后经历了 t_d 的时间延迟，$t_\mathrm{d}=R(t)/v_\mathrm{p}$，所以在 A 点接收到的信号为

$$e_A(t)=E_m \mathrm{e}^{\mathrm{j}[2\pi f_0(t-t_\mathrm{d})-\varphi_0)]}=E_m \mathrm{e}^{\mathrm{j}\{2\pi f_0[t-R(t)/v_\mathrm{p}-\varphi_0]\}} \tag{11-3-3}$$

其对应的瞬时相位为

$$\varphi(t)=2\pi f_0\left[t-\frac{R(t)}{v_\mathrm{p}}\right]-\varphi_0 \tag{11-3-4}$$

瞬时角频率为

$$\omega_\mathrm{s}(t)=\frac{\mathrm{d}\varphi(t)}{\mathrm{d}t}=2\pi f_0\left[1+\frac{v(t)}{v_\mathrm{p}}\right]=2\pi[f_0+f_\mathrm{d}(t)] \tag{11-3-5}$$

其中，多普勒频移为

$$f_\mathrm{d}(t)=\frac{v(t)}{v_\mathrm{p}}f_0 \tag{11-3-6}$$

可见，多普勒频移 f_d 与波源自身所发出的信号频率 f_0 及波源与观察者之间的相对运动速度 $v(t)$ 成正比，与电波的传播速度 v_p 成反比。对于电磁波，$v_\mathrm{p}=c$（光速）。多普勒效应是日常生活中一种很常见的现象，例如，迎面开来的列车，其鸣号音听起来很尖锐，而远离的列车的鸣号音相对来说就比较低沉，这是因为观察者实际听到的鸣号音频率增加（迎面开来）或减少（远离）了 1 个多普勒频移。

二、多普勒测向原理

如图 11-11 所示，全向天线 A 在半径为 R 的圆周上以 ω 的角频率顺时针匀速旋转，设起始位置为正北方位，对于仰角为 γ、水平方位为 θ 的来波信号，在 t 时刻其接收信号相对于中央全向天线 O 的相位差为

$$\varphi(t)=\frac{2\pi}{\lambda}R\cos\gamma\cos(\omega t-\theta) \tag{11-3-7}$$

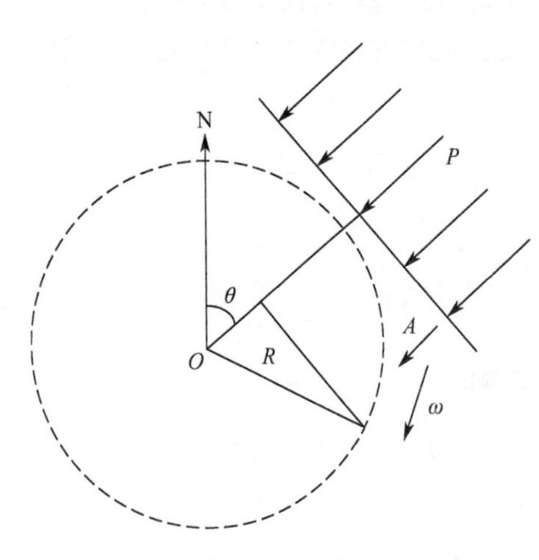

图 11-11 多普勒测向天线原理示意图

$\varphi(t)$ 是由于天线元 A 绕圆周运动所产生的多普勒相移，其中包含来波的方位角 θ，这是多普勒测向的前提保证。

设中央全向天线 O 的接收电压为

$$e_0(t)=E_m \mathrm{e}^{\mathrm{j}[\omega t+\varphi_0(t)]} \tag{11-3-8}$$

则绕圆周运动的天线元 A 所接收的电压为

$$e_A(t)=E_m \mathrm{e}^{\mathrm{j}[\omega t-\varphi(t)+\varphi_0(t)]} \tag{11-3-9}$$

多普勒测向的基本思想就是将 $e_0(t)$ 与 $e_A(t)$ 进行比相，获取多普勒相移成分 $\varphi(t)$，再将 $\varphi(t)$ 与 $\cos(\omega t)$ 一同进行鉴相，就可以获取来波

的方位角θ。

在实际测向设备工作过程中，目标信号可能是调角信号，也可能是具有寄生相位调制或相位噪声的非调角信号，用$\varphi_0(t)$代表它。它在$e_A(t)$中将与$e_0(t)$混淆在一起，因此仅从$e_A(t)$中难以正确无误地检测出多普勒相移$\varphi(t)$，只有通过与中央全向天线的接收信号进行比相，才能抵消掉$\varphi_0(t)$成分，进而正确检测出多普勒相移$\varphi(t)$。

三、伪多普勒测向原理

所谓伪多普勒测向就是用排列成圆阵的 n 个全向天线元的顺序扫描转换来模拟单个全向天线元的圆周机械旋转。

要使天线元绕一个半径较大的圆周高速旋转，例如，绕半径为 2m 的圆周以 100rad/s 的速度高速旋转，这在工程设计上是不切实际的，实际的多普勒测向设备均采用伪多普勒测向原理。如图 11-12 所示为典型的伪多普勒测向设备原理框图。

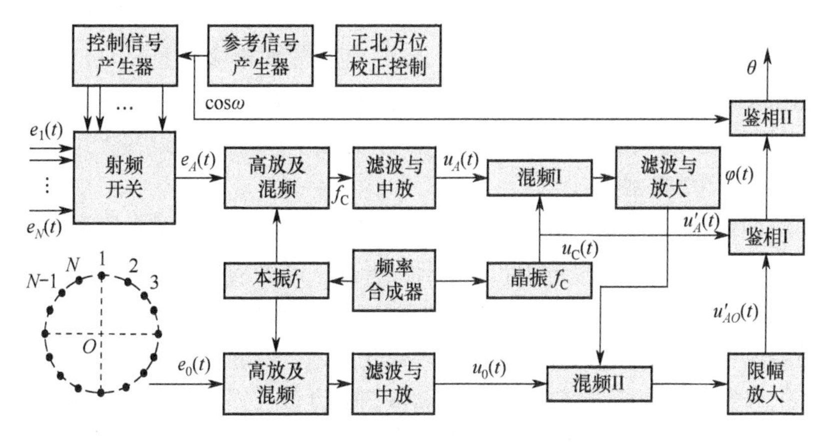

图 11-12　典型的伪多普勒测向设备原理框图

下面简单分析其工作原理。

在正北方位校正控制信号下，参考信号产生器为控制信号产生器提供以正北方位为起始的标准余弦信号，以驱动射频开关动作，使得$e_1(t)$、$e_2(t)$、…、$e_N(t)$、$e_1(t)$、…轮流输出，形成等效于绕圆周以ω角频率匀速运动的天线输出电压$e_A(t)$。

设中央全向天线的接收电压为

$$e_0(t)=E_m\mathrm{e}^{\mathrm{j}[\omega t+\varphi_0(t)]} \tag{11-3-10}$$

则

$$e_A(t)=E_m\mathrm{e}^{\mathrm{j}[\omega t-\varphi(t)+\varphi_0(t)]} \tag{11-3-11}$$

式中，$\varphi_0(t)$代表目标信号可能的调角分量和寄生相位调制或相位噪声等之和；$\varphi(t)$是圆周上各天线元的等效运动所产生的多普勒相移（与中央全向天线的接收电压相比较），有

$$\varphi(t)=\frac{2\pi}{\lambda}R\cos\gamma\cos(\omega t-\theta) \tag{11-3-12}$$

$e_0(t)$ 与 $e_A(t)$ 经过两路具有相同幅度相位特性的高放、混频、滤波、中放后，输出两路中频信号：

$$u_0(t)=U_m \mathrm{e}^{\mathrm{j}[\omega_1 t+\varphi_0(t)+\varphi_1]} \tag{11-3-13}$$

$$u_A(t)=U_m \mathrm{e}^{\mathrm{j}[\omega_1 t-\varphi(t)+\varphi_0(t)+\varphi_1]} \tag{11-3-14}$$

$u_A(t)$ 与频率为 f_C 的基准晶振信号再进行一次频率迁移，经过滤波与放大后，取下边带输出有

$$U'_A(t)=U'_m \mathrm{e}^{\mathrm{j}[(\omega_1-\omega_C)-\varphi(t)+\varphi_0(t)+\varphi_1]} \tag{11-3-15}$$

它再与 $u_0(t)$ 进行混频，取下边带，经限幅放大后的输出为

$$\begin{aligned}U'_{AO}(t)&=U'_{m0} \mathrm{e}^{\mathrm{j}\{\omega_1 t+\varphi_0(t)+\varphi_1-[(\omega_1-\omega_C)t-\varphi(t)+\varphi_0(t)+\varphi_1]\}}\\&=U'_{m0} \mathrm{e}^{\mathrm{j}[\omega_C t+\varphi(t)]}\end{aligned} \tag{11-3-16}$$

由此可见，$U'_{AO}(t)$ 中既包含 $\varphi(t)$，又与目标来波信号的工作频率和相位调制无关，它与 $u_C(t)$ 一同送到鉴相器进行比相，检测出多普勒相移分量 $\varphi(t)$，最后将 $\varphi(t)$ 与参考信号 $\cos(\omega t)$进行比相，即可获得来波方位角 θ 的测量值。

多普勒测向设备的天线阵通常由 11～30 个偶极子或单极子天线元组成，其均匀排列在直径小于等于 $\lambda/2$ 的圆周上。

多普勒测向的工作原理很简单，但是在工程设计中有许多因素需要周密考虑，其中最重要的是减小天线阵的顺序抽样所带来的干扰。因为周期性地对天线元输出信号进行抽样，相当于在各个天线元的输出周期性地加上一个以驻留时间为宽度的矩形时窗，其对应的频谱结构就会包含多个边带，称为寄生 AM 边带。另外，周期性的伪多普勒频移也会寄生许多 FM 边带，这些 AM 边带和 FM 边带互相影响，天线抽样所产生的每个 AM 边带都随着天线的旋转而被频率调制，它们共同作用的结果会使当前信道或相邻信道中都包含多个边带，使得在密集复杂的信号环境中从 $e_A(t)$ 中难以鉴别是单目标信号还是多目标信号。如果多普勒频移存在于寄生的 FM 边带中，测向信道接收机有可能就锁定在这个寄生边带上，此时测向设备可以处于稳定的工作状态，但得到的是错误的到达方向信息。

为了解决上述问题，在工程设计时需要采取如下技术措施，并在具体指标上折中考虑。

一是预抽样滤波。在天线的射频开关抽样之前接一个射频滤波器，以减少带外信号，进而降低开关转换所产生的无用边带。但是，降低信号带宽会延长调谐时间和频率引导过程，也会使方位捕获时间延长并影响检测概率，因此预抽样滤波不一定是最佳的折中方案。

二是抽样波形平滑。采用滤波的方法使方波抽样波形平滑，可以减少无用 AM 边带的数量，并降低其幅度，但平滑处理既会“软化”无用 FM 边带（对应多普勒相移的寄生分量）的相位过渡，也会降低正常多普勒相移分量的检测精度。

三是降低抽样速率。降低天线的抽样速率会减少寄生 AM 边带的干扰，但对应地也会减小多普勒频移的调制系数，使得到达方向的测量精度变低。另外，过低的抽样速

率会延长到达方向的捕获时间，并使短持续时间信号的测向性能变差。

四是减少天线元的数量。减少天线元的数量会减少单位时间内开关转换过渡状态的数量，但将使多普勒频移分辨率变差，从而使到达方向的测量精度变低。

伪多普勒测向技术的最佳应用场合是在不太拥挤的电磁环境中对协同工作的发射机进行测向。较大型的伪多普勒测向系统一般要求天线阵固定安装在地面，但目前机动伪多普勒测向系统也已经投入实际应用，主要应用于海洋（150～174MHz）和航空（115～144MHz 和 225～400MHz）工作频段，在这些频段内工作的发射机一般都协同工作，并且电磁环境不太拥挤，信道间隔受到了良好的控制。

如果在测向设备中采用鉴频技术测量多普勒频移分量，由于瞬时伪多普勒频移与仰角的余弦（$\cos\gamma$）成正比，因此通过测量伪多普勒频移，并利用频移与仰角的函数关系可以估算来波的仰角。伪多普勒测向技术具有方位捕获速度较高、能粗测到达信号的仰角等优点。伪多普勒测向技术存在一些缺点，主要有：一是天线抽样会产生信号失真，并可能产生错误的方位测量值；二是在密集的电磁环境中工作时，系统的性能将会有所降低；三是测量精度随仰角增大而降低，对地波（仰角 $\gamma=0°$）测量时具有最佳的精度；四是天线系统比较庞大，限制了测向系统的机动性和安装平台的兼容性。

第四节　时差法测向

时差法测向是从接收同一个辐射源信号的不同空间位置的多副天线上，测量或计算信号到达的时间差，以确定信号方向的测向技术。长期以来，时差法测向总要求采用几个波长的长基线，因而在小孔径测向中很少应用。但是，随着目前时差测量技术取得的进步和未来可能的发展，在短基线上实现时差法测向已经成为可能。通常，时差法测向只适用于数字脉冲信号。

一、时差法测向的基本原理

图 11-13 是双基线三信道时差法测向的原理框图，假设基线的间隔为 d，单位为 m，到达时间差 $t_{\rm d}$ 的单位为 ns，电波在空间以光速 c 传播。3 个天线元分别为“1”“2”“O”，若以天线元 O 为参考，则有

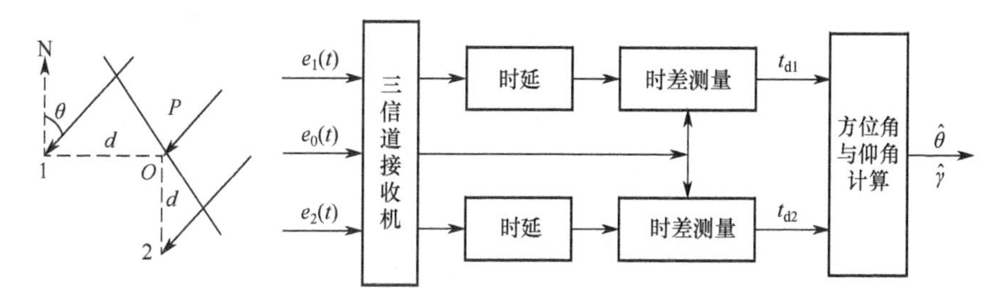

图 11-13　双基线三信道时差法测向的原理框图

$$t_{d1}=\frac{d}{c}\cos\gamma\sin\theta \text{ 或 } t_{d1}=3.33d\cos\gamma\sin\theta \tag{11-4-1}$$

$$t_{d2}=\frac{d}{c}\cos\gamma\cos\theta \text{ 或 } t_{d2}=3.33d\cos\gamma\cos\theta \tag{11-4-2}$$

$$\theta=\arctan\left(\frac{t_{d1}}{t_{d2}}\right) \tag{11-4-3}$$

$$\hat{\gamma}=\arccos\left[\frac{c}{d}(t_{d1}^2+t_{d2}^2)^{1/2}\right] \text{ 或 } \hat{\gamma}=\arccos\left[\frac{1}{3.33d}(t_{d1}^2+t_{d2}^2)^{1/2}\right] \tag{11-4-4}$$

到达时间差（TDOA）测向需要将一个天线元作为参考，如图 11-13 中的天线元 O 就是参考天线元，以它为基准进行时间间隔的测量。但是，如果入射信号先到达非参考天线元，则时差的测量就会出现问题，因为无法测量“负”的时延。为了解决这个问题，在非参考天线元对应的信道中插入一个固定时延大于 d/c 秒的时延器。

二、时差法测向的测量误差

在考虑短基线时差法测向设备的设计方案时，应该综合考虑安装平台所允许的基线距离、时差测量分辨率和测量误差，以及设备对方位测量精度的要求等。方位测量误差与时差测量误差之间的函数关系为

$$\theta_a=17.2\frac{t_a}{d\cos\gamma\cos\theta} \tag{11-4-5}$$

式中，t_a 为时差测量的均方根误差，单位为 ns（目前，时差测量精度可小于±1ns）；θ_a 为方位测量的均方根误差，单位为°。

在实际工作中，外部源（如多径来波等）和内部源（如非线性视频检波和非最佳接收机带宽等）都会使信号脉冲产生散射，在脉冲前沿进行时差测量的均方根误差为

$$t_a=\frac{t_r}{\sqrt{2\text{SNR}}} \tag{11-4-6}$$

式中，t_r 为视频脉冲的上升沿时间；SNR 为信噪比。假定采用线性视频检波，且信噪比 SNR 很大，则在低于微波的频段，t_r 有可能会受多径、传播路径的脉冲失真及入射射频信号的本地再辐射和散射等外部源的影响而变长。但是，在某些情况下，t_r 有可能受测向信道接收机视频带宽 B 的影响而变长。脉冲可靠传播时，射频与中频带宽通常都取中间值，信号的上升沿时间是视频带宽 B 的函数，即 t_r=0.35/B。

在一根基线上进行两次独立无关的时差测量所获得的到达时间差可使结果改善 $\sqrt{2}$ 倍，此时时差测量的均方根误差变为

$$t_a=t_r/\sqrt{\text{SNR}}=\frac{0.35}{B\sqrt{\text{SNR}}} \tag{11-4-7}$$

如果进行 m 次独立的时差测量，并对 m 个测量结果求平均，则 t_a 减小 $1/\sqrt{m}t_a$。

从理论上说，短基线时差法测向简单直接，但目前在工程上实现起来还有较大的难度，它对信道均衡和时差测量的稳定度等指标都提出了非常高的要求，信道间的幅度不平衡将引起时差测量误差。

习题与思考题

1. 简述相位法测向的基本原理，设计一个能同时测量来波信号的水平方位角和仰角的相位法测向机原理框图，并推导其测向原理。

2. 画出单基线双信道相位法测向机的原理框图，并根据相位测量的不同方式简述其工作原理。

3. 画出相位傅里叶变换法测向机的原理框图，分析其工作原理，并简述其优缺点。

4. 画出双基线双信道干涉仪测向机的原理框图，并简述其工作原理。

5. 画出四单元天线双信道干涉仪测向机的原理框图，简述其工作原理，并分析双信道相位失配对它的影响。

6. 试推导分析三单元天线三信道干涉仪测向机的工作原理，并简述其优缺点。

7. 简述多普勒测向和时差法测向的基本原理。

8. 画出伪多普勒测向机的原理框图，并说明其工作原理。

9. 画出时差法测向机的原理框图，并分析其工作原理。

第十二章

空间谱估计测向

第一节　引言

随着现代无线电技术的高速发展，传统的无线电测向技术已难以满足现代无线电监测对高精度、高分辨率和多参数的要求，迫使人们探索新的测向理论和技术。空间谱估计技术就是在这种背景下发展起来的。

空间谱估计属于阵列信号处理技术，是阵列信号处理的一个重要研究方向。阵列信号处理是指将一组传感器（天线）按一定方式布置在空间不同位置，形成传感器阵列（天线阵列），用传感器阵列来接收空间信号，得到信号源的空间离散观测数据并进行处理。与传统的单个定向传感器相比，传感器阵列具有灵活的波束控制、较高的信号增益、极强的干扰抑制能力，以及更高的空间分辨能力等优点，因而阵列信号处理具有重要的军事、民事应用价值和广阔的应用前景。

基于传感器阵列采样得到的空间离散观测数据，运用有关的空间谱估计算法，求得各个无线电信号的波达方向（Direction-Of-Arrival，DOA）与仰角、极化等参数，这就是空间谱估计测向。空间谱估计测向充分利用了天线阵列从空间电磁场接收到的全部信息，使得其具有超分辨测向能力。所谓超分辨测向，是指对同一信道中同时到达的、处于天线阵列固有波束宽度以内的两个以上电波，能够同时实现测向。因此，空间谱估计也常称为“超分辨谱估计”。空间谱估计的超分辨测向能力，使其测向准确度比传统测向体制高得多，即使信噪比下降到 0dB，仍能准确地工作，并且适用于对跳频信号测向，因而可以克服传统测向体制长期以来存在的许多难题。

最早的空间谱估计算法有常规波束形成法、Pisarenko 谐波分析法、Burg 最大熵法、Capon 法等。20 世纪 70 年代末，一类称为子空间法的新方法出现了。这类方法的一个共同特点是，通过对阵列接收数据的协方差矩阵进行数学分解，划分出两个相互正交的子空间，即信号子空间和噪声子空间。因此，按处理空间的不同，这类方法可分为两类：一类是以 MUSIC 算法为代表的噪声子空间类方法，另一类是以 ESPRIT 算法为代表的信号子空间类方法。20 世纪 80 年代后期，业界又出现了一类子空间拟合类方法，如最大似然算法、加权子空间拟合算法、多维 MUSIC 算法等。这类算法最大的优点是在信噪比较大及采样数据少的情况下，仍具有很好的处理性能；其最大的缺点是计算量大。

本章后续内容的安排如下：首先介绍阵列信号处理的基本模型，这是空间谱估计测向的理论基础；其次介绍波束形成，这部分内容有助于读者了解空间谱估计测向的含义，以及阵列接收数据的协方差矩阵；再次介绍信号子空间和噪声子空间，这部分内容起到一个过渡和准备的作用，从协方差矩阵过渡到子空间，并为介绍 MUSIC 算法和 ESPRIT 算法做准备，这两种算法均属于子空间法；最后介绍 MUSIC 算法和 ESPRIT 算法，这是两种经典的空间谱估计测向算法。限于篇幅，本章对其他的空间谱估计测向算法不进行介绍。

第二节　阵列信号处理的基本模型

一、常见阵列

阵列就是多个传感器或者天线的排列或布阵，组成阵列的传感器或者天线单元简称阵元。常见的阵列包括均匀线阵、均匀圆阵、L 形阵列和平面阵等。

在介绍常见阵列前，对于阵列信号处理，通常有两个假设：一是假设信号由一个点源产生，即源的大小与天线阵列的间距相比很小；二是假设点源位于空间远场，即点源到天线阵列的距离很远，以使球面波可以合理地近似为平面波，这样波阵面穿过阵列的曲率可以忽略，如图 12-1 所示。

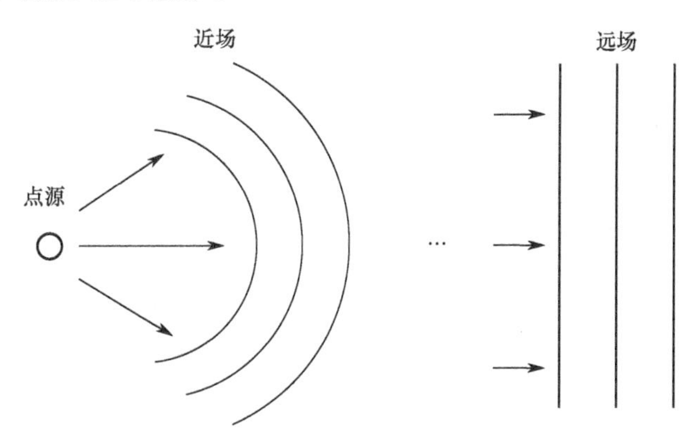

图 12-1　空间远场球面波近似为平面波

（一）均匀线阵

均匀线阵也称为等距线阵。M 个阵元等距离排成一条直线，阵元间距为 d，如图 12-2 所示。

由于点源位于空间远场，电波到达各阵元的波前近似为平面波，因此远场信号到达各阵元的方向角相同，用 θ 表示，称为波达方向角。根据均匀线阵的排列特点，电波传播到各阵元存在一个时延，且相邻阵元之间的时延相等。

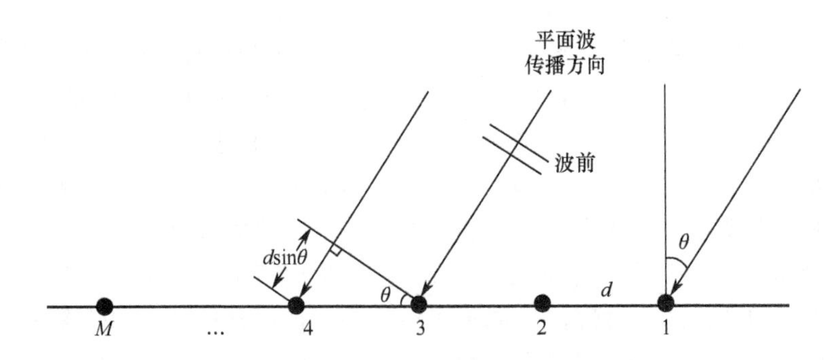

图 12-2　均匀线阵

设光速为c，可得相邻阵元之间的电波传播时延τ为

$$\tau = \frac{d\sin\theta}{c} \tag{12-2-1}$$

可见，若以阵元 1 为参考，则阵元 2 比阵元 1 延迟τ，阵元 3 比阵元 1 延迟2τ，…，阵元M比阵元 1 延迟$(M-1)\tau$。

假设信号的频率为ω，则根据相邻阵元间的电波传播时延τ，可得相邻阵元间的信号相位差为

$$\varphi = \omega\tau = 2\pi f\frac{d\sin\theta}{c} = 2\pi\frac{c}{\lambda}\frac{d\sin\theta}{c} = 2\pi\frac{d}{\lambda}\sin\theta \tag{12-2-2}$$

式中，λ为信号的波长。需要指出的是，阵元间距d应满足“半波长”条件，即$d \leqslant \lambda/2$，否则相位差φ有可能大于π，从而产生所谓的方向模糊，即θ和$\theta+\pi$都可以是信号的波达方向。这样，若以阵元 1 为参考，则任意阵元m与阵元 1 之间的相位差为$(m-1)\varphi$。

（二）均匀圆阵

均匀圆阵是均匀圆形阵列的简称，其M个相同的全向阵列均匀分布在xOy平面上一个半径为R的圆周上，如图 12-3 所示。

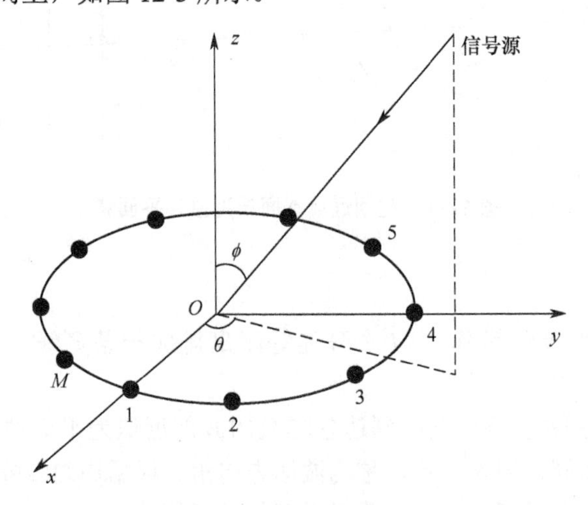

图 12-3　均匀圆阵

采用球坐标系表示入射平面波的波达方向，坐标系的原点O位于阵列中心，即圆心。信号源的仰角ϕ定义为原点到信号源的连线与z轴之间的夹角，方位角θ定义为原点与信号源的连线在xOy平面上投影与x轴之间的夹角。

从图 12-3 可知，阵列的第m个阵元与x轴的夹角为$\gamma_m = 2\pi(m-1)/M$（$m=1,2,\cdots,M$）。与均匀线阵的分析类似，可知原点和第m个阵元接收到的信号之间的传播时延为

$$\tau = \frac{R\sin\phi\cos(\theta-\gamma_m)}{c} \tag{12-2-3}$$

同理可得，原点和第m个阵元接收到的信号之间的相位差为

$$\varphi = 2\pi\frac{R}{\lambda}\sin\phi\cos(\theta-\gamma_m) \tag{12-2-4}$$

（三）L 形阵列

L 形阵列由x轴上阵元数为N的均匀线阵和y轴上阵元数为M的均匀线阵构成，共有$N+M-1$个阵元，阵列间距为d，如图 12-4 所示。

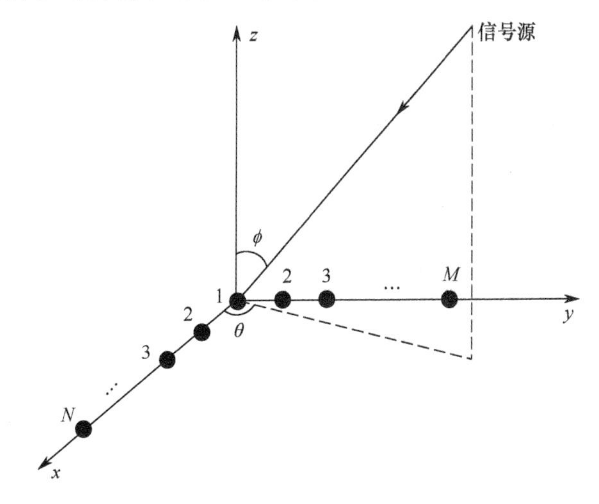

图 12-4　L 形阵列

根据均匀线阵的分析，可知在x轴上相邻阵元间的电波传播时延为

$$\tau_1 = \frac{d\cos\theta\sin\phi}{c} \tag{12-2-5}$$

则x轴上相邻阵元间的信号相位差为

$$\varphi_1 = 2\pi\frac{d}{\lambda}\cos\theta\sin\phi \tag{12-2-6}$$

这样，对于x轴上的阵元，如果以阵元 1 为参考阵元，则阵元N与阵元 1 之间的电波传播时延为$(N-1)\tau_1$，相位差为$(N-1)\varphi_1$。

同理，在y轴上相邻阵元间的电波传播时延为

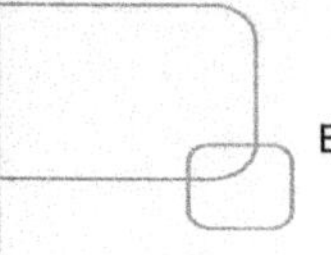

$$\tau_2 = \frac{d\sin\theta\sin\phi}{c} \tag{12-2-7}$$

则 y 轴上相邻阵元间的信号相位差为

$$\varphi_2 = 2\pi\frac{d}{\lambda}\sin\theta\sin\phi \tag{12-2-8}$$

这样，对于 y 轴上的阵元，如果以阵元 1 为参考阵元，则阵元 M 与阵元 1 之间的电波传播时延为 $(M-1)\tau_2$，相位差为 $(M-1)\varphi_2$。

（四）平面阵

设平面阵为水平放置的矩形阵，由 $M\times N$ 个阵元构成，x 轴上有 N 个间距为 d 的均匀线阵，y 轴上有 M 个间距为 d 的均匀线阵，如图 12-5 所示。

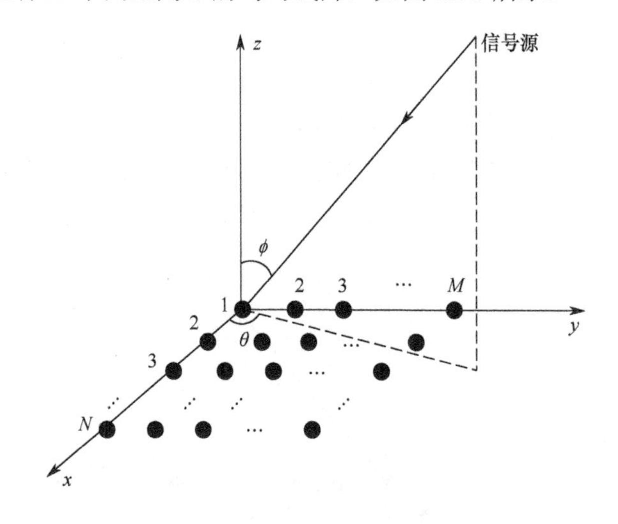

图 12-5　平面阵

以该平面阵左上角的阵元为参考阵元，则第 k 个阵元与参考阵元之间的电波传播时延为

$$\tau = \frac{1}{c}(x_k\cos\theta\sin\phi + y_k\sin\theta\sin\phi) \tag{12-2-9}$$

式中，(x_k, y_k) 为第 k 个阵元的坐标。

第 k 个阵元与参考阵元之间的相位差为

$$\varphi = 2\pi\frac{1}{\lambda}(x_k\cos\theta\sin\phi + y_k\sin\theta\sin\phi) \tag{12-2-10}$$

二、窄带信号的延迟

对于通常的无线电信号，其有用信号的带宽相对于中心频率很小，这样的信号被称为窄带信号。在阵列信号处理中，通常假设信号源为窄带信号，这将给阵列信号处理模型的构建带来很大的方便。

假设在发送端，信号的载波频率为 ω_0（$\omega_0 = 2\pi f_0$），信号经过调制以后通过高增益的

发射机向空中发射出去，并通过空间传播到达接收天线。该接收信号可表示为

$$s_i(t)=u_i(t)\mathrm{e}^{\mathrm{j}[\omega_0 t+\varphi(t)]} \tag{12-2-11}$$

式中，$u_i(t)$ 为接收信号的幅度，$\varphi(t)$ 为接收信号的相位。

这是一种复数表示形式。需要指出的是，将信号表示为这种复数形式，只是为了数学分析方便，并不表示空中传播的是复数信号。这是因为，从理论上讲，各种通信信号都可以用正交调制的方式来实现，即信号可以表示为

$$s_i(t)=I_i(t)\cos(\omega_0 t)+Q_i(t)\sin(\omega_0 t) \tag{12-2-12}$$

式中，$I_i(t)$ 称为同相分量，$Q_i(t)$ 称为正交分量。

例如，对于调幅（AM）信号，其原始数学表达式为

$$s_i(t)=[A_0+m_i(t)]\cos(\omega_0 t) \tag{12-2-13}$$

式中，$m_i(t)$ 为调制信号。

比较式（12-2-12）与式（12-2-13），可以将 AM 信号表示为同相分量和正交分量的形式，相当于

$$I_i(t)=A_0+m_i(t) \tag{12-2-14}$$

$$Q_i(t)=0 \tag{12-2-15}$$

再如，对于调频（FM）信号，其原始数学表达式为

$$s_i(t)=A\cos\left[\omega_0 t+K_f\int_0^t m_i(\tau)\mathrm{d}\tau\right] \tag{12-2-16}$$

式中，K_f 为调频灵敏度，$m_i(\tau)$ 为调制信号。

比较式（12-2-12）与式（12-2-16），也可以将 FM 信号表示为同相分量和正交分量的形式，相当于

$$I_i(t)=A\cos\left[K_f\int_0^t u_i(\tau)\mathrm{d}\tau\right] \tag{12-2-17}$$

$$Q_i(t)=-A\sin\left[K_f\int_0^t u_i(\tau)\mathrm{d}\tau\right] \tag{12-2-18}$$

对于其他的模拟调制方式和数字调制方式，也都可以用同相分量和正交分量的形式表示出来。

对于用式（12-2-12）表示的信号，在接收端可以通过正交解调的方法得到 $I_i(t)$ 和 $Q_i(t)$，而根据 $I_i(t)$ 和 $Q_i(t)$ 可以计算出空中信号的幅度 $u_i(t)$ 和相位 $\varphi(t)$。因此，从数学上讲，可以将信号表示成如式（12-2-11）所示的复数形式。再次指出，这种表示形式只是为了数学分析方便，并不表明空中传播的是复数信号，空中传播的仍然是如式（12-2-12）所示的信号。

这样，对于如式（12-2-11）所示的信号，当该信号延迟一个很短的时间 τ 后，可以表示为

$$s_i(t-\tau)=u_i(t-\tau)\mathrm{e}^{\mathrm{j}[\omega_0(t-\tau)+\varphi(t-\tau)]} \tag{12-2-19}$$

在窄带远场信号源的假设条件下，因为信号频率比载波频率小得多，因此在短的时间 τ 内，可以认为信号是不变的，即

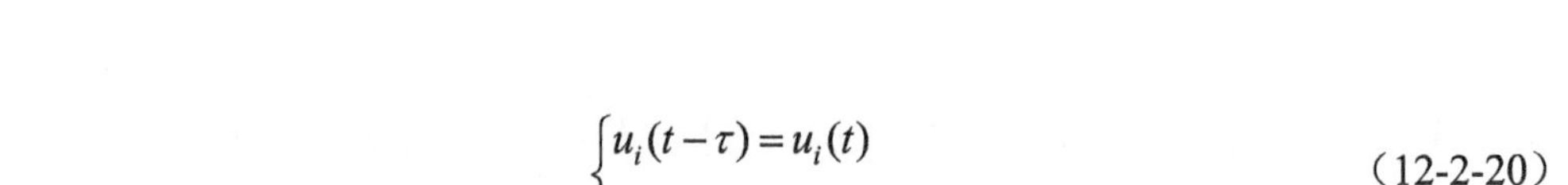

$$\begin{cases} u_i(t-\tau)=u_i(t) \\ \varphi(t-\tau)=\varphi(t) \end{cases} \tag{12-2-20}$$

这样，延迟时间τ后的信号可以表示为

$$s_i(t-\tau)=u_i(t)\mathrm{e}^{\mathrm{j}[\omega_0(t-\tau)+\varphi(t)]}=s_i(t)\mathrm{e}^{-\mathrm{j}\omega_0\tau} \tag{12-2-21}$$

也就是说，在阵列信号处理中，信号包络沿阵列的延迟可以忽略不计，这一结论为阵列信号处理模型的建立带来了很大的方便。

三、阵列信号模型

以均匀线阵为例，设阵元数为M，阵元间距为d。设一远场信号为$s_i(t)$，方位角为θ_i，当该信号到达均匀线阵时，各阵元均接收到该信号。以均匀线阵中的阵元 1 为基准点（简称参考阵元），即空间远场信号$s_i(t)$在该参考阵元上的接收信号为$s_i(t)$，那么其他阵元上的接收信号相对于参考阵元存在一个时延。由此可知，阵元m相对于参考阵元存在的时延为$(m-1)\tau$，此时τ为

$$\tau=\frac{d\sin\theta_i}{c} \tag{12-2-22}$$

这样，M个阵元接收到的信号可表示为一个列向量：

$$\begin{aligned} &[s_i(t),s_i(t-\tau),s_i(t-2\tau),\cdots,s_i(t-(M-1)\tau)]^{\mathrm{T}} \\ &=s_i(t)[1,\mathrm{e}^{-\mathrm{j}\omega_0\tau},\mathrm{e}^{-\mathrm{j}2\omega_0\tau},\cdots,\mathrm{e}^{-\mathrm{j}(M-1)\omega_0\tau}]^{\mathrm{T}} \end{aligned} \tag{12-2-23}$$

记式（12-2-23）中的向量部分为

$$\begin{aligned} \boldsymbol{a}(\theta_i)&=[1,\mathrm{e}^{-\mathrm{j}\omega_0\tau},\mathrm{e}^{-\mathrm{j}2\omega_0\tau},\cdots,\mathrm{e}^{-\mathrm{j}(M-1)\omega_0\tau}]^{\mathrm{T}} \\ &=\left[1,\mathrm{e}^{-\mathrm{j}2\pi\frac{d}{\lambda}\sin\theta_i},\mathrm{e}^{-\mathrm{j}2\pi\frac{d}{\lambda}2\sin\theta_i},\cdots,\mathrm{e}^{-\mathrm{j}2\pi\frac{d}{\lambda}(M-1)\sin\theta_i}\right]^{\mathrm{T}} \end{aligned} \tag{12-2-24}$$

$\boldsymbol{a}(\theta_i)$称为方向向量或导向向量，因为当阵列的几何结构和信号的波长确定时，该向量只与信号源的方位角θ_i有关。方向向量中的各个元素，实际上描述的是各阵元相对于参考阵元的电波传播的相位差，因为根据式（12-2-2）可知$\omega_0\tau$是相位差。

上面描述的是一个信号源的问题，现假设共有P（$P\leqslant M$）个信号源，P个信号源的波达方向分别为θ_1、θ_2、…、θ_P。以第 1 个阵元作为参考阵元，设各信号源在参考阵元上的复包络分别为$s_1(t)$、$s_2(t)$、…、$s_P(t)$，那么可知，对于任意一个阵元，都将同时接收到P个信号，其接收信号是这P个信号之和。在实际应用中，为便于数字化处理，各阵元接收到的信号都要经过采样而离散化，对阵元的一次采样称为一次快拍。这样，第m个阵元上第n次快拍的采样值可以表示为

$$x_m(n)=\sum_{i=1}^{P}s_i(n)\mathrm{e}^{-\mathrm{j}2\pi\frac{d}{\lambda}(m-1)\sin\theta_i}+e_m(n) \tag{12-2-25}$$

式中，$e_m(n)$表示第m个阵元上的加性观测噪声，它是阵元自身的热噪声与无线电信道中各种电磁噪声的总和。

将M个阵元上一次快拍得到的观测数据组成$M\times1$维观测数据向量：

$$\boldsymbol{x}(n)=[x_1(n),x_2(n),\cdots,x_M(n)]^{\mathrm{T}} \tag{12-2-26}$$

将M个阵元上的噪声数据也组成$M\times1$维观测噪声向量：

$$\boldsymbol{e}(n)=[e_1(n),e_2(n),\cdots,e_M(n)]^{\mathrm{T}} \tag{12-2-27}$$

将M个阵元上的信号源组成$P\times1$维信号向量：

$$\boldsymbol{s}(n)=[s_1(n),s_2(n),\cdots,s_P(n)]^{\mathrm{T}} \tag{12-2-28}$$

这样，对于所有阵元，可将式（12-2-25）改写成向量形式，即

$$\boldsymbol{x}(n)=\boldsymbol{A}\boldsymbol{s}(n)+\boldsymbol{e}(n) \tag{12-2-29}$$

式中

$$\begin{aligned}\boldsymbol{A}&=[\boldsymbol{a}(\theta_1),\boldsymbol{a}(\theta_2),\cdots,\boldsymbol{a}(\theta_P)]\\&=\begin{bmatrix}1 & 1 & \cdots & 1\\ \mathrm{e}^{-\mathrm{j}2\pi\frac{d}{\lambda}\sin\theta_1} & \mathrm{e}^{-\mathrm{j}2\pi\frac{d}{\lambda}\sin\theta_2} & \cdots & \mathrm{e}^{-\mathrm{j}2\pi\frac{d}{\lambda}\sin\theta_P}\\ \vdots & \vdots & \ddots & \vdots\\ \mathrm{e}^{-\mathrm{j}2\pi\frac{d}{\lambda}(M-1)\sin\theta_1} & \mathrm{e}^{-\mathrm{j}2\pi\frac{d}{\lambda}(M-1)\sin\theta_2} & \cdots & \mathrm{e}^{-\mathrm{j}2\pi\frac{d}{\lambda}(M-1)\sin\theta_P}\end{bmatrix}\end{aligned} \tag{12-2-30}$$

矩阵$\boldsymbol{A}$为$M\times P$维矩阵，称为阵列的方向矩阵或响应矩阵，也称为阵列流形矩阵。具有如式（12-2-30）所示结构的阵列流形矩阵被称为Vandermonde矩阵。

上面描述的是一次快拍的阵列信号模型，但仅用一次快拍或少数的几次快拍是不可能获得信号源信息的，因为采样数据是随时间变化的，并且还要考虑信号源的随机初始相位、随机热噪声及其他随机电磁噪声的影响。要提取信号源的相关信息，通常需要利用阵列采样的各种统计量。在阵列采样的各种统计量中，一个非常重要的统计量就是阵列协方差矩阵。阵列协方差矩阵定义为

$$\boldsymbol{R}=E\{\boldsymbol{x}(n)\boldsymbol{x}^{\mathrm{H}}(n)\} \tag{12-2-31}$$

式中，“H”表示共轭转置。将式（12-2-29）代入式（12-2-31），并考虑到$\boldsymbol{s}(n)$和$\boldsymbol{e}(n)$是相互独立的，即$E\{\boldsymbol{x}(n)\boldsymbol{e}^{\mathrm{H}}(n)\}=\boldsymbol{0}$，则可以得到

$$\begin{aligned}\boldsymbol{R}&=\boldsymbol{A}E\{\boldsymbol{s}(n)\boldsymbol{s}^{\mathrm{H}}(n)\}\boldsymbol{A}^{\mathrm{H}}+E\{\boldsymbol{e}(n)\boldsymbol{e}^{\mathrm{H}}(n)\}\\&=\boldsymbol{A}\boldsymbol{R}_s\boldsymbol{A}^{\mathrm{H}}+\sigma^2\boldsymbol{I}\end{aligned} \tag{12-2-32}$$

式中，$\boldsymbol{R}_s=E\{\boldsymbol{s}(n)\boldsymbol{s}^{\mathrm{H}}(n)\}$是信号源的协方差矩阵。

由于各阵元的噪声也是互不相关的，因此其协方差矩阵可表示为$E\{\boldsymbol{e}(n)\boldsymbol{e}^{\mathrm{H}}(n)\}=\sigma^2\boldsymbol{I}$，其中$\boldsymbol{I}$为单位矩阵。另外，可以确定，如果信号源是互不相关的，那么协方差矩阵$\boldsymbol{R}$是满秩的。

第三节　波束形成

一、波束形成定义

波束形成（Beam Forming，BF）亦称空域滤波，是阵列信号处理的一个重要方面。波束形成实质上是一个抽取“期望”信号的滤波器，也就是说，从感兴趣的方向入

射到阵列的信号即期望信号，其将以完全相同的副本出现在输出端，而不具备这一性质的其他任何信号都被认为是噪声或干扰。波束形成的作用就是使某个特定方向的信号通过，而使其他方向的噪声或干扰的影响最小化。

波束形成通过将各阵元接收到的信号分别乘以一个权值再求和（简称加权求和）来实现空域滤波，以达到增强期望信号、抑制干扰信号的目的。阵列中的各个阵元通常是无方向性（全方向性）的，这样的阵列称为全向阵列，其既可以大大降低阵列的成本，又方便对来自任何方向（360°）的信号源进行探测。虽然阵列天线是无方向性的，但阵列的输出经过加权求和之后，可以被调整到阵列接收的方向，即增益聚集在一个方向，相当于形成了一个“波束”。这就是波束形成的物理意义所在。波束形成的基本思想是：通过将各阵元输出进行加权求和，在一段时间内将天线阵列波束“导向”到一个方向，使其对期望信号的输出功率达到最大，而这个方向就是波达方向。

如图 12-6 所示，有两个信号源分别从不同方向发射的信号被阵列所接收，调整每个阵元上的权值 $w_i(i=1,2,\cdots,M)$，从而形成一个波束，使得来自信号源 1 方向的信号在阵列输出中得到加强，而来自信号源 2 方向的信号输出得到抑制。也就是说，此时的阵列具有方向性了。

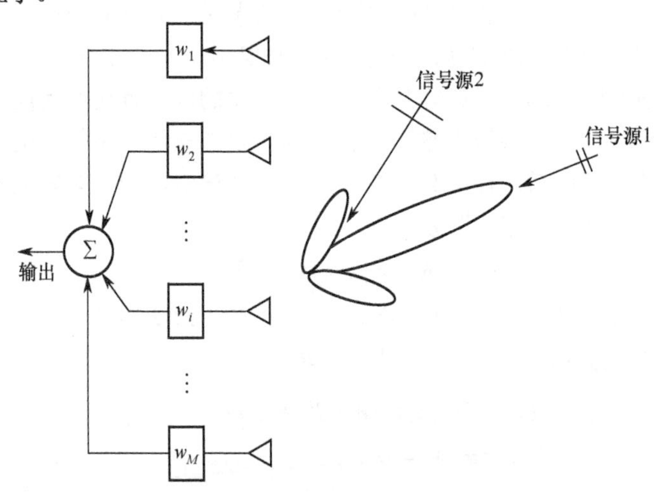

图 12-6　波束形成示意图

波束形成所使用的这组有限脉冲响应滤波器（权值），通过加权求和形成一个对准某个感兴趣方向的波束（主瓣），并使得从旁瓣泄漏进来的噪声或干扰的影响降至最小。这组有限脉冲响应滤波器既不是时域滤波器，又不是频域滤波器，而被称为空域滤波器。

二、常规波束形成

常规波束形成是最早出现的阵列信号处理方法。在常规波束形成中，通过选择一个适当的权值向量以补偿各个阵元的传播时延，使得在某个期望方向上阵列输出可以同相叠加，从而使阵列在该方向上产生一个波束主瓣，而在其他方向上产生较小的输出。

利用这种方法对整个空间进行波束扫描，就可以确定空中待测信号的方向。

以均匀线阵为例，阵元数为M，阵元间距为d，其波束形成算法结构如图 12-7 所示，其中，$x_i(n)$为各阵元的输出，w_i为权值（或权系数），每个阵元通过一个权值w_i来调整该阵元输出的幅度和相位。

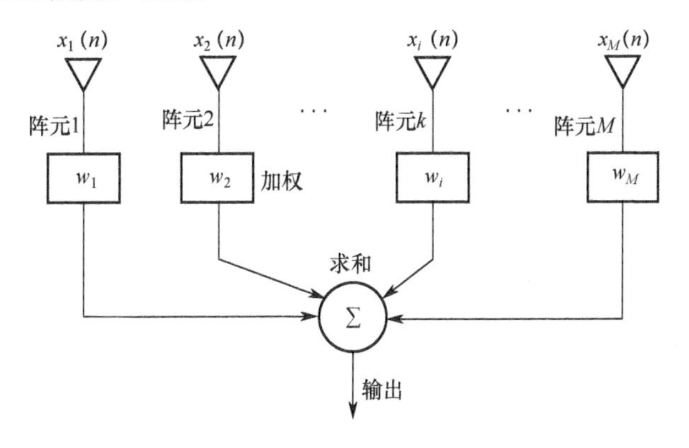

图 12-7　均匀线阵的波束形成算法结构

这时，阵列输出为各阵元输出的加权之和，即

$$y(n)=\sum_{i=1}^{M}w_i^*(\theta)x_i(n) \tag{12-3-1}$$

式中，权值表示为$w_i(\theta)$的形式，表明权值与方位角θ有关。

如果各阵元输出及加权系数用向量的形式表示，则有

$$\boldsymbol{x}(n)=[x_1(n),x_2(n),\cdots,x_M(n)]^{\mathrm{T}} \tag{12-3-2}$$

$$\boldsymbol{w}(\theta)=[w_1(\theta),w_2(\theta),\cdots,w_M(\theta)]^{\mathrm{T}} \tag{12-3-3}$$

则阵列输出可以表示为

$$y(n)=\boldsymbol{w}^{\mathrm{H}}(\theta)\boldsymbol{x}(n) \tag{12-3-4}$$

为了在某一期望方向θ_i上补偿各阵元之间的时延，从而形成一个波束主瓣，常规波束形成取加权向量$\boldsymbol{w}(\theta_i)=\boldsymbol{a}(\theta_i)$，即

$$\boldsymbol{w}(\theta_i)=\left[1,\mathrm{e}^{-\mathrm{j}2\pi\frac{d}{\lambda}\sin\theta_i},\mathrm{e}^{-\mathrm{j}2\pi\frac{d}{\lambda}2\sin\theta_i},\cdots,\mathrm{e}^{-\mathrm{j}2\pi\frac{d}{\lambda}(M-1)\sin\theta_i}\right]^{\mathrm{T}} \tag{12-3-5}$$

这样，对于方向θ_i上的信号$s_i(t)$，每个阵元上的相位差刚好被完全补偿：

$$\begin{aligned}y(n)&=\boldsymbol{w}^{\mathrm{H}}(\theta_i)\boldsymbol{x}(n)=\boldsymbol{a}^{\mathrm{H}}(\theta_i)\{\boldsymbol{a}(\theta_i)s_i(n)\}\\&=\left[1,\mathrm{e}^{\mathrm{j}2\pi\frac{d}{\lambda}\sin\theta_i},\cdots,\mathrm{e}^{\mathrm{j}2\pi\frac{d}{\lambda}(M-1)\sin\theta_i}\right]\begin{bmatrix}1\\\mathrm{e}^{-\mathrm{j}2\pi\frac{d}{\lambda}\sin\theta_i}\\\vdots\\\mathrm{e}^{-\mathrm{j}2\pi\frac{d}{\lambda}(M-1)\sin\theta_i}\end{bmatrix}s_i(n)=Ms_i(n)\end{aligned} \tag{12-3-6}$$

可见，此时阵列输出重构了信号源$s_i(t)$，并使该输出达到最大，也就实现了“导向”作用。

由于空中存在多个信号源，因此在阵元输出中还包含其他方向上的信号源及噪声，这时常规波束形成的输出功率可表示为

$$P(\theta)=E\{|y(n)|^2\}=\boldsymbol{w}^{\mathrm{H}}(\theta)\boldsymbol{R}\boldsymbol{w}(\theta)=\boldsymbol{a}^{\mathrm{H}}(\theta)\boldsymbol{R}\boldsymbol{a}(\theta) \tag{12-3-7}$$

式中，$\boldsymbol{R}$为阵列输出的协方差矩阵，即$\boldsymbol{R}=E\{\boldsymbol{x}(n)\boldsymbol{x}^{\mathrm{H}}(n)\}$。从这里可以看出，常规波束形成就是对$P(\theta)$进行空间搜索，当$P(\theta)$达到极大值时$\theta$是空间各信号源的来波方向。

将式（12-3-7）展开，得

$$P(\theta)=\sum_{i,k}r_{ik}\mathrm{e}^{\mathrm{j}(k-i)2\pi\frac{d}{\lambda}\sin\theta} \tag{12-3-8}$$

式中，r_{ik}为协方差矩阵$\boldsymbol{R}$的第(i,k)个元素，即第i个阵元输出与第k个阵元输出的互相关函数。可见，$P(\theta)$是各阵元输出相关函数的傅里叶变换，而相关函数的傅里叶变换就是功率谱，因此$P(\theta)$就是空间谱。$P(\theta)$的变量是θ，这说明空间谱表示的是信号在空间各个方向上的能量分布，而对一般的频谱函数$P(\omega)$而言，其表示的则是信号在各个频率上的能量分布。这就是空间谱测向的原理，也是空间谱名字的由来。

图 12-8 和图 12-9 是运用常规波束形成的一些仿真结果，其中，阵元个数$M=20$，信噪比 SNR=10dB。

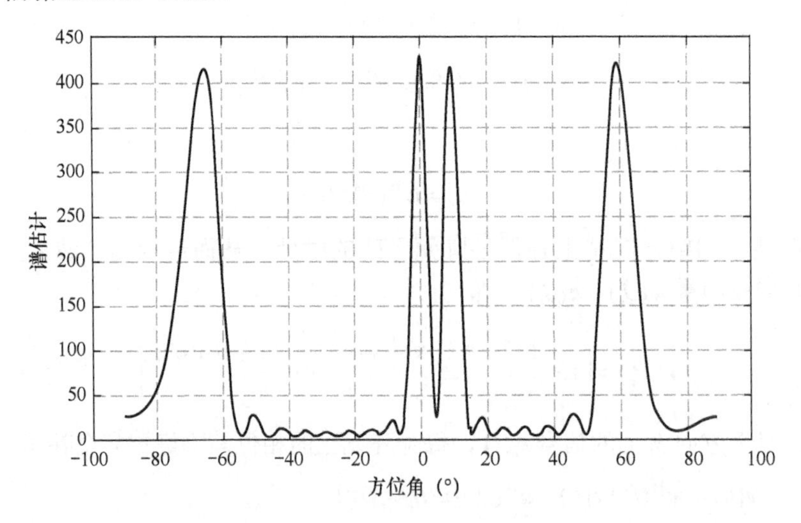

图 12-8　θ为−66°、0°、10°、60°时的仿真结果

从仿真结果可以看出，当信号源的方位角的间隔较大时，常规波束形成能够较好地进行分辨与测向；但是，当信号源的方位角的间隔较小（如 5°）时，则常规波束形成不能较好地分辨它们。

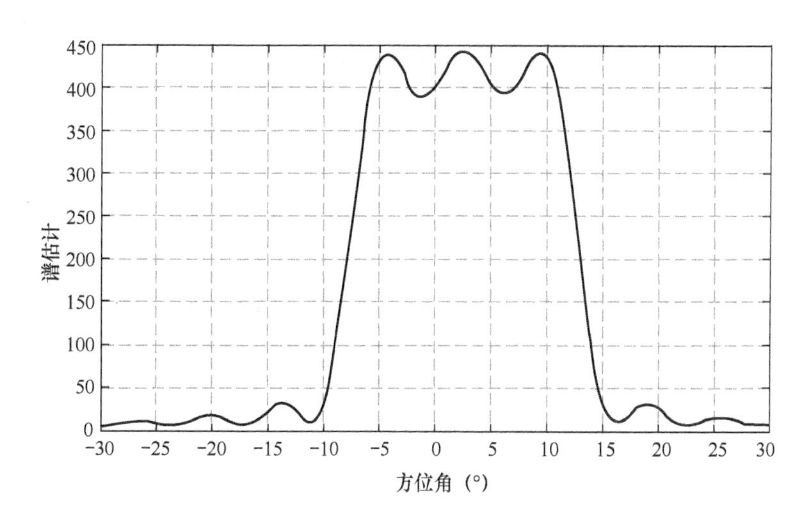

图 12-9　θ 为 −5°、0°、5°、10° 时的仿真结果

三、最佳波束形成

常规波束形成的缺点是角分辨率低。当空间有两个同频信号投射到阵列时，如果它们的空间方位角的间隔小于阵列主瓣波束宽度，那么就无法分辨它们。从常规波束形成的原理可以看出，尽管权向量可以使某个方向的期望信号输出达到最大，但该权向量并没有同时使其他方向的干扰输出为零，即其他方向的干扰一并存在，因此角分辨率降低。这促进人们对高分辨率波束形成技术进行探索，最佳波束形成就是高分辨率波束形成技术的一种。

考虑在更复杂情况下的波束形成。假设空间远场有一个感兴趣的信号 $s_d(t)$（亦称期望信号），其波达方向为 θ_d，还有 L 个不感兴趣的信号 $s_i(t)$，其波达方向为 θ_i（$i=1,2,\cdots,L$）。每个阵元上的加性白噪声为 $e(t)$，它们具有相同的方差 σ^2。根据阵列信号处理模型，对阵元进行一次采样即一次快拍后，第 k 个阵元上的接收信号为

$$x_k(n)=a_k(\theta_d)s_d(n)+\sum_{i=1}^{L}a_k(\theta_i)s_i(n)+e_k(n) \tag{12-3-9}$$

若用矩阵表示阵列接收数据，则为

$$\begin{bmatrix} x_1(n) \\ x_2(n) \\ \vdots \\ x_M(n) \end{bmatrix}=[\boldsymbol{a}(\theta_d),\boldsymbol{a}(\theta_1),\cdots,\boldsymbol{a}(\theta_L)]\begin{bmatrix} s_d(n) \\ s_1(n) \\ \vdots \\ s_L(n) \end{bmatrix}+\begin{bmatrix} e_1(n) \\ e_2(n) \\ \vdots \\ e_M(n) \end{bmatrix} \tag{12-3-10}$$

式（12-3-10）可简记为

$$\boldsymbol{x}(n)=\boldsymbol{A}\boldsymbol{s}(n)+\boldsymbol{e}(n)=\boldsymbol{a}(\theta_d)s_d(n)+\sum_{i=1}^{L}\boldsymbol{a}(\theta_i)s_i(n)+\boldsymbol{e}(n) \tag{12-3-11}$$

假设最佳波束形成的权向量 $\boldsymbol{w}=[w_1,w_2,\cdots,w_M]^{\mathrm{T}}$，输出为 $y(n)=\boldsymbol{w}^{\mathrm{H}}\boldsymbol{x}(n)$，那么阵列输出的平均功率可以表示为权向量 $\boldsymbol{w}$ 的函数，即

$$P(\boldsymbol{w})=E\{|y(n)|^2\}=E\{\boldsymbol{w}^{\mathrm{H}}\boldsymbol{x}(n)[\boldsymbol{w}^{\mathrm{H}}\boldsymbol{x}(n)]^*\}=\boldsymbol{w}^{\mathrm{H}}\boldsymbol{R}\boldsymbol{w} \tag{12-3-12}$$

式中，$\boldsymbol{R}=E\{\boldsymbol{x}(n)\boldsymbol{x}^{\mathrm{H}}(n)\}$为阵列输出的协方差矩阵。

另外，对式（12-3-11）左乘$\boldsymbol{w}^{\mathrm{H}}$，得到$y(n)=\boldsymbol{w}^{\mathrm{H}}\boldsymbol{x}(n)$，同样可以求得输出的平均功率：

$$\begin{aligned}P(\boldsymbol{w})&=E\{|\boldsymbol{w}^{\mathrm{H}}\boldsymbol{x}(n)|^2\}=E\{|\boldsymbol{w}^{\mathrm{H}}[\boldsymbol{a}(\theta_d)s_d(n)+\sum_{i=1}^{L}\boldsymbol{a}(\theta_i)s_i(n)+\boldsymbol{e}(n)]|^2\}\\&=E\{|s_d(n)|^2\}|\boldsymbol{w}^{\mathrm{H}}\boldsymbol{a}(\theta_d)|^2+\sum_{i=1}^{L}E\{|s_i(n)|^2\}|\boldsymbol{w}^{\mathrm{H}}\boldsymbol{a}(\theta_i)|^2+\sigma^2\|\boldsymbol{w}\|^2\end{aligned} \tag{12-3-13}$$

式（12-3-13）中忽略了不同信号之间的交叉作用项，即$s_i(n)s_j^*(n)$。为了确保来自θ_d方向的期望信号被正确接收，使得它在输出功率中所占份额尽可能大，同时抑制其他L个方向的干扰，使这些干扰在输出功率中所占份额尽可能小，那么容易根据式（12-3-13）得到关于权向量的约束条件，即

$$\boldsymbol{w}^{\mathrm{H}}\boldsymbol{a}(\theta_d)=1 \tag{12-3-14a}$$

$$\boldsymbol{w}^{\mathrm{H}}\boldsymbol{a}(\theta_i)=0 \tag{12-3-14b}$$

这样，权向量将起到只抽取期望信号，同时拒绝所有其他干扰信号的目的。约束条件式（12-3-14b）通常被称为“迫零条件”，它强迫接收阵列波束方向图的“零点”指向所有的L个干扰。理论上，“迫零条件”使得无论干扰多强，输出中都不会包含干扰信号了。基于这两个约束条件，式（12-3-13）可简化为

$$P(\boldsymbol{w})=E\{|s_d(n)|^2\}+\sigma^2\|\boldsymbol{w}\|^2 \tag{12-3-15}$$

但是仅有约束条件还不够，从提高信噪比的角度来看，将干扰置零并不是最佳选择，因为虽然选择的权向量可以使干扰输出为零，但可能使噪声输出增大，即可能使式（12-3-15）中的$\sigma^2\|\boldsymbol{w}\|^2$增大。因此，抑制干扰和噪声应一并考虑。为此，波束形成的最佳权向量可以描述为，在式（12-3-14a）和式（12-3-14b）的约束下，同时使噪声尽可能小，也就是使输出能量$P(\boldsymbol{w})$尽可能小，即

$$\min_{\boldsymbol{w}}\{P(\boldsymbol{w})\}=\min_{\boldsymbol{w}}\{\boldsymbol{w}^{\mathrm{H}}\boldsymbol{R}\boldsymbol{w}\} \tag{12-3-16}$$

该问题可以用拉格朗日乘子法来求解，令目标函数为

$$J(\boldsymbol{w})=\boldsymbol{w}^{\mathrm{H}}\boldsymbol{R}\boldsymbol{w}+\lambda[\boldsymbol{w}^{\mathrm{H}}\boldsymbol{a}(\theta_d)-1] \tag{12-3-17}$$

可知，$J(\boldsymbol{w})$是一个关于权向量$\boldsymbol{w}$的标量函数。要找到$J(\boldsymbol{w})$的极小点，需要用到$J(\boldsymbol{w})$对权向量$\boldsymbol{w}$的偏导数。根据线性代数的有关知识，标量函数$J(\boldsymbol{w})$对权向量$\boldsymbol{w}=[w_1,w_2,\cdots,w_M]^{\mathrm{T}}$的偏导数定义为

$$\frac{\partial J(\boldsymbol{w})}{\partial \boldsymbol{w}}=\begin{bmatrix}\dfrac{\partial J(\boldsymbol{w})}{\partial w_1}\\\dfrac{\partial J(\boldsymbol{w})}{\partial w_2}\\\vdots\\\dfrac{\partial J(\boldsymbol{w})}{\partial w_M}\end{bmatrix} \tag{12-3-18}$$

根据该定义，可以得到

$$\frac{\partial(\boldsymbol{w}^{\mathrm{H}}\boldsymbol{R}\boldsymbol{w})}{\partial \boldsymbol{w}}=2\boldsymbol{R}\boldsymbol{w} \tag{12-3-19a}$$

$$\frac{\partial \boldsymbol{w}^{\mathrm{H}}\boldsymbol{a}(\theta_d)}{\partial \boldsymbol{w}}=\boldsymbol{a}(\theta_d) \tag{12-3-19b}$$

利用式（12-3-19a）和式（12-3-19b），对式（12-3-17）求偏导，可得

$$\frac{\partial J(\boldsymbol{w})}{\partial \boldsymbol{w}}=2\boldsymbol{R}\boldsymbol{w}+\lambda\boldsymbol{a}(\theta_d)=0 \tag{12-3-20}$$

解式（12-3-20），就可以得到接收来自 θ_d 方向的期望信号 $s_d(t)$ 的波束形成最佳权向量，即

$$\boldsymbol{w}_{\mathrm{opt}}=\mu\boldsymbol{R}^{-1}\boldsymbol{a}(\theta_d) \tag{12-3-21}$$

式中，μ 为比例常数，θ_d 为期望信号的波达方向。可见，这样的波束形成器只接收来自 θ_d 方向的信号，而抑制所有干扰信号。所以，最佳波束形成器不会像常规波束形成器一样在干扰方向产生严重的泄漏。

约束条件 $\boldsymbol{w}^{\mathrm{H}}\boldsymbol{a}(\theta_d)=1$ 也可以等价地写成 $\boldsymbol{a}^{\mathrm{H}}(\theta_d)\boldsymbol{w}=1$，这样，对式（12-3-21）两边同乘以 $\boldsymbol{a}^{\mathrm{H}}(\theta_d)$ 之后，式（12-3-21）左边实际上就是约束条件 $\boldsymbol{a}^{\mathrm{H}}(\theta_d)\boldsymbol{w}=1$，因此可得比例常数 μ 为

$$\mu=\frac{1}{\boldsymbol{a}^{\mathrm{H}}(\theta_d)\boldsymbol{R}^{-1}\boldsymbol{a}(\theta_d)} \tag{12-3-22}$$

观察式（12-3-21）可以发现，波束形成器的最佳权向量取决于阵列的方向向量 $\boldsymbol{a}(\theta_d)$，因此在使用式（12-3-21）计算波束形成的最佳权向量之前，需要预先知道阵列的几何结构和期望信号的波达方向 θ_d。

把比例常数 μ 代入式（12-3-21），可以得到使输出功率最小化的最佳波束形成器：

$$\boldsymbol{w}_{\mathrm{opt}}=\frac{\boldsymbol{R}^{-1}\boldsymbol{a}(\theta_d)}{\boldsymbol{a}^{\mathrm{H}}(\theta_d)\boldsymbol{R}^{-1}\boldsymbol{a}(\theta_d)} \tag{12-3-23}$$

这个最佳波束形成器是 Capon 于 1969 年提出的，称为最小方差无畸变响应（Minimum Variance Distortionless Response，MVDR）波束形成器。它的基本原理是使来自非期望方向的任何干扰所贡献的功率最小，又能保持“在观测方向上的信号功率”不变。

将式（12-3-23）代入式（12-3-12），可得阵列的输出功率为

$$\begin{aligned}P=\boldsymbol{w}^{\mathrm{H}}\boldsymbol{R}\boldsymbol{w}&=\frac{\boldsymbol{a}^{\mathrm{H}}(\theta_d)(\boldsymbol{R}^{-1})^{\mathrm{H}}}{\boldsymbol{a}^{\mathrm{H}}(\theta_d)(\boldsymbol{R}^{-1})^{\mathrm{H}}\boldsymbol{a}(\theta_d)}\boldsymbol{R}\frac{\boldsymbol{R}^{-1}\boldsymbol{a}(\theta_d)}{\boldsymbol{a}^{\mathrm{H}}(\theta_d)\boldsymbol{R}^{-1}\boldsymbol{a}(\theta_d)}\\&=\frac{1}{\boldsymbol{a}^{\mathrm{H}}(\theta_d)\boldsymbol{R}^{-1}\boldsymbol{a}(\theta_d)}\end{aligned} \tag{12-3-24}$$

由于在实际应用中不能确切地知道信号的来波方向 θ_d，因此只能通过扫描得到谱曲线：

$$P(\theta)=\frac{1}{\boldsymbol{a}^{\mathrm{H}}(\theta)\boldsymbol{R}^{-1}\boldsymbol{a}(\theta)} \tag{12-3-25}$$

这就是 Capon 定义的“空间谱”，习惯上称为 Capon 空间谱。通过搜索 $P(\theta)$，找到 $P(\theta)$ 出现峰值的各个 θ_i，就是空中各个信号源的波达方向。因此，波达方向估计实质上等价为空间谱估计。

图 12-10～图 12-12 是运用最佳波束形成算法的一些仿真结果，其中，阵元个数 $M=20$，信噪比 SNR=10dB。

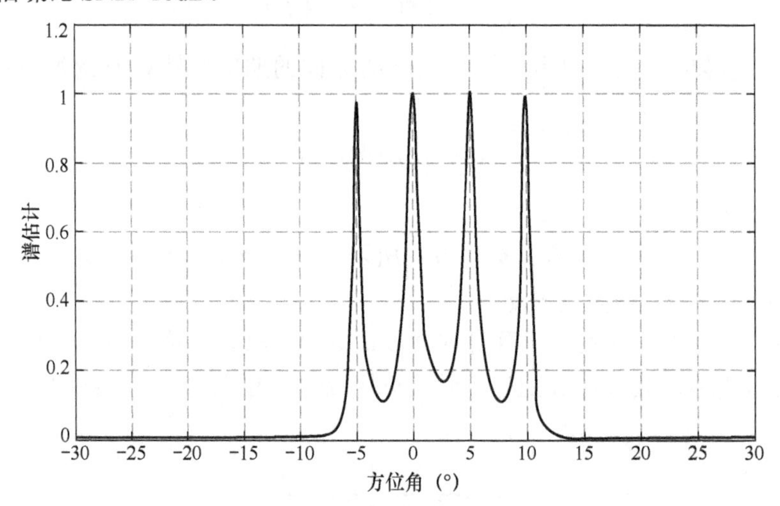

图 12-10 θ 为−5°、0°、5°、10° 时的仿真结果

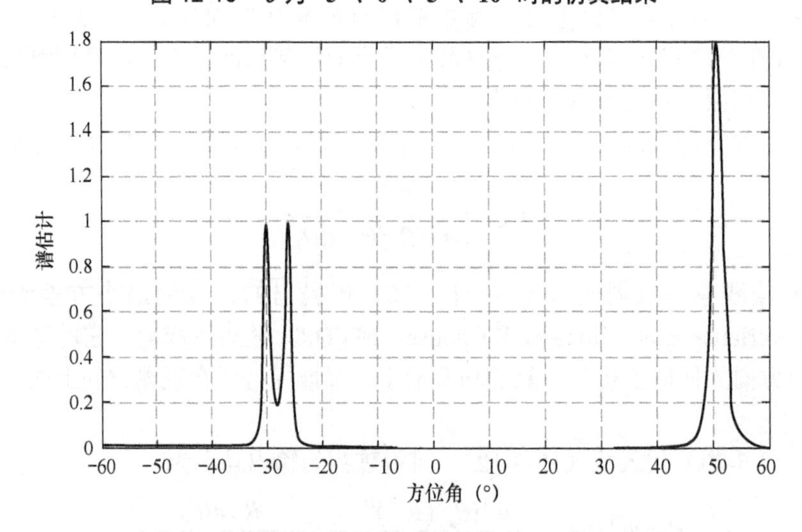

图 12-11 θ 为−30°、−26°、50°、52° 时的仿真结果

从仿真结果可以看出，在 θ 为−5°、0°、5°、10° 时，最佳波束形成算法可以很好地进行分辨和测向，其性能要好于常规波束形成算法；当信号源的方位角为 50°、52° 时，其间隔较小（为 2°），最佳波束形成算法不能有效地分辨，这说明最佳波束形成算法的分辨率还不够高。

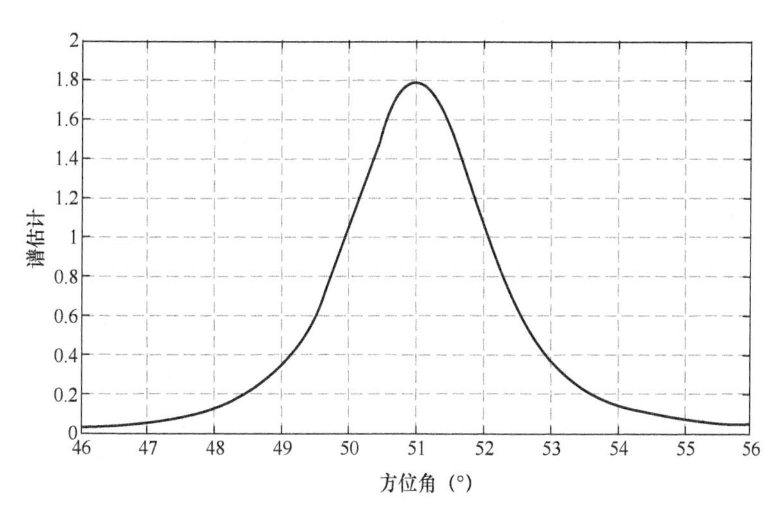

图 12-12　对图 12-11 局部放大后的仿真结果

第四节　信号子空间与噪声子空间

本章前面提到，在 20 世纪 70 年代末，业界出现了一类称为子空间法的新方法。这类方法的一个共同特点是，通过对阵列接收数据的协方差矩阵进行数学分解，划分出两个相互正交的子空间，即信号子空间和噪声子空间，后文将要介绍的 MUSIC 算法和 ESPRIT 算法就属于子空间法。为此，本节对信号子空间和噪声子空间的有关基本理论进行介绍。

考虑阵列观测模型：

$$\boldsymbol{x}(n)=\boldsymbol{A}\boldsymbol{s}(n)+\boldsymbol{e}(n) \tag{12-4-1}$$

式中，$\boldsymbol{A}=[\boldsymbol{a}(\theta_1),\boldsymbol{a}(\theta_2),\cdots,\boldsymbol{a}(\theta_P)]$ 为阵列的方向矩阵。在均匀线阵的情况下，方向向量为

$$\boldsymbol{a}(\theta_i)=\left[1,\mathrm{e}^{-\mathrm{j}2\pi\frac{d}{\lambda}\sin\theta_i},\mathrm{e}^{-\mathrm{j}2\pi\frac{d}{\lambda}2\sin\theta_i},\cdots,\mathrm{e}^{-\mathrm{j}2\pi\frac{d}{\lambda}(M-1)\sin\theta_i}\right]^{\mathrm{T}} \tag{12-4-2}$$

对阵列观测模型，通常有以下假设。

（1）$M>P$，即阵元数 M 要大于该阵列可能接收到的信号源数 P。

（2）对于不同的 θ_i，方向向量 $\boldsymbol{a}(\theta_i)$ 相互线性独立。

（3）加性噪声向量 $\boldsymbol{e}(n)$ 的每个元素均为零均值的复白噪声，各阵元间噪声相互独立，噪声与信号也相互独立，各噪声具有相同的方差 σ^2，即

$$E\{\boldsymbol{e}(n)\}=\boldsymbol{0} \tag{12-4-3a}$$

$$E\{\boldsymbol{e}(n)\boldsymbol{e}^{\mathrm{H}}(n)\}=\sigma^2\boldsymbol{I} \tag{12-4-3b}$$

$$E\{\boldsymbol{e}(n)\boldsymbol{e}^{\mathrm{T}}(n)\}=\boldsymbol{O} \tag{12-4-3c}$$

式中，$\boldsymbol{0}$ 表示零向量，$\boldsymbol{I}$ 表示单位向量，$\boldsymbol{O}$ 表示零矩阵。

（4）矩阵 $\boldsymbol{R}_s=E\{\boldsymbol{s}(n)\boldsymbol{s}^{\mathrm{H}}(n)\}$ 为非奇异阵，即 $\mathrm{rank}(\boldsymbol{R}_s)=P$。

对于均匀线阵，假设（2）自动满足。如果各个信号源独立发射，则假设（4）也

满足。因此，上述4个假设条件只是一般的假设，在实际应用中容易满足。

在这些假设条件下，由式（12-4-1）可以得到阵列输出的协方差矩阵：

$$\begin{aligned}\boldsymbol{R} &= E\{\boldsymbol{x}(n)\boldsymbol{x}^{\mathrm{H}}(n)\} \\ &= \boldsymbol{A}E\{\boldsymbol{s}(n)\boldsymbol{s}^{\mathrm{H}}(n)\}\boldsymbol{A}^{\mathrm{H}} + E\{\boldsymbol{e}(n)\boldsymbol{e}^{\mathrm{H}}(n)\} \\ &= \boldsymbol{A}\boldsymbol{R}_s\boldsymbol{A}^{\mathrm{H}} + \sigma^2\boldsymbol{I}\end{aligned} \tag{12-4-4}$$

可见，$\boldsymbol{R}$是一个$M \times M$维对称矩阵。可以证明，$\boldsymbol{R}$是非奇异阵，且$\boldsymbol{R}^{\mathrm{H}} = \boldsymbol{R}$，因此$\boldsymbol{R}$为正定 Hermitian 方阵。若利用酉变换实现对角化，其相似对角阵由M个不同的正实数组成，与之对应的M个特征向量是线性独立的，即$\boldsymbol{R}$可以特征分解为

$$\boldsymbol{R} = \boldsymbol{U}\boldsymbol{\Sigma}\boldsymbol{U}^{\mathrm{H}} = \sum_{i=1}^{M}\lambda_i\boldsymbol{u}_i\boldsymbol{u}_i^{\mathrm{H}} \tag{12-4-5}$$

式中，$\boldsymbol{U}$为$M \times M$维特征向量矩阵，λ_i为特征值，$\boldsymbol{u}_i$为对应的特征向量，$\boldsymbol{\Sigma}$为由特征值λ_i组成的对角矩阵：

$$\boldsymbol{\Sigma} = \begin{bmatrix}\lambda_1 & & & \\ & \lambda_2 & & \\ & & \ddots & \\ & & & \lambda_M\end{bmatrix} \tag{12-4-6}$$

由于$\boldsymbol{A}$是列满秩的，因此$\mathrm{rank}(\boldsymbol{A}\boldsymbol{R}_s\boldsymbol{A}^{\mathrm{H}}) = \mathrm{rank}(\boldsymbol{R}_s) = P$，这里假定信号源数$P$小于阵元数$M$，即满足上文的假设（1）。由于$\boldsymbol{U}^{\mathrm{H}}\boldsymbol{R}\boldsymbol{U} = \boldsymbol{\Sigma}$，将$\boldsymbol{R}$用式（12-4-4）代入，可得

$$\begin{aligned}\boldsymbol{U}^{\mathrm{H}}\boldsymbol{R}\boldsymbol{U} &= \boldsymbol{U}^{\mathrm{H}}\boldsymbol{A}\boldsymbol{R}_s\boldsymbol{A}^{\mathrm{H}}\boldsymbol{U} + \sigma^2\boldsymbol{U}^{\mathrm{H}}\boldsymbol{U} \\ &= \mathrm{diag}(\alpha_1^2,\cdots,\alpha_P^2,0,\cdots,0) + \sigma^2\boldsymbol{I} = \boldsymbol{\Sigma}\end{aligned} \tag{12-4-7}$$

式中，$\alpha_1^2,\cdots,\alpha_P^2$是$\boldsymbol{A}\boldsymbol{R}_s\boldsymbol{A}^{\mathrm{H}}$的特征值，$\mathrm{diag}(\alpha_1^2,\cdots,\alpha_P^2,0,\cdots,0)$表示一个对角矩阵，其对角线元素由括号中的元素组成。

式（12-4-7）表明，阵列输出的协方差矩阵$\boldsymbol{R}$的特征值为

$$\lambda_i = \begin{cases}\alpha_i^2 + \sigma^2, & i = 1,\cdots,P \\ \sigma^2, & i = P+1,\cdots,M\end{cases} \tag{12-4-8}$$

也就是说，当存在加性白噪声时，协方差矩阵$\boldsymbol{R}$的特征值由两部分组成：前P个特征值等于α_i^2与加性白噪声方差σ^2之和，后面$M-P$个特征值全部等于加性白噪声方差σ^2。

因此，协方差矩阵$\boldsymbol{R}$的特征值满足

$$\lambda_1 \geqslant \lambda_2 \geqslant \cdots \geqslant \lambda_P > \lambda_{P+1} = \cdots = \lambda_M = \sigma^2 \tag{12-4-9}$$

显然，当信噪比足够高，使得α_i^2明显比加性白噪声方差σ^2大时，容易将协方差矩阵$\boldsymbol{R}$的前P个大的特征值同后面$M-P$个小的特征值区分开来。

前P个较大特征值$\lambda_1,\lambda_2,\cdots,\lambda_P$与信号有关，称为信号特征值，这$P$个信号特征值对应的特征向量分别表示为$\boldsymbol{u}_1,\boldsymbol{u}_2,\cdots,\boldsymbol{u}_P$，它们构成信号子空间$\boldsymbol{U}_S = [\boldsymbol{u}_1,\boldsymbol{u}_2,\cdots,\boldsymbol{u}_P]$；记$\boldsymbol{\Sigma}_S$为这$P$个信号特征值构成的对角阵。后面$M-P$个较小特征值$\lambda_{P+1},\lambda_{P+2},\cdots,\lambda_M$完全取决于噪声，称为噪声特征值，对应的特征向量分别表示为$\boldsymbol{u}_{P+1},\boldsymbol{u}_{P+2},\cdots,\boldsymbol{u}_M$，它们构成

噪声子空间 $\boldsymbol{U}_N=[\boldsymbol{u}_{P+1},\boldsymbol{u}_{P+2},\cdots,\boldsymbol{u}_M]$；记 $\boldsymbol{\Sigma}_N$ 为该 $M-P$ 个特征值构成的对角阵。$\boldsymbol{\Sigma}_S$ 和 $\boldsymbol{\Sigma}_N$ 两个对角矩阵为

$$\boldsymbol{\Sigma}_S=\begin{bmatrix}\lambda_1 & & & \\ & \lambda_2 & & \\ & & \ddots & \\ & & & \lambda_P\end{bmatrix} \tag{12-4-10}$$

$$\boldsymbol{\Sigma}_N=\begin{bmatrix}\lambda_{P+1} & & & \\ & \lambda_{P+2} & & \\ & & \ddots & \\ & & & \lambda_M\end{bmatrix} \tag{12-4-11}$$

显然，当空间噪声为白噪声时，有 $\boldsymbol{\Sigma}_N=\sigma^2\boldsymbol{I}_{(M-P)(M-P)}$，即 $\boldsymbol{\Sigma}_N$ 是一个对角线元素均为 σ^2 的 $(M-P)(M-P)$ 维对角矩阵。

这样，可将式（12-4-5）进一步写成

$$\begin{aligned}\boldsymbol{R}&=\boldsymbol{U\Sigma U}^{\mathrm{H}}=[\boldsymbol{U}_S\quad\boldsymbol{U}_N]\boldsymbol{\Sigma}[\boldsymbol{U}_S\quad\boldsymbol{U}_N]^{\mathrm{H}}\\&=\boldsymbol{U}_S\boldsymbol{\Sigma}_S\boldsymbol{U}_S^{\mathrm{H}}+\boldsymbol{U}_N\boldsymbol{\Sigma}_N\boldsymbol{U}_N^{\mathrm{H}}\end{aligned} \tag{12-4-12}$$

回顾线性代数中关于子空间的知识，给定一组向量 $\boldsymbol{x}_1,\boldsymbol{x}_2,\cdots,\boldsymbol{x}_P\in\mathbf{C}^M$（$M$ 维复数空间），则这些向量的所有线性组合的集合称为由 $\boldsymbol{x}_1,\boldsymbol{x}_2,\cdots,\boldsymbol{x}_P$ 张成的子空间，记作 $\mathrm{span}\{\boldsymbol{x}_1,\boldsymbol{x}_2,\cdots,\boldsymbol{x}_P\}$，即

$$\mathrm{span}\{\boldsymbol{x}_1,\boldsymbol{x}_2,\cdots,\boldsymbol{x}_P\}=\left\{\sum_{j=1}^{P}\beta_j\boldsymbol{x}_j,\ \ \beta_j\in\mathbf{C}\right\} \tag{12-4-13}$$

由上文可知，$\boldsymbol{U}_S$ 和 $\boldsymbol{U}_N$ 分别由信号特征向量和噪声特征向量组成，因此常将信号特征向量张成的空间 $\mathrm{span}\{\boldsymbol{u}_1,\boldsymbol{u}_2,\cdots,\boldsymbol{u}_P\}$ 称为信号子空间，将噪声特征向量张成的空间 $\mathrm{span}\{\boldsymbol{u}_{P+1},\boldsymbol{u}_{P+2},\cdots,\boldsymbol{u}_M\}$ 称为噪声子空间。

下面是在信号源独立条件下关于特征子空间的两条性质，在后面介绍 MUSIC 算法和 ESPRIT 算法时将会用到。

性质 1　协方差矩阵的大特征值对应的特征向量张成的空间，与入射信号的方向向量张成的空间是同一个空间，即

$$\mathrm{span}\{\boldsymbol{u}_1,\boldsymbol{u}_2,\cdots,\boldsymbol{u}_P\}=\mathrm{span}\{\boldsymbol{a}_1,\boldsymbol{a}_2,\cdots,\boldsymbol{a}_P\} \tag{12-4-14}$$

性质 2　信号子空间 $\boldsymbol{U}_S$ 与噪声子空间 $\boldsymbol{U}_N$ 正交，即

$$\mathrm{span}\{\boldsymbol{u}_1,\boldsymbol{u}_2,\cdots,\boldsymbol{u}_P\}\perp\mathrm{span}\{\boldsymbol{u}_{P+1},\boldsymbol{u}_{P+2},\cdots,\boldsymbol{u}_M\} \tag{12-4-15}$$

并且有 $\boldsymbol{A}^{\mathrm{H}}\boldsymbol{u}_i=0$（$i=P+1,\cdots,M$）。

第五节　多重信号分类（MUSIC）算法

多重信号分类（Multiple Signal Classification，MUSIC）算法是 Schmidt 等人于 1979 年提出的算法，这种算法的提出开创了空间谱估计算法研究的新时代，并已成为

空间谱估计理论中的标志性算法。MUSIC 算法提出之前的有关算法，包括本章前文所述的波束形成算法，均针对阵列输出数据的协方差矩阵进行直接处理；而 MUSIC 算法的基本思想是将阵列输出数据的协方差矩阵进行特征分解，得到与信号分量相对应的信号子空间，以及与信号分量相正交的噪声子空间，然后利用这两个子空间的正交性估计信号的参数，如波达方向、极化信息等。

本节主要介绍经典 MUSIC 算法，以及该算法的两种扩展方法，即解相干 MUSIC 算法和求根 MUSIC 算法。对于 MUSIC 算法的其他推广或改进算法，如加权 MUSIC 算法、波束空间 MUSIC 算法等，以及特殊信号源（如宽带信号源、近场信号源等）场合下的 MUSIC 算法，感兴趣的读者可查阅相关书籍和文献。

一、经典 MUSIC 算法

根据前文内容可知，阵列观测模型为

$$\boldsymbol{x}(n)=\boldsymbol{A}\boldsymbol{s}(n)+\boldsymbol{e}(n) \tag{12-5-1}$$

基于该模型，阵列输出的协方差矩阵为

$$\begin{aligned}\boldsymbol{R}&=E\{\boldsymbol{x}(n)\boldsymbol{x}^{\mathrm{H}}(n)\}\\&=\boldsymbol{A}E\{\boldsymbol{s}(n)\boldsymbol{s}^{\mathrm{H}}(n)\}\boldsymbol{A}^{\mathrm{H}}+E\{\boldsymbol{e}(n)\boldsymbol{e}^{\mathrm{H}}(n)\}\\&=\boldsymbol{A}\boldsymbol{R}_s\boldsymbol{A}^{\mathrm{H}}+\sigma^2\boldsymbol{I}\end{aligned} \tag{12-5-2}$$

由于信号和噪声相互独立，协方差矩阵 $\boldsymbol{R}$ 可以分解为与信号相关的部分 $\boldsymbol{A}\boldsymbol{R}_s\boldsymbol{A}^{\mathrm{H}}$，以及与噪声相关的部分 $\sigma^2\boldsymbol{I}$，其中 $\boldsymbol{R}_s$ 为信号的协方差矩阵。

对 $\boldsymbol{R}$ 进行特征分解，有

$$\boldsymbol{R}=\boldsymbol{U}_S\boldsymbol{\Sigma}_S\boldsymbol{U}_S^{\mathrm{H}}+\boldsymbol{U}_N\boldsymbol{\Sigma}_N\boldsymbol{U}_N^{\mathrm{H}} \tag{12-5-3}$$

式中，$\boldsymbol{U}_S$ 是由大特征值对应的特征向量张成的子空间，即信号子空间；$\boldsymbol{U}_N$ 是由小特征值对应的特征向量张成的子空间，即噪声子空间。

根据本章第四节关于信号子空间和噪声子空间的理论可知，在理想条件下，信号子空间和噪声子空间正交，并且有

$$\boldsymbol{A}^{\mathrm{H}}\boldsymbol{u}_i=0,\quad i=P+1,\cdots,M \tag{12-5-4}$$

式中，方向矩阵 $\boldsymbol{A}=[\boldsymbol{a}(\theta_1),\boldsymbol{a}(\theta_2),\cdots,\boldsymbol{a}(\theta_P)]$。因此，根据式（12-5-4），对于任意方向向量 $\boldsymbol{a}(\theta_k)$，有

$$\boldsymbol{a}^{\mathrm{H}}(\theta_k)\boldsymbol{u}_i=0,\quad i=P+1,\cdots,M \tag{12-5-5}$$

这样，将式（12-5-5）中的各个 $\boldsymbol{u}_i$ 合并成矩阵形式，有

$$\boldsymbol{a}^{\mathrm{H}}(\theta_k)\boldsymbol{U}_N=0 \tag{12-5-6}$$

这是一个行向量。如果用标量形式表示，可以是

$$\left\|\boldsymbol{a}^{\mathrm{H}}(\theta_k)\boldsymbol{U}_N\right\|_2^2=\boldsymbol{a}^{\mathrm{H}}(\theta_k)\boldsymbol{U}_N\boldsymbol{U}_N^{\mathrm{H}}\boldsymbol{a}(\theta_k)=0,\quad k=1,\cdots,P \tag{12-5-7}$$

这被称为零谱（Null Spectrum）。显然，当 $\theta \neq \theta_1, \theta_2, \cdots, \theta_P$ 时，得到的是非零谱，即 $\boldsymbol{a}^{\mathrm{H}}(\theta)\boldsymbol{U}_N\boldsymbol{U}_N^{\mathrm{H}}\boldsymbol{a}(\theta) \neq 0$，因此，满足零谱的空间参数 $\theta_1, \theta_2, \cdots, \theta_P$ 就是 P 个信号源的波达方向。

在实际应用中，考虑到阵列接收到的数据是有限长的，因此阵列数据的协方差矩阵 $\boldsymbol{R}$ 用采样协方差矩阵 $\hat{\boldsymbol{R}}$ 代替，假设共进行了 K 次快拍，则有

$$\hat{\boldsymbol{R}} = \frac{1}{K}\sum_{i=1}^{K}\boldsymbol{x}(i)\boldsymbol{x}^{\mathrm{H}}(i) \tag{12-5-8}$$

对 $\hat{\boldsymbol{R}}$ 进行特征分解可以得到噪声子空间的特征向量矩阵 $\hat{\boldsymbol{U}}_N$，由于噪声、误差等因素的存在，$\boldsymbol{a}(\theta)$ 与 $\hat{\boldsymbol{U}}_N$ 并不完全正交，也就是说式（12-5-6）并不完全成立。因此，在实际应用中以最小化搜索 $\boldsymbol{a}^{\mathrm{H}}(\theta)\hat{\boldsymbol{U}}_N\hat{\boldsymbol{U}}_N^{\mathrm{H}}\boldsymbol{a}(\theta)$ 来实现信号源的方位角估计，为此 MUSIC 算法的谱估计公式为

$$P_{\mathrm{MUSIC}}(\theta) = \frac{1}{\boldsymbol{a}^{\mathrm{H}}(\theta)\hat{\boldsymbol{U}}_N\hat{\boldsymbol{U}}_N^{\mathrm{H}}\boldsymbol{a}(\theta)} \tag{12-5-9}$$

这样，对式（12-5-9）进行谱峰搜索，可以得到 $P_{\mathrm{MUSIC}}(\theta)$ 取得峰值的 P 个方位角 $\theta_1, \theta_2, \cdots, \theta_P$，这就是信号源的波达方向估计。

式（12-5-9）定义的空间谱函数与 Capon 空间谱在形式上类似，不同的是用噪声子空间 $\hat{\boldsymbol{U}}_N\hat{\boldsymbol{U}}_N^{\mathrm{H}}$ 代替了 Capon 空间谱中的协方差矩阵 $\boldsymbol{R}$。由于 MUSIC 空间谱函数利用噪声子空间 $\hat{\boldsymbol{U}}_N\hat{\boldsymbol{U}}_N^{\mathrm{H}}$ 定义，因此 MUSIC 算法是一种噪声子空间方法。

这样，MUSIC 算法的流程为：

（1）由阵列的接收数据，得到采样协方差矩阵 $\hat{\boldsymbol{R}}$，即式（12-5-8）；

（2）对 $\hat{\boldsymbol{R}}$ 进行特征分解，根据 $\hat{\boldsymbol{R}}$ 的特征值大小关系，判断信号源数 P；

（3）找出 P 个较大的信号特征值 $\lambda_1, \lambda_2, \cdots, \lambda_P$，以及 $M-P$ 个较小的噪声特征值 $\lambda_{P+1}, \lambda_{P+2}, \cdots, \lambda_M$；

（4）根据信号特征值和噪声特征值，得到相应的特征向量，构成信号子空间 $\hat{\boldsymbol{U}}_S$ 和噪声子空间 $\hat{\boldsymbol{U}}_N$；

（5）根据 θ 的参数范围和精度要求，对 θ 进行扫描，并依据式（12-5-9）进行谱峰搜索；

（6）从上面的搜索结果中，取最大的 P 个峰值所对应的 θ，即信号源的波达方向估计。

图 12-13 是运用经典 MUSIC 算法的一些仿真结果，其中，阵元数 $M=20$，信噪比 $\mathrm{SNR}=10\mathrm{dB}$。图 12-14 是其局部放大情形。

在图 12-13 和图 12-14 中，纵坐标换成了归一化谱估计，即 $P_{\mathrm{MUSIC}}(\theta)/P_{\max}$，其中，$P_{\max}$ 为 $P_{\mathrm{MUSIC}}(\theta)$ 的最大值。可以看出，即使信号源的方位角的间隔较小，经典 MUSIC 算法仍能有效地进行分辨和测向，这说明经典 MUSIC 算法具有较高的分辨率。

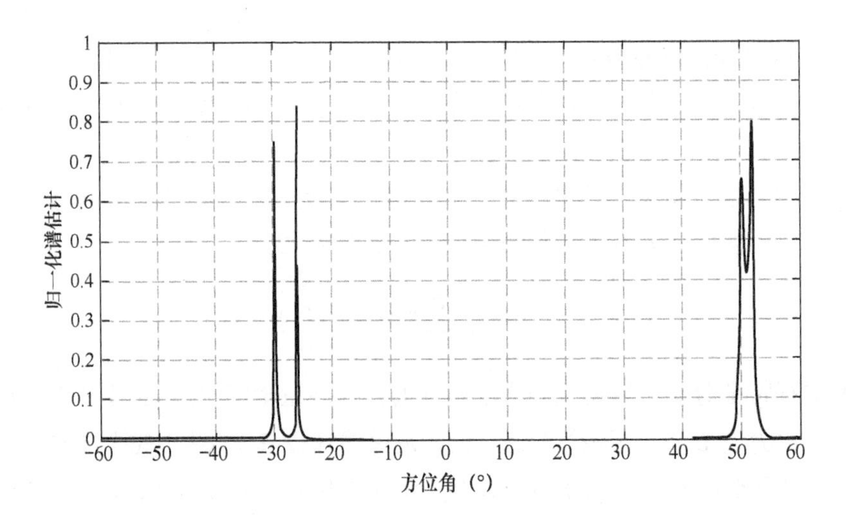

图 12-13　θ 为 −26°、−30°、50°、52° 时经典 MUSIC 算法的仿真结果

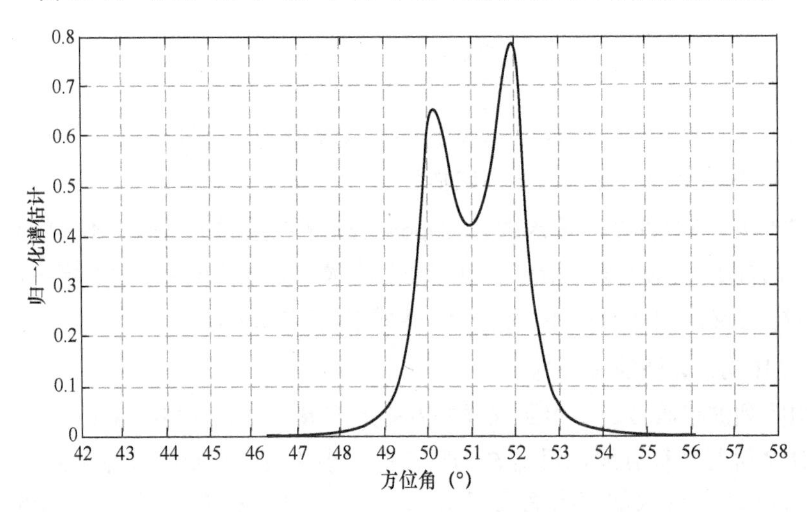

图 12-14　对图 12-13 局部放大后的仿真结果

二、解相干 MUSIC 算法

受多径传输及人为干扰的影响，阵列有时会接收到来自不同方向上的相干信号。相干信号会导致阵列信号的协方差矩阵 $\boldsymbol{R}_s$ 的秩亏缺，从而使信号特征向量发散到噪声子空间。这样，对于任意波达方向 θ_k，将不再满足 $\boldsymbol{a}^{\mathrm{H}}(\theta_k)\boldsymbol{U}_N=0$，MUSIC 空间谱也就无法在波达方向上产生谱峰。

考察一个简单的例子，如果用两个阵元接收两个空间信号，则有

$$\boldsymbol{x}(n)=\boldsymbol{A}\boldsymbol{s}(n)+\boldsymbol{e}(n)=s_1(n)\boldsymbol{a}(\theta_1)+s_2(n)\boldsymbol{a}(\theta_2)+\boldsymbol{e}(n) \tag{12-5-10}$$

于是阵列输出的协方差矩阵为

$$\boldsymbol{R}=\boldsymbol{A}\boldsymbol{R}_s\boldsymbol{A}^{\mathrm{H}}+\sigma^2\boldsymbol{I} \tag{12-5-11}$$

式中，$\boldsymbol{R}_s$ 为信号协方差矩阵，即

$$\boldsymbol{R}_s = E\begin{bmatrix} s_1(n)s_1^*(n) & s_1(n)s_2^*(n) \\ s_2(n)s_1^*(n) & s_2(n)s_2^*(n) \end{bmatrix} = \begin{bmatrix} \sigma_1^2 & \rho_{12}\sigma_1\sigma_2 \\ \rho_{12}^*\sigma_2\sigma_1 & \sigma_2^2 \end{bmatrix} \tag{12-5-12}$$

式中，ρ_{12} 为两个信号的相关系数，σ_1^2 和 σ_1^2 为两个信号的方差。如果两个空间信号相干，则 $|\rho_{12}|=1$，这样，行列式为

$$\begin{vmatrix} \sigma_1^2 & \rho_{12}\sigma_1\sigma_2 \\ \rho_{12}^*\sigma_2\sigma_1 & \sigma_2^2 \end{vmatrix} = 0 \tag{12-5-13}$$

也就是说，信号协方差矩阵 $\boldsymbol{R}_s$ 的秩等于 1，为秩亏缺。此时，$\boldsymbol{A}\boldsymbol{R}_s\boldsymbol{A}^{\mathrm{H}}$ 只有一个特征值，但这个特征值既不与空间信号 $s_1(n)$ 的波达方向 θ_1 对应，也不与空间信号 $s_2(n)$ 的波达方向 θ_2 对应。为看清楚这一事实，可以令相干信号 $s_2(n)=cs_1(n)$，c 为一非零复常数。这样，阵列输出信号可以写成

$$\begin{aligned} \boldsymbol{x}(n) &= s_1(n)[\boldsymbol{a}(\theta_1)+c\boldsymbol{a}(\theta_2)]+\boldsymbol{e}(n) \\ &= s_1(n)\boldsymbol{b}(\theta)+\boldsymbol{e}(n) \end{aligned} \tag{12-5-14}$$

其中，$\boldsymbol{b}(\theta)=\boldsymbol{a}(\theta_1)+c\boldsymbol{a}(\theta_2)$ 可以看作在相干情况下 $s_1(n)$ 的等效方向向量，即在相干情况下可以认为 $s_1(n)$ 的波达方向就是 θ。但显然，这个波达方向 θ 既不等于 θ_1，也不等于 θ_2。因此，在两个空间信号相干情况下，将无法估计其中任何一个空间信号的波达方向。

类似地，如果 P 个空间信号中有两个信号相干，则 $P\times P$ 维矩阵 $\boldsymbol{R}_s$ 的秩等于 $P-1$，也为秩亏缺，从而使信号子空间为 $P-1$ 维子空间，MUSIC 经典算法将无法估计两个相干空间信号中的任何一个信号的波达方向。

通过上面的分析可知，在相干信号源的情况下正确估计信号方向（解相干），其核心问题是如何通过一系列处理或变换，使得阵列信号的协方差矩阵的秩得到有效恢复，从而正确估计信号源的方向。空间平滑技术是一种对付相干或高相关信号的有效方法。

空间平滑技术的原理如图 12-15 所示，将均匀线阵（共 M 个阵元）分成一系列相互重叠的子阵列，每个子阵列由 N 个阵元组成，这样，共有 $L=M-N+1$ 个相互重叠的子阵列。

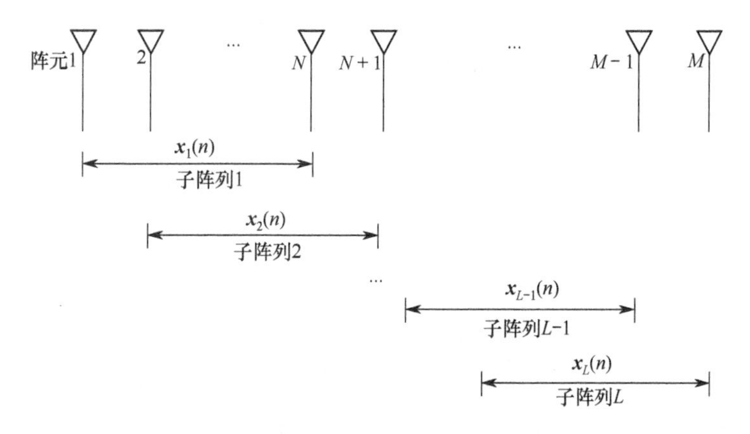

图 12-15　空间平滑技术的原理

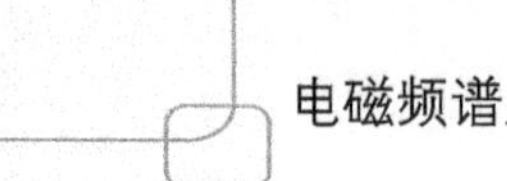

由于每个子阵列有 N 个阵元，因此将每个子阵列的方向向量记为

$$\boldsymbol{a}(\theta)=\left[1,\mathrm{e}^{\mathrm{j}2\pi\frac{d}{\lambda}\sin\theta},\mathrm{e}^{\mathrm{j}2\pi\frac{d}{\lambda}2\sin\theta},\cdots,\mathrm{e}^{\mathrm{j}2\pi\frac{d}{\lambda}(N-1)\sin\theta}\right]^{\mathrm{T}} \tag{12-5-15}$$

与前面所述的算法相比，这里的 $\boldsymbol{a}(\theta)$ 从 M 维列向量变成了 N 维列向量，同时各元素 $\mathrm{e}^{-\mathrm{j}2\pi(m-1)d\sin\theta/\lambda}$ 变成 $\mathrm{e}^{\mathrm{j}2\pi(m-1)d\sin\theta/\lambda}$，但这个没有影响，相当于从原来延迟时间 τ 变成超前时间 τ。这样，方向矩阵为

$$\boldsymbol{A}=[\boldsymbol{a}(\theta_1),\boldsymbol{a}(\theta_2),\cdots,\boldsymbol{a}(\theta_P)] \tag{12-5-16}$$

式中，$\boldsymbol{A}$ 为一个 $N\times P$ 维的矩阵，P 为信号源的数目。

于是，第 1 个子阵列的观测数据向量为

$$\boldsymbol{x}_1(n)=\boldsymbol{A}\boldsymbol{s}(n)+\boldsymbol{e}_1(n) \tag{12-5-17}$$

第 2 个子阵列的观测数据向量为

$$\boldsymbol{x}_2(n)=\boldsymbol{A}\cdot\boldsymbol{D}\cdot\boldsymbol{s}(n)+\boldsymbol{e}_2(n) \tag{12-5-18}$$

式中，$\boldsymbol{D}$ 为一个 $P\times P$ 维的对角矩阵，有

$$\boldsymbol{D}=\begin{bmatrix}\mathrm{e}^{\mathrm{j}2\pi\frac{d}{\lambda}\sin\theta_1} & & & \\ & \mathrm{e}^{\mathrm{j}2\pi\frac{d}{\lambda}\sin\theta_2} & & \\ & & \ddots & \\ & & & \mathrm{e}^{\mathrm{j}2\pi\frac{d}{\lambda}\sin\theta_P}\end{bmatrix} \tag{12-5-19}$$

类似地，第 L 个子阵列的观测数据向量为

$$\boldsymbol{x}_L(n)=\boldsymbol{A}\boldsymbol{D}^{(L-1)}\boldsymbol{s}(n)+\boldsymbol{e}_L(n) \tag{12-5-20}$$

式中，$\boldsymbol{D}^{(L-1)}$ 为矩阵 $\boldsymbol{D}$ 的 $L-1$ 次幂。

若取所有 L 个子阵列的观测数据向量的平均值，将它作为空间平滑后的阵列数据向量，即

$$\bar{\boldsymbol{x}}(n)=\frac{1}{\sqrt{L}}\sum_{i=1}^{L}\boldsymbol{x}_i(n) \tag{12-5-21}$$

则空间平滑后的阵列数据的协方差矩阵为

$$\begin{aligned}\bar{\boldsymbol{R}}&=E\{\bar{\boldsymbol{x}}(n)\bar{\boldsymbol{x}}^{\mathrm{H}}(n)\}\\&=\boldsymbol{A}\left[\frac{1}{L}\sum_{i=1}^{L}\boldsymbol{D}^{(i-1)}\boldsymbol{R}_s(\boldsymbol{D}^{(i-1)})^{\mathrm{H}}\right]\boldsymbol{A}^{\mathrm{H}}+\sigma^2\boldsymbol{I}\\&=\boldsymbol{A}\bar{\boldsymbol{R}}_s\boldsymbol{A}^{\mathrm{H}}+\sigma^2\boldsymbol{I}\end{aligned} \tag{12-5-22}$$

式中

$$\bar{\boldsymbol{R}}_s=\frac{1}{L}\sum_{i=1}^{L}\boldsymbol{D}^{(i-1)}\boldsymbol{R}_s(\boldsymbol{D}^{(i-1)})^{\mathrm{H}} \tag{12-5-23}$$

$\bar{\boldsymbol{R}}_s$ 称为空间平滑信源协方差矩阵，表示信源协方差矩阵 $\boldsymbol{R}_s=E\{\boldsymbol{s}(n)\boldsymbol{s}^{\mathrm{H}}(n)\}$ 经过 L 个子阵列空间平滑后的结果。

可以证明，如果子阵列的阵元数$N \geqslant P$，则当$L \geqslant P$时空间平滑信源协方差矩阵$\bar{\boldsymbol{R}}_s$是满秩的。这样，在P个空间信号中有两个信号相干的情况下，虽然$P \times P$维矩阵$\boldsymbol{R}_s$的秩等于$P-1$，为秩亏缺，但$P \times P$维矩阵$\bar{\boldsymbol{R}}_s$的秩等于P，为满秩矩阵。所以，只要P个空间信号的波达方向各不相同，则空间平滑后的$N \times N$维阵列信号的协方差矩阵$\bar{\boldsymbol{R}}$的秩与$\bar{\boldsymbol{R}}_s$的秩相同，也等于P。

对$N \times N$维协方差矩阵$\bar{\boldsymbol{R}}$进行特征分解，有

$$\bar{\boldsymbol{R}} = \boldsymbol{U\Sigma U}^{\mathrm{H}} \tag{12-5-24}$$

式中，$\boldsymbol{\Sigma}$为由特征值组成的对角矩阵，共有N个特征值。其中，前P个大特征值对应于P个空间信号，其余$N-P$个小特征值对应于噪声。由这些小特征值对应的特征向量可组成空间平滑噪声子空间$\bar{\boldsymbol{U}}_N$，即

$$\bar{\boldsymbol{U}}_N = [\boldsymbol{u}_{P+1}, \boldsymbol{u}_{P+2}, \cdots, \boldsymbol{u}_N] \tag{12-5-25}$$

这样，只要将上文经典 MUSIC 算法中的M个阵元的方向向量$\boldsymbol{a}(\theta)$替换为N个阵元的方向向量，即$\boldsymbol{a}(\theta) = \left[1, \mathrm{e}^{\mathrm{j}2\pi\frac{d}{\lambda}\sin\theta}, \cdots, \mathrm{e}^{\mathrm{j}2\pi\frac{d}{\lambda}(N-1)\sin\theta}\right]^{\mathrm{T}}$，并将噪声子空间替换为$\bar{\boldsymbol{U}}_N$，即可将经典 MUSIC 算法扩展成解相干 MUSIC 算法，其空间谱为

$$P_{\mathrm{DECMUSIC}}(\theta) = \frac{1}{\boldsymbol{a}^{\mathrm{H}}(\theta)\bar{\boldsymbol{U}}_N\bar{\boldsymbol{U}}_N^{\mathrm{H}}\boldsymbol{a}(\theta)} \tag{12-5-26}$$

这样，解相干 MUSIC 算法的流程为：

（1）将阵列的M个阵元，划分成$L = M - N + 1$个相互重叠的子阵列，每个子阵列的阵元数为N；

（2）根据阵列的采样数据，运用式（12-5-21）、式（12-5-8），得到空间平滑后的阵列信号的协方差矩阵$\bar{\boldsymbol{R}}$；

（3）对$\bar{\boldsymbol{R}}$进行特征分解，根据$\bar{\boldsymbol{R}}$的特征值大小关系，判断信号源数P；

（4）找出$N-P$个较小的噪声特征值$\lambda_{P+1}, \lambda_{P+2}, \cdots, \lambda_N$，得到它们相应的特征向量，构成噪声子空间$\bar{\boldsymbol{U}}_N$；

（5）根据θ的参数范围和精度要求，对θ进行扫描，并依据式（12-5-26）进行谱峰搜索；

（6）从上面的搜索结果中，取最大的P个峰值所对应的θ，即得到信号源的波达方向估计。

图 12-16～图 12-18 是运用经典 MUSIC 算法和解相干 MUSIC 算法的一些仿真结果对比，其中阵元数$M = 20$，子阵列的阵元数$N = 15$，即共有$L = M - N + 1 = 6$个子阵列，信噪比 SNR=10dB。

在图 12-18 中，纵坐标为分贝（dB）形式，即 $10\ln P(\theta)$。可以看出，在信号不相干情况下，经典 MUSIC 算法能够准确地对信号源方位角进行分辨；而当信号相干时（其中$\theta = 20°$和$\theta = 30°$的两个信号相干），经典 MUSIC 算法不能够准确分辨，而解相干 MUSIC 算法能够准确分辨。需要指出，作为一种改进算法，解相干 MUSIC 算法的优势主要体现在相干情况下，而在非相干情况下它的分辨率不及经典 MUSIC 算法，因为经过平滑后阵列的有效孔径变小，其分辨率自然下降。

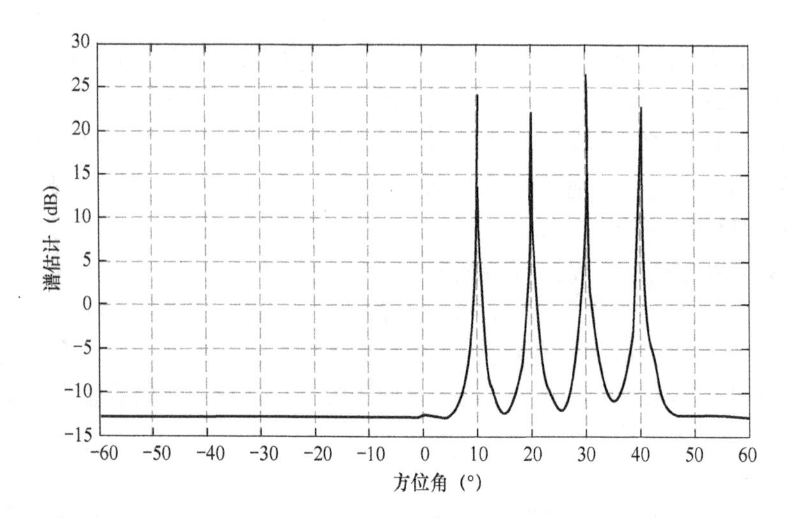

图 12-16 经典 MUSIC 算法在 θ 为 10°、20°、30°、40° 时的仿真结果（各信号不相干）

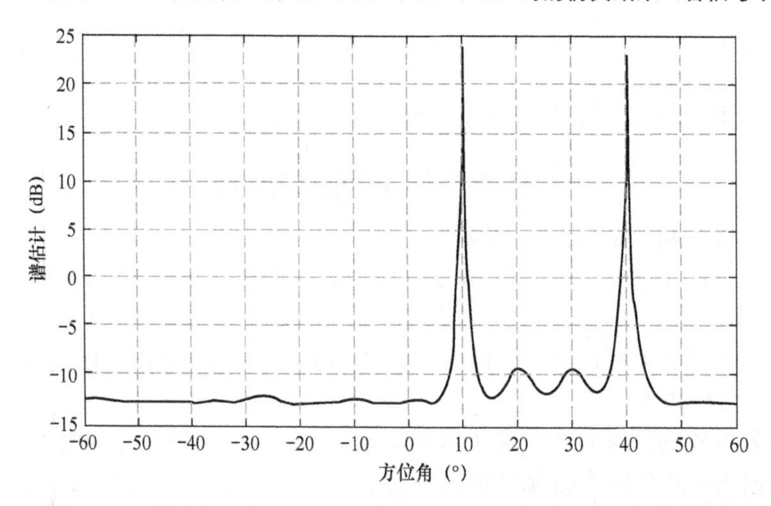

图 12-17 经典 MUSIC 算法在 θ 为 10°、20°、30°、40° 时的仿真结果（其中两个信号相干）

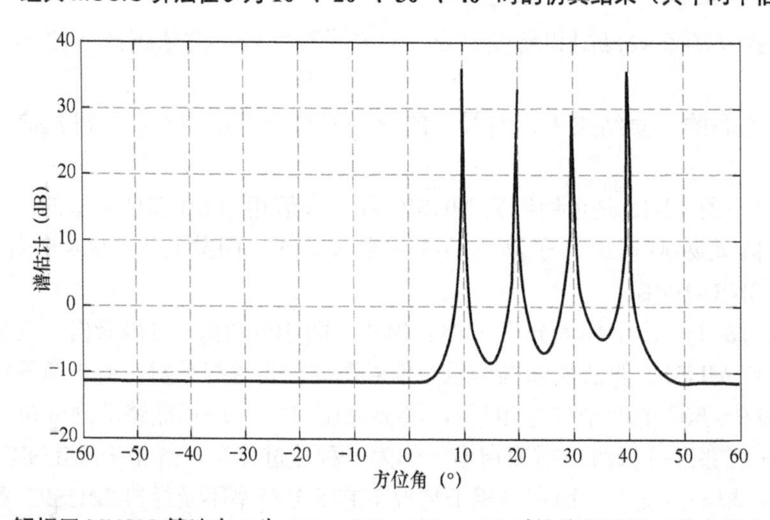

图 12-18 解相干 MUSIC 算法在 θ 为 10°、20°、30°、40° 时的仿真结果（其中两个信号相干）

三、求根 MUSIC 算法

求根 MUSIC（Root-MUSIC）算法是经典 MUSIC 算法的多项式求根形式，顾名思义，它用求多项式根的方法来替代 MUSIC 算法中的谱峰搜索。

根据前文的内容可知，MUSIC 空间谱的谱峰等价为 $\boldsymbol{a}^{\mathrm{H}}(\theta)\boldsymbol{U}_N=0$ 或 $\boldsymbol{a}^{\mathrm{H}}(\theta)\boldsymbol{u}_i=0$（$i=P+1,\cdots,M$）。这里，$\boldsymbol{u}_{P+1},\cdots,\boldsymbol{u}_M$ 是阵列输出协方差矩阵 $\boldsymbol{R}$ 的噪声特征向量，$\boldsymbol{a}^{\mathrm{H}}(\theta)\boldsymbol{u}_i=0$ 也可以写成 $\boldsymbol{u}_i^{\mathrm{H}}\boldsymbol{a}(\theta)=0$。

对于 $\boldsymbol{a}(\theta)=[1,\mathrm{e}^{\mathrm{j}2\pi\frac{d}{\lambda}\sin\theta},\cdots,\mathrm{e}^{\mathrm{j}2\pi\frac{d}{\lambda}(M-1)\sin\theta}]^{\mathrm{T}}$，若令 $\omega=2\pi d\sin\theta/\lambda$，那么方向向量可写为 $\boldsymbol{a}(\omega)=[1,\mathrm{e}^{\mathrm{j}\omega},\cdots,\mathrm{e}^{\mathrm{j}(M-1)\omega}]^{\mathrm{T}}$。

再令 $z=\mathrm{e}^{\mathrm{j}\omega}$，并令 $\boldsymbol{p}(z)=\boldsymbol{a}(\omega)\big|_{z=\mathrm{e}^{\mathrm{j}\omega}}$，则有

$$\boldsymbol{p}(z)=[1,z,\cdots,z^{M-1}]^{\mathrm{T}} \tag{12-5-27}$$

这样，$\boldsymbol{u}_i^{\mathrm{H}}\boldsymbol{a}(\theta)=0$ 就变为 $\boldsymbol{u}_i^{\mathrm{H}}\boldsymbol{p}(z)=0$。定义一个多项式：

$$f(z)=\boldsymbol{u}_i^{\mathrm{H}}\boldsymbol{p}(z)=u_{1,i}^*+u_{2,i}^*z+\cdots+u_{M,i}^*z^{M-1} \tag{12-5-28}$$

式中，$u_{j,i}$ 为噪声特征向量 $\boldsymbol{u}_i$（M 维列向量）的第 j 个元素。

于是，对于 $\boldsymbol{u}_i^{\mathrm{H}}\boldsymbol{a}(\theta)=0$，可以等价地表示为

$$f(z)=\boldsymbol{u}_i^{\mathrm{H}}\boldsymbol{p}(z)=0,\quad i=P+1,\cdots,M \tag{12-5-29}$$

式（12-5-29）共包括 $M-P$ 个方程式，可以把它综合为一个向量形式：

$$\boldsymbol{U}_N^{\mathrm{H}}\boldsymbol{p}(z)=0 \tag{12-5-30}$$

式（12-5-30）两边各是一个 $M-P$ 维的列向量，为此，式（12-5-30）可以等价地用标量形式来表示，即

$$\left\|\boldsymbol{U}_N^{\mathrm{H}}\boldsymbol{p}(z)\right\|_2^2=\boldsymbol{p}^{\mathrm{H}}(z)\boldsymbol{U}_N\boldsymbol{U}_N^{\mathrm{H}}\boldsymbol{p}(z)=0 \tag{12-5-31}$$

为此，重新将多项式定义为

$$f(z)=\boldsymbol{p}^{\mathrm{H}}(z)\boldsymbol{U}_N\boldsymbol{U}_N^{\mathrm{H}}\boldsymbol{p}(z) \tag{12-5-32}$$

由于 $z=\mathrm{e}^{\mathrm{j}\omega}$，因此 z 为单位圆，也就是多项式的根正好位于单位圆上。所以，只要对多项式（12-5-32）求出单位圆上的根 $z_1,z_2,\cdots,z_P$，就可以求出 P 个信号源的波达方向 $\theta_1,\theta_2,\cdots,\theta_P$，这就是求根 MUSIC 算法的基本思想。

但式（12-5-32）并不是 z 的多项式，因为其中还包含了 z^* 的幂次项（这是由 $\boldsymbol{p}^{\mathrm{H}}(z)$ 这一项引起的）。但由于我们只对单位圆上的 z 感兴趣（因为 z 具有 $z=\mathrm{e}^{\mathrm{j}\omega}$ 的形式），这样就有 $z^*=(\mathrm{e}^{\mathrm{j}\omega})^*=\mathrm{e}^{-\mathrm{j}\omega}=z^{-1}$。因此，$\boldsymbol{p}^{\mathrm{H}}(z)$ 可以写成 $\boldsymbol{p}^{\mathrm{T}}(z^{-1})$，这样，对式（12-5-32）进行适当修改，定义为

$$f(z)=z^{M-1}\boldsymbol{p}^{\mathrm{T}}(z^{-1})\boldsymbol{U}_N\boldsymbol{U}_N^{\mathrm{H}}\boldsymbol{p}(z) \tag{12-5-33}$$

这样，多项式中将不再包含 z^* 的幂次项，同时由于乘了一个 z^{M-1} 项，因此多项式中没有 z^{-1} 的幂次项。多项式 $f(z)$ 的阶数为 $2(M-1)$ 阶，也就是多项式 $f(z)$ 有 $M-1$ 对根，并且每对根相对于单位圆互为镜像对，在这 $M-1$ 对根中，有 P 对根 $z_1,z_2,\cdots,z_P$ 正

好位于单位圆上，即

$$z_i = \mathrm{e}^{\mathrm{j}\omega_i}, \quad i=1,\cdots,P \tag{12-5-34}$$

各个 z_i 为复数，若用 $\arg(z_i)$ 表示 z_i 的辐角或相位角，就有 $\arg(z_i)=\omega_i$。由于上面定义了 $\omega = 2\pi d\sin\theta/\lambda$，因此可得方位角估计为

$$\theta_i = \arcsin\left(\frac{\lambda}{2\pi d}\arg(z_i)\right), \quad i=1,\cdots,P \tag{12-5-35}$$

以上考虑的是数据协方差矩阵精确可知的情况，在实际应用中，当数据协方差矩阵存在误差时，只需要得到式（12-5-33）的 P 个最接近单位圆上的根即可。求根 MUSIC 算法与经典 MUSIC 算法相比，具有相同的渐近性能，但求根 MUSIC 算法的小样本性能比经典 MUSIC 算法明显要好。

求根 MUSIC 算法的流程为：

（1）由阵列的接收数据，得到采样协方差矩阵 $\hat{\boldsymbol{R}}$；

（2）对 $\hat{\boldsymbol{R}}$ 进行特征分解，根据 $\hat{\boldsymbol{R}}$ 的特征值大小关系，判断信号源数 P；

（3）找出 $M-P$ 个较小的噪声特征值 $\lambda_{P+1},\lambda_{P+2},\cdots,\lambda_M$，得到它们相应的特征向量，构成噪声子空间 $\hat{\boldsymbol{U}}_N$；

（4）根据式（12-5-33）定义的多项式 $f(z)$，求出多项式的 $M-1$ 对根；

（5）从这 $M-1$ 对根中，找出单位圆内（或单位圆外）最接近单位圆的 P 个根 $z_1,z_2,\cdots,z_P$；

（6）根据式（12-5-35），求得 P 个信号源的波达方向估计。

表 12-1 是运用求根 MUSIC 算法的一些仿真结果，其中，阵元数分别设为 $M=20$ 和 $M=26$，信噪比 SNR=10dB，各组数据为 50 次仿真的平均值。

表 12-1 求根 MUSIC 算法仿真结果

真实方位角 θ	阵元数 M	方位角 θ 估计值
−26°、−30°、50°、52°	20	−26.01°、−30.02°、50.05°、52.07°
−26°、−30°、50°、51°	20	−26.01°、−29.96°、50.24°、50.73°
−26°、−30°、50°、51°	26	−25.98°、−29.98°、50.07°、50.94°
−30°、−31°、50°、51°	26	−30.03°、−30.94°、50.06°、50.94°

从仿真结果可以看出，求根 MUSIC 算法与经典 MUSIC 算法具有相似的性能，能对较小间隔的信号源方位角进行分辨。当适当增加阵元数时，还可以对间隔 1° 的信号源方位角进行分辨。

第六节 旋转不变技术（ESPRIT）算法

ESPRIT 是“Estimating Signal Parameters via Rotational Invariance Techniques”的缩写，其意义是“利用旋转不变技术估计信号参数”。ESPRIT 算法最早是由 Roy 等人于

1986 年提出的，现已成为一种代表性算法，并得到了广泛应用。

ESPRIT 算法与 MUSIC 算法一样，也需要对阵列接收数据的协方差矩阵进行特征分解；但 MUSIC 算法利用阵列接收数据协方差矩阵的噪声子空间的正交特性，而 ESPRIT 算法则利用阵列接收数据协方差矩阵的信号子空间的旋转不变特性，所以 ESPRIT 算法与 MUSIC 算法之间具有互补关系。与 MUSIC 算法相比，ESPRIT 算法的优点在于计算量小，不需要进行谱峰搜索。

本节首先介绍 ESPRIT 算法的基本原理，然后介绍两种实现方法：一种是最小二乘（Least-Squares）准则下的实现方法，即 LS-ESPRIT 算法；另一种是总体最小二乘（Total Least-Squares）准则下的实现方法，即 TLS-ESPRIT 算法。除此之外，其他一些算法如结构最小二乘法 SLS-ESPRIT 算法、波束空间 ESPRIT 算法、酉 ESPRIT 算法等，感兴趣的读者可查阅相关书籍和文献。

一、ESPRIT 算法原理

ESPRIT 算法最基本的假设是存在两个完全相同的子阵。每个子阵的阵元数均为 M；两个子阵的间距 $\varDelta$ 是已知的，该间距 $\varDelta$ 并不是指子阵内的阵元之间的间距，而是指两个子阵的相同序号阵元之间的间距。

由于两个子阵的结构完全相同，因此对于 P 个信号源中的任意信号，两个子阵的输出只有一个相位差 φ_i（$i=1,2,\cdots,P$）。假设第一个子阵的接收数据为 $\boldsymbol{x}_1(n)$，第二个子阵的接收数据为 $\boldsymbol{x}_2(n)$，根据前面所述的阵列信号模型可知

$$\boldsymbol{x}_1(n)=[\boldsymbol{a}(\theta_1),\cdots,\boldsymbol{a}(\theta_P)]\boldsymbol{s}(n)+\boldsymbol{e}_1(n)=\boldsymbol{A}\boldsymbol{s}(n)+\boldsymbol{e}_1(n) \tag{12-6-1}$$

$$\boldsymbol{x}_2(n)=[\boldsymbol{a}(\theta_1)\mathrm{e}^{\mathrm{j}\varphi_1},\cdots,\boldsymbol{a}(\theta_P)\mathrm{e}^{\mathrm{j}\varphi_P}]\boldsymbol{s}(n)+\boldsymbol{e}_2(n)=\boldsymbol{A}\boldsymbol{\varPhi}\boldsymbol{s}(n)+\boldsymbol{e}_2(n) \tag{12-6-2}$$

式中，子阵 1 的方向矩阵为 $\boldsymbol{A}$，子阵 2 的方向矩阵为 $\boldsymbol{A\varPhi}$，$\boldsymbol{\varPhi}$ 为一个 $P\times P$ 维的对角矩阵：

$$\boldsymbol{\varPhi}=\begin{bmatrix}\mathrm{e}^{\mathrm{j}\varphi_1} & & & \\ & \mathrm{e}^{\mathrm{j}\varphi_2} & & \\ & & \ddots & \\ & & & \mathrm{e}^{\mathrm{j}\varphi_P}\end{bmatrix} \tag{12-6-3}$$

其中，各相位差为

$$\varphi_i=2\pi\frac{\varDelta}{\lambda}\sin\theta_i,\quad i=1,\cdots,P \tag{12-6-4}$$

根据上面的阵列信号模型可知，信号的方向信息包含在 $\boldsymbol{A}$ 和 $\boldsymbol{\varPhi}$ 中。考虑到 $\boldsymbol{\varPhi}$ 是一个对角矩阵，因此可以只利用这个矩阵来求解信号方向，也就是只要得到 $\boldsymbol{\varPhi}$，便可以按式（12-6-4）方便地求得信号的方位角 $\theta_i=\arcsin[\varphi_i\lambda/(2\pi\varDelta)]$。

$\boldsymbol{\varPhi}$ 是一酉矩阵，即有 $\boldsymbol{\varPhi}^{\mathrm{H}}\boldsymbol{\varPhi}=\boldsymbol{\varPhi}\boldsymbol{\varPhi}^{\mathrm{H}}=\boldsymbol{I}$。$\boldsymbol{\varPhi}$ 称为旋转算子或旋转算符。可以看出，由于 $\boldsymbol{\varPhi}$ 是一个由相位差组成的对角矩阵，因此 $\boldsymbol{x}_2(n)$ 相当于 $\boldsymbol{x}_1(n)$ 的平移；而平移可以认为是最简单的旋转，这种旋转关系保持了 $\boldsymbol{x}_1(n)$ 和 $\boldsymbol{x}_2(n)$ 所对应的信号子空间的不变性。

将式（12-6-1）、式（12-6-2）两个子阵模型合并，有

$$\boldsymbol{x}(n)=\begin{bmatrix}\boldsymbol{x}_1(n)\\ \boldsymbol{x}_2(n)\end{bmatrix}=\begin{bmatrix}\boldsymbol{A}\\ \boldsymbol{A\Phi}\end{bmatrix}\boldsymbol{s}(n)+\boldsymbol{e}(n)=\bar{\boldsymbol{A}}\boldsymbol{s}(n)+\boldsymbol{e}(n) \tag{12-6-5}$$

式中

$$\bar{\boldsymbol{A}}=\begin{bmatrix}\boldsymbol{A}\\ \boldsymbol{A\Phi}\end{bmatrix},\quad \boldsymbol{e}(n)=\begin{bmatrix}\boldsymbol{e}_1(n)\\ \boldsymbol{e}_2(n)\end{bmatrix} \tag{12-6-6}$$

在理想条件下，可以得到式（12-6-6）的协方差矩阵为

$$\boldsymbol{R}=E[\boldsymbol{x}(n)\boldsymbol{x}^{\mathrm{H}}(n)]=\bar{\boldsymbol{A}}\boldsymbol{R}_s\bar{\boldsymbol{A}}^{\mathrm{H}}+\sigma^2\boldsymbol{I} \tag{12-6-7}$$

这里，$\bar{\boldsymbol{A}}$ 是 $2M\times P$ 维矩阵，$\boldsymbol{R}_s$ 是 $P\times P$ 维矩阵，而 $\boldsymbol{R}$ 是 $2M\times 2M$ 维矩阵。在信号源互不相关的条件下，$\boldsymbol{R}_s$ 为 P 维满秩矩阵，而矩阵 $\bar{\boldsymbol{A}}$ 的列向量之间线性独立（假设各信号方位角 θ_i 互不相同）。对式（12-6-7）进行特征分解，可得

$$\boldsymbol{R}=\sum_{i=1}^{2M}\lambda_i\boldsymbol{u}_i\boldsymbol{u}_i^{\mathrm{H}}=\boldsymbol{U}_S\boldsymbol{\Sigma}_S\boldsymbol{U}_S^{\mathrm{H}}+\boldsymbol{U}_N\boldsymbol{\Sigma}_N\boldsymbol{U}_N^{\mathrm{H}} \tag{12-6-8}$$

其中，特征值的关系为 $\lambda_1\geqslant\lambda_2\geqslant\cdots\geqslant\lambda_P>\lambda_{P+1}=\cdots=\lambda_{2M}=\sigma^2$，$\boldsymbol{U}_S$ 为 P 个大特征值对应的特征向量张成的信号子空间，$\boldsymbol{U}_N$ 为 $2M-P$ 个小特征值对应的特征向量张成的噪声子空间。

根据前面关于信号子空间和噪声子空间的性质可知，特征分解中大特征向量张成的信号子空间与方向矩阵张成的信号子空间是相等的，即

$$\mathrm{span}\{\boldsymbol{U}_S\}=\mathrm{span}\{\bar{\boldsymbol{A}}(\theta)\} \tag{12-6-9}$$

这意味着存在一个唯一的非奇异的 $P\times P$ 维矩阵 $\boldsymbol{T}$，使得

$$\boldsymbol{U}_S=\bar{\boldsymbol{A}}\boldsymbol{T} \tag{12-6-10}$$

上述结构对两个子阵都成立，即有

$$\boldsymbol{U}_S=\begin{bmatrix}\boldsymbol{U}_{S1}\\ \boldsymbol{U}_{S2}\end{bmatrix}=\begin{bmatrix}\boldsymbol{A}\\ \boldsymbol{A\Phi}\end{bmatrix}\boldsymbol{T}=\begin{bmatrix}\boldsymbol{AT}\\ \boldsymbol{A\Phi T}\end{bmatrix} \tag{12-6-11}$$

式中，$\boldsymbol{U}_{S1}$ 为子阵 1 的大特征向量张成的子空间，$\boldsymbol{U}_{S2}$ 为子阵 2 的大特征向量张成的子空间，两者的维数均为 $M\times P$ 维。根据式（12-6-11）可得，两个子阵的信号子空间存在关系：

$$\boldsymbol{U}_{S2}=\boldsymbol{A\Phi T}=\boldsymbol{ATT}^{-1}\boldsymbol{\Phi T}=\boldsymbol{U}_{S1}\boldsymbol{T}^{-1}\boldsymbol{\Phi T}=\boldsymbol{U}_{S1}\boldsymbol{\Psi} \tag{12-6-12}$$

式（12-6-12）反映了两个子阵的阵列接收数据的信号子空间的旋转不变性。式中，$\boldsymbol{\Psi}=\boldsymbol{T}^{-1}\boldsymbol{\Phi T}$，对其变换一下，可得

$$\boldsymbol{\Phi}=\boldsymbol{T\Psi T}^{-1} \tag{12-6-13}$$

由于 $\boldsymbol{\Phi}$ 是一个对角矩阵，因此可知式（12-6-13）中 $\boldsymbol{\Psi}$ 的特征值组成的对角阵就一定等于 $\boldsymbol{\Phi}$，而矩阵 $\boldsymbol{T}$ 的各列就是矩阵 $\boldsymbol{\Psi}$ 的特征向量。因此，一旦得到矩阵 $\boldsymbol{\Psi}$，就可以得到矩阵 $\boldsymbol{\Phi}$，从而可根据式（12-6-4）得到各信号的波达方向。

需要指出的是，在实际应用中，由于阵列数据的协方差矩阵 $\boldsymbol{R}$ 以采样协方差矩阵 $\hat{\boldsymbol{R}}$ 代替，因此式（12-6-8）应修正为

$$\hat{\boldsymbol{R}}=\hat{\boldsymbol{U}}_S\hat{\boldsymbol{\Sigma}}_S\hat{\boldsymbol{U}}_S^{\mathrm{H}}+\hat{\boldsymbol{U}}_N\hat{\boldsymbol{\Sigma}}_N\hat{\boldsymbol{U}}_N^{\mathrm{H}} \tag{12-6-14}$$

在这种情况下，由式（12-6-8）得到的$\hat{\boldsymbol{U}}_{S1}$和$\hat{\boldsymbol{U}}_{S2}$将不再满足式（12-6-12），也就是此时不再有一个$\boldsymbol{\Psi}$满足$\hat{\boldsymbol{U}}_{S2}=\hat{\boldsymbol{U}}_{S1}\boldsymbol{\Psi}$。因此，需要施加一定的误差准则来得到$\boldsymbol{\Psi}$，下文将要介绍的LS-ESPRIT算法和TLS-ESPRIT算法，就是在最小二乘（LS）准则和总体最小二乘（TLS）准则下$\boldsymbol{\Psi}$的求解方法。

二、LS-ESPRIT算法

最小二乘法的基本思想是，用一个小的扰动$\Delta\boldsymbol{U}_{S2}$去调整信号子空间$\boldsymbol{U}_{S2}$，从而得到$\boldsymbol{\Psi}$，也就是要寻找如式（12-6-15）所示矩阵方程的解：

$$\boldsymbol{U}_{S1}\boldsymbol{\Psi}=\boldsymbol{U}_{S2}+\Delta\boldsymbol{U}_{S2} \tag{12-6-15}$$

根据最小二乘法的数学知识，式（12-6-12）的最小二乘解等价于

$$\begin{cases}\min\|\Delta\boldsymbol{U}_{S2}\|_{\mathrm{F}}^{2}\\ \text{约束条件}\quad \boldsymbol{U}_{S1}\boldsymbol{\Psi}=\boldsymbol{U}_{S2}+\Delta\boldsymbol{U}_{S2}\end{cases} \tag{12-6-16}$$

式中，$\|\Delta\boldsymbol{U}_{S2}\|_{\mathrm{F}}^{2}$表示矩阵$\Delta\boldsymbol{U}_{S2}$的Frobenius范数的平方，$\Delta\boldsymbol{U}_{S2}$的Frobenius范数定义为

$$\|\Delta\boldsymbol{U}_{S2}\|_{\mathrm{F}}=\sqrt{\mathrm{tr}((\Delta\boldsymbol{U}_{S2})^{\mathrm{H}}\Delta\boldsymbol{U}_{S2})} \tag{12-6-17}$$

式（12-6-16）的含义是：寻找一个$\boldsymbol{\Psi}$使其满足$\boldsymbol{U}_{S1}\boldsymbol{\Psi}=\boldsymbol{U}_{S2}+\Delta\boldsymbol{U}_{S2}$，但同时使$\|\Delta\boldsymbol{U}_{S2}\|_{\mathrm{F}}^{2}$尽可能小。显然，$\|\Delta\boldsymbol{U}_{S2}\|_{\mathrm{F}}^{2}$越小，得到的$\boldsymbol{\Psi}$就越接近$\boldsymbol{U}_{S1}\boldsymbol{\Psi}=\boldsymbol{U}_{S2}$的真实解；当$\|\Delta\boldsymbol{U}_{S2}\|_{\mathrm{F}}^{2}$达到最小时，得到的$\boldsymbol{\Psi}$最接近真实解。

令$f(\boldsymbol{\Psi})=\|\Delta\boldsymbol{U}_{S2}\|_{\mathrm{F}}^{2}$，为得到LS解，根据式（12-6-16）的约束条件，有

$$\min f(\boldsymbol{\Psi})=\min\|\Delta\boldsymbol{U}_{S2}\|_{\mathrm{F}}^{2}=\min\|\boldsymbol{U}_{S1}\boldsymbol{\Psi}-\boldsymbol{U}_{S2}\|_{\mathrm{F}}^{2} \tag{12-6-18}$$

将$f(\boldsymbol{\Psi})$展开可得

$$\begin{aligned}f(\boldsymbol{\Psi})&=\|\boldsymbol{U}_{S1}\boldsymbol{\Psi}-\boldsymbol{U}_{S2}\|_{\mathrm{F}}^{2}\\&=\mathrm{tr}(\boldsymbol{U}_{S2}^{\mathrm{H}}\boldsymbol{U}_{S2}-\boldsymbol{U}_{S2}^{\mathrm{H}}\boldsymbol{U}_{S1}\boldsymbol{\Psi}-\boldsymbol{\Psi}^{\mathrm{H}}\boldsymbol{U}_{S1}^{\mathrm{H}}\boldsymbol{U}_{S2}+\boldsymbol{\Psi}^{\mathrm{H}}\boldsymbol{U}_{S1}^{\mathrm{H}}\boldsymbol{U}_{S1}\boldsymbol{\Psi})\end{aligned} \tag{12-6-19}$$

这里需要用到矩阵求导的两个性质，设$\boldsymbol{A}$和$\boldsymbol{X}$为两个矩阵，有

$$\frac{\partial\mathrm{tr}(\boldsymbol{AX})}{\partial\boldsymbol{X}}=\boldsymbol{A}^{\mathrm{T}} \tag{12-6-20a}$$

$$\frac{\partial\mathrm{tr}(\boldsymbol{X}^{\mathrm{T}}\boldsymbol{AX})}{\partial\boldsymbol{X}}=\boldsymbol{AX}+(\boldsymbol{X}^{\mathrm{T}}\boldsymbol{A})^{\mathrm{T}}=\boldsymbol{AX}+\boldsymbol{A}^{\mathrm{T}}\boldsymbol{X} \tag{12-6-20b}$$

运用这两个性质，为求得满足$\min f(\boldsymbol{\Psi})$的$\boldsymbol{\Psi}$，对式（12-6-19）求$\boldsymbol{\Psi}$的导数，并令其等于0，有

$$\frac{\mathrm{d}f(\boldsymbol{\Psi})}{\mathrm{d}\boldsymbol{\Psi}}=-2\boldsymbol{U}_{S1}^{\mathrm{H}}\boldsymbol{U}_{S2}+2\boldsymbol{U}_{S1}^{\mathrm{H}}\boldsymbol{U}_{S1}\boldsymbol{\Psi}=0 \tag{12-6-21}$$

当$\boldsymbol{U}_{S1}$满秩时，可得

$$\boldsymbol{\Psi}_{\mathrm{LS}}=(\boldsymbol{U}_{S1}^{\mathrm{H}}\boldsymbol{U}_{S1})^{-1}\boldsymbol{U}_{S1}^{\mathrm{H}}\boldsymbol{U}_{S2} \tag{12-6-22}$$

这样就求得了最小二乘准则下的解$\boldsymbol{\Psi}_{\mathrm{LS}}$。

下面给出 LS-ESPRIT 算法的流程：

（1）由两个子阵的采样数据$\boldsymbol{x}_1(n)$和$\boldsymbol{x}_2(n)$，根据式（12-5-8）求得阵列数据的协方差矩阵$\hat{\boldsymbol{R}}$；

（2）对$\hat{\boldsymbol{R}}$进行特征分解，根据$\hat{\boldsymbol{R}}$的特征值大小关系，判断信号源数P；

（3）找出 P 个较大的信号特征值$\lambda_1,\lambda_2,\cdots,\lambda_P$，得到它们相应的特征向量，构成信号子空间$\boldsymbol{U}_S$；

（4）将$\boldsymbol{U}_S$分成两部分$\boldsymbol{U}_{S1}$和$\boldsymbol{U}_{S2}$；

（5）根据式（12-6-22），求得$\boldsymbol{\Psi}_{\mathrm{LS}}$；

（6）对$\boldsymbol{\Psi}_{\mathrm{LS}}$进行特征分解，得到 P 个特征值，这 P 个特征值就等于$\boldsymbol{\Phi}$的对角元素，从而根据式（12-6-4）求得信号源的波达方向。

表 12-2 是运用 LS-ESPRIT 算法的一些仿真结果，其中两个子阵的阵元数相同，前 2 次试验均为$M=20$，后 2 次试验均为$M=26$，信噪比 SNR = 10dB，各组数据为 50 次仿真的平均值。

表 12-2　LS-ESPRIT 算法仿真结果

真实方位角 θ	子阵元数 M	方位角 θ 估计值
−26°、−30°、50°、52°	20	−26.01°、−30.02°、49.94°、52.07°
−26°、−30°、50°、51°	20	−26.03°、−30.03°、50.23°、50.87°
−26°、−30°、50°、51°	26	−26.02°、−30.03°、49.96°、50.95°
−30°、−31°、50°、51°	26	−30.07°、−31.01°、50.03°、51.05°

从结果可以看出，LS-ESPRIT 算法与 MUSIC 算法具有相似的性能，能对较小间隔的信号源方位角进行分辨。

三、TLS-ESPRIT 算法

由上文可知，最小二乘法的基本思想是用一个范数平方最小的扰动$\Delta\boldsymbol{U}_{S2}$调整信号子空间$\boldsymbol{U}_{S2}$，目的是校正$\boldsymbol{U}_{S2}$中存在的噪声。显然，$\boldsymbol{U}_{S1}$中也存在噪声，因此可以同时扰动$\boldsymbol{U}_{S1}$和$\boldsymbol{U}_{S2}$，并使扰动的范数平方保持最小，从而同时校正$\boldsymbol{U}_{S1}$和$\boldsymbol{U}_{S2}$中存在的噪声。这就是总体最小二乘（TLS）的思想。

根据总体最小二乘法的思想，也就是要寻找如式（12-6-23）所示的矩阵方程的解：

$$(\boldsymbol{U}_{S1}+\Delta\boldsymbol{U}_{S1})\boldsymbol{\Psi}=\boldsymbol{U}_{S2}+\Delta\boldsymbol{U}_{S2} \tag{12-6-23}$$

记$\Delta\boldsymbol{U}=[\Delta\boldsymbol{U}_{S2}\ \ \Delta\boldsymbol{U}_{S1}]$，则 TLS 的解等价于

$$\begin{cases}\min\|\Delta\boldsymbol{U}\|_{\mathrm{F}}^2\\ \text{约束条件}\ \ (\boldsymbol{U}_{S1}+\Delta\boldsymbol{U}_{S1})\boldsymbol{\Psi}=\boldsymbol{U}_{S2}+\Delta\boldsymbol{U}_{S2}\end{cases} \tag{12-6-24}$$

对于一般的 TLS 问题，已有相关文献给出它的解法。下面主要结合具体的波达方向估计问题，给出式（12-6-24）的 TLS 解。

定义一个矩阵$\boldsymbol{U}_{S12}=[\boldsymbol{U}_{S1}\,|\,\boldsymbol{U}_{S2}]$，$\boldsymbol{U}_{S1}$和$\boldsymbol{U}_{S2}$均为$M\times P$维矩阵。由于$\boldsymbol{U}_{S1}$和$\boldsymbol{U}_{S2}$的

秩均为 P，且由于信号子空间的旋转不变性，$\boldsymbol{U}_{S1}$ 和 $\boldsymbol{U}_{S2}$ 张成的子空间相等，$\boldsymbol{U}_{S12}$ 的秩也为 P，因此存在一个秩为 P 的 $2P\times P$ 维的矩阵 $\boldsymbol{F}$，其与 $\boldsymbol{U}_{S12}$ 正交。

为此，要得到式（12-6-24）的 TLS 解，实际上就是要寻找一个 $2P\times P$ 维的酉矩阵 $\boldsymbol{F}$，使矩阵 $\boldsymbol{F}$ 与 $\boldsymbol{U}_{S12}$ 正交，而该酉矩阵 $\boldsymbol{F}$ 可以从 $\boldsymbol{U}_{S12}^{\mathrm{H}}\boldsymbol{U}_{S12}$ 的特征分解中得到。

$\boldsymbol{U}_{S12}^{\mathrm{H}}\boldsymbol{U}_{S12}$ 的特征分解为

$$\boldsymbol{U}_{S12}^{\mathrm{H}}\boldsymbol{U}_{S12}=\boldsymbol{E}\boldsymbol{\Lambda}\boldsymbol{E}^{\mathrm{H}} \tag{12-6-25}$$

式中，$\boldsymbol{\Lambda}$ 是由特征值构成的对角矩阵，$\boldsymbol{E}$ 是由相应特征向量构成的矩阵。再将 $\boldsymbol{E}$ 分解为 4 个子矩阵，有

$$\boldsymbol{E}=\begin{bmatrix}\boldsymbol{E}_{11} & \boldsymbol{E}_{12}\\ \boldsymbol{E}_{21} & \boldsymbol{E}_{22}\end{bmatrix} \tag{12-6-26}$$

令

$$\boldsymbol{E}_N=\begin{bmatrix}\boldsymbol{E}_{12}\\ \boldsymbol{E}_{22}\end{bmatrix} \tag{12-6-27}$$

这里，$\boldsymbol{E}_N$ 为一个 $2P\times P$ 维的矩阵，它是由对应特征值为 0 的特征向量构成的矩阵。这样，如果选择 $\boldsymbol{F}$ 等于 $\boldsymbol{E}_N$，即

$$\boldsymbol{F}=\begin{bmatrix}\boldsymbol{F}_1\\ \boldsymbol{F}_2\end{bmatrix}=\begin{bmatrix}\boldsymbol{E}_{12}\\ \boldsymbol{E}_{22}\end{bmatrix} \tag{12-6-28}$$

那么有

$$\boldsymbol{U}_{S12}\boldsymbol{F}=[\boldsymbol{U}_{S1}\,|\,\boldsymbol{U}_{S2}]\begin{bmatrix}\boldsymbol{F}_1\\ \boldsymbol{F}_2\end{bmatrix}=\boldsymbol{U}_{S1}\boldsymbol{F}_1+\boldsymbol{U}_{S2}\boldsymbol{F}_2=\boldsymbol{0} \tag{12-6-29}$$

可见，$\boldsymbol{F}$ 与 $\boldsymbol{U}_{S12}$ 正交，因此 $\boldsymbol{F}$ 可以从 $\boldsymbol{U}_{S12}^{\mathrm{H}}\boldsymbol{U}_{S12}$ 的特征分解中得到。

根据式（12-6-11），将 $\boldsymbol{U}_{S1}=\boldsymbol{A}\boldsymbol{T}$、$\boldsymbol{U}_{S2}=\boldsymbol{A}\boldsymbol{\Phi}\boldsymbol{T}$ 代入式（12-6-29），有

$$\boldsymbol{A}\boldsymbol{T}\boldsymbol{F}_1+\boldsymbol{A}\boldsymbol{\Phi}\boldsymbol{T}\boldsymbol{F}_2=\boldsymbol{0} \tag{12-6-30}$$

根据式（12-6-30）可以推导得到

$$\boldsymbol{T}^{-1}\boldsymbol{\Phi}\boldsymbol{T}=-\boldsymbol{F}_1\boldsymbol{F}_2^{-1} \tag{12-6-31}$$

如果令 $\boldsymbol{\varPsi}=-\boldsymbol{F}_1\boldsymbol{F}_2^{-1}$，则

$$\boldsymbol{T}^{-1}\boldsymbol{\Phi}\boldsymbol{T}=\boldsymbol{\varPsi} \tag{12-6-32}$$

这说明 $\boldsymbol{\varPsi}$ 的特征值就是 $\boldsymbol{\Phi}$ 的对角元素，因此由 $\boldsymbol{\varPsi}$ 就可以得到各信号源的波达方向，而根据上述内容，有

$$\boldsymbol{\varPsi}_{\mathrm{TLS}}=-\boldsymbol{F}_1\boldsymbol{F}_2^{-1}=-\boldsymbol{E}_{12}\boldsymbol{E}_{22}^{-1} \tag{12-6-33}$$

这样就得到了 TLS 解 $\boldsymbol{\varPsi}_{\mathrm{TLS}}$。由上可知，为得到 TLS 解，实际上就是要寻找一个与 $\boldsymbol{U}_{S12}$ 正交的酉矩阵 $\boldsymbol{F}$，根据 $\boldsymbol{F}$ 并运用式（12-6-33），即可得到 $\boldsymbol{\varPsi}_{\mathrm{TLS}}$。

下面给出 TLS-ESPRIT 算法的流程：

（1）由两个子阵的接收数据 $\boldsymbol{x}_1(n)$ 和 $\boldsymbol{x}_2(n)$，根据式（12-5-8）求得阵列数据的协方差矩阵 $\hat{\boldsymbol{R}}$；

（2）对 $\hat{\boldsymbol{R}}$ 进行特征分解，根据 $\hat{\boldsymbol{R}}$ 的特征值大小关系，判断信号源数 P；

（3）找出 P 个较大的信号特征值 $\lambda_1,\lambda_2,\cdots,\lambda_P$，得到它们相应的特征向量，构成信号子空间 $\boldsymbol{U}_S$；

（4）将 $\boldsymbol{U}_S$ 分成两部分 $\boldsymbol{U}_{S1}$ 和 $\boldsymbol{U}_{S2}$；

（5）根据式（12-6-25），进行特征分解为 $\boldsymbol{U}_{S12}^{\mathrm{H}}\boldsymbol{U}_{S12}=\boldsymbol{E}\boldsymbol{\Lambda}\boldsymbol{E}^{\mathrm{H}}$；

（6）将 $\boldsymbol{E}$ 分解成如式（12-6-26）所示的 4 个子矩阵；

（7）计算 $\boldsymbol{\Psi}_{\mathrm{TLS}}=-\boldsymbol{E}_{12}\boldsymbol{E}_{22}^{-1}$；

（8）对 $\boldsymbol{\Psi}_{\mathrm{TLS}}$ 进行特征分解，得到 P 个特征值，这 P 个特征值就是 $\boldsymbol{\Phi}$ 的对角元素，从而根据式（12-6-4）求得信号源的波达方向。

表 12-3 是运用 TLS-ESPRIT 算法的一些仿真结果，其中两个子阵的阵元数相同，前 2 次试验均为 $M=20$，后 2 次试验均为 $M=26$，信噪比 SNR = 10dB，各组数据为 50 次仿真的平均值。

表 12-3　TLS-ESPRIT 算法仿真结果

真实方位角 θ	子阵元数 M	方位角 θ 估计值
−26°、−30°、50°、52°	20	−26.01°、−30.02°、49.96°、52.05°
−26°、−30°、50°、51°	20	−26.04°、−30.02°、50.13°、50.90°
−26°、−30°、50°、51°	26	−26.02°、−30.01°、49.98°、50.97°
−30°、−31°、50°、51°	26	−30.05°、−31.01°、50.01°、51.03°

从表 12-3 可以看出，TLS-ESPRIT 算法与 MUSIC 算法具有相似的性能，能对较小间隔的信号源方位角进行分辨。但与 MUSIC 算法相比，ESPRIT 算法包括 LS-ESPRIT 算法与 TLS-ESPRIT 算法，其优点在于计算量小，不需要进行谱峰搜索。

本章介绍了空间谱估计测向的有关技术。由于空间谱估计测向涉及的技术较为广泛，因此本章着重从基础性和代表性的角度出发，对空间谱估计测向的基本原理和部分算法进行了介绍。读者若需要进一步深入了解空间谱估计测向的其他有关技术，包括信号源数估计技术，如信息论方法、平滑秩序列法、盖氏圆方法等，可以参考其他理论书籍和文献。

习题与思考题

1. 什么是空间谱估计？
2. 简述波束形成的概念。
3. 简述信号子空间和噪声子空间的基本理论。
4. 简述经典的 MUSIC（多重信号分类）算法原理。
5. 解释两种扩展 MUSIC 算法（解相干 MUSIC 算法、求根 MUSIC 算法）的原理。
6. 说明 ESPRIT（旋转不变技术）算法的原理。

第十三章

无线电定位

在电磁频谱监测领域研究的无线电定位技术主要是无源定位技术。对辐射源实现无源定位的电磁频谱监测系统，是电磁频谱管理信息化手段的重要组成部分。相对于雷达等有源定位技术，无源定位技术具有隐蔽性强、对电磁环境无影响等优势。

第一节　无源定位基础

一、无源定位的概念

无源定位是指接收站不向被探测目标发射无线电信号，而只是通过接收电磁波信号对目标进行侦察定位的一项技术，它是电子对抗的重要组成部分。由于没有向目标发射信号，无源定位不同于雷达，不会暴露自己的位置，因此不会招致反辐射导弹等火力的攻击。

无源定位的主要特点包括：一是对目标的定位是无源的；二是定位结果来源于参数估计和定位解算；三是一般需要多站协同工作；四是定位效果与接收站部署位置有关。

无源定位系统主要利用目标辐射源发射的电磁信号对目标进行定位、跟踪及识别。在电磁频谱管理中，其适用于干扰源查找；在电子防御中，其在雷达等有源定位系统遭受干扰而无法正常对目标进行定位时可以起到补充作用。

二、无源定位的分类

无源定位按照接收站数量分为单站定位和多站定位。要实现单站定位，需要单个接收站同时观测多个参数；若一个接收站只能观测一个参数，则需要多个接收站协同工作进行定位，即多站定位。从技术上说，无论是单站定位还是多站定位，一般都是在一定观测量基础上完成的。按照观测量的不同，无源定位技术体制可分为基于波达方向（Direction Of Arrival，DOA）、基于波达时间差（Time Difference Of Arrival，TDOA）、基于波达频率差（Frequency Difference Of Arrival，FDOA）等，以及联合其中两种或三种以上观测量的定位技术体制。

DOA 技术使用阵列天线来估计信号到达方向而进行定位。一个 DOA 测量值可以确定目标辐射源的一个角度方向，如果至少有两次不同地点的有效测量，则辐射源的位置就可以利用两个角度方向相交确定。通常，可以利用多个地点的 DOA 测量值来提高测量精度。DOA 技术虽然原理简单，但它有一定的缺陷，为了得到精确的 DOA 估计，要求信号从目标辐射源的发射天线到接收站的接收天线必须是视距（Line Of Sight，LOS）传播，因此对于非视距（Non Line Of Sight，NLOS）传播信道存在一定困难。另外，DOA 的测量设备都是多天线系统，各信道之间的一致性要求很高，设备不但昂贵而且笨重；DOA 估计算法的复杂度较高，用于测量、储存、处理等会占用过多的软硬件资源。

TDOA 技术测量目标辐射源到不同接收站之间的到达时间差而进行定位。为了测量信号的到达时差，接收站之间必须能够做到精确同步。TDOA 估计可以通过将辅站接收到的信号同主站（或中心站）接收到的信号进行互相关运算，得到相关峰值，峰值对应的延迟时间就是 TDOA 估计值。在二维坐标中，一个 TDOA 估计值可以定义一条以两个接收站为焦点的双曲线，目标辐射源就位于双曲线上。如果有两个接收站参与测量，就可以得到两个 TDOA 估计值，得到两条双曲线，其交点就是目标辐射源的位置。因此，这种方法又称为双曲线定位技术。

FDOA 技术是通过测量各接收机之间所接收信号的多普勒频率差来进行定位的。其常应用于卫星对地观测定位，因为除了地球同步卫星，其他的卫星相对于地球上的物体是有相对运动的，这样辐射源信号到达各颗卫星时就会产生多普勒频移，又由于卫星位置不一样，所以这些多普勒频移是不一样的，这样就形成了 FDOA 曲面。每个 FDOA 在二维空间将对应一条曲线，各条 FDOA 曲线的交点就是目标辐射源的定位位置。

图 13-1 给出了不同观测量所对应的无源定位技术之间的关系。基于 DOA 的定位系统最常采用的定位技术是单站测角定位和多站测角交会定位，统称为三角定位；基于 TDOA 的定位系统最常采用的定位技术是三站/四站时差定位；仅利用 FDOA 的定位系统并不常见，它一般联合应用 TDOA 和 FDOA，即时频差定位；在联合多观测量的定位体制中，最常采用的是测角与 TDOA，以及测角与时频差定位相结合等。

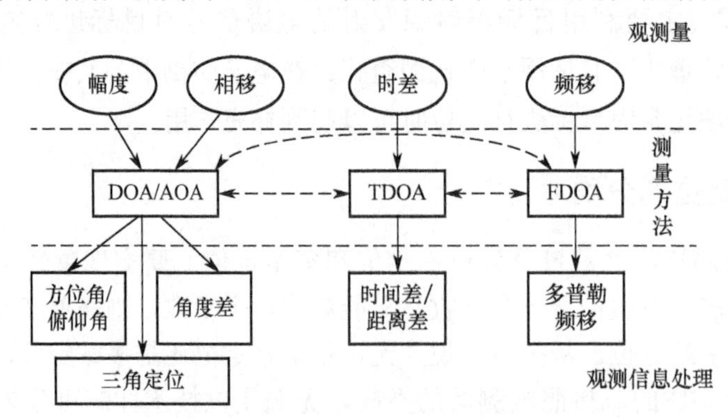

图 13-1 无源定位技术分类

三、无源定位的指标

实现无源定位要建立在无源定位系统上，无源定位系统一般由监测接收设备、信息传输设备和定位处理设备组成。它的主要指标包括定位信号范围、定位误差、定位时间、适用环境等。

（一）定位信号范围

无源定位系统的定位信号范围包括工作频率范围、信号类别、信号样式等。需要说明无源定位系统对什么频段的电磁辐射信号能够定位，如 30～3000MHz；还要说明具体的信号类别，如连续波信号或脉冲信号等。有些无源定位系统是专门对雷达信号或通信信号进行侦收和定位的，还有一些无源定位系统需要借用环境中已知辐射源对目标照射实现定位。

（二）定位误差

定位误差是指定位精度，也就是可能被确定的目标位置与实际目标位置的差距。无论设计人员还是用户，都应该清醒地认识到：无源定位系统给出的目标位置与真实位置是有偏差的，定位误差与目标所处位置有关，也就是定位误差与目标所处的电磁环境息息相关。定位误差还与无源定位系统内接收站的部署位置有关，不合理的部署位置会使定位误差更大。

（三）定位时间

定位时间是指从目标信号开始出现到无源定位系统通过监测接收和定位解算，计算出目标辐射源位置的全部时间之和。定位时间一般用来衡量无源定位系统的实时性，无源定位系统在多长时间内计算出目标位置，单位为 s。由于大部分飞机的飞行速度小于 1km/s，所以在几秒范围内，无源定位系统就能够对运动目标进行无源定位。

第二节　三角定位

基于测向信息（角度测量值）实现目标辐射源的位置估计是测向交会定位，也称为三角定位，其主要根据几何关系中三角函数的定位解算。三角定位是最早提出的定位方法，目前也是最成熟、最实用的无源定位方法。三角定位的定位效果取决于测向站的测向精度、所处环境等。三角定位既可以单站在不同位置观测后实现目标辐射源位置估计，也可以通过多站协同实现测向交会定位。

一、三角定位原理

（一）波达方向

基于前面章节介绍的无线电测向理论，对于来波到达方向，几乎所有的目标方位的测量手段，都是以测量设备（测向站或接收站）所处位置为原点，在直角坐标系、极坐标系或球坐标系中来表示，一般波达方向用水平方位角ϕ和仰角γ表示，目标位置用坐标（x_T, y_T, z_T）表示，如图 13-2 所示。

测量设备大都不能直接获得目标位置坐标（x_T, y_T, z_T），而是首先通过水平方位角ϕ和仰角γ，然后求解和得到的，由几何关系可得

$$\cot\phi = \frac{y_T}{x_T} \Leftrightarrow \phi = \operatorname{arccot}\frac{y_T}{x_T} \tag{13-2-1a}$$

$$\tan\gamma = \frac{z_T}{\sqrt{x_T^2 + y_T^2}} \Leftrightarrow \gamma = \arctan\frac{z_T}{\sqrt{x_T^2 + y_T^2}} \tag{13-2-1b}$$

（二）双站二维交会定位方程

根据无线电测向得到的测向结果，最终可以确定目标辐射源的坐标，但仅依靠一个测向站给出的单次测向结果是无法实现目标定位的。为了能够获得目标辐射源的位置坐标，最直接的方法是利用多个不同测向站给出的示向度进行交会定位。图 13-3 是双站测向交会定位示意图，定位场景设为二维空间，因此，通过求解两条示向线的交点坐标即可获得目标的位置信息。当测向站数量多于两个时，由于存在测向误差，因此不同示向线往往无法交会于同一点，此时需要根据测向误差的统计特性合理地优化准则，最优解对测向站的部署具有现实的理论指导意义。

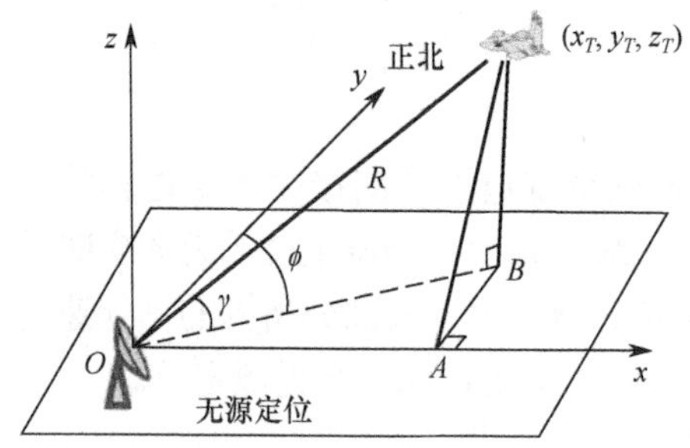

图 13-2　波达方向及目标位置的描述

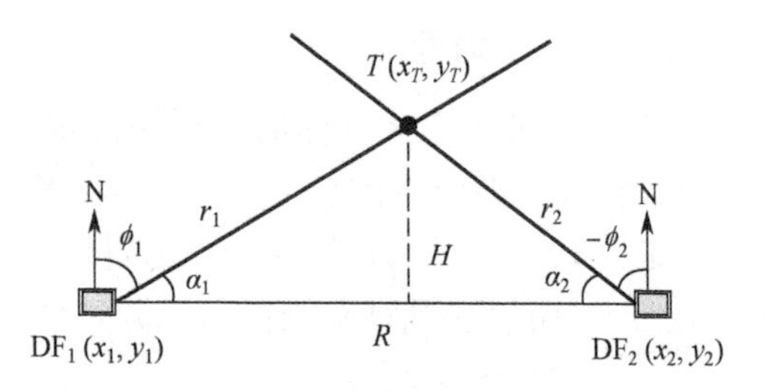

图 13-3　双站测向交会定位示意图

假设目标辐射源 T 与两个测向站（DF_1, DF_2）位于同一个平面，目标的位置坐标为（x_T, y_T），两个测向站的位置坐标分别为（x_1, y_1）和（x_2, y_2），它们测得目标的示向度分别为ϕ_1和ϕ_2（均以正北方向为参考），于是得到

$$\cot\phi_1 = \frac{y_T - y_1}{x_T - x_1} \tag{13-2-2a}$$

$$\cot\phi_2 = \frac{y_T - y_2}{x_T - x_2} \tag{13-2-2b}$$

联立式（13-2-2a）和式（13-2-2b）就可以得到目标辐射源 T 的位置坐标，即

$$x_T = \frac{y_2 - y_1 + x_1\cot\phi_1 - x_2\cot\phi_2}{\cot\phi_1 - \cot\phi_2} \tag{13-2-3a}$$

$$y_T = \frac{\cot\phi_1 \cot\phi_2 (x_1 - x_2) + y_2 \cot\phi_1 - y_1 \cot\phi_2}{\cot\phi_1 - \cot\phi_2} \tag{13-2-3b}$$

另外，利用示向度 ϕ_1 和 ϕ_2 还可以直接确定目标与两个测向站之间的距离 r_1 和 r_2。假设两个测向站的距离为 R（该值可以通过两个测向站的卫星定位获得），示向度 ϕ_1 和 ϕ_2 的余角分别为 α_1 和 α_2，根据正弦定理可知

$$\frac{r_1}{\sin\alpha_2} = \frac{r_2}{\sin\alpha_1} = \frac{R}{\sin(\pi - \alpha_1 - \alpha_2)} \tag{13-2-4}$$

进一步可得

$$r_1 = \frac{R\sin\alpha_2}{\sin(\alpha_1 + \alpha_2)}，\quad r_2 = \frac{R\sin\alpha_1}{\sin(\alpha_1 + \alpha_2)} \tag{13-2-5}$$

这样，通过三角函数计算就可以得到目标辐射源相对于各个测向站的方位和距离。

二、三角定位关键技术

三角定位是基于测向信息的交会定位技术，涉及测向的关键技术在前面章节中已经进行了详细介绍，这里简要阐述单站定位、多站定位等测向交会定位的相关内容。

（一）单站测向交会定位

传统的单站测向定位主要应用于短波信号的测向定位，在已知反射点处于电离层高度的前提下，测向站通过测定来波信号的方位角和仰角，根据几何关系得到目标辐射源的位置。由于反射点处于电离层高度难以准确获得，以及短波电波传播的多径效应等因素，短波单站测向定位精度误差较大。下面讨论的单站测向交会定位不同于传统的短波信号单站测向定位，这里的单站测向交会定位利用单个机动测向站对目标辐射源进行测向交会定位，主要利用单站实现多站测向定位的功能，重点关注的是 VHF、UHF 频段信号的单站测向交会定位。

1. 单站测向交会定位流程

要实现对 VHF、UHF 频段目标信号的定位，最低要求是在两个不同位置对目标进行测向，再利用交会定位方法计算出目标位置。用单站对目标测向交会定位的步骤如下。

（1）标定地图，或打开地理信息软件。

（2）在地图上确定（或标定）测向站的位置，对目标辐射源进行测向，记下示向度，在地图上以测向站位置为起点、以示向度为偏移画一条射线，该射线即来波信号的示向线；若在地理信息软件上操作，则系统会自动给出示向线。

（3）将测向站机动到另一个位置，重复步骤（2）。

① 如果不考虑各种误差，则两条射线的交点便是被测目标辐射源的位置，如图 13-2 所示；应注意机动的距离和方向。为了获得较好的定位精度（暂时不考虑测向误差），两个测向位置之间的距离要足够大，一般以示向度有了明显的偏移（如 90°）为标准。如果条件允许，测向站的机动方向要朝向目标方向，而不选择远离目标的方向。

② 如果要进行 3 次以上测向定位，则再次重复步骤①。此时交会定位结果会是一

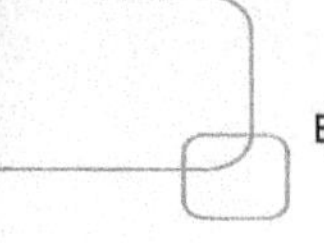

个三角形或多边形区域，被测目标辐射源应在交会区域内。

2. 目标辐射源位置确定

采用二次或多次测向定位的方式，确定的是一个点或者一个区域，通常认为该点或该区域就是目标辐射源所处的位置，但这种定位方式的定位误差较大。在实际应用中通常采用三点或多点定位方式，多点定位结果会是一个区域。

为了更加准确地确定目标辐射源所处位置，定位区域应根据几何作图法确定。通常，确定目标辐射源在定位区域的准确位置，可以采用重心交点法、中线交点法、等角线交点法、斯坦纳交点法等。顾名思义，重心交点法、中线交点法、等角线交点法是分别将交会区域的重心、垂心、内心作为确定目标辐射源位置的方法；斯坦纳交点法则将三角形交会区域的斯坦纳交点作为目标辐射源位置。斯坦纳交点是指，从交点出发到三角形各顶点作连线，三条线所形成的角度均为120°的点。从实际应用来看，斯坦纳交点法的定位精度最高。

（二）多站测向交会定位

多站测向交会定位是在不同地点固定设置多个测向站，根据各个测向站所测得的角度，在地图上对目标辐射源进行交会定位，示意图如图 13-4 所示。多站测向交会定位时，一般需要设置中心站来完成数据汇聚、定位的功能，配置在各地的测向站通过一定的组网协议组成网络，所测得的测向数据通过网络快速传至中心站，并接受中心站的控制和监督管理。

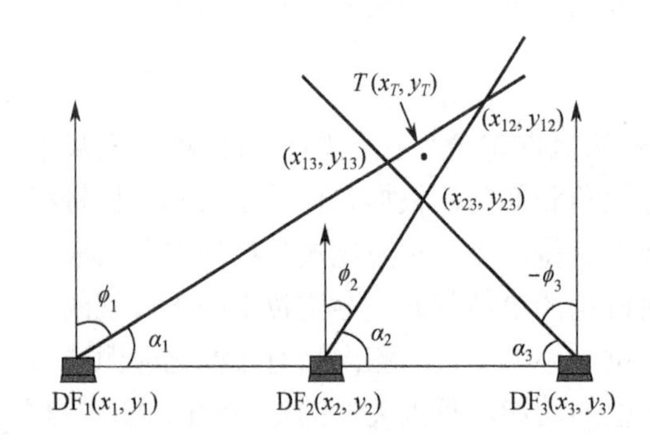

图 13-4　多站（多于两站）测向交会定位示意图

多站测向交会定位时，测向站的场地是否“良好”对测向精度影响非常大，“良好”的测向场地是实现高精度定位的基本保障。但是，“良好”的测向场地条件一般较难满足，即便场地满足要求，测向站的站址选择对测向精度也有直接影响，因此测向交会定位误差分析就显得十分重要。

三、三角定位误差分析

（一）定位模糊区面积

以双站测向交会定位为例，如图 13-5 所示，R 为两个测向站 DF_1 与 DF_2 之间的距离，即基线的长度，H 为定位模糊区（图 13-5 中虚线所围成的四边形）中心 T 至基线的距离。假设两个测向站的最大测向误差均为 $\delta\phi_{max}$，则目标位置估计值在四边形 $ABCD$ 即定位模糊区之内，下面计算

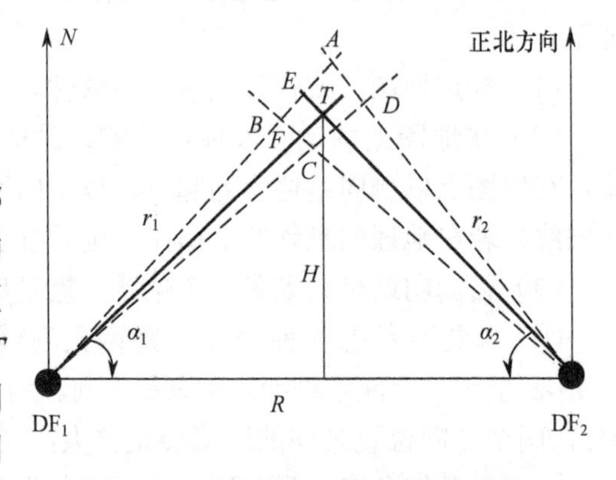

图 13-5　双站测向交会定位模糊区示意图

四边形 $ABCD$ 的面积。

对于远距离目标来说，四边形 $ABCD$ 的边长相对于 r_1 和 r_2 来说非常小，此时四边形 $ABCD$ 可以近似为平行四边形，它的面积是四边形 $BETF$ 面积的 4 倍，而四边形 $BETF$ 的边 BE 和边 ET 所对应的高可以用一段弧长近似表示，相应的表达式分别为

$$h_{BE} = \delta\phi_{\max} r_1 = \frac{\delta\phi_{\max}}{\sin\alpha_1} H = \frac{\delta\phi_{\max} R \sin\alpha_2}{\sin(\alpha_1+\alpha_2)} \tag{13-2-6a}$$

$$h_{ET} = \delta\phi_{\max} r_2 = \frac{\delta\phi_{\max}}{\sin\alpha_2} H = \frac{\delta\phi_{\max} R \sin\alpha_1}{\sin(\alpha_1+\alpha_2)} \tag{13-2-6b}$$

另外，边长 BE 和边长 ET 的长度分别为

$$l_{BE} = \frac{h_{ET}}{\sin(\alpha_1+\alpha_2)} = \frac{\delta\phi_{\max}}{\sin\alpha_2 \sin(\alpha_1+\alpha_2)} H = \frac{\delta\phi_{\max} R \sin\alpha_1}{\sin^2(\alpha_1+\alpha_2)} \tag{13-2-7a}$$

$$l_{ET} = \frac{h_{BE}}{\sin(\alpha_1+\alpha_2)} = \frac{\delta\phi_{\max}}{\sin\alpha_1 \sin(\alpha_1+\alpha_2)} H = \frac{\delta\phi_{\max} R \sin\alpha_2}{\sin^2(\alpha_1+\alpha_2)} \tag{13-2-7b}$$

于是得到四边形 $ABCD$ 的面积为

$$S_{ABCD} = 4S_{BETF} = 4l_{BE}h_{BE} = \frac{4H^2(\delta\phi_{\max})^2}{\sin\alpha_1 \sin\alpha_2 \sin(\alpha_1+\alpha_2)} = \frac{4R^2 \sin\alpha_1 \sin\alpha_2 (\delta\phi_{\max})^2}{\sin^3(\alpha_1+\alpha_2)} \tag{13-2-8}$$

由式（13-2-8）可知，定位模糊区面积 S_{ABCD} 与 $\delta\phi_{\max}$、H、R、α_1 和 α_2 等参数有关系，其中 $\delta\phi_{\max}$ 主要取决于测向系统的性能，这里我们重点讨论测向站部署位置与定位模糊区之间的关系。下面将分别讨论在 H 一定和 R 一定的条件下，α_1 和 α_2 如何取值可以使定位模糊区面积最小。

当 H 一定时，为了使 S_{ABCD} 最小，需要 $f_1(\alpha_1,\alpha_2)=\sin\alpha_1 \sin\alpha_2 \sin(\alpha_1+\alpha_2)$ 最大，分别将 $f_1(\alpha_1,\alpha_2)$ 对 α_1 和 α_2 求偏导并令其等于零，两式联立可计算出 $\alpha_1=\alpha_2=\pi/3$；当 R 一定时，为了使 S_{ABCD} 最小，需要 $f_2(\alpha_1,\alpha_2)=\sin\alpha_1 \sin\alpha_2 / \sin^3(\alpha_1+\alpha_2)$ 最小，分别将 $f_2(\alpha_1,\alpha_2)$ 对 α_1 和 α_2 求偏导并令其等于零，两式联立可计算出 $\alpha_1=\alpha_2=\pi/6$。

（二）误差来源

无线电测向交会定位在复杂电磁环境中要获得较高的定位精度并非易事，这不仅取决于测向接收机本身的测向精度，还与电波传播的环境有关。测向接收机是一种系统设计复杂、加工工艺一致性高的精密电子设备。即便如此，受人为因素、电波传播及测向环境等主观、客观因素的影响，在测向交会定位时，定位模糊区还是比较大的。从具体和现实的角度出发，测向交会定位误差可以归纳为主观误差和客观误差。

在多数情况下，主观误差的产生与操作员缺乏工作经验、缺乏电波传播知识，以及测向时对复杂情况处置不当有关。操作员要学会合理选择匹配的测向体制和测向接收机，以满足不同使用要求。无线电测向体制经过长期发展，已经形成了一个庞大的家族，每种测向体制、每种测向接收机都有其自身的特点。这里所说的“匹配”是泛指的。一是测向距离的匹配，包括远、中、近距离测向。在短波远距离天波测向中，选择用于接收近距离地波信号的环形测向接收机，将无法完成测向，偶有示向度，也会产生

较大的极化误差。二是根据信号强度及密集度选择不同的测向接收机。测向接收机选择不当同样会产生测向误差，例如，如果在大功率电台密集的电磁环境下查找 VHF、UHF 频段目标辐射源，选择有源天线干涉仪测向接收机，还不如使用一台大动态的便携式测向接收机工作效率高。因为有源天线动态范围小，抵近大功率辐射源时，射频前端接收的电动势可能大大超过 300mV，无法给出正确的示向度。为了减小和克服测向时的主观误差，操作员应在全面掌握测向理论和电波传播知识的基础上，通过长期的测向实践，积累不同频段、不同时段、不同环境和条件下的测向经验。

此外，在测向交会定位实施过程中还应该考虑影响定位精度的 3 个客观因素：测向天线阵基础的大小、测向接收机精度的高低、测向质量的高低等。

（1）测向天线阵基础的大小。在电磁波波前失真的情况下，测向天线阵基础的大小会影响测向精度。当测向天线阵基础的大小 d 大于 5 个波长，即 $d \geqslant 5\lambda$ 时，多波干扰造成的波前失真带来的测向误差可以大大减小，因为大基础天线阵（$d \geqslant 5\lambda$）使多波干扰造成的波前失真在接收区得到了平均，使之接近非失真的正常波前；当测向天线阵的基础 d 大于 1 个波长，即 $d \geqslant \lambda$ 时，与小基础天线阵相比，可以减小测向站的站址环境带来的不良影响，因为它有效地增大了直接波接收的幅度，相对减小了测向站的站址环境的不良影响。可见，选择大、中基础天线阵，可以提高有效接收灵敏度，还可以改善测向精度。

（2）测向接收机精度的高低。测向接收机的精度通常有 3 种表达方式：一是设备精度；二是标准场地测试精度；三是使用精度。它们的含义不同，测试方法、测试条件也不同。设备精度通常是指系统的闭场测试精度，而不考虑实际工作的环境和条件。标准场地测试精度是在标准测向场地条件下对已知信号进行开场测试时的测试精度。使用精度通常是在正常使用条件下连续工作一定时间对测向误差的统计结果。就测向设备本身的精度而言，容易忽视的影响条件还有系统噪声、动态范围和抗干扰性。系统噪声与测向接收机的灵敏度有关，要求噪声小则接收灵敏度应该高，但高接收灵敏度又与大动态范围相矛盾。抗干扰性的要求往往与动态范围的要求相一致。因此，对测向设备本身的性能要求，应依据使用要求、工作条件有所侧重。测向设备带来的测向误差当然远不止这些，例如，在测向天线阵中，天线单元之间的电气参数一致性问题所带来的测向误差，测向接收机系统射频、中频失真，测向接收机电磁兼容性差，现代测向接收机中频之后数字处理所带来的各种问题，等等。这些最终都可以表现为测向设备误差。

（3）测向质量的高低。在测向时，测向质量与信噪比的高低有关。信噪比较高时可以获得高质量的测向信息，其结果是示向度数值摆动范围小，示向度数值准确，因此测向质量高，示向度可信度高；当信噪比较低时，则刚好相反。由此可知，提高测向接收机的测向灵敏度可以改善测向精度。例如，在示向度游动的情况下，测向会产生较大误差，要通过减小测向带宽、更改测向接收机工作模式为低噪声模式，或者逼近目标辐射源等方式提高测向质量。

（三）测向站部署建议

在实际遂行测向交会定位任务过程中，为了获得比较准确的测向交会定位精度，通常要具备 4 个条件，即匹配的测向体制、高精度的测向系统、经验丰富的操作人员，以及合理的测向站部署位置。测向站的部署需要综合考虑地形地物、力量部署、后勤保障等因素，一般遵循以下几个原则：

① 测向站的站址尽可能拉开距离；

② 测向站尽可能接近目标电台所配置的区域；

③ 测向站尽可能选择开阔的测向场地；

④ 以目标电台配置区域的中心或测向站需要覆盖的敌方战区中心为基准，尽可能使测向站的配置接近理论上的最佳配置；

⑤ 各测向站以阵列排列，且彼此之间的所有基线避免平行；

⑥ 尽量保证各测向站的示向线在目标区域两两交会的交会角为 30°～50°，避免示向线在目标区域的交会出现小锐角或大钝角现象。

图 13-6 给出了测向站的两种典型配置方式，图 13-6（a）是对宽阔前沿防区的测向站配置方式，图 13-6（b）是根据心形法配置测向站。

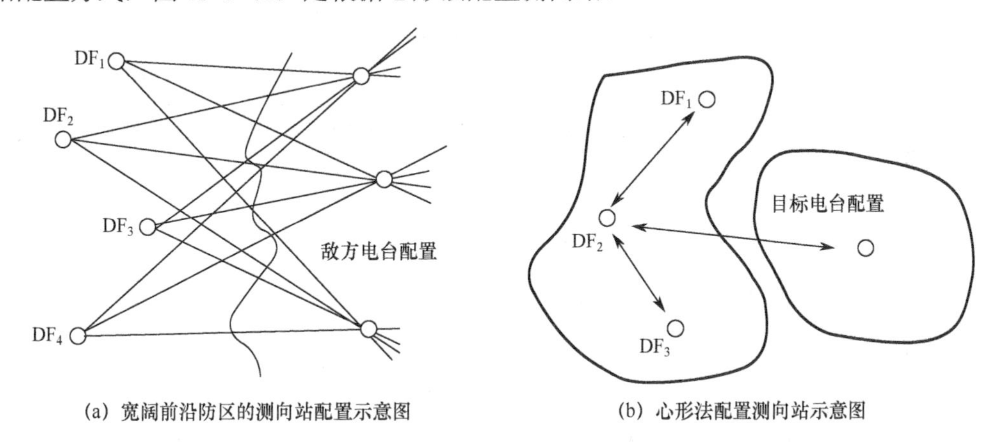

(a) 宽阔前沿防区的测向站配置示意图　　(b) 心形法配置测向站示意图

图 13-6　测向站的两种典型配置方式

第三节　频差定位

频差（FDOA）定位是根据两个或多个测向接收站的频差信息进行定位的方法。要求测向接收站之间距离较远且接收站是运动的。测向接收站传感器之间要保持较远的距离，并且保证目标辐射源在两个或多个测向接收站之间，如果测向接收站都位于目标辐射源同一侧，则它们测得的多普勒频移将不能用于频差定位。运动辐射源发出的信号存在多普勒效应，表现为测向接收站接收到的频率与发射信号频率之间存在一个频差，该频差的大小与物体相对于测向接收站的运动速度有关。

一、频差定位原理

（一）波达频率

波达频率（Frequency Of Arrive，FOA），即测向接收站接收到的来波信号频率。假设目标辐射源发射的信号是载频为 f_T 脉冲调制或数字调制的射频信号，测向接收站接收到无相对运动和有相对运动的目标辐射信号的射频序列，如图 13-7 所示。为了简化分析，目标辐射信号是等重复周期为 T_r、脉冲宽度为 τ 的脉冲调制信号，如图 13-7（a）所示；目标辐射源与测向接收站之间无相对运动时接收来波信号的时差为 Δt，频率为 f_T，如图 13-7（b）所示；目标辐射源与测向接收站之间有相对运动，且相对径向速度为 v_r 时，接收来波信号的时差为 $\Delta t'$，频率为 $f_T+\Delta f_d$，如图 13-7（c）所示。

由多普勒频移可知

$$\Delta f_d = \frac{v_r}{\lambda_T} = f_T \frac{v_r}{c} \tag{13-3-1}$$

式中，λ_T 为发射信号的波长。

（二）二维频差定位方程

假设定位传感器由机载平台接收站携带，定位传感器和目标辐射源的运动速度和光速相比要小很多，双站二维频差定位几何模型如图 13-8 所示，目标辐射源和两个测向接收站之间的斜距分别是 r_i（$i=1,2$），并且 v_i 是定位传感器相对于目标辐射源的径向瞬时速度，f_T 是辐射源发射信号的频率，则得到的多普勒频移或者差分多普勒频率为

$$\Delta f_d = \frac{v_2}{c} f_T - \frac{v_1}{c} f_T = \frac{f_T}{c}(v_2 - v_1) \tag{13-3-2}$$

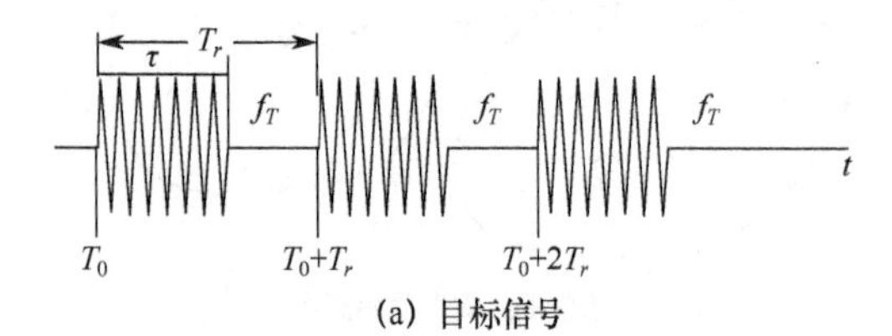

(a) 目标信号

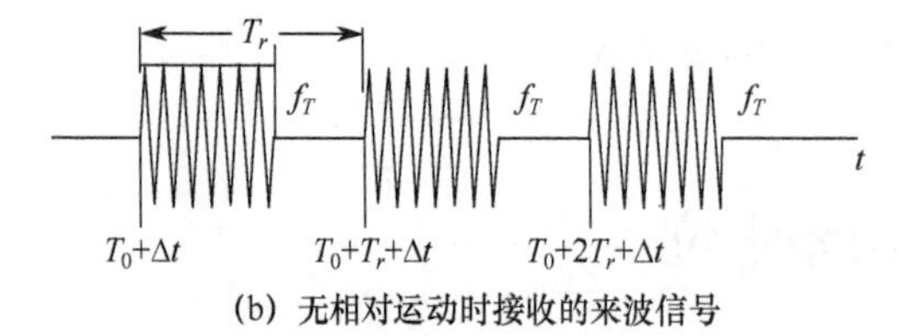

(b) 无相对运动时接收的来波信号

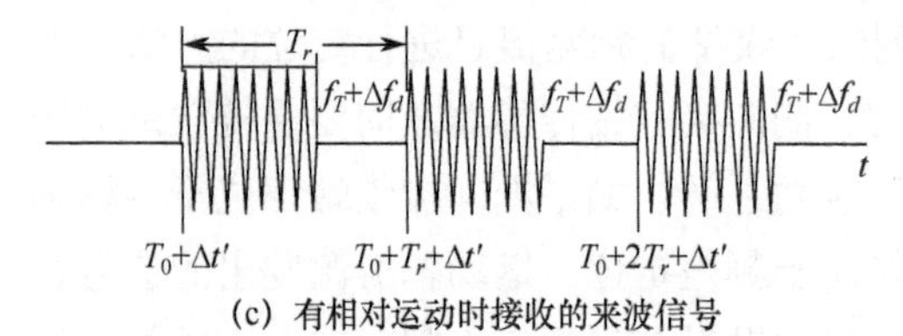

(c) 有相对运动时接收的来波信号

图 13-7 脉冲序列在有/无相对运动时测向接收站接收来波示意图

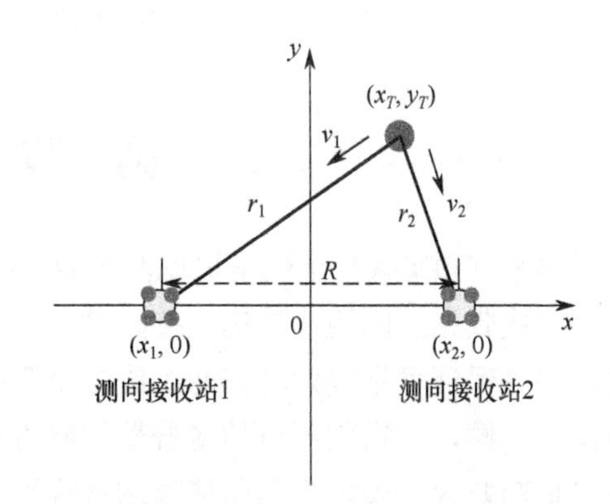

图 13-8 双站二维频差定位几何模型

速度可以表示为距离关于时间的微分，即

$$v_1 = \frac{\mathrm{d}r_1}{\mathrm{d}t} \tag{13-3-3a}$$

$$v_2 = \frac{\mathrm{d}r_2}{\mathrm{d}t} \tag{13-3-3b}$$

代入式（13-3-2）可得

$$\Delta f_d = \frac{f_T}{c}\left(\frac{\mathrm{d}r_2}{\mathrm{d}t} - \frac{\mathrm{d}r_1}{\mathrm{d}t}\right) \tag{13-3-4}$$

距离写成坐标形式，有

$$r_1 = \sqrt{(x_T - x_1)^2 + y_T^2} \tag{13-3-5a}$$

$$r_2 = \sqrt{(x_T - x_2)^2 + y_T^2} \tag{13-3-5b}$$

假设飞机平行于 x 轴匀速运动，纵轴对时间的导数为 0，则

$$\frac{\mathrm{d}r_1}{\mathrm{d}t} = \frac{\mathrm{d}\sqrt{(x_T - x_1)^2 + y_T^2}}{\mathrm{d}t} = -\frac{(x_T - x_1)}{\sqrt{(x_T - x_1)^2 + y_T^2}}\frac{\mathrm{d}x_1}{\mathrm{d}t} \tag{13-3-6a}$$

$$\frac{\mathrm{d}r_2}{\mathrm{d}t} = \frac{\mathrm{d}\sqrt{(x_T - x_2)^2 + y_T^2}}{\mathrm{d}t} = -\frac{(x_T - x_2)}{\sqrt{(x_T - x_2)^2 + y_T^2}}\frac{\mathrm{d}x_2}{\mathrm{d}t} \tag{13-3-6b}$$

在特殊情况下，令 $v = v_1 = \mathrm{d}x_1 / \mathrm{d}t = v_2 = \mathrm{d}x_2/\mathrm{d}t$，则差分多普勒频率最终表达式为

$$\Delta f_d = \frac{f_T v}{c}\left\{\frac{(x_T - x_1)}{\left[(x_T - x_2)^2 + y_T^2\right]^{1/2}} - \frac{(x_T - x_2)}{\left[(x_T - x_1)^2 + y_T^2\right]^{1/2}}\right\} \tag{13-3-7}$$

假设定位传感器的位置分别为（−20km, 0）和（20km, 0），飞行的相对速度 v= 100m/s，目标辐射源发射信号的频率 f_T= 100MHz，则得到式（13-3-7）的三维图形如图 13-9 所示，颜色的深度代表多普勒频移或差分多普勒频率的大小。由图 13-9 看出，它不是简单的曲线，而是双曲面。只要目标辐射源与测向接收站之间存在相对运动，即可测定差分多普勒频率。通过上述方法得到一组等差分多普勒曲线，如图 13-10 所示，曲线上任意一点都可能是目标辐射源的位置。经过分析得知，必须引入第三个或者更多测向接收站才能实现 FDOA 定位，图 13-11 给出了三站等差分多普勒曲线进行目标辐射源定位的示意图。

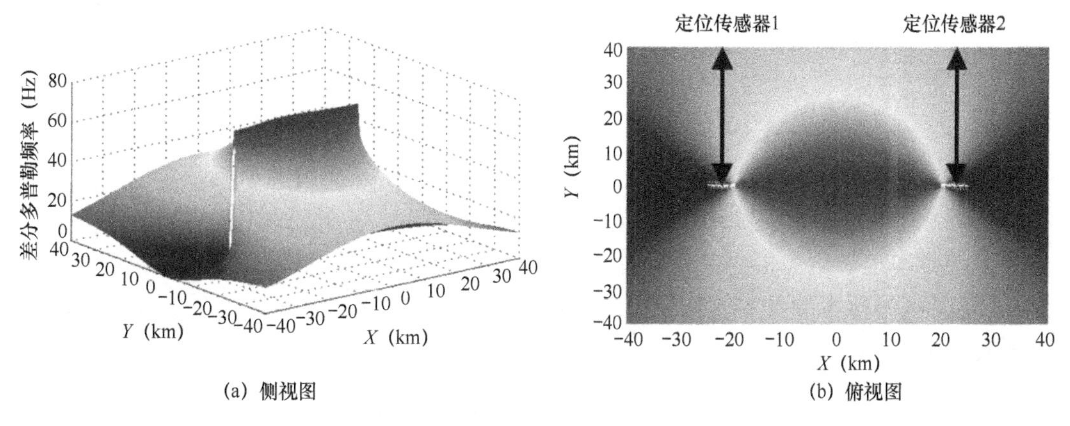

(a) 侧视图　　(b) 俯视图

图 13-9　双站等差分多普勒曲面

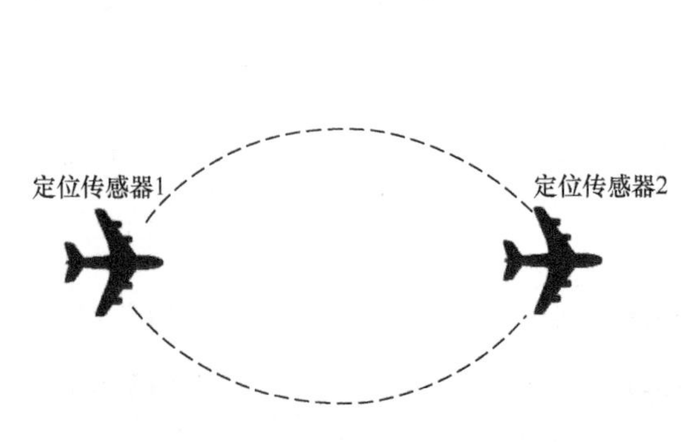

图 13-10 双站等差分多普勒曲线

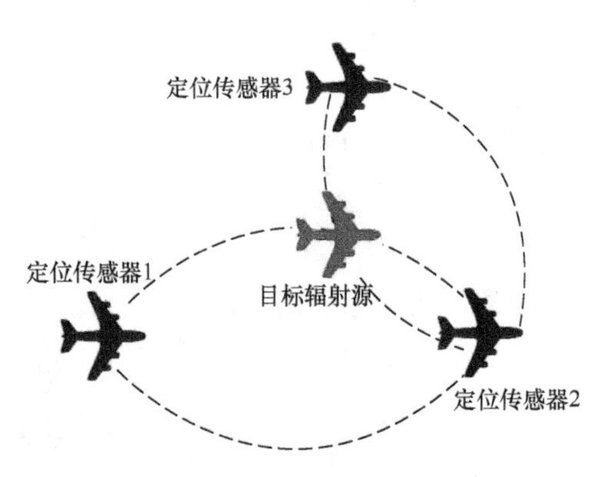

图 13-11 三站等差分多普勒曲线进行目标辐射源定位示意

二、频差定位关键技术

以多普勒频移为基础的联合无源定位技术对目标信号辐射频率的测量精度有很高的要求，通常要达到 Hz 量级甚至更低，只有高精度的频率估计才能精确地对目标辐射源进行定位。

(一) 相位差测频技术

针对单载频的相参载波信号，采用相位差测频技术进行载频估计。假设系统采样频率为 f_s，目标辐射源载波信号频率为 f_T，则单频信号可以表示为

$$s_k = s(kT_s) = A\cos(2\pi f_T kT_s + \varphi_0) \tag{13-3-8}$$

式中，A 为信号幅度，φ_0 为初始相位，T_s 为采样周期。

对采样序列 s_k 进行离散傅里叶变换，则估计信号频率为

$$\hat{f}_T = \frac{f_s}{N_{\text{FFT}}}(\text{RE} + \text{re}) = f_0 + \Delta f \tag{13-3-9a}$$

$$f_0 = \frac{f_s}{N_{\text{FFT}}}\text{RE} \tag{13-3-9b}$$

$$\Delta f = \frac{f_s}{N_{\text{FFT}}}\text{re} \tag{13-3-9c}$$

式中，RE 表示频谱分辨率的整数倍，re 为小数部分，N_{FFT} 为快速傅里叶变换点数。由式（13-3-9）可知，信号频率的估计精度取决于 re，目前 re 或 Δf 不能直接测量得到，但可以将频率差转化为相位差进行估计。

Δf 是信号频率的真实值与经过傅里叶变换得到的频率估计值之间的偏差，由此产生的相位偏差为

$$\varPhi_{\Delta f}(t) = 2\pi\Delta f t = 2\pi\hat{f}_T t - 2\pi f_0 t = \varPhi_{\hat{f}_T}(t) - \varPhi_{f_0}(t) \tag{13-3-10}$$

经过时延 τ 后的相位偏差为

$$\Phi_{\Delta f}(\tau)=\Phi_{\hat{f}_T}(\tau)-\Phi_{f_0}(\tau) \tag{13-3-11}$$

f_0 可以通过傅里叶变换估计得到，进而得到 $\Phi_{f_0}(\tau)$。$\Phi_{\hat{f}_T}(\tau)$ 可以通过测量前后两帧信号的相位差获得。假设前后两帧信号分别为 $s(t)$ 和 $s(t+\tau)$，它们的傅里叶变换分别为

$$F_1(f)=S(f) \tag{13-3-12a}$$

$$F_2(f)=S(f)\exp(2\pi f\tau) \tag{13-3-12b}$$

φ_1 和 φ_2 分别表示最大谱峰值所对应的相位，两者之差即 $\Phi_{\hat{f}_T}(\tau)$。利用 $\Phi_{f_0}(\tau)$ 和 $\Phi_{\hat{f}_T}(\tau)$ 即可计算得到信号的频率偏差：

$$\Delta f=\frac{\Phi_{\hat{f}_T}(\tau)-\Phi_{f_0}(\tau)}{2\pi\tau} \tag{13-3-13}$$

由式（13-3-13）可以看出，增大接收时延可以提高频率估计精度，但是时延的增大会导致相位模糊。为了提高频率估计精度，应该增大相邻两帧信号的接收时延，为了消除因此产生的相位模糊，可以采用长短时延匹配的方法，通过短时延消除相位模糊，通过长时延增大相位估计精度。该匹配方法没有考虑噪声的影响，在实际应用过程中，对有噪信号采用峰值搜索方法测量相位差会带来一定偏差。下面利用线性预测算法，并结合最小二乘优化算法对频率进行估计。

（二）线性预测与最小二乘频率估计技术

假设 x_k 为接收机接收信号，s_k 为目标辐射源发射信号，n_k 为零均值高斯白噪声，则接收信号采样序列为

$$x_k=s_k+n_k\quad(k=1,2,\cdots,N) \tag{13-3-14}$$

用矢量的形式表示为

$$\begin{bmatrix}x_1\\x_2\\\vdots\\x_N\end{bmatrix}=\begin{bmatrix}s_1\\s_2\\\vdots\\s_N\end{bmatrix}+\begin{bmatrix}n_1\\n_2\\\vdots\\n_N\end{bmatrix} \tag{13-3-15}$$

即 $\boldsymbol{x}=\boldsymbol{s}+\boldsymbol{n}$，式（13-3-8）可改写为 $s_k=A\cos(\omega_T k+\varphi_0)$，根据三角函数积化和差的关系，$s_k$ 可以用另一种形式表示，即

$$s_k=\rho s_{k-1}-s_{k-2},\quad \rho=2\cos\omega_T \tag{13-3-16}$$

式中，ρ 为待估计参数。

根据线性预测性质，构建误差函数

$$e_k=x_k-\tilde{\rho}x_{k-1}+x_{k-2}\quad(k=3,4,\cdots,N) \tag{13-3-17}$$

向量形式为

$$\begin{bmatrix} e_3 \\ e_4 \\ \vdots \\ e_N \end{bmatrix} = \begin{bmatrix} x_3 \\ x_4 \\ \vdots \\ x_N \end{bmatrix} - \tilde{\rho} \begin{bmatrix} x_2 \\ x_3 \\ \vdots \\ x_{N-1} \end{bmatrix} + \begin{bmatrix} x_1 \\ x_2 \\ \vdots \\ x_{N-2} \end{bmatrix} \tag{13-3-18}$$

这里，$\tilde{\rho}$ 为 ρ 的最优解，对应的最小二乘问题为求使 $\sum_{k=3}^{N} e^2(k)$ 最小的 $\tilde{\rho}$。$\sum_{k=3}^{N} e^2(k) = \boldsymbol{e}^{\mathrm{T}}\boldsymbol{e}$，将该式对 $\tilde{\rho}$ 求导，并令结果为 0，则可以等到 $\hat{\rho}$，所以最小二乘参数估计可以表示为

$$\hat{\rho} = \arg\min_{\hat{\rho}} \left\{ \sum_{k=3}^{N} e^2(k) \right\} = \left(\frac{\sum_{k=3}^{N} x_{n-1}(x_n + x_{n-2})}{\sum_{k=3}^{k} x_{k-1}^2} \right) \quad (k = 3,4,\cdots,N) \tag{13-3-19}$$

因此有

$$\hat{\omega}_T = \arccos\left(\frac{\hat{\rho}}{2} \right) \tag{13-3-20}$$

式（13-3-20）的频率估计可以通过限定约束条件的最小化得到无偏估计。

三、频差定位误差分析

在实际条件下，各种观测量都存在测量误差，并且受到各种因素的影响，实际的定位系统计算得到的目标位置总是存在一定的误差。误差的大小和分布与具体的定位场景、可观测性、定位方法、参数测量误差等密切相关，是无源定位系统的重要技术指标之一。

（一）定位误差

假定目标的真实位置为 $\boldsymbol{p} = [x_T \ \ y_T \ \ z_T]^{\mathrm{T}}$，通过测量得到 N 个观测量 $\varDelta_1, \varDelta_2, \cdots, \varDelta_N$，某次定位估计得到的结果为 $\hat{\boldsymbol{p}}$，它是关于观测量的函数，即 $\hat{\boldsymbol{p}} = f(\varDelta_1, \varDelta_2, \cdots, \varDelta_N)$，则定位误差表示为

$$\tilde{\boldsymbol{p}} = \hat{\boldsymbol{p}} - \boldsymbol{p} \tag{13-3-21}$$

由于测量误差一般都是随机的，所以定位误差也具有随机性。

（二）定位误差的统计量

1．偏差

定位估计的偏差表示为

$$\hat{\boldsymbol{p}}_{\mathrm{bias}} = E[\hat{\boldsymbol{p}}] - \boldsymbol{p} \tag{13-3-22}$$

在实际应用中，如果进行多次同样条件的重复定位估计，定位估计的偏差可以近似为

$$\hat{\boldsymbol{p}}_{\text{bias}}=\lim_{N\to\infty}\frac{1}{N}\sum_{n=1}^{N}(\hat{\boldsymbol{p}}_n-\boldsymbol{p}) \tag{13-3-23}$$

式中，$\hat{\boldsymbol{p}}_n$ 表示第 n 次定位估计的结果。

当 N 趋近于无穷大后可以得到准确的偏差。实际上，一般定位结果希望能够进行无偏估计，即 $E[\hat{\boldsymbol{p}}]=\boldsymbol{p}$。如果估计结果存在偏差，有可能是测量参数存在系统偏差，或者估计算法存在估计偏差。但有时候有些定位算法不能达到无偏，则也可以退而求其次，即希望估计算法是渐近无偏的。

2. *方差和均方根误差*

另一个重要的技术指标是方差和均方根误差。由于位置一般都是一个矢量，因此位置误差不再是一个标量，而是一个矢量，此时应采用协方差矩阵进行描述。协方差矩阵的定义为

$$\boldsymbol{R}=E[(\hat{\boldsymbol{p}}-\boldsymbol{p})(\hat{\boldsymbol{p}}-\boldsymbol{p})^{\text{T}}] \tag{13-3-24}$$

定位误差的方差的物理意义是距离的方差，表示为

$$\sigma^2=E[(\hat{\boldsymbol{p}}-\boldsymbol{p})^{\text{T}}(\hat{\boldsymbol{p}}-\boldsymbol{p})]=\text{tr}(\boldsymbol{R}) \tag{13-3-25}$$

式中，$\text{tr}(\boldsymbol{R})$ 表示对协方差矩阵求迹的运算，它等于矩阵对角线元素相加。对应的均方根误差（RMSE）或者标准差可以表示为

$$\sigma=\sqrt{\text{tr}(\boldsymbol{R})} \tag{13-3-26}$$

同样地，如果进行多次重复的定位估计试验，就可以得到定位误差的协方差估计为

$$\hat{\boldsymbol{R}}=\frac{1}{N}\sum_{n=1}^{N}(\hat{\boldsymbol{p}}-\boldsymbol{p})(\hat{\boldsymbol{p}}-\boldsymbol{p})^{\text{T}} \tag{13-3-27}$$

定位误差的均方根误差为

$$\sigma=\sqrt{\text{tr}\left(\frac{1}{N}\sum_{n=1}^{N}(\hat{\boldsymbol{p}}-\boldsymbol{p})(\hat{\boldsymbol{p}}-\boldsymbol{p})^{\text{T}}\right)} \tag{13-3-28}$$

（三）定位误差的分布

目标辐射源的位置各异，尽管同样的测量误差在不同位置估计得到的结果也有差异，因此定位误差还是目标位置的函数。为了更好地描述这种关系，本节定义了定位误差的几何稀度（Geometrical Dilution Of Precision，GDOP），或者翻译为定位误差的几何因子，或者称为定位误差的二维分布，有

$$\text{GDOP}(x,y)=\sqrt{\sigma_x^2+\sigma_y^2} \tag{13-3-29}$$

GDOP 描述的是定位误差的分布。为了更直观地表示目标定位误差的分布，通常将一个区域的定位误差分布 GDOP 描绘成等高线图的形式，并在其上表示等高线数值。

FDOA 定位精度主要与频差测量精度、站址测量精度和速度估计精度有关。其中，站址测量精度对定位精度影响较小，频差测量精度和速度估计精度对定位精度影响较大。

第四节　时差定位

时差定位又称为双曲线定位或反“罗兰”定位。时差定位系统主要根据三个或者多个接收站所测量的波达时间差来对目标辐射源进行定位。依据两个接收站得到的一组时差信息就可以确定一对以两个接收站为焦点的双曲线。在二维平面中利用三个接收站得到的两组时差信息确定的两组双曲线就可以完成对目标辐射源的精确定位。如果有虚假定位点出现，则可以采用增加接收站数目或结合测向信息、频差信息等方法来予以排除。时差定位系统的核心思想是：各接收站在测得目标辐射源的 TDOA 数据后统一汇总到中心站或主控制站，依据相应算法建立一组非线性方程，然后通过求解非线性方程组得到目标辐射源的位置坐标。

一、时差定位原理

（一）波达时间

假设目标辐射源在 T_0 时刻发射一个短时信号，信号持续时间为τ，在径向距离为r_0位置处的接收站可以接收到一个来波信号，如图 13-12 所示。

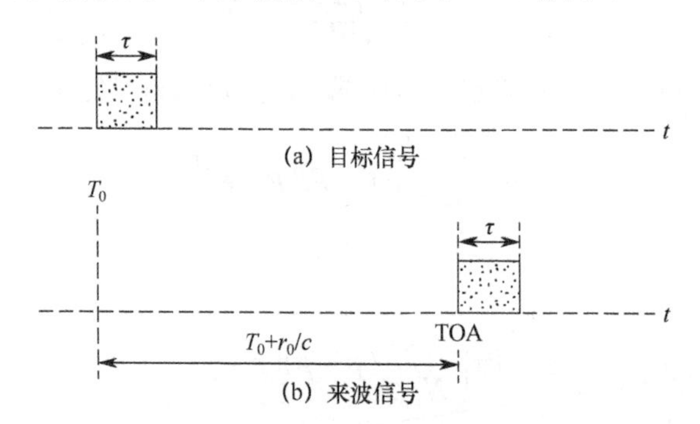

图 13-12　接收站接收来波信号的时序图

这里目标辐射源发射信号的瞬间为 T_0，而接收站接收到这个来波信号的时刻即波达时间（Time Of Arrive，TOA），且有

$$\mathrm{TOA}=T_0+\frac{r_0}{c} \tag{13-4-1}$$

式中，c 为电波传播速度，TOA 为绝对波达时间。TOA 中含有目标辐射源与接收站之间的距离信息，但对于非合作目标场景，由于接收站无法获得目标信号发射瞬间的时刻 T_0，也就无法直接获得距离r_0。所以，要引入多站波达时间，通过波达时间的相对值或差值获得关于距离的关系。

（二）二维时差定位方程

如图 13-13 所示，假设在 x 轴上有位置已知的两个接收站，为了计算简便暂不考虑地球曲率的影响，接收站 1 的坐标为（$x_1, 0$），接收站 2 的坐标为（$x_2, 0$），目标辐射源的坐标为（x_T, y_T），某一时刻目标辐射源发射信号，这个信号被接收站 1 和接收站 2 接收的时刻分别为 t_1 和 t_2。由于电磁波传播速度不变，因此目标信号到达两个接收站的相对时差可以通过分别计算目标辐射源到每个接收站的距离，相减后再得到路程差，最后除以波速来计算。

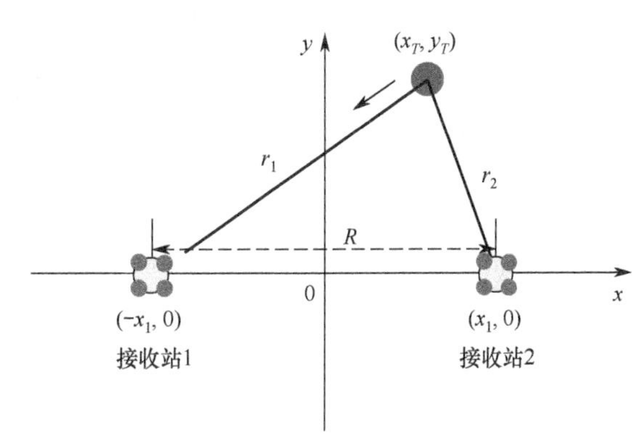

图 13-13　双站二维时差定位示意

其关系可用方程组表示为

$$r_1 = \sqrt{(x_T + x_1)^2 + y_T^2} = ct_1 \tag{13-4-2a}$$

$$r_2 = \sqrt{(x_T - x_1)^2 + y_T^2} = ct_2 \tag{13-4-2b}$$

波达时间差与距离差的关系为

$$\Delta t_{21} = t_2 - t_1 = \frac{r_2 - r_1}{c} = \frac{\sqrt{(x_T - x_1)^2 + y_T^2} - \sqrt{(x_T + x_1)^2 + y_T^2}}{c} = \frac{\Delta r_{21}}{c} \tag{13-4-3}$$

式中，$x_1 = R/2$ 为已知量，Δt_{21} 为目标信号到达两个接收站的时差，Δr_{21} 为目标辐射源到两个接收站的距离差。

对式（13-4-3）两边取平方，并化简得

$$\frac{x_T^2}{(c\Delta t_{21})^2 / 4} - \frac{y_T^2}{[(4x_1^2 - (c\Delta t_{21})^2)] / 4} = 1 \tag{13-4-4}$$

式（13-4-4）说明两个接收站通过波达时间差确定了一对双曲线，即等时差线，如图 13-14 所示。双曲线上的任何点都可能是目标辐射源的位置，根据接收时刻的大小可以确定目标辐射源位于其中一条曲线上，若要交会定位于一点，还需要再引入一个接收站，即三站二维时差双曲线定位。

在图 13-13 的基础上加入接收站 3，假设接收站 3 的坐标为（$-x_1, y_3$），如图 13-15 所示，根据几何关系，以及时间差和距离差的关系，可以得到方程组为

$$\Delta t_{21} = \frac{\sqrt{(x_T - x_1)^2 + y_T^2} - \sqrt{(x_T + x_1)^2 + y_T^2}}{c} \tag{13-4-5a}$$

$$\Delta t_{31}=\frac{\sqrt{(x_T+x_1)^2+(y_T-y_3)^2}-\sqrt{(x_T+x_1)^2+y_T^2}}{c} \quad (13\text{-}4\text{-}5b)$$

式中，$x_1=R_{12}/2$，$y_3=R_{13}$，均为已知量。联立方程就可以得到目标辐射源的坐标位于交点位置，如图 13-15 所示。

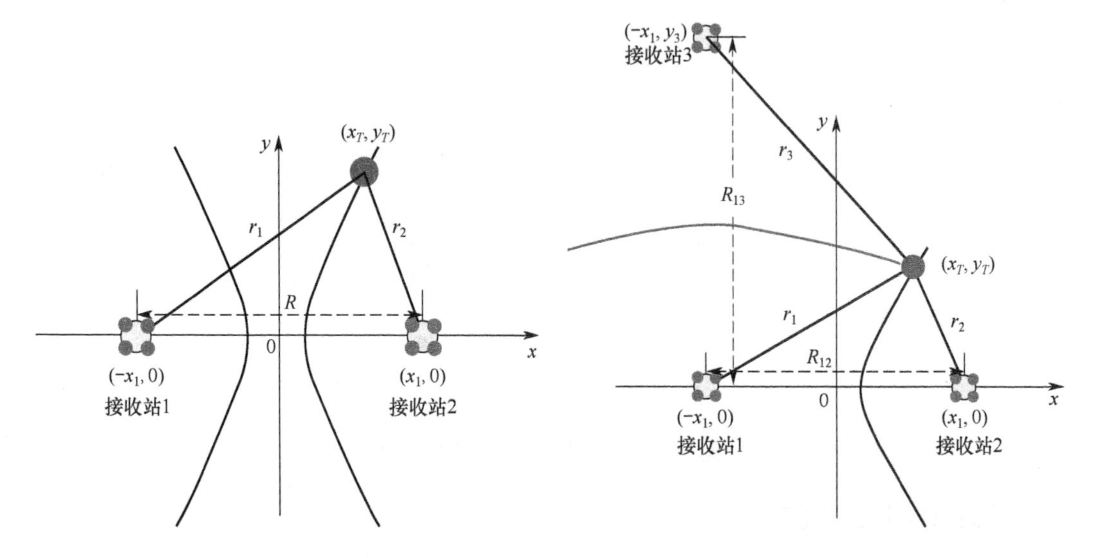

图 13-14 双站二维时差定位双曲线

图 13-15 三站二维时差定位双曲线

对于三维空间目标辐射源，至少需要三组独立的双站构成的双曲面相交来定位，即采用四站三维时差双曲面定位来实现。由于雷达信号脉冲前沿的时间差较容易测定，因此时差定位常用于雷达信号的无源定位；对于连续调制信号，理论上可以通过两路信号的相关性来测量并计算得到时间差。时差定位系统的特点是测向天线结构简单，对天线方向图要求不高，而且测向天线阵的孔径大小与频率无关，因此工作频率范围较大。

二、时差定位关键技术

（一）时差精确估计技术

时差是时间延迟差的简称，是接收站阵列中不同接收机所接收到的同源带噪声信号之间由于信号传播距离不同而引起的时间差。时差估计是指基于参数估计和信号处理的理论和方法，利用所接收到的信号，快速、准确地测定和估计接收站之间由于信号传播路径不同而引起的时间差。由于传播媒介的时延误差，多径叠加使信号时间特性发生变化，造成时间基准同步误差、信道时延误差等，从而影响时差测量精度，因此，时差准确测量和精确估计技术是实现时差定位的关键技术之一。

在实际情况下，接收的信号往往淹没于噪声和干扰之中，因此，对有噪信号进行时差估计，首先要排除噪声和干扰的影响，提高信号的信噪比。近年来，随着信号处理技术的发展和工程技术的应用需求扩展，针对不同情况所提出的时差估计方法主要包括以下几种。

1. 广义相关法

广义相关法（Generalized Cross Correlation，GCC）是最早出现的，也是引起人们关注较多的时差估计方法。该方法最初应用的理论基础是，假设两通道的背景噪声不相关，且时差Δt是采样周期 T_s 的整数倍。广义相关法的原理是将两个传感器的接收信号$x(k)$和 $y(k)$进行互相关，或者将它们进行预滤波，提高信噪比后再进行互相关。因为$x(k)$和 $y(k)$中包含的信号 $s(k)$和 $s(k-\Delta t/T_s)$之间是有相关性的，而背景噪声间假定是不相关的，所以进行互相关处理后在Δt时刻的互相关函数值将最大，而两通道的背景噪声进行互相关处理后其值为零，这样得到的结果就只剩下信号成分。如果此时以时间作为横坐标轴，互相关值作为纵坐标轴，互相关后最大值出现的横坐标位置即时差的估计值。

广义相关法时差估计的方法和步骤如下。

广义相关法时差估计的信号模型为

$$x(t)=A_1 s(t-\Delta t_1)+w_1(t) \tag{13-4-6a}$$

$$y(t)=A_2 s(t-\Delta t_2)+w_2(t) \tag{13-4-6b}$$

式中，$s(t)$为目标辐射源发射信号的复包络；A_1、A_2 是复幅度参量，代表信号经传输后的幅度增益和相位偏移；$w_1(t)$、$w_2(t)$是未知的零均值加性高斯白噪声；Δt_1、Δt_2是信号传输时延。

出于简化信号模型的目的，式（13-4-6）可以简化为

$$x(t)=s(t)+w_1(t) \tag{13-4-7a}$$

$$y(t)=As(t-\Delta t_{21})+w_2(t) \tag{13-4-7b}$$

式中，$A=A_2/A_1$ 为两个接收信号的幅度比；$\Delta t_{21}=\Delta t_2-\Delta t_1$ 为发送信号到达两个接收机的时差，或者波达时间差，即 TDOA。广义相关法时差估计的 TDOA 估计通过两通道接收序列的互相关函数估计相对时差Δt_{21}。

利用$t=kT_s$，$\Delta t_{21}=DT_s$，将式（13-4-7）转化为离散序列，即

$$x(k)=s(k)+w_1(k) \tag{13-4-8a}$$

$$y(k)=As(k-D)+w_2(k) \tag{13-4-8b}$$

互相关函数是最常用到的具有统计特性的函数，它是随机信号处理最基本的工具。假设$s(k)$、$w_1(k)$、$w_2(k)$为联合平稳随机过程，$x(k)$与$y(k)$之间的互相关函数为

$$R_{xy}(\tau)=E[x(t)y(t+\tau)] \tag{13-4-9}$$

将式（13-4-8）代入式（13-4-9），可得

$$R_{xy}(n)=E[x(k)y(k+n)]=AR_{ss}(n-D)+AR_{sw_1}(n-D)+R_{sw_2}(n)+R_{w_1w_2}(n) \tag{13-4-10}$$

式中，$R_{ss}(n-D)$为信号的自相关函数；$R_{sw_1}(n-D)$为信号和噪声$w_1(k)$的互相关函数；$R_{sw_2}(n)$为信号和噪声$w_2(k)$的互相关函数；$R_{w_1w_2}(n)$为噪声之间的互相关函数。

若噪声$w_1(k)$、$w_2(k)$互不相关，且与$s(k)$独立，都是零均值平稳随机过程，则

$$R_{xy}(n)=E[x(k)y(k+n)]=AR_{ss}(n-D) \tag{13-4-11}$$

根据自相关性质，即

$$R_{ss}(0) \geqslant |R_{ss}(n)| \tag{13-4-12}$$

有

$$|R_{xy}(n)| = A|R_{ss}(n-D)| \leqslant |A||R_{ss}(0)| \tag{13-4-13}$$

所以，使 $|R_{xy}(n)|$ 取得最大值的 n 值就是时差 D 的估计。

广义相关法是早期的时差估计方法，它的原理简单，计算量也很小，但估计精度不高，所以在符合背景条件及精度要求不太高的场合应用较多。如果将广义相关法和 sinc 函数插值法相结合，就可以在非相关背景噪声下估计非整数时差，不过这样会增加额外的计算量。

2. 高阶统计量法

从 20 世纪 80 年代以来，有关高阶统计量的研究一直是国际上的一个研究热点。很多学者将高阶统计量方法应用到时差估计上来，形成了一类新的时差估计方法。高阶统计量包括：高阶矩，高阶累积量，高阶矩对应的高阶矩谱，高阶累积量对应的高阶谱。高阶统计量不仅可以自动抑制高斯有色噪声的影响，有时也能抑制非高斯有色噪声的影响，高阶循环累积量还能自动抑制平稳噪声的影响。因此，基于高阶统计量的时差估计法一般假设信号是非高斯分布的，而噪声是服从高斯分布或对称分布的，这样定位传感器接收的信号先经过高阶统计量处理，将抑制噪声分量，保留有用信号分量，然后使用一些准则函数和自适应迭代等方法来估计时差。

根据随机过程的相关知识，高阶矩和高阶累积量的关系为

$$c_1 = m_1 = E[x] \tag{13-4-14a}$$

$$c_2 = m_2 - m_1^2 = E[x^2] - E^2[x] = E\{(x - E[x])\}^2 \tag{13-4-14b}$$

$$c_3 = m_3 - 3m_1m_2 + 2m_1^3 = E\{(x - E[x])^3\} \tag{13-4-14c}$$

$$c_4 = m_4 - 3m_2 - 4m_1m_3 + 12m_1m_2 - 6m_1^4 = E\{(x - E[x])^4\} \tag{13-4-14d}$$

式中，c_1 为均值，c_2 为协方差，c_3 为相对于中心的三阶矩，c_4 为相对于中心的四阶矩。

如果 x 的均值为零，则

$$c_1 = m_1 = E[x] = 0 \tag{13-4-15a}$$

$$c_2 = m_2 - m_1^2 = E[x^2] \tag{13-4-15b}$$

$$c_3 = m_3 = E[x^3] \tag{13-4-15c}$$

$$c_4 = m_4 - 3m_2 = E[x^4] - 3\{E[x^2]\}^2 \tag{13-4-15d}$$

设 $\{x(k)\}$ 是三阶零均值实平稳过程，则三阶累积量为

$$C_{3x}(k_1k_2) = E[x(k)x(k+k_1)x(k+k_2)] \tag{13-4-16}$$

当 $C_{3x}(k_1k_2)$ 绝对可和时，即

$$\left|\sum_{k_1=-\infty}^{\infty}\sum_{k_2=-\infty}^{\infty} C_{3x}(k_1k_2)\right| < \infty \tag{13-4-17}$$

$\{x(k)\}$ 的三阶谱（双谱）为

$$B_{3x}(\omega_1\omega_2)=\sum_{k_1=-\infty}^{\infty}\sum_{k_2=-\infty}^{\infty}C_{3x}(k_1k_2)\mathrm{e}^{-\mathrm{j}(\omega_1k_1+\omega_2k_2)} \tag{13-4-18}$$

对于均值为 0、方差为 σ^2 的高斯随机变量，它的各阶累积量为

$$\begin{cases}C_1=0\\C_2=\sigma^2\\C_k=0,\ k\geqslant 3\end{cases} \tag{13-4-19}$$

也就是说，任意一个零均值高斯随机过程的大于等于三阶的高阶累积量恒为零。利用高阶累积量对高斯噪声的不敏感性，在分析问题时加入三阶累积量可以最大限度地抑制高斯噪声，保留非高斯平稳信号。因此，可以利用三阶统计量或三阶谱来估计高斯噪声中非高斯信号的时间延迟。

将式（13-4-8a）中的 $x(k)$ 代入式（13-4-8b）中的 $y(k)$，可得

$$\begin{aligned}y(k)&=A[x(k-D)-w_1(k-D)]+w_2(k)\\&=\sum_{i=-p}^{p}a(i)x(k-i)+w(k)\end{aligned} \tag{13-4-20}$$

式中，$a(i)=0$，$i\neq D$ 且 $a(D)=A$，D 是最大期望延迟，$w(k)=w_2(k)-Aw_1(k-D)$。

由于高斯过程的三阶累积量恒等于零，则

$$C_{3x}(n,\rho)=E[x(k)x(k+n)x(k+\rho)]=C_{3s}(n,\rho) \tag{13-4-21}$$

$$C_{xyx}(n,\rho)=E[x(k)y(k+n)x(k+\rho)]=AC_{3s}(n-D,\rho) \tag{13-4-22}$$

故

$$C_{xyx}(n,\rho)=\sum_{i=-p}^{p}a(i)C_{3s}(n+i,\rho+i) \tag{13-4-23}$$

估计后的延迟是使 $a(i)$最大的 i 值，这就是基于三阶累积量方法的时间延迟估计。对式（13-4-23）进行二维傅里叶变换，可以得到自双谱和互双谱，即

$$C_{3x}(k,n,\rho)\Leftrightarrow B_{3x}(\omega_1,\omega_2)=B_x(\omega_1,\omega_2) \tag{13-4-24}$$

$$C_{xyx}(k,n,\rho)\Leftrightarrow B_{xyx}(\omega_1,\omega_2)=AB_x(\omega_1,\omega_2)\mathrm{e}^{\mathrm{j}\omega_1D} \tag{13-4-25}$$

假设 $B_x(\omega_1,\omega_2)\neq 0$，则

$$A(\omega_1,\omega_2)=\frac{B_{xyx}(\omega_1,\omega_2)}{B_x(\omega_1,\omega_2)}=A\mathrm{e}^{\mathrm{j}\omega_1D} \tag{13-4-26}$$

对 $A(\omega_1,\omega_2)$进行傅里叶反变换，可得

$$T(n)=\int_{-\pi}^{\pi}A\mathrm{e}^{-\mathrm{j}(n-D)\omega_1}\,\mathrm{d}\omega_1=A\delta(n-D) \tag{13-4-27}$$

可见，在 $n=D$ 处，函数取得峰值。这就是基于高阶统计量或双谱的时差估计，它具有较好的降噪性能。利用仿真软件对上述两种算法进行数值计算，利用指数函数产生实指数分布随机序列的来波信号，由随机函数 randn(·)产生高斯噪声，第一路通道信号

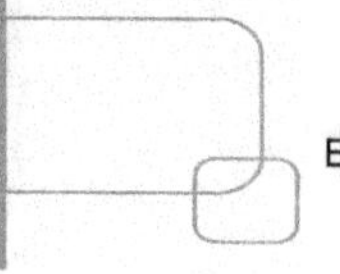

$x(t)$，信噪比为 5dB；在时差 $\Delta t = 16$ 时，得到第二路通道信号 $y(t)$。将第二路通道信号的信噪比分别设为 0 和−10dB，采样点数为 4096 个进行仿真。两种时差估计法的仿真结果对比如图 13-16～图 13-19 所示。对比结果说明，高阶统计量时差估计法在低信噪比条件下的准确度要高于广义互相关法时差估计，其适用性更强。

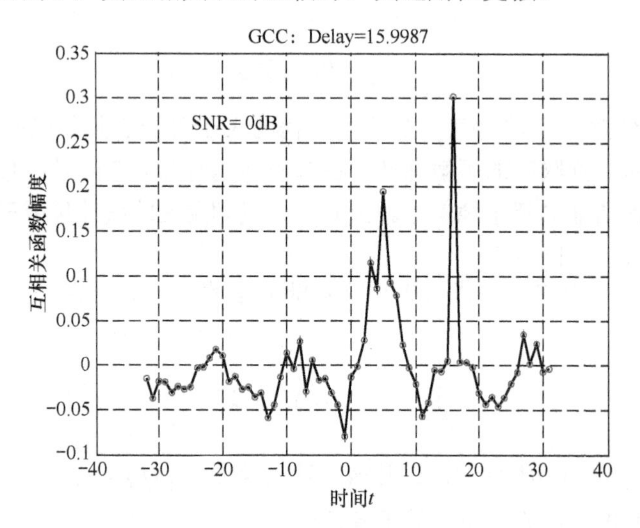

图 13-16　广义互相关法时差估计算法（SNR=0dB）

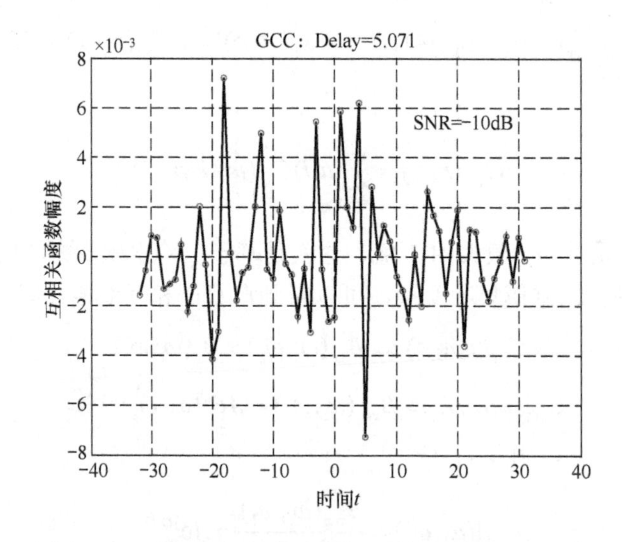

图 13-17　广义互相关法时差估计算法（SNR=−10dB）

3. 最小均方误差时差估计法

在时差估计的众多方法中，还有一类传统的自适应线性均方（LMS）迭代方法或者其改进形式，该类方法大多采用最小均方误差（MMSE）准则下的迭代法，通过设定迭代初值、参数和自适应学习，最终得到时差的估计值或者其替代形式，所以这里将此类方法命名为最小均方误差时差估计法。最小均方误差时差估计法适用面广、计算量小，而且它的实时性较好、实用性较强，但不足之处是它不能从根本上抑制相关噪声的影响。

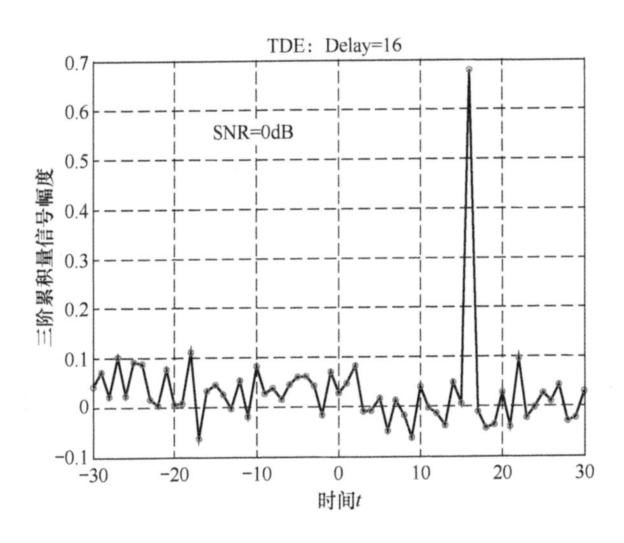

图 13-18　三阶累积量时差估计算法（SNR=0dB）

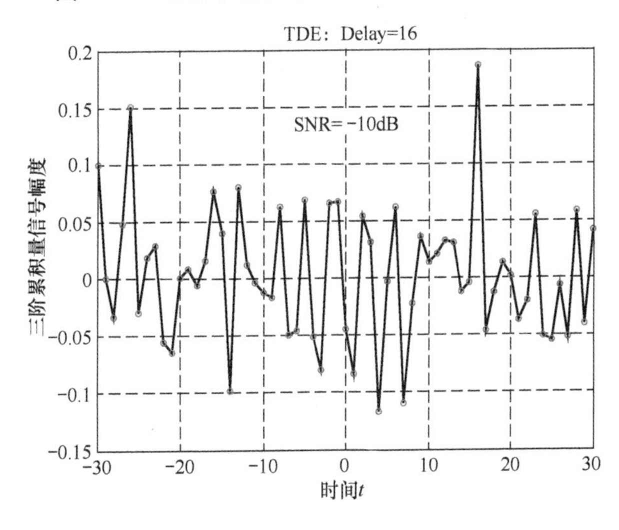

图 13-19　三阶累积量时差估计算法（SNR=−10dB）

时差估计方法是与具体的工程实际紧密联系的，很难找到一种时差估计方法能够适用于任何时差估计问题，因此需要结合具体问题采取相应的优化算法来提高时差定位精度。

（二）TDOA 定位解算技术

TDOA 定位解算是指根据观测量与目标辐射源运动状态参数的关系，从观测量估计值中提取目标辐射源运动状态参数，从而完成 TDOA 定位。对于多站时差定位，观测信息比较充分，一般可以基于单次观测条件下各测向站获得的观测量，提取目标辐射源运动状态参数，描述目标辐射源三维位置矢量的变化规律。广义定位是指估计目标辐射源运动状态参数，狭义定位是指估计目标辐射源的位置。

定位解算的本质是确定性参数估计问题，可以采用最大似然估计和最小二乘估计等。最大似然估计对先验信息利用最充分，其性能可逼近克拉美罗界，但需要已知观测误差的概率密度分布，而该信息在实际应用中较难获取。而最小二乘估计仅需要知道观测误差的均值和协方差矩阵，这些信息在实际应用中较易获取；当观测误差服从高斯分布时，最小二乘估计等效于最大似然估计，其性能可逼近克拉美罗界。在解算方式方面，常用方法有迭代法；从实用性角度来看，在定位解算中通常采用最小二乘估计。

1. 迭代法

常用的迭代法包括高斯-牛顿（Gauss-Newton）迭代法、牛顿-拉夫逊（Newton-Raphson）迭代法，两种迭代法都能解决非线性估计问题。前者采用一阶泰勒级数展开的方式，将观测方程在待估位置参量初始值附近线性化，进而利用线性加权最小二乘准则估计修正量，对待估计位置参量初始值进行修正，重复迭代若干次，获得待估计位置参量的估计值。后者在当前的迭代结果附近取线性化目标函数的梯度，利用梯度下降算法来迭代求解，并在每次迭代计算过程中根据局部线性误差的平方和最小这个限制条件加入一个修正因子。

当选定初始值后，在初始值的位置绘制切线，将与坐标轴相交的点作为下次迭代的初始坐标，所以迭代法又叫作切线法。迭代法的基本原理示意如图 13-20 所示。

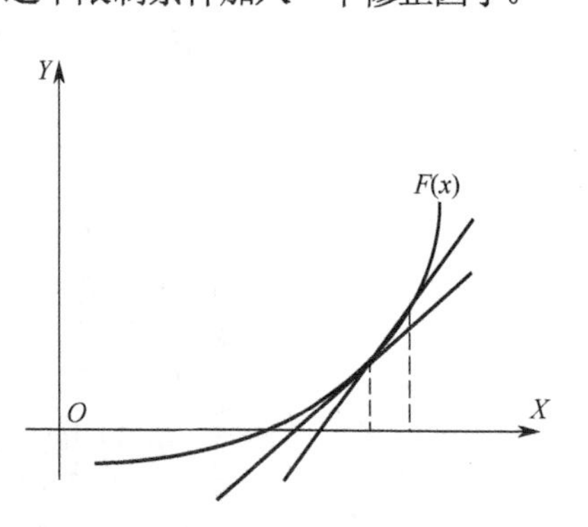

图 13-20 迭代法的基本原理示意

基于几何关系的迭代法涉及三角函数的计算量相对较小，当观测噪声为高斯噪声且较小时，其性能可以逼近克拉美罗界。但迭代法的缺点是稳健性相对较差，需要良好的初始值，否则容易发散。

2. 非线性最小二乘估计法

非线性最小二乘估计法是一种非线性方程求解的方法，其基本思想就是在初始值附近将非线性函数线性展开，通过迭代方式获得方程组的最小二乘解。由于一阶近似的存在，这个估计不满足无偏性。可以看出，初始值的选择越接近真值，估计值才接近于无偏。同时，估计的无偏性还与观测方程的非线性程度有关。如果初始值选择距离目标位置近，并且测量方程的非线性程度不高，则估计的偏差影响不大。非线性最小二乘估计法的解题思路与迭代法相似，即将定位方程在初始值附近进行一阶泰勒级数展开。所不同的是，非线性最小二乘估计法解算的定位结果是在观测方程的误差平方和最小这个限制条件下给出的。

时间差与距离差之间的关系为

$$\Delta r_{ij}=c\Delta t_{ij}=\sqrt{(x_T-x_i)^2+(y_T-y_i)^2}-\sqrt{(x_T-x_j)^2+(y_T-y_j)^2} \tag{13-4-28}$$

$$\Delta r_{ij}\triangleq h(x_T,y_T,x_R,y_R) \tag{13-4-29}$$

式中，Δr_{ij} 为目标辐射源与接收站之间第 i 条和第 j 条传播距离之差，并用函数 $h(x_T,y_T,x_R,y_R)$ 来表示；(x_i,y_i) 和 (x_j,y_j) 分别是接收站 i 和接收站 j 的位置坐标；x_R 和 y_R 分别为接收站定位传感器的横坐标、纵坐标。

在准确估计得到时间差的前提下，下面重点要解决的问题是求式（13-4-28）的最优解。显然这是一个非线性最小化问题。当定位传感器数量较多时，式（13-4-28）可

能是超定的，因此，在二维情况下，目标位置(x_T, y_T)的非线性最小二乘估计为

$$(\hat{x}_T, \hat{y}_T) = \underset{(x_T, y_T)}{\operatorname{argmin}} \sum_{i>j} [\Delta r_{ij} - h(x_T, y_T, x_R, y_R)] \tag{13-4-30}$$

为了简化表示，将目标位置表示为列向量$\boldsymbol{p} = [x_T, y_T]^{\mathrm{T}}$，则利用加权最小二乘准则将该最小化问题表示为

$$\hat{\boldsymbol{p}} = \underset{\boldsymbol{p}}{\operatorname{argmin}} \{[\Delta \boldsymbol{r} - h(\boldsymbol{p})]^{\mathrm{T}} \boldsymbol{R}^{-1} [\Delta \boldsymbol{r} - h(\boldsymbol{p})]\} \tag{13-4-31}$$

式中，$\Delta \boldsymbol{r} = [\Delta r_{12}, \Delta r_{13}, \cdots, \Delta r_{N-1,N}]$；$\boldsymbol{R} = \mathrm{Cov}(\Delta \boldsymbol{r})$，即$\boldsymbol{R}$为TDOA测量的协方差矩阵。该解给出了最小方差估计。当TDOA噪声为高斯分布时，该解与最大似然估计的结果一致。

假设计算得到的位置接近目标位置的真实值$\boldsymbol{p}_0$，则$\Delta \boldsymbol{r} = h(\boldsymbol{p}_0) + \varepsilon$，其中，$\varepsilon$为TDOA噪声，且具有协方差$\boldsymbol{R} = \mathrm{Cov}(\varepsilon)$。通过泰勒级数展开，并保留其中的线性分量，即$h(\boldsymbol{p}) \approx h(\boldsymbol{p}_0) + h'_p(\boldsymbol{p}_0)(\boldsymbol{p} - \boldsymbol{p}_0)$，则由最小二乘理论可得

$$\mathrm{Cov}(\hat{\boldsymbol{p}}) = [h'_p(\boldsymbol{p}_0)]^{\mathrm{H}} R [h'_p(\boldsymbol{p}_0)]^{\mathrm{H}}]^{\mathrm{T}} \tag{13-4-32}$$

式中，上标“H”表示厄米特变换或共轭转置。

式（13-4-32）可以保证在较高信噪比条件下，$\hat{\boldsymbol{p}}$足够接近位置的真实值。如果$\varepsilon \sim N(0, \sigma^2)$，则式（13-4-32）为克拉美罗下界。

三、时差定位误差分析

与测向交会定位技术相比，TDOA 定位估计技术只需要单天线接收系统，不需要波达方向测量中复杂的阵列天线系统，相对来说硬件设计更容易实现，设备成本相对更低、体积更小、易于组网；TDOA 定位估计算法相对于波达方向估计算法要简单得多；TDOA 定位估计算法抗非视距信道环境能力更强；TDOA 定位估计算法由于本身的相关积累，可以处理低信噪比的扩频信号，信号带宽越宽，TDOA 定位估计算法的估计精度将越高，而这些刚好都是测向交会定位技术的弱项。与 FDOA 定位估计技术相比，TDOA 定位估计技术不仅可以应用于目标辐射源与接收站之间具有相对运动的情况，而且可以应用于没有相对运动的情况；FDOA 定位估计技术对接收设备频率稳定度的要求较高，而 TDOA 定位估计技术的要求要小得多。同样地，对于低信噪比信号、宽带信号，FDOA 定位估计技术的测量精度和定位精度明显逊于 TDOA 定位估计技术的测量精度和定位精度。

习题与思考题

1. 什么是无源定位？衡量无源定位性能的主要指标有哪些？
2. 什么是三角定位？简述双站二维三角定位的基本原理。
3. 三角定位的误差来源主要包括哪些因素？
4. 什么是频差定位？简述三站二维频差定位的基本原理。
5. 什么是时差定位？简述三站二维时差定位的基本原理。

第十四章

卫星频率轨道监测

随着信息技术的不断发展和卫星业务的广泛应用，卫星频谱和轨道资源供需矛盾愈加突出，世界各国对卫星频谱和空间轨道资源主导权的争夺日趋激烈，研究探索卫星频谱和轨道资源的使用，是抢占信息制高点必须解决的重要问题。卫星监测是利用技术手段对卫星信号频率和轨道位置的监视与测量，主要包括卫星信号频谱监测、卫星轨道测量和卫星干扰源定位等内容。与一般的地面和空中辐射源比较，卫星发射信号的电磁频谱监测技术手段与一般的电磁频谱监测则有所不同，其主要原因是：一是收发频率的不同及多普勒频移效应，特别是非静止轨道卫星频移引起接收频率的变化；二是卫星信号距离远、发射机功率低，地面监测站上的功率通量密度相对较小；三是固定监测点能够接收轨道卫星信号的时间相对较短；四是天线方向必须连续可调，这样方向性很强的地面监测站天线才能接收到非静止轨道卫星发射的信号。总体来说，卫星频率轨道监测的技术分析、测量方法及测量设施具有自身的特点，为此，本书特别编写卫星频率轨道监测部分。

卫星监测包括卫星信号频谱监测和卫星轨道监测两大部分，其中，卫星轨道监测又包括静止轨道卫星轨道监测和非静止轨道卫星轨道监测。考虑到卫星干扰源定位的特殊性，本章特设卫星干扰源定位一节。

第一节　卫星信号频谱监测

卫星信号频谱监测是卫星监测的主要内容之一，是指在频率域对卫星上行信号实施的监测和接收活动。

一、卫星信号测量基础

信号的表示方法一般是时域法，但随着卫星数字信号的不断发展，频率域特征、相位域特征、调制域特征很难在时域进行描述和分析。因此，卫星信号的描述需要采用不同域的特征方式进行描述和测量。

（一）时域频域测量分析

卫星信号的监测接收主要是指对卫星信号的时域、频域特征分量进行测量。一般地，任意时域信号都可以表示为正弦函数和余弦函数的叠加，傅里叶分析可以将时间函数信号变换为频率函数信号。用傅里叶变换将信号分解成许多频率分量，信号可以用其瞬时值随时间的变化来表示，也可以用其瞬时值随频率的变化来表示。卫星信号的特点决定了，在频域或相位域中分析卫星信号会变得相对容易。频域表示非常适用于监测卫星信号的频谱占用度、干扰、谐波产物及杂散分量，并且典型的卫星频谱特征图能够分析和表征卫星信号不同的调制模式，而这些调制模式可以帮助确定卫星信号的调制类型。卫星信号的时域表示有利于分析和描述信号幅度随时间的变化特性，有助于设置所需的卫星信号测量时间，以提高测量信号幅度的精度。

（二）幅度相位域测量分析

在卫星无线电系统中，射频载波的相位调制方式主要有移相键控（Phase Shift Key，PSK）、正交移相键控（Quadrature Phase Shift Key，QPSK）、相位和幅度同时调制正交幅相键控（Quadrature Amplitude Modulation，QAM）。为了分析和表示卫星信号的相位信息，需要在卫星信号幅度相位域上采用星座图（矢量）方式表示。在分析卫星信号时，可以将星座图上原点到每个点的矢量长度设置为信号幅度，沿 X 轴正向半轴逆时针到信号矢量之间的角度表征相位。X 轴（REAL）表示信号的同相 I 分量；Y 轴（IMAG）表示信号的正交 Q 分量。以 16QAM 为例，其星座图为矩形，如图 14-1 所示。对于 MQAM 调制来说，它们的星座图更为复杂，一般为矩形或十字星，其中 $M=256$ 时的星座图也是矩形。MQAM 调制信号可以看成正交抑制载波双边带调幅信号的相加，其频谱利用率很高。在实际卫星信号监测中，矢量信号分析仪通常实时显示 QAM 信号调制域的相位和幅度信息，虽然 MQAM 调制提高了频谱利用率，但是监测接收这些密集信息需要更高精度的监测设备。QAM 调制质量参数测量与传输所需的状态精度有关，即与测量被传输信号接近该状态所包含的理想幅度和相位的程度有关，调制参数精度包括矢量幅度误差、正交 I 分量和正交 Q 分量不平衡度等。

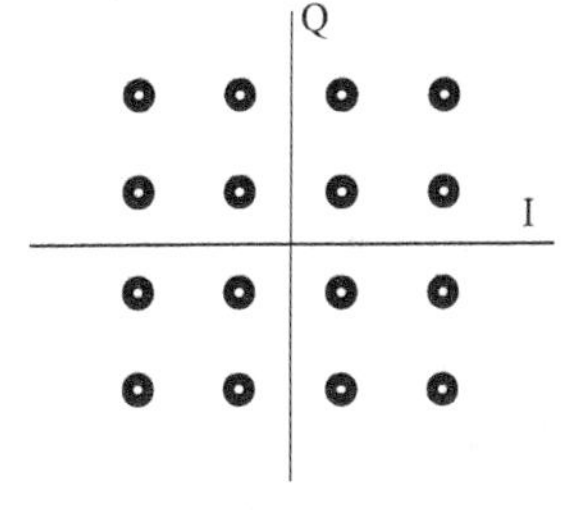

图 14-1　16QAM 信号状态示意

（三）卫星监测天线对星

卫星监测天线精确对准被测卫星是进行卫星信号监测和干扰源定位的前提和基础。

1. 卫星监测天线精确对星的意义

卫星信号监测和干扰源定位的前提是捕获目标信号，而卫星信号的捕获通常是通过对监测站天线的精确调整来实现的。对于小口径的天线，只要按公式计算得出当地接收天线的方位角和俯仰角，就可以捕获卫星信号；大口径天线由于波束宽度比较窄，受天线轴系、角度指示误差和卫星自身漂移等因素影响，可能接收不到卫星信号。卫星信号发射对地面监测站天线的调整精度要求很高，如果天线对星不准，则发射信号可能干

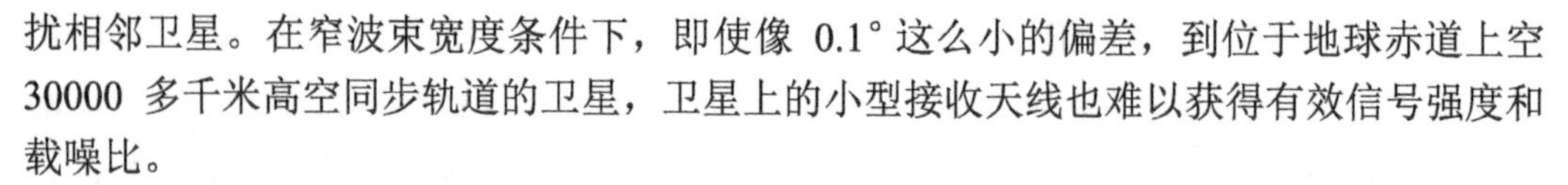

扰相邻卫星。在窄波束宽度条件下，即使像 0.1° 这么小的偏差，到位于地球赤道上空 30000 多千米高空同步轨道的卫星，卫星上的小型接收天线也难以获得有效信号强度和载噪比。

2. 监测天线常规对星方法

监测天线常规对星方法是卫星信号监测常用的方法。首先，计算卫星天线方位角、俯仰角和极化角；然后，根据卫星所在的经度和本监测站所处的经度、纬度计算得出监测天线理论方位角、俯仰角和极化角。

1）半功率波束宽度的计算

卫星地面监测站所用的天线是射频信号的输入输出点，是决定地面监测站天线最大发射等效全向发射功率（Effective Isotropic Radiated Power，EIRP）能力和品质因数 G/T 的关键设备之一。对于抛物面形天线，其半功率波束宽度 θ 可以近似表示为

$$\theta = 70\frac{\lambda}{D} \tag{14-1-1}$$

式中，λ 为波长（单位：m）；D 为天线直径（单位：m）。

一般地，口径大的接收天线由于波束宽度窄，其对星调整过程难度更大，特别是上行发射天线，其对星调整精度要求更高；而口径小的接收天线由于波束宽度大，其对星调整过程相对比较容易，对星调整精度要求也不是很高。

2）天线微调

一是方位角、俯仰角的微调。在得到天线对星的初始数据后，可手动将天线调整到理论方位角、俯仰角和极化角，然后在此位置进行微调。由于天线有俯仰角和方位角两个方向图，在天线没有完全调整好之前，单一地转动方位角和俯仰角所得的方向图并不是真正的方位角和俯仰角方向图。由于天线的另一个俯仰角或方位角并未调整到位，其偏离及叠加影响着当前方位角和俯仰角方向图的形成。正确的调整方法是，用频谱仪观察信标频率，在调整方位角或俯仰角得到一个方向图后，在其出现的几个峰值处分别调整方位角和俯仰角，再在得到的峰值处反复调整，方可得到真正的方向图。

二是极化角的微调。天线由接收圆极化信号切换成接收线极化信号，或者天线在接收线极化信号状态下从对准当前卫星改为对准另一颗卫星时，通常需要进行线极化的极化角调整。根据天线所在的地面经纬度和卫星的经度位置，可以计算得到天线对准一颗卫星且极化方向匹配时的极化角（相对值），控制伺服系统将极化角调整到这个位置；实际传输的信号受法拉第旋转效应等因素的影响，极化完全匹配的角度与计算得到的角度有一定偏差，可以通过测量卫星信标信号进行修正；馈线系统能同时接收两个极化方向的线极化信号，所以修正线极化方向通常采用的方法是，接收一个已知极化方向的卫星信标信号的交叉极化分量，控制伺服系统在小范围内改变极化角，当接收到的信号电平最小时，极化方向调整到位。

3. 监测天线“四向”对星方法

在对星过程中，用大口径天线接收频段较高的卫星信号时，如 Ku、Ka 频段，如果目标卫星位置漂移比较大，那么此时按理论值对星就很可能接收不到信号，简单地转动

方位角和俯仰角也无法捕获信号。在实践中，掌握一套非常实用的“四向”对星方法可以有效解决这一问题，如图 14-2 所示。

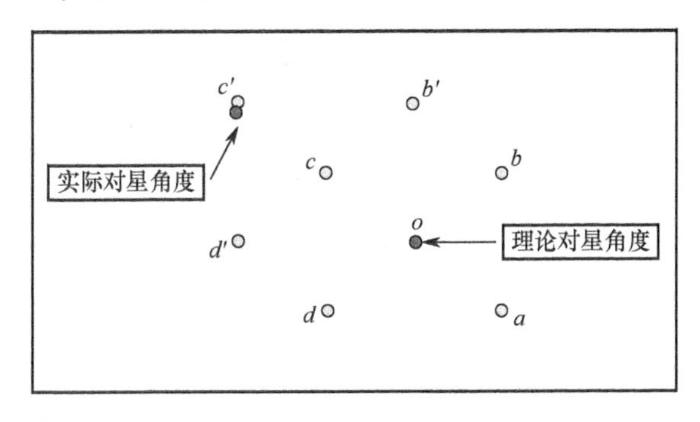

图 14-2　“四向”对星方法示意

首先，将天线转到理论对星位置，并沿天线指向卫星方向；其次，将天线分别按右下、右上、左上、左下顺序，取方位角和俯仰角各 0.5° 进行偏移，直到监测到微弱的卫星信标信号；再次，以此处为初始位置，重复上述过程，直至监测到较强信号的位置；最后，按照常规对星方法进行微调，即可精确地对上卫星。

受天线轴系、角度指示误差和卫星自身漂移等的影响，理论计算出的方位角和俯仰角误差都比较大，按照常规对星方法单一地上下转动俯仰角，或左右转动方位角，天线指向并未能向目标卫星方向靠近，而“四向”对星方法扩大了天线指向的有效监测覆盖范围，当接收到卫星信号的时候，再按照常规对星方法调整就可以很容易地对准卫星。

二、静止轨道卫星电磁频谱监测

（一）卫星监测系统通道校准及灵敏度测试

对于卫星监测来讲，通道校准是卫星监测系统进行定量测量的前提，只有经过通道校准，卫星监测系统才能够获取精确的等效全向辐射功率（Equivalent Isotropically Radiated Power，EIRP）和功率通量密度（Power Flux Density，PFD）等参数；灵敏度则反映了卫星监测系统监测微弱信号的能力。因此，定期进行通道校准及灵敏度测试是非常重要的。

1. 通道校准

在实际测量中，通常需要知道卫星发射的 EIRP 和 PFD。通过测量到达接收天线口面的 EIRP 和 PFD，再加上自由空间电波传播损耗即可获得卫星发射的 EIRP 和 PFD。

通道校准的主要目的是测试整个测量通道的增益，测得的信号功率减去该增益，即可获得到达接收天线口面的真实信号功率。由于天线口面的增益已知，因此可以将信号源从低噪声放大器（Low Noise Amplifier，LNA）的耦合口接入，测量从信号源至频谱分析仪通道的增益，该值作为校准值，再加上连接信号源与 LNA 电缆的衰减值，以及 LNA 的耦合衰减值，即得到 LNA 到频谱分析仪通道的增益，再加上天线口面的增益即得到整个测量通道的增益。

2. 灵敏度测试

灵敏度测试的主要目的是检验卫星监测系统测试微弱信号的能力。首先，测出在终端频谱分析仪上产生可分辨的最微弱信号的功率（此处定为频谱分析仪的本底噪声加3dB）；然后，将其折算为到达天线口面的信号功率。为了保证测试结果的准确性，此测试必须在通道校准完成后进行。

经过通道校准后，可以建立频谱分析仪测量值与天线口面功率之间的关系式，即

$$P_{口面}=P_{测量值}-A(f)-(P_{校准值}+P_{电缆衰减值}+\text{ATTEN}) \quad (14\text{-}1\text{-}2)$$

式中，$P_{测量值}$是频谱输入端口的测量值；$P_{校准值}$是接收通道校准所得增益；$A(f)$是某口径的抛物面天线增益关于频率的曲线；$P_{电缆衰减值}$是连接信号源与 LNA 定向耦合口的电缆衰减值；ATTEN 是定向耦合器的衰减值。

（二）频率测量方法

1. 传统频率测量方法

1）拍频法

通常使用的频率测量方法是，在一个未知的接收频率 f_x 和一个来自可变合成振荡器的已知参考频率 f_r 之间产生差频。两个信号通过均衡网络馈入接收机，在接收机的包络解调器中经混频处理产生差频。通过调节可变合成振荡器的频率，测量人员可以在包络解调器的输出端获得零频信号。这种方法适用于有稳定载波频率发射的频率测量。

2）偏置频率法

不同于拍频法，偏置频率法将可变合成振荡器设置在一个确定的频率 f_0，如1000Hz，这个频率低于（或高于）被接收的未知频率 f_x。对这个 1000Hz 相对应的差频 Δf（来自接收机包络解调器的输出端口）进行滤波，并与 1000Hz 的标准频率进行比较。

3）直接李沙育法

直接李沙育法主要应用于接收机中频输出，如果接收机可变合成振荡器的频率由晶控的频率合成器提供，则中频相对于标准频率的偏移量等于接收频率相对于设置频率的偏移量。频率测量接收机中频输出馈入示波器的 Y 轴放大器，晶控频率则馈入 X 轴放大器，将在屏幕上显示一个椭圆形。如果频率合成器具有内插刻度，则必须在椭圆稳定时进行测量。如果频率合成器只能以 10Hz 的步长锁定（或者 1Hz 更好），中频信号也馈入 Y 轴放大器，而示波器时基由来自频率合成器的晶振发生器所产生的频率触发，在这种情况下，标称中频将是触发频率的倍数。

4）频率计数器法

频率计数器是以数字方式对信号参数进行精密测量的早期仪器。频率计数器可以方便地测量射频信号。根据频率不同，通用频率计数器一般测量 1GHz 以下的频率，微波频率计数器则可以高性能地测量几十 GHz 的频率。高频测量是频率计数器的优势，一般的示波器很难达到，信号接入频率接收器输入端后，调节功能键至频率测量即可显示当前频率。不计晶振本身的误差，频率计数器的精度被限制在频率计数器最后 1 位读

数 ±1 的范围内。为了正确工作，频率计数器在整个测量期内还需要一个无干扰且电平足够高的输入电压。接收机振荡器频率能够通过一个内置频率标准合成并产生。这样，与接收机频率设置相同的输入频率将变换为一个标称中频。经振荡器频率校准读数后，中频计数器将显示输入频率。

5）鉴频器法

鉴频器（Frequency Discriminator，FD）是利用频带内电路的幅度—频率具有线性斜率关系这一特性制成的频率解调器。在频率测量中，通过测量中频鉴频器的电压，可以测量调频信号的频率。鉴频器产生一个直流输出电压，该电压的大小取决于信号在鉴频器特性曲线上的频率位置。这条特性曲线必须在频率和输出电压（在中频通带范围内）之间具有良好的线性关系。如果使用示波器测量电压，则能够测量出频率键控（Frequency Shift Key，FSK）信号的频率。如果使用标准的直流伏特表测量鉴频器的输出电压，则能够测量调频（Frequency Modulation，FM）信号的频率。

6）相位记录法

相位检测器是具有鉴别调制信号相位和选频功能的检波设备。相位检波器具有选频特性，即它对不同频率的输入信号具有不同的传递特性。用一个相位检测器（相当于相位比较器）和一个 *y-t* 记录仪就可以开发自动记录相位的方法。两个频率几乎相等的信号输入相位检测器，可以产生与这两个输入信号的相位差成正比例的输出电压。相位差通常在 0°～360° 内变化，输出电压也相应地在最小电压到最大电压之间变化，*y-t* 记录仪产生一个锯齿信号序列。这样，频差的绝对值就可以从锯齿的数量中获得。

2. 基于 DSP 的频率测量方法

1）瞬时频率测量（Instaneous Frequency Measurement，IFM）法

信号的载频是捷变的，有时无法对信号进行多次测量积累，只能进行瞬时测频。注入锁相测频技术利用注入振荡器将注入的频率信息转换成相位信息，利用对相位的测量实现对频率的瞬时测量。所以，瞬时频率测量的核心是鉴相器，它由功分器、90 度电桥、检波器、差分放大器等部分组成。

基于数字技术在测量中的优势，以及信号采集和处理技术的发展，在监测站实现高测量精度和保证一定测量速度是完全可能的。尤其是，将数字测量接收机用作接收设备，配备 DSP 模块，并使用瞬时频率测量法等测量技术，测量的精度和速度均可以得到保证，同时具有测量失真小、可重复性高、平均功能、滤波及自动化测量等优势。在典型情况下，可在 1s 甚至小于 1s（如 200ms）的时间内得到测量结果，并且能保证达到 1Hz 量级的精度，在单载波或调幅信号的载波上，测量精度甚至要远优于 1Hz。

2）快速傅里叶变换（Fast Fourie Tranlation，FFT）法

对于将数字信号由时间域表示的关系转化为频率域表示的方式，FFT 法是一种有效的方法，其适合通过微处理器来完成。FFT 分析仪用于频率域测量，应具有如下技术要求或特点：在所用接收机中频级具有 ZOOM-FFT 功能，或者接收机具有高频率分辨率；海宁窗功能；5MHz 或 10MHz 的外部标准频率输入；至少 16 位的分辨率；频率范围应覆盖被测接收机的中频范围；远程控制接口；用于噪声信号的频率测量时，具有平均概率统计功能。

用 FFT 分析仪测量发射频率可以在合成器调谐接收机的中频输出端口完成。接收机中频必须在 FFT 分析仪的工作频带内。接收机和 FFT 分析仪应由通用频率标准控制。通过使用 ZOOM-FFT 功能和 FFT 分析仪的海宁加权函数，能够获得很高的频率分辨率。围绕功率谱上检测到的峰值，由谱线功率正确估算频率，则可以提高基于 FFT 法测量频率的分辨率。

$$\mathrm{EF}=\frac{\sum_{i=j-3}^{j+3}(P(i)\cdot i\cdot\Delta f)}{P(i)\sum_{i=j-3}^{j+3}P(i)} \tag{14-1-3}$$

式中，EF 为估计频率；P 为功率；i、j 是目标频率显示峰值的序列下标。

（三）能量参数测量

卫星电磁频谱监测的能量参数主要包括场强和功率通量密度两类参数。

1. *测量方法*

场强测量和功率通量密度测量方法一般分为标准方法和简便方法。

标准方法，可以获得最佳的测量精度。一般地，标准方法适合为科学研究和规则的实施收集数据，如电波传播研究、场强测量、天线方向图测量、谐波或杂散衰减测量及越境干扰协调测量等。在测量结果的可重复性比较重要的领域，应使用标准方法来获得更高的测量精度。

简便方法，测量精度稍差，但考虑到所得数据可用于多种用途，简化设备配置和测量过程能够更加快捷、方便地完成测量。简便方法主要用于固定监测站和移动监测车，其场强不需要太精确的测量结果，近似测量结果就可以满足应用需要（参见 ITU-R SM.378 建议）。

2. *电磁场场强测量*

通常使用的场强测量单位是 V/m 或 dBV/m，这个单位严格来讲只适用于电场分量（E），但通过变换传输阻抗（通常自由空间为 377Ω），一般也适用于表示磁场强度或辐射场的磁分量。在这种情况下，在远场以 A/m 为单位的磁场（H）可表示为

$$H=\frac{E}{377} \tag{14-1-4}$$

对于在自由空间远场辐射区域来说，这两个场的能量是相等的。所选择的天线类型应与相应的卫星信号相匹配。但是，如果测量的发射信号带宽比场强测试仪的带宽还要宽的话，则必须考虑场强仪测量带宽限制对接收信号实际场强读数的影响。

使用天线系数已知的天线测量卫星信号场强，接收天线的天线系数 K_s 等于平面波的电场强 E 除以天线在标称阻抗（通常为 50Ω）上的输出电压 V_o，即

$$K_s=E/V_o \tag{14-1-5}$$

但是，通常不提供天线系数，而是提供全向天线增益 G。全向天线增益 G 和天线系数 K_s 之间的关系为

$$K_s = \frac{1}{\lambda\sqrt{G}}\sqrt{\frac{4\pi Z_o}{R_N}} = \frac{9.73}{\lambda\sqrt{G}} = \frac{f(\text{MHz})}{30.81\sqrt{G}} \tag{14-1-6}$$

式中，$Z_o = 377\Omega$；$R_N = 50\Omega$。

由于电压和场强通常以 dBμV 和 dBμV/m 表示，所以天线系数也可以用其对数形式表示为

$$K_e = 20\log K_s \text{和 } g = 10\log G \tag{14-1-7}$$

式中，K_e 是以 dB/m 的形式给出的天线系数，且有

$$K_e = -29.77\text{dB} - g + 20\log f(\text{MHz}) \tag{14-1-8}$$

这样，场强 E 的大小就可以从天线的输出电压 V_o 直接获得：

$$E(\text{dB}\mu\text{V/m}) = V_o(\text{dB}\mu\text{V}) + K_e(\text{dB/m}) \tag{14-1-9}$$

由于 K_e 通常不包含天线到测量接收机之间的传输电缆损耗 a_c，考虑该损耗后，式（14-1-9）可进一步扩展为（V_o 在这里指测量接收机输入端的电压）：

$$E(\text{dB}\mu\text{V/m}) = V_o(\text{dB}\mu\text{V}) + K_e(\text{dB/m}) + a_c(\text{dB}) \tag{14-1-10}$$

3. 等效入射场强

接收机输入端的电压可以用感应到接收天线的相应电压和由此产生的相关场强来表示。

对于只接收单极化方向（如垂直方向或水平方向）来波的简单天线，如垂直杆状天线或环形天线，采用等效入射场强的概念就很方便。等效入射场强这一概念特别适用于短波（HF）频段，它是指与天线接收极化相同的合成电磁场。任何短波信号，都可视为天波与地面反射波的合成波。使用短的垂直杆状天线或环形天线的便携式场强测试仪一般都可以根据等效入射场强来校准。

等效入射场强与耦合到接收天线上的电压之间的关系是频率的函数，它与用均方根表示的天波场强的对应关系不同，与来波方向及地面常数无关。因此，在对不同地点和使用不同仪器测得的结果进行比较时，等效入射场强是一个更适用的参数。而使用均方根的天波场强除了要掌握天线方向图，还需要对主波场分量、极化角和到达角等有所了解。

4. 有效中值接收功率

ITU-R 推荐的用于估算天波信号强度的预测方法，提供了在没有接收系统损耗的情况下，以场强或有效中值接收功率表示的估值。用来比较预测结果和实测结果的优选强度参数应是有效中值接收功率，因为它与来波方向及极化方式都没有关系。

5. 功率通量密度

在较高的频率上，特别是当频率大于 1GHz 时，使用功率通量密度测量在很多情况下能够提供更多的表示发射信号强度的常用信息。功率通量密度的单位是瓦特/平方米（W/m^2）。对于自由空间线形极化波，$S=E_2/Z_o$，其中，E 是场强（单位：V/m），Z_o 是自由空间阻抗（取值 377Ω）。

在功率通量密度测量中，有效面积 A_e 的定义为

$$A_e = \frac{P}{S} = \frac{\lambda^2 G}{4\pi} = \frac{\lambda^2 G}{12.57} = \frac{(84.62\text{m})^2}{f^2(\text{MHZ})^2} G \qquad (14\text{-}1\text{-}11)$$

式中，P 表示接收功率（单位：W），S 表示功率通量密度（单位：W/m^2），G 表示相对全向天线的增益（单位：dB）。

由 P 和 A_e 表示 S，则有 $S = P / A_e$。

令 $p = 10\log P$，$s = 10\log S$，$g = 10\log G$，则以对数（dBm^2）表示的有效面积 a_e 为

$$a_e(\text{dBm}^2) = 38.55 + g - 20\log f(\text{MHz}) \qquad (14\text{-}1\text{-}12)$$

$$s(\text{dBW / m}^2) = p(\text{dBW}) - a_e(\text{dBm}^2) \qquad (14\text{-}1\text{-}13)$$

如果接收功率 p 以 dBm 的形式给出，则以 dBW/m^2 为单位的功率通量密度 s 可表示为

$$s(\text{dBW / m}^2) = p(\text{dBm}) - a_e(\text{dBm}^2) - 30\text{dB} \qquad (14\text{-}1\text{-}14)$$

由于 a_e 通常不包含天线到测量接收机之间的传输电缆衰减 a_c，因此式（14-1-14）必须扩展为

$$s(\text{dBW / m}^2) = p(\text{dBm}) - a_e(\text{dBm}^2) - 30\text{dB} + a_c(\text{dB}) \qquad (14\text{-}1\text{-}15)$$

6. 测量天线的选择

接收机通常依据不同频段特征提供指标性能，并配置多频段测量天线。对于场强和功率通量密度的测量，通常按 30MHz 以下频段、30～1000MHz 频段、1GHz 以上频段划分为三个测量分析频段，分别对应通常的短波、超短波、微波业务频段。由于这三个分析频段的电波传播特征、无线电使用业务都有较明显的差异，因此这种划分是非常有价值的。在 1GHz 以上（波长小于 30cm）频段，偶极子天线的孔径面积太小，难以提供测量所需要的灵敏度，一般使用孔径比波长大的面阵天线来接收信号能量，如喇叭天线、抛物面反射天线等，它们都具有接收效率高、方向性强的特点，并且采用功能通量密度表征天线的特性。

对于频率在 1GHz 以上的卫星信号频谱监测，由于典型天馈系统（如半波偶极子和喇叭天线）的有效长度（或面积）普遍较小，并且同轴电缆和波导传输媒介衰减较大，选择和配置高增益测量天线就显得更有必要，尤其是在接收测量小信号电平的情况下。将接收天线（馈源）安装在抛物面反射器或其他宽口径天馈系统的特定位置，就可以克服这些缺陷；若将喇叭或对数周期天线安装在直径约 1m 的抛物面反射器上，在 10GHz 频段能向测量系统提供 25dBi 以上的增益；若进一步使用大口径抛物面反射器，则可获得 60dBi 及更高的天线增益（相对于全向天线）。高增益天线通常可以在水平方向和垂直方向进行方向调整，通过方位角及俯仰角的精确调整，可以实现测量天线对准被测信号来波方向，具有最大接收能力。如果测量接收来自非静止轨道卫星及航天器发射的信号，由于信号来波方向在不断变化，天线伺服系统应实现测量天线在 0°～90° 的仰角范围和整个 360° 的方位角范围内跟踪可调，既可手动调整，也可自动调整。业界现已研制了专门的跟踪系统，它实现了天线的取向与在预定轨道上移动的航天器的同步。

有源天线可以用于上述所有频段的场强测量。有源天线主要的优点是具有良好的宽频带特性，以及与频率无关的天线辐射方向图。有源天线在频率 100MHz 以下与无

源天线比较，具有体积小、在空间有限时易于安装的特点。

（四）调制测量

对信号调制方式识别，首先要提取幅度、频率、相位信息，其次基于这些信息提取更多的特征参数，最后选择模式识别算法进行调制识别与测量。

1. 特征参数的提取

特征参数有很多种，这里以数字调制信号为例，着重介绍五种特征参数。

1）归一化零中心瞬时幅度谱密度的最大值$\gamma_{\max}$

$$\gamma_{\max} = \max\left|\mathrm{FFT}[a_{\mathrm{cn}}(i)]\right|^2 / N_s \tag{14-1-16}$$

式中，N_s为抽样点数，$a_{\mathrm{cn}}(i)$为归一化零中心瞬时幅度，计算公式为

$$a_{\mathrm{cn}}(i) = a_n(i) - 1 \tag{14-1-17}$$

其中，$a_n(i) = \dfrac{a(i)}{m_a}$，$m_a = \dfrac{1}{N_s}\sum\limits_{i=1}^{N} a(i)$是对信号瞬时幅度$a_n(i)$取平均值，用平均值可以减小甚至消除信道中各种噪声的影响。利用$\gamma_{\max}$来区分有明显幅度变化的信号与没有幅度变化的信号，即区分 ASK 信号与 FSK 信号或 PSK 信号。

2）零中心归一化瞬时幅度绝对值的标准偏差σ_{aa}

$$\sigma_{\mathrm{aa}} = \sqrt{\frac{1}{N_s}\left[\sum_{i=1}^{N_s} a_{\mathrm{cn}}^2(i)\right] - \left[\frac{1}{N_s}\sum_{i=1}^{N_s}\left|a_{\mathrm{cn}}(i)\right|\right]^2} \tag{14-1-18}$$

σ_{aa}是归一化瞬时幅度绝对值的标准偏差。在没有噪声状态下对二进制幅移键控信号来讲，其归一化瞬时幅度只有两个值，分别是 0.5 和−0.5，因此其绝对值为常数，对应的σ_{aa}为 0；对于频移键控、相移键控信号，在理想状态下其归一化瞬时幅度只有一个值，因此σ_{aa}也为 0；而对于四进制幅移键控信号，由于其瞬时幅度有四个值，因此其归一化瞬时幅度也有四个值，分别为−1.5、−0.5、0.5、1.5，因此$\sigma_{\mathrm{aa}} > 0$。

3）非弱信号段零中心归一化瞬时频率绝对值的标准偏差σ_{af}

$$\sigma_{\mathrm{af}} = \sqrt{\frac{1}{c}\left[\sum_{a_n(i)>a_t} f_N^2(i)\right] - \left[\frac{1}{c}\sum\sum_{a_n(i)>a_t}\left|f_N(i)\right|\right]^2} \tag{14-1-19}$$

式中，$f_N(i) = \dfrac{f_m(i)}{R_s}$，$f_m(i) = f(i) - m_f$，$m_f = \dfrac{1}{N_s}\sum\limits_{i=1}^{N_s} f(i)$，$R_s$为数字信号符号速率，$f(i)$为信号的瞬时频率，$a_t$是判断弱信号段的一个幅度判决门限电平，一般取$a_n$的平均值 1，$c$是在全部抽样数据$N_s$中属于非弱信号段的个数。

对频移键控信号来，其载波信号一般有多个频率，且频率间隔比较大，具有明显的界限。二进制的频移键控信号在频域部分有两个主要的频率，所以归一化瞬时频率只有两个值，σ_{af}为 0；四进制频移键控信号在频域有四个明显不同的频率，σ_{af}不为 0；而对相移键控信号来说，其载波信号只有一个频率，因此在理想状态下相移键控信号只有一个瞬时频率，σ_{af}为 0。所以，可以通过判断σ_{af}是否等于 0 来区分 4FSK 信号与 2FSK 信号或 PSK 信号。

4）非弱信号段零中心归一化瞬时频率的标准偏差σ_{df}

$$\sigma_{\mathrm{df}}=\sqrt{\frac{1}{c}\left[\sum_{a_n(i)>a_t} f_N^2(i)\right]-\left[\frac{1}{c}\sum_{a_n(i)>a_t} f_N(i)\right]^2} \tag{14-1-20}$$

σ_{df}主要用来区分二进制频移键控信号与相移键控信号，因为前者含有两个瞬时频率，零中心归一化瞬时频率有两个，σ_{df}不等于零，而后者仅含有一个频率，σ_{df}等于零。2FSK 信号与 PSK 信号的σ_{df}都具有明显的界限，因此利用该参数可以在噪声很大的情况下将 2FSK 信号与 PSK 信号区分开来，在实际应用中需要找一个最佳的判定门限$t(\sigma_{\mathrm{df}})$来判别两种信号。

5）非弱信号零中心非线性瞬时相位绝对值的标准偏差σ_{ap}

$$\sigma_{\mathrm{ap}}=\sqrt{\frac{1}{c}\left[\sum_{a_k(i)>a_t} f_N^2(i)\right]-\left[\frac{1}{c}\sum_{a_k(i)>a_t} f_N(i)\right]^2} \tag{14-1-21}$$

φ_{NL}是零中心处理后瞬时相位的非线性分量，当载波完全同步时有

$$\varphi_{\mathrm{NL}}=\varphi(i)-\varphi_0 \tag{14-1-22}$$

式中，$\varphi_0=\frac{1}{c}\sum_{i=1}^{N_s}\varphi(i)$，$\varphi(i)$为瞬时相位。

σ_{ap}可以用来区分瞬时相位非线性分量的标准偏差为零的信号。对于四进制相移键控信号，其$\varphi(i)$有 4 个值，因此σ_{ap}大于零；而二进制相移键控信号的$\varphi(i)$仅有两个值，分别是 0 和 π，零中心归一化后为常数，所以σ_{ap}等于零；对于幅移键控、频移键控信号，其不含非线性相位，所以在理想状态下σ_{ap}也等于零。

2. 调制测量流程

调制测量与识别的算法和流程有很多，如神经网络算法、*K* 均值聚类算法、支持向量机算法等。这里可以利用$\gamma_{\max}$、σ_{aa}、σ_{af}、σ_{df}、σ_{ap}共 5 个特征参数，对 2ASK、4ASK、2FSK、4FSK、BPSK、QPSK 共 6 种调制信号进行识别。

（1）首先将要识别信号的$\gamma_{\max}$与门限值进行比较，如果$\gamma_{\max}$大于门限值，则判断为 ASK 信号，如果$\gamma_{\max}$小于门限值，则判断为 FSK 信号或 PSK 信号。

（2）如果第（1）步判断为 ASK 信号，则计算信号的σ_{aa}，σ_{aa}大于门限值为 4ASK 信号，σ_{aa}小于门限值为 2ASK 信号；如果第（1）步判断为 FSK 信号或 PSK 信号，则计算信号的σ_{af}，σ_{af}大于门限值为 4FSK 信号，σ_{af}小于门限值为 2FSK 信号或 PSK 信号。

（3）如果第（2）步判断为 2FSK 信号或 PSK 信号，则计算信号的σ_{af}，σ_{af}大于门限值为 2FSK 信号，σ_{af}小于门限值为 PSK 信号。

（4）如果第（3）步判断为 PSK 信号，则计算信号的σ_{ap}值，σ_{ap}大于门限值为 QPSK 信号，σ_{ap}小于门限值为 BPSK 信号。

（五）极化测量

极化方式确定了卫星信号的基本特征，确定极化有助于识别未知的发射信号。为此，必须测量卫星信号的极化方式，所以天线系统要具备鉴别不同极化类型的能力。卫星固定业务和卫星广播业务一般工作在 1GHz 频段以上，极化测量时必须考虑双极化技术在 1GHz 频段以上已得到广泛应用的事实。

为了得到卫星信号最佳接收和测量条件的最大载噪比（C/N）和最大载干比（C/I）（通过正交极化信号间足够的极化鉴别度），要尽可能地使监测站接收天线的极化方式和接收信号的极化方式保持一致。如果是双线极化，则极化面的操作要灵活，极化鉴别率至少要在 20dB 以上。

（六）频率占用度测量和 GSO 轨道位置占用度测量

一般地，利用自动电磁频谱记录设备监测低轨卫星的发射非常有效。利用无方向性天线或半球形波束天线，经过几天测量，就可以确定卫星发射的频段占用情况。另外，还可能估算出卫星的频率，精确确定接收时间，准确计算卫星的运行周期。常用的基于低增益天线的频率占用度测量方法不适用于 3GHz 以上的频段。对于低功率通量密度的信号，需要使用增益足够高的定向天线。但是，对于 GSO 空间发射站来说，利用频率占用度测量可以确定空间发射站的占用位置，并在占用位置上提供与频段占用情况有关的频率和时间数据。

为识别占用位置，推荐使用交互处理的方法。控制定向接收天线，令其在半功率波束内沿着 GSO 轨道运动。在此期间，利用分析仪（用于信号处理，并监测信号是否超过门限值）对信号进行连续测量。扫描完无线电监测站上空可视范围内的轨道后，分析仪转向下一个子频段，重复上述整个过程。

在预先确定的位置上，测量与时间和频率有关的占用度时，要容许存在偏差，并按照所选目标精确调整。

三、非静止轨道卫星电磁频谱参数监测

对于非静止轨道卫星，其位置会随时间发生变化，在测量频率时则要考虑多普勒频移效应的影响。当发射信号的卫星和监测站之间存在相对运动时，由于多普勒频移效应，发射信号和接收信号之间会产生一个和相对速度成对应关系的频率差。

（一）频率测量方法

测量卫星发射频率时，测量精度和卫星轨道类型、传播路径、测量设备及估算方法有关。非静止轨道卫星的频率测量是间接的，首先需要记录多普勒频移，然后根据多普勒曲线进行估算。

一般地，利用多普勒曲线图解法就有可能确定卫星频率、最接近路径时刻（Time of Closest Approch，TCA）和最大频率变化率（Maximun Rate of Change of Frequency，MRCF），频率测量精度可达到 $\pm1\times10^{-7}$Hz。对多普勒曲线进行时间求导，可以得到一条抛物线，在抛物线的最大值处可获得 TCA 和卫星发射频率的计算值。在确定抛物线

形状时，利用 TCA 处±30s 范围内的各个测量值就足够了。选择适当的测量时间间隔（如至少 5s），可以得到清晰的曲线。采用该方法及图解法时，如果使用铯钟或更好的参考本振，就可以得到 $\pm5\times10^{-9}$Hz 的测量精度。图 14-3 和图 14-4 给出了利用这种方法获得的频率测量结果示意。显然，只有当频谱中含有接收机可同步的特征频率分量时，频率测量结果才会可靠。

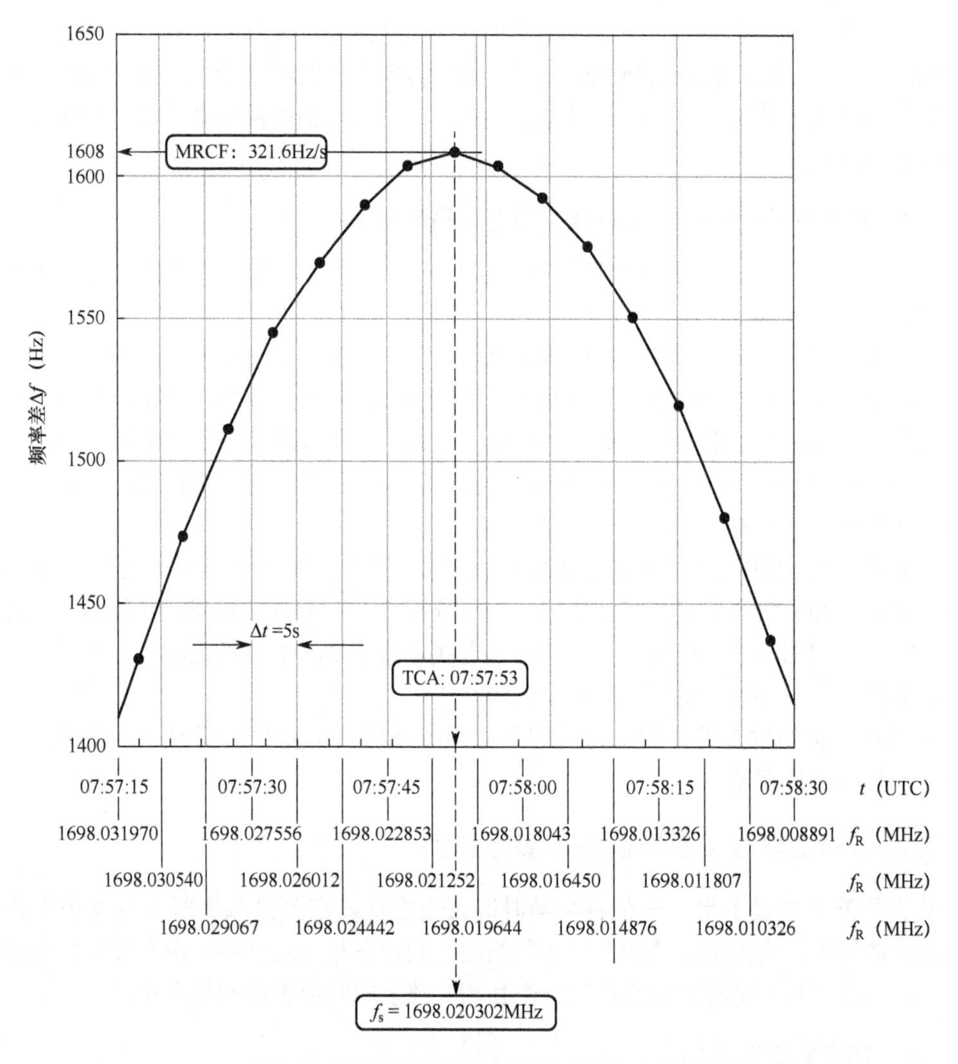

图 14-3 利用多普勒曲线求导法计算卫星频率

（二）带宽测量

地面电台发射信号所用的带宽测量方法原则上也适用于静止轨道卫星发射信号带宽的测量。但如果空间站和监测站存在相对运动，基于载波测量中列出的原因，监测站测量到的发射信号带宽会因多普勒频移效应而发生变化。在测量时必须考虑以下两个因素：一是带宽测量所需的时间内，总的频谱会发生漂移；二是发射信号高端频谱分量的频率漂移要比低端频谱分量的漂移略大些。对于宽带信号来说，这种差别可达数百赫兹。这种效应使得监测站测量到的视在带宽（Apparent Bandwidth，AB）与实际带宽略有变化。

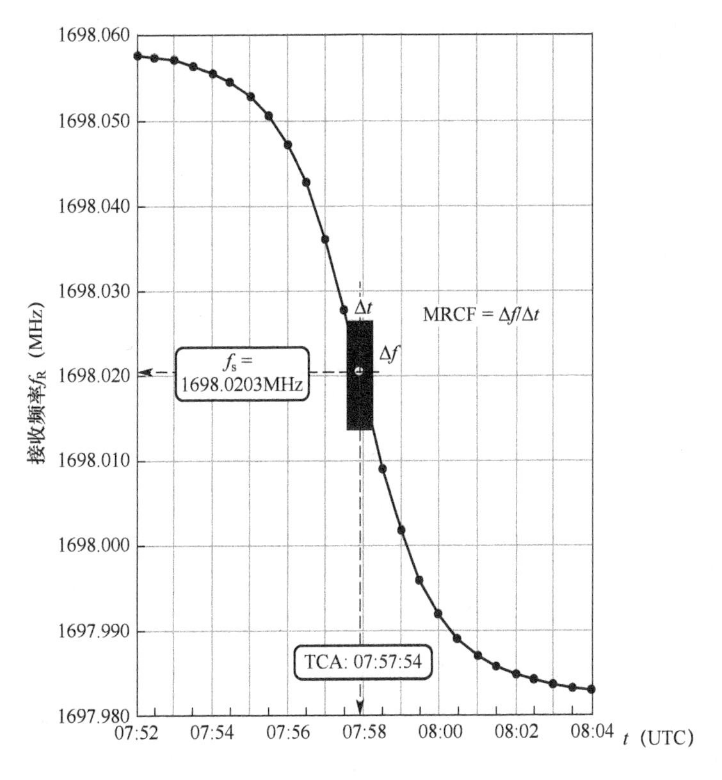

图 14-4　利用多普勒曲线计算卫星频率

利用监测接收机的频率自动控制技术，可以补偿发射信号的多普勒频移。在这种情况下，测量带宽的常用方法不进行太大变动，就可以直接测量空间站的带宽了。如果接收到的信号很微弱，将空间站发射的载波或信标信号（经极窄的滤波器过滤）作为参考信号，则可以实现接收机本振频率的自动校准。如果空间业务监测站尚未配置频率可自动控制的接收机，则必须考虑测量期间空间站多普勒频移的影响。如果有必要的话，测量带宽的同时还要测量多普勒频率；同时，还必须记录功率通量密度，以便在计算时修正频谱分析期间功率通量密度发生变化的影响。

（三）功率通量密度测量

功率通量密度包括参考带宽内的功率通量密度和总功率通量密度，可以利用直接测量功率的方法确定功率通量密度。

$$\mathrm{PFD_{RBW}} = P_{\mathrm{SYS}} - 30 - A_e - K_{\mathrm{BW}} + K_{\mathrm{POL}} \tag{14-1-23}$$

$$\mathrm{PFD_{TOT}} = P_{\mathrm{SYS}} - 30 - A_e + K_{\mathrm{POL}} \tag{14-1-24}$$

式中，$\mathrm{PFD_{RBW}}$为参考带宽内（Reference Bandwidth，RBW）的功率通量密度（单位为dBW/m^2）；$\mathrm{PFD_{TOT}}$为发射占用带宽内的总功率通量密度（单位为dBW/m^2）；P_{SYS}为系统输入功率（单位为dBm）；30为dBm和dBW之间的转换因子；A_e为天线有效面积

（单位为 dBm^2）；K_{BW} 为测量带宽的校准因子（单位为 dB）；K_{POL} 为极化校准因子（单位为 dB）。

根据式（14-1-23），利用计算到的功率通量密度就可计算得出空间站的 e.i.r.p。计算时需要知道测量期间监测站和空间站之间的斜距（Slant Range，SR）。

$$\text{e.i.r.p.} = \text{PFD} + 10\log(4\pi d^2) + L_{\text{ATM}} \tag{14-1-25}$$

式中，e.i.r.p 为空间站的等效全向辐射功率（单位为 dBW）；PFD 为测量得到的功率通量密度（单位为 dBW/m^2）；d 为空间站和接收站之间的距离（单位为 m）；L_{ATM} 为相对自由空间的大气损耗（单位为 dB）。

第二节　卫星轨道测量

卫星轨道测量包括静止轨道卫星测轨和非静止轨道卫星测轨，因为非静止轨道卫星测轨涉及业务部门广，包括天文台光学测定、卫星发射监控等，电磁频谱管理部门并没有专门的技术手段，所以这里仅介绍静止轨道卫星测轨。

一、静止轨道卫星无源测轨

确定卫星等飞行体在空间的位置是三维问题，最少需要三个相互独立的参量才能确定其空间位置。多站无线电测距定轨利用至少四个地面站同时接收待测卫星转发的某个信号，通过时间差测量获取四个地面站到卫星的斜距或斜距之差。根据是否主动发射测轨使用的信号，测轨方式可以分为无源和有源两种，但均需要经过一定时间的连续观测和统计定轨技术形成最后的卫星星历。

如果在待测卫星的可视区域内建立多个接收站，并接收经卫星转发的下行信号，则可以利用不同位置接收站得到的时差参数建立定位方程，实现对该卫星的无源测轨。如图 14-5 所示，4 个接收站的坐标为（x_i, y_i, z_i），则接收站到待测卫星 S［坐标为（x, y, z）］的斜距为

$$d_i = \sqrt{(x-x_i)^2 + (y-y_i)^2 + (z-z_i)^2}\,,\quad i = 1,2,3,4 \tag{14-2-1}$$

利用 4 个接收站同时接收该卫星上的某个非单频信号，可以通过信号的相关处理估计出任意两个接收站间的时间差，形成多个时间差方程：

$$c \cdot \Delta\tau_m = d_i - d_j\,,\quad i,j,m = 1,2,3,4\,,\quad i \neq j \tag{14-2-2}$$

任意选取其中 3 个方程作为线性独立方程，就可以构成非线性定位方程组，在求解过程中需要进行伪线性化。另外，大气折射、测量误差、站址误差等系统误差都会直接影响最终的定位精度。

通过频率差的测量也可实现定轨。假设卫星具有一定的漂移速度矢量 $\boldsymbol{V}_S = V_x\boldsymbol{i} + V_y\boldsymbol{j} + V_z\boldsymbol{k}$，定义从接收站指向卫星的单位矢量为

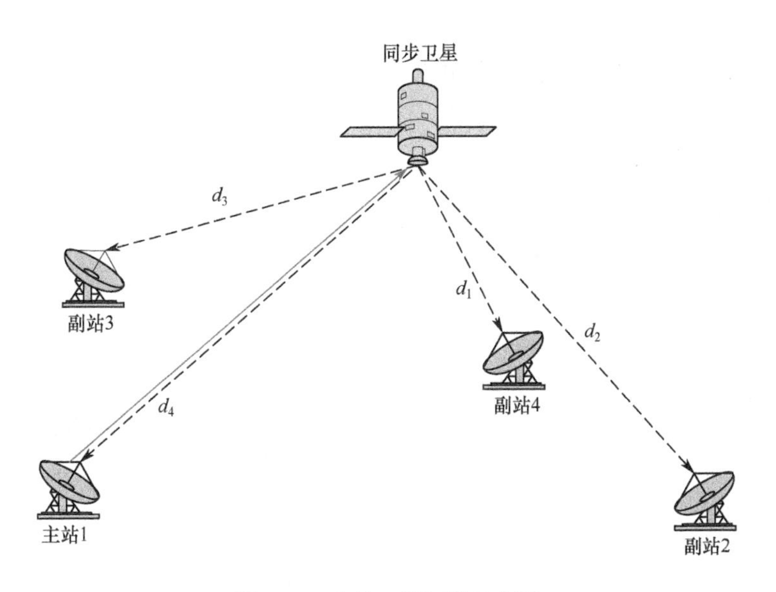

图 14-5　多站无源测轨示意图

$$\boldsymbol{u}_i=\frac{(x-x_i)\boldsymbol{i}+(y-y_i)\boldsymbol{j}+(z-z_i)\boldsymbol{k}}{\sqrt{(x-x_i)^2+(y-y_i)^2+(z-z_i)^2}}\text{，}\quad i=1,2,3,4 \tag{14-2-3}$$

则卫星漂移速度矢量对接收站接收的信号引起的多普勒频率为

$$f_i^d=\frac{\boldsymbol{V}_{\mathrm{S}}\cdot\boldsymbol{u}_1}{c}f_s\text{，}\quad i=1,2,3,4 \tag{14-2-4}$$

式中，f_s是信号的频率。

与时间差相似，我们可以估计得到 4 个接收站之间的多普勒频率差为

$$\Delta f_m^d=f_i^d-f_j^d=\frac{f_s}{c}\boldsymbol{V}_{\mathrm{S}}\cdot(\boldsymbol{u}_i-\boldsymbol{u}_j)\text{，}\quad i,j,m=1,2,3,4\text{，}\quad i\neq j \tag{14-2-5}$$

取其中 3 个构成定位方程组，并利用上文估计得到的卫星位置坐标就可以求解出卫星的矢量速度$\boldsymbol{V}_{\mathrm{S}}$，形成卫星速度星历。

在实际测轨中，也可利用对位置连续观测形成速度星历，但需要持续测量较长的时间，因此，在需要尽快获得卫星的星历时，可以考虑利用多普勒频率差测量速度星历。

二、静止轨道卫星有源测轨

（一）转发器式卫星测轨

目前，国内卫星常规定轨观测和卫星测控用 USB 技术，定轨精度为百米级水平。激光测距精度虽然为厘米级，但激光技术受气象条件制约，只能晴夜观测。限于国内布局、观测弧段短，激光测距很难作为常规定轨观测手段。中国科学院国家授时中心发明的“转发器式卫星测轨定轨方法”利用卫星双向时间传递技术，其各个台站以码分多址的方式向卫星以相同的频率上传信号，经卫星转发器转发，最简单的方案是接收自己台站的信号。这种方案的优点是仪器结构简单，各观测站可以独立工作，不需要很严格的时间同步（时间同步精度高于微秒级），对时间系统要求不高，但测距精度高（测距精度达 1cm 量级）。本方案和激光测距相比，测距精度相当，但观测弧段长、信号传播测距远，特别适用于深空探测器精密定轨。

（二）多星有源测轨

如果测轨信号由主站 1 自主发射，则卫星到地面站的斜距为

$$d_i = \sqrt{(x-x_i)^2+(y-y_i)^2+(z-z_i)^2}\text{，}\quad i=1,2,3,4 \tag{14-2-6}$$

求解多站斜距构成的方程组即可获得卫星的即时位置。

由于主站到卫星的斜距可以通过自发自收精确测量，且主站发射的信号通常是专门设计的，有利于时间差测量，4 个接收站将具有很高的信号时间差测量精度，且站间同步的精度也不会影响定轨精度，这样经过 12 个小时以上的数据测量，可以达到 1km 左右的测轨精度。

通过建设高精度的卫星测轨系统实施对 GSO 通信卫星的精密定轨，进而利用卫星精密定轨数据，以及接收的干扰星和邻星干扰信号的时差和频差的特定关系可以精确测定干扰源的位置。

地球静止轨道卫星（GSO 卫星）高度达 36000km（地心距约为 42000km），卫星对地球张角很小（17.6°），如果观测站在国内布局，GSO 卫星对观测站张角只有几度，因此，各观测站对卫星的观测方向在空间变化不大。另外，GSO 卫星绕地球的周期和地球自转周期相同，卫星相对地面的相对运动很小，难以测定卫星的相对运动速度，因此，用常规方法难以得到地球静止轨道卫星的精密轨道，必须要建设很高观测精度的、稳定的观测系统。

（三）测轨观测模式

转发器式卫星测轨方法的优点是实现卫星轨道测量，根据配备测量接收机的不同情况，转发器式卫星测轨方法可以分为完全模式、主从式模式、一发多收模式、自发自收模式。自发自收模式的优点是：收发信号用同一个原子钟，因此对各观测站之间的原子钟的时间同步精度要求不高。

转发器式卫星测轨方法利用地面系统发射一个时间信号，经卫星转发后再传送到地面，这样，一个地面站发射信号可以由多个地面站接收；同时，利用伪码扩频技术，可以用同一个频的不同伪码，几个地面站同时向卫星发射各自的时间信号，经转发器转向地面，各地面站均能接收各地面站发射的信号，这是转发器式卫星测轨的观测原理，如图 14-6 所示是转发器式卫星测轨方法原理示意。

设第 i 个地面站发射的信号被第 j 个地面站第 k 架接收机所接收，则它的时间关系为

$$R_i + O_{iu} + T_i + \tau_s + R_j + O_{jd} + I_{ji} - \Delta T_i + \Delta T_j = R_{ji} \tag{14-2-7}$$

式中，R_{ji} 是第 j 个地面站接收第 i 个地面站发射的信号读数；R_i 是第 i 个地面站天线相位中心到卫星质心间的距离；O_{iu} 是第 i 个地面站上行时间电离层改正；O_{jd} 是第 j 个地面站下行时间电离层改正；T_i 是第 i 个地面站的发射仪器时延；I_{ji} 是第 j 个地面站接收

第 i 个地面站信号的接收机的仪器时延；ΔT_i 是第 i 个地面站相对于主站的钟差，定义第 i 个地面站钟面时刻加上钟差为主站主钟的时刻，即 $T_0 = T_i + \Delta T_i$；ΔT_j 是第 j 个地面站相对于主钟的钟差；τ_s 为卫星转发器时延。

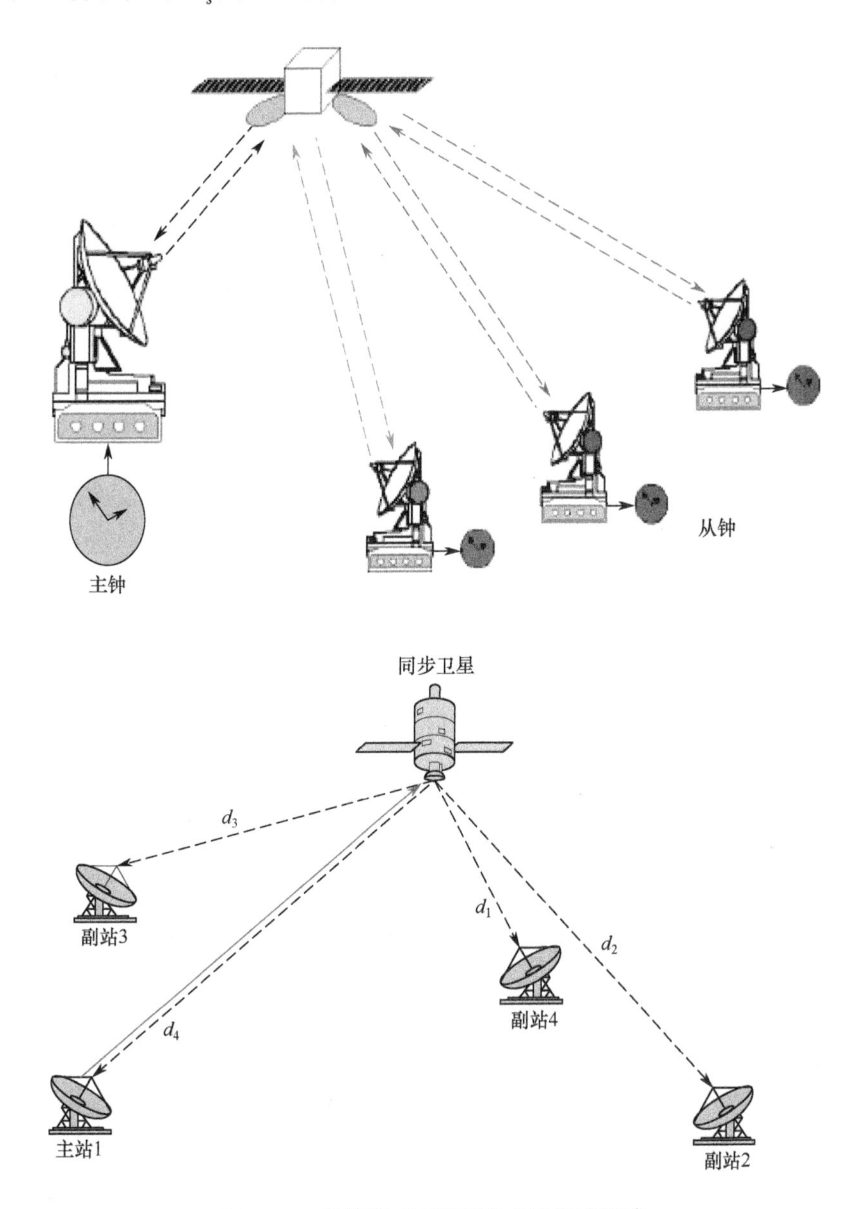

图 14-6　转发器式卫星测轨方法原理示意

式（14-2-7）是转发器式卫星测轨的基本公式，当地面站设备只接收自己发射的信号用于卫星测轨，这种方法称作自发自收测轨方法。此时 $i = j$，那么测轨公式为

$$2R_i + O_{iu} + O_{id} + T_i + I_{ii} + \tau_s = R_{ii} \tag{14-2-8}$$

即

$$R_i + \frac{1}{2}\tau_s = \frac{1}{2}(R_{ii} - O_{iu} - O_{id} - T_i - I_{ii}) \tag{14-2-9}$$

需要说明的是：自发自收系统并不需要严格的时间同步（公式中不出现ΔT_i），时间同步主要对卫星观测时标有影响。如果同步轨道卫星的速度为 3km/s，那么对于 1cm 的精度要求，时间只要准确到 3μs，方程中T_i和I_{ii}是仪器误差，可以实时测量。

三、统计定轨与星历生成

确定卫星的轨道，应先选取静止轨道卫星定轨位置的一个初始星历点，建立卫星运动方程，根据初始星历点和假设运动方程推算出的卫星位置与实际测得位置之间的差别，通过反推来修正初始星历点及卫星运动方程，并通过一定时段内观测数据的积累便可以得到一个比较精确的星历，其流程如图 14-7 所示。

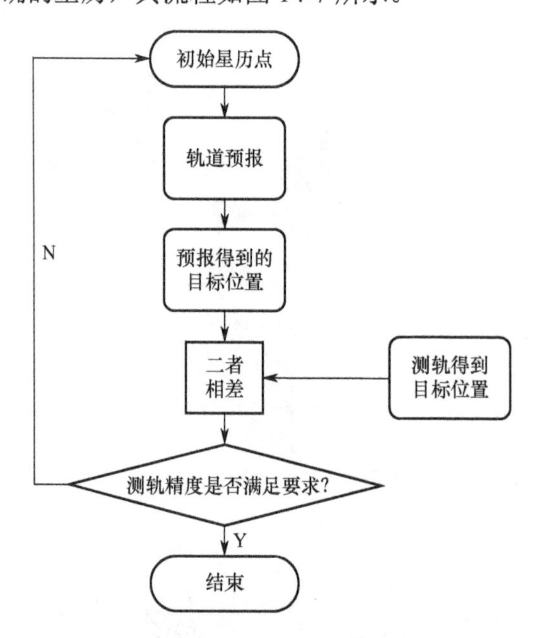

图 14-7 统计定轨与星历生成

以两个时刻的位置矢量计算轨道根数，并由此迭代逐步逼近实际的轨道根数。

假定两个时刻为t_1和t_2，选择t_0作为计算历元，它可以是t_1或t_2，也可以取其他值。为讨论方便，选择中间值$t_0 = (t_1 + t_2)/2$，由$\boldsymbol{r}_1 = \boldsymbol{r}(t_1)$和$\boldsymbol{r}_2 = \boldsymbol{r}(t_2)$计算出$\boldsymbol{r}_0$和$\boldsymbol{v}_0$，采用式（14-2-10）进行迭代：

$$\begin{cases} \boldsymbol{r}_0 = \dfrac{G_1\boldsymbol{r}_2 - G_2\boldsymbol{r}_1}{F_2G_1 - F_1G_2} \\ \boldsymbol{v}_0 = \dfrac{F_2\boldsymbol{r}_1 - F_1\boldsymbol{r}_2}{F_2G_1 - F_1G_2} \end{cases} \tag{14-2-10}$$

式中，F_j、G_j（$j=1,2$）的初始值可取为

$$\begin{cases} F = 1 - \left(\frac{1}{2}u_0\right)\Delta t^2 + \left(\frac{1}{2}u_0 p_0\right)\Delta t^3 - \left(\frac{1}{8}u_0 q_0 - \frac{1}{12}u_0^2 - \frac{5}{8}u_0 p_0^2\right)\Delta t^4 \\ G = \Delta t - \left(\frac{1}{6}u_0\right)\Delta t^3 + \left(\frac{1}{4}u_0 p_0\right)\Delta t^4 \end{cases} \quad (14\text{-}2\text{-}11)$$

式中，$u_0 = \frac{1}{\boldsymbol{r}_0^3}$，$p_0 = \boldsymbol{r}_0\dot{\boldsymbol{r}}_0 / \boldsymbol{r}_0^2$，$q_0 = \boldsymbol{v}_0^2 / \boldsymbol{r}_0^2$，$\boldsymbol{v}_0^2 = \dot{\boldsymbol{r}}_0^2$，初始替代可选择$\boldsymbol{r}_0 = \frac{1}{2}(\boldsymbol{r}_1 + \boldsymbol{r}_2)$。

上文所述是二体模型下的初轨计算公式，如果采用了精度较高的摄动力学模型进行修正，将可以获取更高精度的轨道根数。卫星的运动取决于它所受到的作用力。GSO通信卫星在绕地球运动过程中所受到的主要作用力有：地球对卫星的引力，日、月对卫星的引力，光辐射压力和潮汐力。在这些作用力中，地球对卫星的引力是主要的，如果将地球对卫星的引力为 1，则其他作用力均小于 10^{-5}，称为摄动力。一部分是将地球看作一个密度均匀的球体所产生的引力，称为质心引力；另一部分是地球非球形和质量分布不均匀所引起的引力，称为地球引力场摄动力。相比之下，前者的大小约为后者的1000 倍左右。

第三节 卫星干扰源定位

卫星干扰源定位是卫星的上行信号对卫星接收信号的干扰，其定位体制是指通过接收和处理经卫星转发的地面辐射源发射的信号，实现对包括卫星地面发射站在内的地面辐射源地理位置确定的技术集合。根据定位所用卫星数量的不同，实现定位的技术体制可以划分为单星定位、双星定位和多星（三星及更多）定位 3 种。

一、单星和多星定位测量

（一）单星定位测量

单星定位是利用一颗卫星实现对地面发射站上行信号位置确定的技术。多星定位是利用两颗及以上的卫星实现对地面发射站上行信号位置确定的技术。利用单星实现对地面发射站上行信号的定位有 3 种方式。

第一种单星定位方式是，卫星上具备星载阵列天线，利用天线的方向图特性对上行信号进行测向定位。它通过卫星上的多个天线阵元构成不同几何构形的阵列天线，当地面发射的上行信号进入星载阵列天线时，通过采用空间谱估计方法，实现高精度的测向，并将测向角与地球球面相交，获得地面发射站的位置坐标。根据测向精度的不同，这种定位精度对于同步卫星通常在几百千米，对于低轨道卫星可以达到 20km 左右。这种定位体制的缺点是，需要卫星上配置相应的阵列天线，且必须研制超高分辨率的方向估计方法。

第二种单星定位方式是，利用混叠信号处理来构建时间差/频率差条件。地面站接收目标辐射源经卫星转发的信号，通过信号分析解译获取信号调制参数特别是包络特征；然后利用地面的参考辐射源产生一个包络特征与目标辐射源一致的信号，并同频隐蔽发射到卫星上进行转发。由于具有一致的包络特征，地面站同时接收的参考辐射源和目标辐射源信号具有相关性，从而可以提取上行路径差异引起的时间差，以及卫星摄动在两个信号路径上引起的多普勒频率差，从而构建定位方程组实现目标位置确定。

第三种单星定位方式是，利用卫星自身运动的测频率方式，通常应用在低轨卫星上。对于一个静止在地面或空中的辐射源，低轨卫星上的接收处理设备在 N 个（$N \geqslant 3$）不同的时间测量信号到达卫星的频率，与这些频率对应的是 N 个锥顶在卫星、锥面过辐射源的圆锥面。由于卫星运动相对于地面发射站的径向分量不断变化，因此这 N 个时刻测量的信号频率带有不同的多普勒频率，N 个圆锥角互不相等。在实际应用中，通常利用 N 个多普勒频率得到 $N-1$ 个独立的频率差，以形成 $N-1$ 个对应的互不相同的等频差面，在辐射源处相交实现定位。这种定位方法不需要已知发射站的频率信息，但捕获信号的概率和能够跟踪的时段依赖卫星运行路径与信号发射路径的相交程度，测量的实时性差，要保证定位精度需要达到很高的频率测量精度。

从上面的原理分析可以看出，单星定位必须依赖星上设备或者星上的准确信息，缺点是精度和实时性较差，但是单星定位也有系统灵活、工作方式简单、成本低等优点。在所需条件满足的情况下，单星定位可以发挥一定的作用。

（二）多星定位测量

多星定位分为合作用户的卫星导航定位和对非合作上行信号的多星定位两大类。合作用户的卫星导航定位是指，通过用户自身发射信号或者接收由定位服务方发射的信号，利用伪码测距与测时差相结合等方法来确定用户位置。非合作上行信号的多星定位是指，定位对象和定位平台之间不存在合作关系，必须由定位平台独立完成对目标上行信号的定位。

卫星导航定位有区域性的双星导航定位和全球导航定位两种，这两种实现技术都非常成熟。美国的 GSOSTAR 系统、欧洲的 LOCSTAR 系统和我国的北斗一代导航定位系统都属于利用无线电测距技术的双星导航定位，而美国的 GPS、俄罗斯的 GLONASS、欧洲的 GALILEO 系统等都是成功的全球导航定位系统。

对于非合作上行信号的三星定位，可以通过三颗卫星透明转发的信号在地面上实现定位。由于卫星的位置坐标已知，如果是以三颗同步卫星作为空间接收站，信号到达不同卫星的时间差可以通过信号的相关处理估计出来，组合成空间的三星时间差定位体制，实现对地面目标的定位。

采用这种多星空间定位体制，理论上可以获得较高定位精度（最小误差几千米），但由于需要配置多套空间接收站，在发射站的信号波束范围内很难同时具备这么多同频段、同极化的卫星，特别是卫星间时间差的估计需要通过星间链路传输用于相关的信号，因此工程实现的性价比太低，至今没有研制出成熟的系统。

二、双星定位测量

双星定位是目前对非法上行信号定位应用最普遍的技术体制。根据所利用卫星的类型不同，双星定位主要可以分为双地球同步卫星定位、地球同步卫星/低轨卫星的异轨双星定位、双低轨卫星编队定位三大类体制。

异轨双星定位和双低轨卫星编队定位都需要利用低轨卫星才能实现上行信号的定位，因此信号捕获概率和定位的实时性都受到限制，至今尚无成功的商用产品问世。而双地球同步卫星定位体制由于在定位条件、定位精度等方面的综合性能较好，特别是不需要卫星本身具有特殊设计的星载设备，因此得到广泛应用。国外对卫星上行信号定位问题研究起步较早，目前技术上比较成熟的卫星干扰源定位系统主要有英国的 SatID 系统、美国的 TLS Model 2000 系统和法国的 HyperLoc 系统。这 3 个系统虽然在定位结果的显示形式、定位的精度和时间及功能方面有所区别，但其技术原理基本相同。

（一）双星定位系统组成

双星定位通过静止轨道上被干扰卫星和相邻卫星将干扰信号分别转发，由地面站两副接收天线分别接收，通过测量和计算干扰信号到达两副天线的时间差和频率差，得出干扰源所在的地理区域。

整个双星定位系统由主星（被干扰卫星）及其邻星（一颗轨道位置与之邻近，并满足其他双星定位条件的卫星）、具有两副接收天线并安装了定位系统的地面接收站、一定数量的地面参考源发射站（参考站）和干扰源组成。

每个卫星频段的定位系统必须具备两副天线，一副天线接收邻星的信号，另一副天线接收主星的信号。安装了定位系统的地面站主要由信号接收分系统、信号检测处理分系统、数据处理分系统、运行管理分系统等组成。信号接收分系统负责接收经由两颗卫星转发的信号，信号检测处理分系统负责提取干扰源与两颗卫星的距离差和相对运动速度差，数据处理分系统负责计算干扰源的地理位置。

（二）双星定位原理

双星定位系统主要以卫星上行信号的天线方向图的发射特征为基本依据。我们知道，地球站发射天线通常存在一定的旁瓣泄漏，当干扰源对某个主星造成干扰时，其发射天线的主瓣在对准这个被干扰主星的同时，其旁瓣将不可避免地指向邻星，所以干扰信号在干扰主星的同时一部分能量会被发射到邻近的卫星上去。干扰源的主瓣信号和旁瓣信号分别由主星、邻星的转发器接收转发，到达地面接收站，这样就可以用地面接收站的两副天线分别测量这两个来自不同卫星转发的信号，并将接收到的信号传送到定位系统中，通过定位算法确定上行信号干扰源位置。

在接收到被干扰卫星和邻星转发的干扰信号后，我们不可能通过直接测量或计算得到干扰源信号到达被干扰卫星和邻星的时间，从而测定干扰源的地理位置。但是，可以用间接的方法通过测量和计算获得干扰源信号分别到达两颗卫星的时间差来定位干扰源所在的区域。这里我们引入两个概念：到达时间差（Time Difference Of Arrival，TDOA）和到达频率差（Frequency Difference Of Arrival，FDOA）。

显然，同一信号经历两颗不同卫星转发到达接收站的传播路径是不同的，因此，到达接收站的时间会存在一个时间差，称为到达时间差。通过 TDOA 的测量和计算可以得到干扰源到被干扰卫星和邻星的距离差，满足该条件的所有结果的集合是一个双曲面，该双曲面的焦点是被干扰卫星和邻星的位置，在地球表面上就可以确定出一条类双曲线带。同时，由于两颗卫星在赤道上空是以东西方向并列的，因此这类双曲线带就成为向南北方向扩展的地域。

另外，受三体引力变化和太阳光压对卫星电池帆板的不平衡等因素影响，同步卫星在赤道面上空的轨道点上并不是相对地球完全静止的，而是以 24 小时的周期在垂直于赤道的平面内沿近似“8”字的封闭轨迹运动，称为摄动。两颗同步卫星的摄动速度差异在天线主瓣和旁瓣两个信号传播路径上引起了不同的多普勒频率，所以，尽管发射的是同一个信号，但受多普勒频移的影响，在到达接收站时存在一个频率差，称为到达频率差。FDOA 对应的是被干扰卫星和邻星相对运动的速度差。与 TDOA 类似，FDOA 测量的结果也可以在地球表面定出一条与纬度线走向类似的曲线带，如图 14-8 所示。

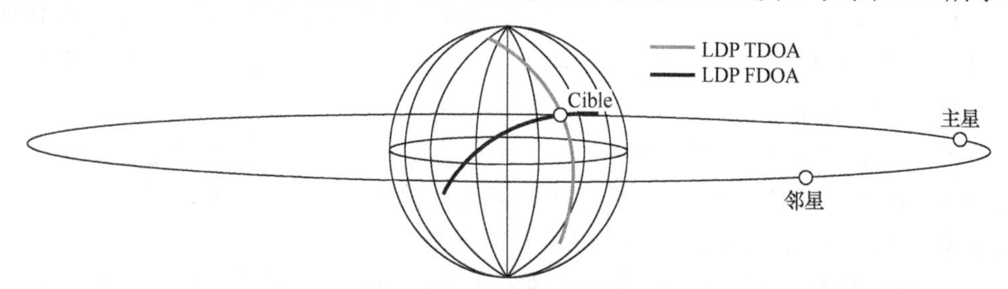

图 14-8　双星定位结果示意

以上两条曲线带交织出一个椭圆形区域，该区域即干扰源所在区域。干扰源位于该区域内，越接近椭圆中心概率越大。

TDOA 的测量和计算比较容易，可以通过测量干扰源信号分别经被干扰卫星和邻星转发到达地面接收站总时间差（上下行总时间差），减去被干扰卫星和邻星到达地面接收站时间差（下行时间差）获得，而且 TDOA 的方向是不变的。相对应地，FDOA 的测量和计算就显得复杂一些。这里主要存在如何解决邻星接收到的信号很微弱的问题。因为干扰信号是通过副瓣发射到邻星上的，从邻星接收到的干扰信号要比从被干扰卫星接收到的功率低 45dB 左右。地面定位技术本身对测量精度要求很高，为了保证测量精度，除了要求接收邻星信号的天线口径要远大于接收主星信号的天线口径，还要采用一定的相关计算方法，将很微弱的信号从噪声中分离出来。

（三）双星定位算法

在卫星干扰源定位系统中，干扰源目标的信息通常被调制在接收站接收的信号上。在理想的目标模型中，目标相对于卫星的距离表现为接收信号相对于发射信号的时延；目标相对于卫星的径向速度表现为接收信号频率相对于发射信号的频移，测量（或估计）出这些参量就可以获得相应的目标信息。

1. 双星定位算法

在一个确定的坐标系和一个确定的定位时刻，假设干扰源的坐标为（x, y, z），两颗卫星（主星和邻星）的坐标分别为（x_1, y_1, z_1）和（x_2, y_2, z_2）。其中，两颗卫星的坐标通过一定的测量方法已经确定，因此有表达式为

$$R_e=\sqrt{x^2+y^2+z^2} \tag{14-3-1}$$

$$\mathrm{DT}=(d_1-d_2)/c \tag{14-3-2}$$

$$d_1-d_2=\sqrt{(x-x_1)^2+(y-y_1)^2+(z-z_1)^2}-\sqrt{(x-x_2)^2+(y-y_2)^2+(z-z_2)^2} \tag{14-3-3}$$

$$\mathrm{DF}=\frac{f_0}{c}\frac{\boldsymbol{v}_1\cdot\boldsymbol{r}_1}{\|\boldsymbol{r}_1\|}-\frac{f_0}{c}\frac{\boldsymbol{v}_2\cdot\boldsymbol{r}_2}{\|\boldsymbol{r}_2\|} \tag{14-3-4}$$

式中，DT 为时间差，R_e为地球半径，d_1为地面干扰源到主星的距离；d_2为地面干扰源到邻星的距离；d_1-d_2为目标到主星与目标到邻星的距离差；c 为电磁波速 3×10^8m/s；DF 为多普勒频移；$\boldsymbol{v}_1$和$\boldsymbol{v}_2$分别是两颗卫星的速度向量；$\boldsymbol{r}_1/r_1$和$\boldsymbol{r}_2/r_2$分别是两颗卫星和地面干扰源的连线方向的单位向量。

所以，式（14-3-1）、式（14-3-2）和式（14-3-4）一起构成了双星定位系统的定位方程组。理论上，这三个球、曲面的交点即所要测量的干扰源的位置。

定位方程组的解可能有多个，其中有不能确定干扰源真实位置的模糊解。对于这种情况可以通过代入定位方程组进行验证来消除；也可以通过增加测量参数或增加先验信息的方法去掉模糊解。

2. *时差定位算法*

观测信号模型为独立相加模型，即

$$r(t)=As(t-\tau_0)+n(t)\,,\quad 0\leqslant t\leqslant T \tag{14-3-5}$$

式中，$n(t)$为零均值平稳白噪声过程，τ_0为时延。在线性处理时，对观测信号$r(t)$进行匹配或相关处理可得到最优检测性能。由于这里的τ_0为一未知量，所以可以处理为

$$y(\tau)=\left|\int_0^T r(t)s^*(t-\tau)\mathrm{d}t\right| \tag{14-3-6}$$

综合得到

$$y(\tau)=\left|A\int_0^T s(t-\tau_0)s^*(t-\tau)\mathrm{d}t+\int_0^T n(t)s^*(t-\tau)\mathrm{d}t\right|=|Ax(t-\tau)+\phi(\tau)| \tag{14-3-7}$$

式（14-3-7）右边的两部分分别为信号函数和噪声函数，所以可以看出处理器的输出是信号函数和噪函数之和的绝对值。

考察没有噪声干扰的情况，即 $n(t)$=0，于是有$\phi(\tau)=0$，于是$y(\tau)=|Ax(\tau-\tau_0)|\leqslant|A|$。由信号知识可知，只有在$\tau_0=\tau$处，等式才能取得最大值。这启发我们可以根据函数的峰值点来估计τ_0。另外，以$\hat{\tau}_0$记$y(\tau)$的峰值点位置，在无噪声干扰的情况下，$y(\tau)$的峰值点记为信号函数的模$|x(t-\tau_0)|$的峰值点，所以$\hat{\tau}_0=\tau_0$，即对τ_0的估计没有任何误差。

峰值估计法估计时延的信号处理程序如图 14-9 所示。

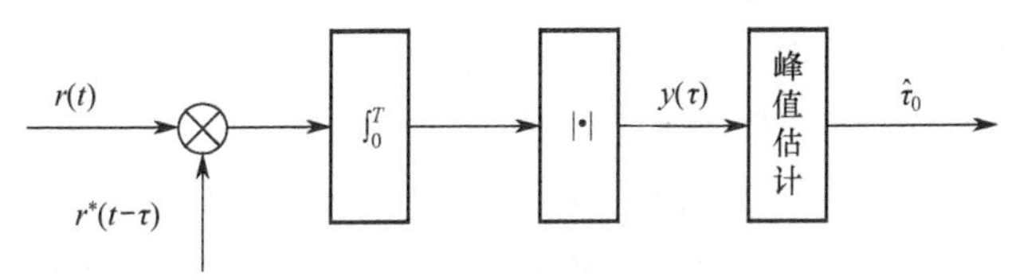

图 14-9　峰值估计法估计时延的信号处理程序

从上面的介绍知道，时延估计的基本思想就是寻求两个信号最大相似性的发生时刻。

设两个接收信号模型为

$$x(t)=s(t)+n_1(t) \tag{14-3-8}$$

$$y(t)=As(t-D)+n_2(t) \tag{14-3-9}$$

式中，A 代表信号的畸变系数；D 为两个信号间的时延；$n_1(t)$ 和 $n_2(t)$ 为加性环境噪声，两者均值为零且相互独立；$s(t)$代表发送信号。

在信号源和噪声不相关的情况下，两个接收信号的互相关函数关系为

$$C_{xy}(\tau)=E\{x(t)y(t+\tau)\}=AC_{2s}(\tau-D)\text{，}\quad -\infty<\tau<\infty \tag{14-3-10}$$

式中，$C_{2s}(\tau-D)$ 是信号 $s(n)$在时间轴上移位后的自相关函数，它在 $\tau=D$ 时取峰值。在实际应用中，由于有限长数据记录和噪声源并不一定是完全独立的，所以互协方差估计值并不一定在 D 处取峰值。

直接双谱法将时延序列利用傅里叶变换转换到频域再计算双谱，从而利用双谱的相位得出时延估计。双谱参数法直接利用时延数据计算出双谱，利用线性方程的最小二乘解计算时延。

3．*频差定位估计方法*

测向定位较难实现精确定位；测向时差定位精度高，但存在定位模糊问题；基于频差的定位方法具有定位不模糊、精度高等优点。

频移估计的处理方法与时延估计相似，只不过时延发生在时域，而频移体现在频域。

观测信号模型假定为

$$r(t)=As(t)\mathrm{e}^{\mathrm{j}2\pi f_0 t}+n(t)\text{，}\quad 0\leqslant t\leqslant T \tag{14-3-11}$$

式中，$n(t)$仍为零均值平稳白噪声过程，f_0 为待估频移，其余符号意义同前。假设为线性处理，对观测信号 $r(t)$进行匹配或相关处理，在 f_0 未知的情况下，这种处理只能按以下方式进行，即

$$y(f)=\left|\int_0^T r(t)s^*(t)\mathrm{e}^{-\mathrm{j}2\pi f_0 t}\mathrm{d}t\right| \tag{14-3-12}$$

综合式（14-3-11）、式（14-3-12）得到

$$y(f)=|A\int_0^T |s(t)|^2\mathrm{e}^{-\mathrm{j}2\pi(f-f_0)t}\mathrm{d}t+\int_0^T n(t)s^*(t)\mathrm{e}^{-\mathrm{j}2\pi ft}\mathrm{d}t|=|Ax(f-f_0)+\vartheta(f)| \tag{14-3-13}$$

式中

$$x(f-f_0)=\int_0^T |s(t)|^2\mathrm{e}^{-\mathrm{j}2\pi(f-f_0)t}\mathrm{d}t\text{；}\quad \vartheta(f)=\int_0^T n(t)s^*(t)\mathrm{e}^{-\mathrm{j}2\pi ft}\mathrm{d}t \tag{14-3-14}$$

这里仍然把它们称为信号函数和噪声函数。

用 $y(f)$ 的峰值点作为 f_0 的估计，记为 $\hat{f}_0$，显而易见，在没有噪声干扰的情况下，有

$$y(f)=|Ax(f-f_0)|\leqslant|A| \tag{14-3-15}$$

所以，$\hat{f}_0=f$，即频移的估计值等于频移的真实值，估计没有任何误差。峰值估计法估计频移的信号处理程序如图 14-10 所示。

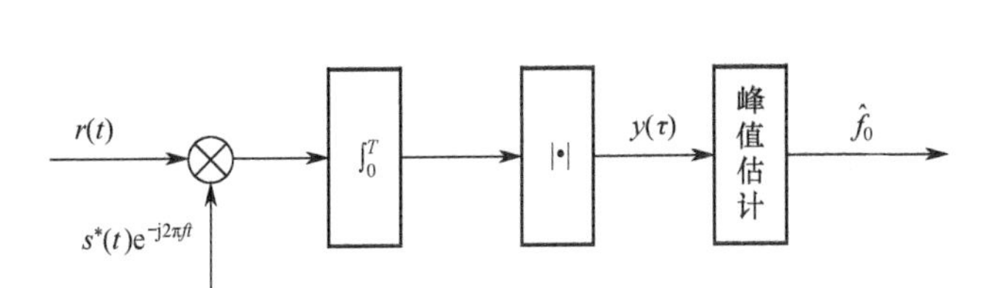

图 14-10　峰值估计法估计频移的信号处理程序

FDOA 估计算法主要利用多普勒效应。传统的 FDOA 估计算法有最小二乘法、极大似然法和谱分析法等。在噪声互不相关时，它们都能对 FDOA 进行很好的估计，然而，在实际环境中的信号及噪声环境是复杂的，噪声、信号可能以各种不相关或相关的方式存在。

4. 时差定位和频差定位联合算法

在双星定位系统中，除了依靠卫星技术，对干扰源进行更加准确的定位的关键在于对 TDOA 和 FDOA 的估计。通过对 TDOA 和 FDOA 的精确估计，有效利用目标辐射信号的信息和目标的位置、运动状态之间的关系对目标进行定位，可以缩短定位所需要的时间，提高系统的定位精度。

TDOA 和 FDOA 联合的最大似然估计算法，发展为同时估计 TDOA 和 FDOA 的快速算法，即基于高阶累积量（HOS）的 TDOA/FDOA 联合估计算法。这主要利用了高阶累积量对高斯噪声不敏感的特性。

时延和频移联合估计的观测模型可以设定为

$$r(t) = As(t-\tau_0)\mathrm{e}^{\mathrm{j}2\pi f_d t} + n(t) \tag{14-3-16}$$

信号的线性处理输出为

$$y(\tau, f) = \left|\int_0^T r(t)s^*(t-\tau)\mathrm{e}^{-\mathrm{j}2\pi f t}\mathrm{d}t\right| \tag{14-3-17}$$

合并式（14-3-16）、式（14-3-17），有

$$y(\tau, f) = \left|Ax(\tau-\tau_0, f-f_d) + \phi(\tau, f)\right| \tag{14-3-18}$$

式中

$$x(\tau-\tau_0, f-f_d) = \int_0^T s(t-\tau_0)s^*(t-\tau)\mathrm{e}^{-\mathrm{j}2\pi(f-f_d)t}\mathrm{d}t \tag{14-3-19}$$

$$\phi(\tau, f) = \int_0^T n(t)u^*(t-\tau)\mathrm{e}^{-\mathrm{j}2\pi f t}\mathrm{d}t \tag{14-3-20}$$

这两个函数仍然分别称为信号函数和噪声函数，并且它们都是二元函数。以 $(\hat{\tau}_0, \hat{f}_d)$ 记为 (τ, f) 的峰值点位置，即

$$y(\tau, f) \leqslant y(\hat{\tau}_0, \hat{f}_d) \tag{14-3-21}$$

另外，只有当 $\tau = \hat{\tau}_0$ 且 $f = \hat{f}_d$ 时，式（14-3-21）的等号才成立。

三、定位误差及校正

（一）定位误差分析

卫星干扰源定位系统可以通过测量两颗卫星对干扰源形成的时间差（TDOA）和频

率差（FDOA）来完成对未知干扰源的定位，根据文献资料及上述章节的理论分析，利用互模糊函数进行 TDOA 和 FDOA 参数的估计有确定的误差下限，其均方误差（RMS）分别为

$$\sigma_T = \frac{1}{B_u\sqrt{\mathrm{SNR}}}, \quad \sigma_F = \frac{1}{T_u\sqrt{\mathrm{SNR}}} \tag{14-3-22}$$

式中，B_u 和 T_u 分别是信号的 RMS 带宽和持续时间，分别定义为

$$B_u = 2\pi\sqrt{\frac{\int_{-\infty}^{\infty} f^2 G_u(f)\mathrm{d}f}{\int_{-\infty}^{\infty} G_u(f)\mathrm{d}f}}, \quad T_u = 2\pi\sqrt{\frac{\int_{-T/2}^{T/2} t^2 |u(t)|^2 \,\mathrm{d}t}{\int_{-T/2}^{T/2} |u(t)|^2 \,\mathrm{d}t}} \tag{14-3-23}$$

式中，$G_u(f)$ 是信号的功率谱密度，$u(t)$是时域信号。

从误差分析公式可以看出，在输入信噪比确定的情况下，TDOA 估计的精度依赖 RMS 带宽，而 FDOA 估计的精度依赖 RMS 持续时间。反映在测量过程中，为了得到高精度的 TDOA 估计，就要使用尽可能宽的带宽，而为了得到高精度的 FDOA 估计，就要尽量延长处理的持续时间。如果需要处理增益一定，则意味着 TDOA 估计的采样要使用最大可能的带宽，而 FDOA 估计要使用窄带宽和较长的持续时间，两者的处理要根据实际情况折中考虑。

在基本的误差下限基础上，还存在许多引起误差的因素，包括卫星星历的精度、卫星转发器振荡频率的差值（本振漂移）对 FDOA 测量精度的直接影响、相关运算时的信噪比、信号的带宽和调制类型、测量设备的误差及在不同传播路径中大气对相位的影响等。

（二）相位校正技术

在影响双星定位误差的诸多因素中，星历误差是主要影响因素，且在不同的时间、不同的地点具有不同的空域和时域分布，使得 FDOA 测量误差很大，这时定位误差就比较大。为了减小误差的影响，可以采用辅助参考源的相位校正技术来提高参数估计的精度。

假设接收端得到的来自两颗卫星转发的已准确补偿 TDOA 的目标信号和参考信号分别表示为

$$\begin{aligned} s_1^U(t) &= s^U(t)\mathrm{e}^{\mathrm{j}[2mv_1^U t+\rho^{U,M}(t)]}; \quad s_2^U(t) = s^U(t)\mathrm{e}^{\mathrm{j}[2mv_2^U t+\phi_2^{U,M}(t)]} \\ s_1^R(t) &= s^R(t)\mathrm{e}^{\mathrm{j}[2\pi v_1^R t+\rho_1^{R,M}(t)]}; \quad s_2^R(t) = s^R(t)\mathrm{e}^{\mathrm{j}[2\pi v_2^R t+\dot{L}_2^{R,M}(t)]} \end{aligned} \tag{14-3-24}$$

式中，上标 U、R、M 表示目标、参考和接收站，下标 1、2 表示两颗卫星，v 表示不同信号的频差。各信号的时变相位包含下面的部分，即

$$\begin{aligned} \phi_1^{U,M} &= \phi_1^{M,a} + \phi_1^T + \phi_1^{U,a} + \phi_1^U + \phi^U; \quad \phi_1^{R,M} = \phi_1^{M,a} + \phi_1^T + \phi_1^{R,a} + \phi_1^R + \phi^R \\ \phi_2^{U,M} &= \phi_2^{M,a} + \phi_2^T + \phi_2^{U,a} + \phi_2^U + \phi^U; \quad \phi_2^{R,M} = \phi_2^{M,a} + \phi_2^T + \phi_2^{R,a} + \phi_2^R + \phi^R \end{aligned} \tag{14-3-25}$$

式中，$\phi_1^{M,a}$、$\phi_2^{M,a}$ 是卫星下行链路的大气扰动；ϕ_1^T、ϕ_2^T 是卫星转发器本振的相位扰动；$\phi_1^{U,a}$、$\phi_2^{U,a}$ 是目标到卫星上行链路的大气扰动；$\phi_1^{R,a}$、$\phi_2^{R,a}$ 是参考到卫星上行链路

的大气扰动；ϕ_1^U、ϕ_2^U 和 ϕ_1^R、ϕ_2^R 分别是因频率差的时变性引起的目标信号和参考信号到两颗卫星的上行链路的相位扰动。

对以上 4 个信号采取处理

$$(s_1^U)^* s_2^U s_1^R (s_2^R)^* = \left|s^U\right|^2 \cdot \left|s^R\right|^2 \mathrm{e}^{\mathrm{j}\phi} \tag{14-3-26}$$

处理结果的相位部分只留下目标信号和参考信号的 FDOA 差和加性的相位校正部分，这个相位校正部分主要是 FDOA 的时变性和上行链路大气影响的差异引起的。对于同步卫星组合和固定位置目标而言，FDOA 在同一次观测的短时间内变化不大，而上行链路大气影响的差异也不大。因此，相位校正可以提高 FDOA 的估计精度，对于卫星倾角和偏离较大、转发器频率时变性较强等情况具有较好的适应能力。

（三）多站星历校正技术

由定位分析可知，理论上通过位置迭代定位处理，已经得到较好的定位结果。但在实际情况下，通过测轨系统获得的卫星星历总是不可避免地存在误差，将间接影响最终的定位结果。为了提高最终的定位精度，减少星历误差带来的影响，我们可以在定位过程中利用多个已知位置的参考源，使用多站位置迭代处理思路来修正卫星星历，尽量消除星历误差产生的影响。

（四）误差预测技术

由于卫星星历的时变性，在测量的时间差、频率差的误差不变的情况下，定位误差也具有时变的特点。法国的 THALES 双星定位系统可以利用预报的卫星星历来预测定位时刻的定位误差，然后通过预测的定位误差来选择最佳的定位时刻，同时避过定位误差较大的时刻，这些时刻的定位误差可达上千千米，通过整合多次最佳时刻的定位结果来获得最小的定位误差。相对于传统的定位方法，该方法可以取得优于 1 个数量级的定位精度改善。

习题与思考题

1. 卫星电磁频谱监测与一般的电磁频谱监测有哪些不同？
2. 卫星监测天线对星方法有哪些？
3. 简述静止轨道卫星频率测量方法。
4. 静止轨道卫星能量测量方法有哪些？
5. 简述统计定轨与星历生成流程。
6. 单星定位干扰源测量方法有哪些？
7. 简述多星定位干扰源测量原理。
8. 双星定位干扰源主要有哪些算法？

第十五章

电磁频谱监测组织实施

在了解电磁频谱监测相关知识的基础上，为圆满完成上级赋予的电磁频谱监测任务，各级电磁频谱监测力量应合理开展一系列的电磁频谱监测组织准备和实施工作。

第一节　电磁频谱监测力量

电磁频谱监测力量通常是遂行电磁频谱监测任务的人员与装备（系统）的统称，是组织与开展电磁频谱监测的基础和前提。

一、电磁频谱监测人员

电磁频谱监测人员主要涵盖国家、各省（自治区、直辖市）、相关地（市、州），以及军队电磁频谱监测岗位的工作人员。

（一）国家无线电监测人员

国家层面的无线电监测人员，主要是指国家无线电监测中心和国务院有关部门无线电管理机构中从事频谱监测的相关人员。其中，国家无线电监测中心下设综合办公室、人事处、科学技术处、频谱工程处、信息管理处、无线电监测处、设备检测处、台站管理处、后勤管理中心，以及国家级监测站。

（二）地方无线电监测人员

地方无线电监测人员，主要是指各省（自治区、直辖市）无线电监测站、相关地（市、州）无线电管理行政派出机构从事频谱监测的相关人员。其中，各省（自治区、直辖市）无线电监测站，主要负责监测无线电台（站）是否按照规定程序和核定的项目工作、查找无线电干扰源和未经批准使用的无线电台（站）、测定无线电设备的主要技术指标，以及检测工业、科学、医疗等非无线电设备的无线电波辐射等。

二、电磁频谱监测装备（系统）

随着军地频谱管理机构对电磁频谱监测工作重要性认识的日趋增强，电磁频谱监测装备（系统）不断推陈出新。本节在界定当前电磁频谱监测系统分类方式的基础上，重点对国家、地方现行使用的主要电磁频谱监测装备（系统）进行介绍。

（一）电磁频谱监测装备（系统）分类方式

不同的分类方式，有不同的分类结果。电磁频谱监测装备（系统）既可以按照技术体制进行分类，也可以按照监测频段进行分类，还可以按照设置方式和承载方式进行分类。

1. 按照技术体制分类

电磁频谱监测装备（系统）主要可分为模拟电磁频谱监测装备（系统）和数字化电磁频谱监测装备（系统）。随着电磁频谱监测技术发展的日新月异，传统采用模拟技术体制的电磁频谱监测装备（系统）逐步退出市场，数字化电磁频谱监测装备（系统）成为遂行电磁频谱监测工作的主流。

2. 按照监测频段分类

电磁频谱监测装备（系统）主要可分为全频段电磁频谱监测装备（系统）和部分频段电磁频谱监测装备（系统）。从理论上讲，电磁频谱资源是无限的，但受科学技术发展水平和电波传播特性的制约，目前能够利用的无线电频谱主要集中在 275GHz 以下。故此，全频段电磁频谱监测装备（系统）只是一个相对的概念，当前市场上主要仍以短波、超短波和部分微波、卫星频段电磁频谱监测装备（系统）为主。

3. 按设置方式分类

电磁频谱监测装备（系统）主要可分为固定电磁频谱监测装备（系统）、车载式电磁频谱监测装备（系统）、便携式电磁频谱监测装备（系统）、手持式电磁频谱测向装备（系统）等。其中，固定电磁频谱监测装备（系统）用于长期连续监测，装备和天线种类比较齐全、数量多、功能强、自动化程度高、监测覆盖范围大、作用距离远；车载式电磁频谱监测装备（系统）通常装车使用，主要用于对未知地区电磁环境的调查，以及查找电磁干扰源；便携式电磁频谱监测装备（系统）通常在考虑满足电磁频谱监测功能的前提下，尽量减小体积和质量，主要用于在固定电磁频谱监测装备（系统）覆盖不到、车载式电磁频谱监测装备（系统）到达不了的地域进行频谱监测或干扰源查找，操作使用方便。

4. 按承载方式分类

结合电磁频谱监测装备（系统）的承载载体，电磁频谱监测装备（系统）主要可分为车载、舰载、机载等机动电磁频谱监测装备（系统）。与此同时，随着我国太空战略的不断推进，军地电磁频谱管理机构日趋加大星载电磁频谱监测装备（系统）的建设力度，并逐步投入使用。

（二）不同频段的无线电监测装备（系统）

结合前述电磁频谱监测装备（系统）分类方式的阐述，按监测频段无线电监测装备（系统）可划分为短波、超短波、微波，以及卫星监测装备（系统）。在国家层面，重点负责短波、卫星监测站的建设；在地方层面，重点负责超短波监测站的建设。本部分在介绍短波、超短波、卫星监测系统相关建设情况的基础上，对当前国家、地方主用的ESMB监测接收设备进行阐述。

1. 短波监测系统

国家短波监测网由短波固定监测站组成，具备对欧亚大陆和太平洋地区短波频段的固定、广播、航空、水上和业务无线电等的短波信号监听、测量和测向定位等功能。短波监测系统，主要由硬件平台和监测软件系统两部分构成。其中，硬件平台通常包括监测天线、测向天线、监测接收机、测向接收机、测向处理器、控制单元、不间断电源等；监测软件系统通常包括核心控制单元、地理信息系统、音频处理单元、通信处理模块、数据库管理系统等。固定监测站涵盖了诸多的监测天线，能够对周边地区的电磁环境和频谱资源使用情况进行监测。关于监测站的分类，国际监测系统对此有明确的划分，即结合监测站的建设规模和等级，分为A、B、C共3个等级。短波固定监测站测量精度高、功能全，具备联网控制能力。

2. 超短波监测系统

超短波监测系统，是开展超短波频段监测的主要技术手段。对于超短波监测网建设而言，无论在站址选择，还是在天线阵布设和经费投入方面，其都较短波、卫星监测网建设更容易。现阶段，各省（自治区、直辖市）均建成了相对完善的超短波监测网络体系，基本覆盖本省（自治区、直辖市）所有重点行政区域。超短波监测系统，主要由硬件平台和监测测向软件环境两部分构成。其中，硬件平台通常包括监测测向系统、供配电系统、环境监控系统等；监测测向软件运行环境，通常包括操作系统、地理信息系统、办公软件、数据库等。

3. 卫星监测系统

现阶段，国家卫星监测网具备对我国多颗C、Ku频段静止轨道卫星的载波监测、干扰源定位和卫星广播电视内容监测等功能。卫星监测系统，主要由卫星监测站硬件设备和软件系统两部分构成。其中，硬件设备通常包括天线及伺服跟踪分系统、射频分系统、信号监测与测量识别分系统、上行信号定位分系统、监控管理分系统、辅助分系统、测轨分系统、参考站等；软件系统通常包括系统管理、监测测量、干扰定位和数据库四个部分。

卫星监测站在主要性能方面通常应满足以下条件。

1）监测频率范围

卫星监测站天线接收频段应不小于以下范围。

UHF频段：344～358MHz；

L频段：0.95～1.75GHz；

S频段：2.1～2.8GHz；

C频段：3.4～4.2GHz；

X频段：6.7～7.75GHz；

Ku频段：10.7～12.75GHz；

Ka 频段：17.5～21.5GHz。

2）极化方式

卫星监测站应能接收不少于以下极化方式的信号。

L、S、X、Ka 频段：圆极化方式；

C 频段：圆极化和线极化方式；

Ku 频段：线极化方式。

3）中频信号带宽

中频信号带宽通常大于 72MHz。

4）可分析信号解调方式

通常，卫星监测站应监测不少于 FSK、MSK、MSK2、BPSK、QPSK、8PSK、OQPSK、DQPSK、π/4DQPSK、16QAM 等信号种类。

5）定位精度与时间

定位精度应小于 60km（典型值）；定位时间应短于 15 分钟。

6）可定位信号种类

卫星监测站对各种数字调制信号、连续波信号，以及大于等于 6s 的短时信号应具备定位能力。

4. ESMB 监测接收设备

ESMB 监测接收设备是适用于所有按照 ITU-R 标准进行无线电监测任务和无线电调研服务的监测与测量接收机设备。轻便易携、坚固的设计使得 ESMB 成为一种既可用于固定场合，又能用于移动场合的通用全能设备。ESMB 的所有输入端、输出端均进行了精心的屏蔽和滤波器设计，可以确保仪器具有较低的寄生信号和较高的抗干扰性能。ESMB 的内部设置了一个测试装置，可以持续对接收机进行监测。若监测到仪器内部参数偏离了标称值范围，它将输出一个出错信号，并带有一个标志错误类型的代码，便于定位故障单元。该监测接收设备采用了现代化的设计，并包含插入模块，大大缩短了维修时间。所有模块均可以进行更换，而无须进行任何重新校准和调整。

1）基本功能和应用场合

ESMB 监测接收设备主要具备频率和频率偏移测量、场强测量、调制度测量、频谱占用测量、带宽测量等功能。与此同时，ESMB 的优异功能可以充分满足下列应用场合：一是按预定义的频率范围进行频率扫描；二是可以对存储的 1000 个信道进行存储扫描；三是对 CW、AM、SSB、FM 调制信号进行音频监测；四是进行信号识别。

2）扫描模式

ESMB 监测接收设备主要包括频率扫描、存储扫描及频率和频谱扫描 3 种。其中，在频率扫描上，ESMB 可以定义一个频率范围，并可以为其设置一套特定的参数；在存储扫描上，ESMB 可以将频率、解调模式、带宽和静噪电平等数据集指配给 1000 个可定义的存储单元，存储的内容可以进行编辑，或者被扫描的结果所覆盖；在频率和频谱扫描上，当 ESMB 安装了频谱扫选件 DIGI-SCAN 时，其就可以数控方式扫描感兴趣的频段，并显示相关的频谱，用户可以看到监测到的发射信号，并对感兴趣的发射信号进行监听。

3）主要技术指标

频率范围：10kHz～3GHz；

振荡器再辐射：≤-107dBm；

镜像抑制：≥80dB；

中频抑制：≥80dB；

2 级截点：≥50dBm；

3 级截点：对于 HF 频段，≥15dBm，对于 V、UHF 频段，≥8dBm 或更高（关闭前置放大器后）；

内部杂散信号：≤-107dBm；

噪声系数：≤14dB，接通前置放大器后可能更低；

IF 滤波系数：≤2∶1；

AGC 范围：120dB；

数字扫描速度：3GHz/s，20000 信道/s；

解调模式：AM、FM、PM、USB、LSB、CW、Pulse、IQ、ISB；

天线：HF、V、UHF 频段天线输入，支持单天线端口输入。

（三）不同承载方式电磁频谱监测装备（系统）

现阶段，按照不同承载方式，电磁频谱监测装备（系统）主要包括车载式电磁频谱监测装备（系统）、便携式电磁频谱监测装备（系统）及手持式电磁频谱监测装备（系统）等。

1. 车载式电磁频谱监测装备（系统）

车载式电磁频谱监测装备（系统）是实现电磁环境监测及无线电信号监测、测向、定位的重要机动装备之一。通过搭载底盘，其既可机动使用，也可作为固定监测站的补充延伸；既可独立工作，也可组网工作，在组网工作时通过直接或间接方式与联合电磁频谱管理系统实现软硬件的对接。它主要用于对短波、超短波、微波信号进行监测，为任务部队掌握电磁环境及选择和调整频率提供自动化频谱监测、分析手段。它可实现对空间无线电信号的搜索发现、分析识别、参数测量、占用度统计、测向及单车定位等功能，为电磁频谱管理装备提供基础数据，完成频率分配、不明信号查找、测向定位等功能。

2. 便携式电磁频谱监测装备（系统）

便携式电磁频谱监测装备（系统）适用于临时机动开设的电磁频谱监测站，可接受电磁频谱传感器管理设备控制组网使用，也可单独使用。其可实现对空间无线电信号的搜索发现、分析识别、参数测量、占用度统计、测向及单车定位等功能，为电磁频谱管理装备提供基础数据，完成频率分配、不明信号查找、测向定位等功能。

该装备主要由配套设备、备附件、软件和随机资料，以及相应的接收机和天线组成。其中，配套设备及备附件包括加固便携式计算机、北斗/GPS 手持式用户机、蓄电池组、三脚架、射频电缆、充电适配器、包装箱等；软件和随机资料包括便携式电磁频谱监测测向设备操作终端软件、Windows XP 操作系统、Oracle 数据库系统、Office 软件、使用与维修手册、技术说明书、随机文件光盘等；接收机和天线主要包括短波、超短波监测测向接收机、微波监测测向接收机、超短波测向天线、微波测向天线、短波监测天线、超短波监测天线，以及微波监测天线等。

3. 手持式电磁频谱监测装备（系统）

手持式电磁频谱监测装备（系统）集控制、处理、显示和存储等功能于一体，支持 LCD 彩色显示方式，通过对控制面板的操作可以灵活切换不同功能，并在显示区域直观显示监测、测向结果。该装备主要由测向接收机、电池和测向天线等组成。其特点主要体现在以下方面：一是采用宽带、窄带相结合的方式，适合不同应用场合的信号监测和监听；二是采用宽频段、高动态射频前端技术，可实现对 VHF、UHF 射频信号频谱监测；三是具备信号分析能力，可实现对多种未知信号的样式识别和参数测量；四是采用大音点测向体制，可实现单信道测向；五是采用大容量蓄电池组，可长时间户外作业；六是具备远程遥控能力，可实现对装备的遥控操作；七是各单元采用模块化设计，可靠性、可维修性好；八是人机交互界面友好，操作灵活方便。

另外，为满足海上和空中监测需求，可将电磁频谱监测装备搭载至舰船、飞机、系留气球等平台，以实时获取任务海域、空域的电磁环境和电磁频谱资源使用情况。

第二节　电磁频谱监测组织

电磁频谱监测组织，是电磁频谱监测实施的基础和有效保证。各级电磁频谱管理机构应结合上级赋予的任务和本级所具备的人员、装备（系统）实际，准确分析判断情况、合理制订电磁频谱监测行动方案，以及有效开展遂行任务前的电磁频谱监测准备等一系列工作。

一、受领任务与分析判断情况

电磁频谱监测力量接到上级下达的指示或预先监测指令后，应迅速进行相关任务的受领，并结合上级相关情况通报，准确搜集和分析判断情况。

（一）受领任务

受领任务是一个相对宽泛的概念，在电磁频谱监测组织准备、电磁频谱监测实施，以及电磁频谱监测结束等不同的行动阶段均要受领相关的任务。其区别在于：不同的行动阶段会受领不同的任务，受领的时机、形式不同，需要做的准备工作不同，其受领的内容也存在一定的差异。

1. 时机

对电磁频谱监测力量而言，其无法明确受领任务的时机，通常应结合上级下达的命令、指示等进行任务受领。具体来说，时机主要体现在以下方面：一是接到上级下达的预先监测指令；二是接到上级组织召开的任务部署等会议通知；三是机关业务部门确定电磁频谱监测方案计划后；四是其他需要承担任务的时机等。

2. 形式

受领任务的形式主要体现为以下两个方面。

一是结合参加上级召开的任务部署会议受领任务。当接到上级组织召开的任务部署会议通知时，通常留有充分的准备时间，电磁频谱监测力量的负责人，一方面，应对本单位的工作进行明确的部署，以利于后续工作的可持续开展；另一方面，在出发受领任务前，应准备好相应的作业工具，以确保在具体受领任务时，能够准确记录上级的指示精神，并针对上级下达的任务提出需要解决的相关问题。

二是通过文件、文电等形式受领任务。其主要是指以接收上级下达的指示或口头命令的形式受领任务。在接到上级下达的指示后，电磁频谱监测台站负责人应迅速将上级指示精神传达至所属人员，便于所属人员实时了解上级领导的决心意图和机关业务部门的指示要求；开进过程中或现地上级口头下达的命令，通常是在时间相对紧张的情况下受领的，电磁频谱监测台站负责人在该环节并没有充分的准备时间，在受领任务后，应将上级下达的命令进行口述，并确保对命令理解的准确性。

3. 内容

电磁频谱监测台站负责人在受领任务时，通常应明确以下内容，如本单位的具体任务、重点监测频率（段）、通信联络组织、相关单位的部署区域、与其他监测台站及无线电管理中心的接口关系、监测台站建立的时限和监测方式、单独执行任务的具体要求，以及完成准备工作的时限等。

（二）搜集分析判断情况

在监测准备和筹划过程中，各电磁频谱监测力量需要综合各方面搜集掌握的情况，进行透彻分析判断。具体来说，主要体现在以下方面。

1. 任务区域地理环境

众所周知，电磁频谱机动监测台站在站址选择过程中，一方面，要考虑周边的背景噪声，尽可能避开建筑物遮挡和强信号，在实现有效监测覆盖的同时，便于电磁频谱机动监测台站的机动、开设、隐蔽与撤收；另一方面，要合理满足监测台站间保护的要求，以避免各类用频台站辐射的信号对其直接或间接产生电磁干扰。与此同时，各电磁频谱监测力量应结合任务区域的地形地物地貌等实际情况进行综合研判，以为电磁频谱机动监测台站的选址提供支撑。

2. 任务区域无线电发射设备

随着信息技术的迅猛发展，以及其在社会生产等诸多领域的应用，无线电发射设备的种类和数量呈现几何级数递增。为有效完成上级赋予的电磁频谱监测任务，各电磁频谱监测力量应对任务区域的无线电发射设备进行全面摸排。对于无线电发射设备，重点了解设备的开设位置、业务种类、工作频率及范围、发射功率、调制方式、工作周期、天线参数、辐射方向图、敏感度等参数信息。与此同时，考虑到任务区域工业、科学、医疗等辐射电磁波的非用频设备对电磁环境可能会造成一定的影响，各电磁频谱监测力量应同步掌握上述设备的部署位置、种类、频率响应范围、工作周期和辐射方向图等。

3. 完成任务的有利条件和不利因素

在前述分析判断的基础上，电磁频谱监测台站负责人还应结合任务实际，对完成任务的有利条件和不利因素进行综合研判。在完成任务的有利条件方面，重点掌握任务区域可利用的既设电磁频谱监测设施的连接方式、可能实施补盲监测的其他电磁频谱监测力量，以确保电磁频谱监测数据信息的实时回传和补充印证；在完成任务的不利因素方面，重点分析研判遂行此次电磁频谱监测任务所存在的短板弱项，并针对存在的困难之处，及时向上级报告请求予以解决。

电磁频谱监测台站负责人应根据上级赋予的电磁频谱监测任务，对搜集掌握的有关情况进行综合分析判断，进而得出情况判断结论。主要内容包括本单位遂行电磁频谱监测任务的能力、组织准备所需时间、完成任务的有利条件和不利因素、需要提供的条件和解决的问题，以及任务区域地形、气象、水文、社情对电磁频谱监测行动实施可能带来的影响。

二、制订电磁频谱监测行动方案

结合上级下达的总体电磁频谱监测行动方案，电磁频谱监测台站负责人应组织所属人员制订相应的行动方案计划。行动方案计划应大体涵盖电磁频谱监测人员装备编组计划、电磁频谱监测台站开进计划、电磁频谱监测台站撤收与转移计划、电磁频谱监测实施计划，以及电磁频谱监测保障计划等。

（一）电磁频谱监测人员装备编组计划

前述“电磁频谱监测系统分类方式”章节谈到：一般而言，电磁频谱监测装备（系统）主要包括固定电磁频谱监测装备（系统）、车载式电磁频谱监测装备（系统）、便携式电磁频谱监测装备（系统）、手持式电磁频谱监测装备（系统）等。在制订电磁频谱监测人员装备编组计划时，电磁频谱监测台站负责人应结合监测人员、装备基本编组方式，统筹调配参与监测任务的人员和装备，将所属人员和装备编为固定监测台站、机动监测台站（队）、前出电磁干扰查找分队、预备队等，并明确上述站（队）的任务和工作地域。电磁频谱监测人员装备编组表如表15-1所示。

表 15-1　电磁频谱监测人员装备编组表

序号	台站编组	人员构成	配备装备设备	配置地域	主要任务	备注
1	固定监测台站	×××、×××	×××、×××	×××	×××	
2	机动监测台站	×××、×××	×××、×××	×××	×××	
3	……	×××、×××	×××、×××	×××	×××	
……	预备队	×××、×××	×××、×××	×××	×××	

（二）电磁频谱监测台站开进计划

在电磁频谱监测台站开进计划制订过程中，主要明确电磁频谱监测台站的开进路线、开进过程中的通信联络，以及应关注的相关事项，确保电磁频谱监测台站按时到达预定任务区域。电磁频谱监测台站开进计划如表15-2所示。

表 15-2 电磁频谱监测台站开进计划

序 号	台站编组	机动路线	通信联络方式	备 注
1	监测 1 站	×××—×××—×××	××××××××××××	
2	监测 2 站	×××—×××—×××	××××××××××××	
3	……	×××—×××—×××	××××××××××××	
……	预备队	×××—×××—×××	××××××××××××	

（三）电磁频谱监测台站撤收与转移计划

在电磁频谱监测台站撤收与转移计划制订过程中，主要明确电磁频谱监测台站的撤收与转移路线、撤收与转移过程中的通信联络方式，以及应关注的相关事项，确保电磁频谱监测台站撤收与转移工作的有序开展。

（四）电磁频谱监测实施计划

在电磁频谱监测实施计划制订过程中，主要明确监测人员构成、监测使用装备（系统）、监测频段、监测时间、监测地域等信息。电磁频谱监测实施计划如表 15-3 所示。

表 15-3 电磁频谱监测实施计划

序 号	台站编组	监测人员构成	监测使用装备（系统）	监测频段	监测时间	监测地域
1	固定监测站	×××、×××	×××、×××	×××	×××	×××
2	机动监测站	×××、×××	×××、×××	×××	×××	×××
3	……	×××、×××	×××、×××	×××	×××	×××
……	预备队	×××、×××	×××、×××	×××	×××	×××

（五）电磁频谱监测保障计划

当依托其他单位实施电磁频谱监测任务时，相关电磁频谱监测台站应上报相关保障需求，由其实施一体保障。当后勤与装备保障需要由电磁频谱监测台站自行组织时，电磁频谱监测台站负责人还要组织开展后勤与装备保障，并提前制订电磁频谱监测保障计划。

在制订电磁频谱监测保障计划过程中，应遵循以下原则：一是全盘考虑，突出重点；二是留有一定的预留量；三是充分体现电磁频谱军民协同实施一体保障的理念。

三、组织遂行任务前的电磁频谱监测准备

在遂行任务前，各电磁频谱监测台站负责人应在任务布置、行动动员，以及组织所属人员进行电磁频谱监测装备、器材检查维修的基础上，通过适时组织电磁频谱监测演练，以确保电磁频谱监测任务的顺利实施。

（一）任务布置与行动动员

电磁频谱监测台站负责人，在受领上级下达的指令后，应迅速进行相关任务的布

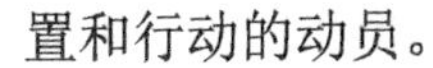

置和行动的动员。

1. 任务布置

电磁频谱监测行动方案制订完毕后，电磁频谱监测台站负责人应迅速组织所属人员召开会议，并布置任务。会议通常应明确以下内容：一是基本情况、任务区域地理环境，以及无线电发射设备使用情况；二是上级指示和要求；三是任务区分；四是相关保障措施和要求；五是完成任务准备的时限；六是负责人和代理人。其中，明确任务区分及相关保障措施和要求，是任务布置环节中的重中之重。在明确任务区分方面，主要使所属人员了解：电磁频谱监测台站的编成、配置和任务，电磁频谱监测范围、监测对象，各监测台站开设时间、地点及预计转移的地点，可利用的既设电磁频谱管理设施连接方式、数据转换要求，预备队人员组成、装备器材、配置地域、负责人，单独执行任务时的派往单位、地点、距离、联系人及机动、食宿的安排，其他电磁频谱监测台站的任务、行动方法及与其协同的方法。在明确相关保障措施和要求方面，主要结合日常业务培训的开展及遂行任务保障措施的细化，使所属人员进一步明确：信息保密、传输保密、设施保密等措施，对核化生、燃烧武器和精确制导武器的防护方法，设施伪装、警戒防卫措施，反侦察、反干扰、抗摧毁的有关规定和要求，器材的筹措、储备、供应，器材的维护保养和修理勤务，等等。

2. 行动动员

行动动员在传达、布置行动任务的基础上，通过召开全体大会达成。行动动员，应结合电磁频谱监测台站实际，有针对性地进行。其主要内容包括：进一步明确电磁频谱监测台站担负的行动任务和完成任务的要求；完成任务的意义、有利条件和不利因素，克服困难的办法等。

行动动员要简短、实在，使所属人员充分理解完成任务的意义，激发完成任务的斗志和决心。行动动员既可与人员分工合并进行，也可单独进行。当任务紧急或情况发生突然变化时，也可边行动边动员。

（二）电磁频谱监测装备、器材检查维修

在电磁频谱监测装备、器材检查维修环节，各电磁频谱监测台站所属人员应对照装备、器材清单，迅速整理并检查电磁频谱监测装备、器材，以了解现有电磁频谱监测装备、器材是否齐全、可用，并针对存在的问题及时提出请领和维修建议。

1. 电磁频谱监测车检查维修

电磁频谱监测台站相关人员，在受领本台站负责人下达的检查维修任务后，首先需要明确的是，电磁频谱监测车检查维修主要针对车载式电磁频谱监测系统，对于车辆本身的异常情况不予要求。因此，可以采用“由外及内、由硬及软”的思路进行检修，检查步骤及应对策略如下。

1）检查监测天线是否良好

监测天线是整个监测系统的外延，具有极为重要的地位和作用。电磁频谱监测车的常见天线包括三合一监测天线、短波有源监测天线、测向天线和 GPS 天线，部分电磁频谱监测车还有北斗导航定位天线。在天线检查过程中，检修人员应首先攀爬到车

顶，重点检查天线是否有折损、接触不良、损坏等现象。如果存在上述情形，会出现噪声过高、灵敏度异常等直接影响监测质量的现象。

检修措施：采用更换天线的方式解决。

2）检查电源供电系统

电磁频谱监测车需要有良好的电力系统。当电源地钉接触不良时，容易出现漏电或者警报蜂鸣现象，如果止铃开关开，则更容易忽视该问题，需要仔细排查电源地钉接触情况。当天气炎热干燥且地面坚硬时，在必要时可以采用淋水等措施，并反复试验。

检修措施：检查电源地钉接触是否良好。

3）检查按钮是否正常按次序开启

车载式电磁频谱监测系统的供电系统较为复杂，电池上有接油机供电的接口，也有市电接口，有电源分配电路、服务器，还有接收机及笔记本电脑供电。部分电磁频谱监测车还需要为天线信号放大器供电，每级均有专门的开关，应先检查车厢电源是否正常开启。车厢内还有综合电源，综合电源是给以太网交换机及接收机、车内笔记本电脑供电的综合装置，应同时检查其是否开启。

检修对策：按照先车厢电源，再综合电源，最后各级分电源的次序开启。

4）网络配置是否正确

（1）以太网交换机是否开启。

以太网交换机必须正常工作，否则电磁频谱监测系统会报错，出现无法连接到模块或者模块不存在的现象，进而导致电磁频谱监测系统无法正常工作。

检修对策：重启以太网交换机，如果仍不能正常工作，与厂家联络并由其进行技术指导。

（2）服务器未启动。

电磁频谱监测系统正常工作时，应首先排查服务器是否正常启动（确认服务器绿灯亮），如果服务器未启动，则电磁频谱监测系统无法正常工作。

检修对策：重启服务器，而后打开笔记本电脑。

（3）IP 地址设置不正确或网线损坏。

同一个电磁频谱监测车内的设备必须工作在同一段 IP 地址下，接收机设置的默认网关是 192.168.3.1，如果控制终端（显示器）的 IP 地址不在 192.168.3.××内，则电磁频谱监测系统也会出现报错，进而无法正常工作。

检修对策：首先检查网线是否完好，若完好再将相应 IP 设置在 192.168.3.××内。

5）操作不当

电磁频谱监测系统和测向系统的功能实现需要分别连接对应的服务器，监测台站编号是 YT-××H01，测向台站编号是 YT-××H02。当电磁频谱监测系统连接测向台站的时候，无法实现电磁频谱监测等功能。

检修对策：暂停运行，更换连接站点。

2. 便携式电磁频谱监测系统检查维修

（1）检查电磁频谱监测设备与天馈系统和配电系统各部分的连接状态是否正常；

（2）是否用电磁频谱监测系统配置以外的交流电源或电池为系统供电；

（3）是否给无源天线进行馈电；

（4）启动并进入电磁频谱监测系统，根据拟监测频段选择相应的监测天线和接收机；

（5）检查电磁频谱监测系统的硬件及软件配置有无改变；

（6）在拟监测频段，测试 1～2 个稳定的已知信号，检查电磁频谱监测系统（包括天线馈线部分）工作是否正常；

（7）异常情况分析与处置。

情况 1：电磁频谱监测系统无法读取接收机数据。

原因分析：故障原因可能是接收机到计算机间数据线连接故障。

检修对策：更换数据线。

情况 2：天线的方向性或者效率变差。

原因分析：故障原因可能是顶部的天线被拆除。

检修措施：安装顶部天线。

情况 3：无法供电。

原因分析：故障原因可能是电源线断裂或者电池过放。

检修措施：更换新的电源线和电池。

3. 提出电磁频谱监测装备（系统）检查维修建议

根据遂行任务电磁频谱监测装备（系统）检查情况，电磁频谱监测台站（要素）相关人员应梳理汇总存在的问题。对于存在问题的装备，相关人员首先自行处理解决；对于超越本监测台站或个人能力解决范围的问题，相关人员及时向本电磁频谱监测台站（要素）负责人提出更换监测天线、更换电源等维修建议，并按照要求做好后续工作。

（三）电磁频谱监测演练

综合分析现阶段国家遂行的重大活动电磁频谱监测保障任务，结果显示通常相关牵头单位在任务前期会组织电磁频谱监测演练，其是较好完成电磁频谱监测任务和实现监测数据交互共享的有力抓手。该环节通常主要围绕电磁频谱监测装备（系统）单要素演练和电磁频谱监测装备（系统）多要素组网演练两项工作展开。

1. 电磁频谱监测装备（系统）单要素演练

对于单个电磁频谱监测装备（系统）而言，其功能主要体现在电磁环境监测、电磁频谱资源使用情况监测，以及电磁干扰源查找等方面。故此，其演练主要围绕扫描测试、单频点测试，以及电磁干扰源查找等工作展开。

1）扫描测试

扫描测试，主要包括频段扫描和频率列表扫描测试两种。在扫描测试过程中，其重点对参数进行合理设置，这是确保扫描测试数据真实、可信的基础。

2）单频点测试分析

在单频点测试分析工作过程中，应结合《中华人民共和国无线电频率划分规定》（2018 年版）、常见信号频谱特征、台站数据信息等已知条件，综合利用解调监听、理论分析、测向定位、数据查询比对等方法，逐个确定各个信号的属性。对非法占用频率资源或有可能对重要用频系统造成影响的发射源，应确定其位置和所属单位等信息。与扫描测试类似，该环节应重点关注频率、中频带宽、视频带宽、解调方式、检波方式等主要参数的合理设置。

3）电磁干扰源查找

在电磁频谱监测过程中通过信号测试与分析识别，发现非法占用军地频率资源或干扰军地正常业务的信号时，需要综合利用固定电磁频谱监测台站、机动电磁频谱监测车和手持式电磁频谱监测设备，进行信号源测向、定位与查找，并按有关规定上报和处理。

2. 电磁频谱监测装备（系统）多要素组网演练

当有多个电磁频谱监测台站（要素）共同遂行任务时，为确保监测数据的交互和共享，电磁频谱监测台站应结合电磁频谱管理台站、用户节点车的使用，对其相应的网络拓扑结构、勤务话机、车载短波电台的相关参数进行合理配置，进而确保本级电磁频谱管理台站与电磁频谱监测台站的互联，以及与友邻、上级电磁频谱管理台站的组网联通。

1）勤务话机互联

不同电磁频谱监测台站应在首先确定其勤务话机互联互通方式的基础上，通过编制相应的电话号码分配表，确保两者之间的互联互通。其中，在互联互通实现方面，通常采用被复线达成连接。具体来说，应将被复线一端接入车壁勤务话机接口或直接接入磁石话机，另一端接入通信节点模拟信号接口（V 口）。

2）勤务电台互联

结合电磁频谱监测台站的差异性，其所配备的勤务电台型号也有所不同。在一般情况下，只有相同型号的勤务电台才可以互联。以短波勤务电台互联为例，在互联时通常需要把握以下四点：一是各勤务电台之间的频点设置应保持一致；二是勤务电台双端速率应一致；三是工作模式设置为 USB（上边带）；四是功率或发射开关需要打开，近场联络使用最小功率。

3）电磁频谱管理台站互联互通网络拓扑参数配置

在电磁频谱管理台站（要素）互联互通方面，首先，应确定：用户节点车的交换机核心地址和以太网/网关地址，频谱管控车的 IP 起始地址和网关地址，电磁频谱监测车的 IP 起始地址和网关地址；其次，针对某一电磁频谱管理台站内部之间的互联互通，应选取相应的互联互通方式，考虑到同一电磁频谱管理台站用户节点车、频谱管控车、电磁频谱监测车配置相对较近的实际情况，其之间的互联通常依托网线和远传接口（774/702C）达成，远传接口在设置上要合理安排主从关系；最后，配置在不同任务地域的电磁频谱管理台站之间通常运用无线方式达成各用户节点车的互联互通，进而最终达成通信联络顺畅和监测信息共享。

第三节　电磁频谱监测实施

电磁频谱监测实施是指，电磁频谱监测组织准确之后，由电磁频谱监测力量实施电磁频谱监测的活动。其主要包括电磁频谱监测台站的开设与撤收、电磁频谱监测值勤、典型电磁频谱监测任务的实施。

一、电磁频谱监测台站的开设与撤收

以机动电磁频谱监测台站为例，电磁频谱监测台站的开设在实施机动之后，是电磁频谱监测实施的第一步，主要内容包括现地勘察、站址选择、台站开设。另外，在实施完成任务之后，撤收电磁频谱监测台站。

（一）现地勘察，选择站址

电磁频谱监测台站的现地勘察是指，电磁频谱监测力量对任务地区的自然条件、人文条件、电磁传播条件等情况进行实地查看。现地勘察是电磁频谱监测力量组织电磁频谱监测台站开设、防卫、隐蔽伪装的重要前提。只要时间允许，电磁频谱监测力量应尽可能组织现地勘察。

1. 现地勘察的目的和时机

1）目的

现地勘察的目的是查明作战地区的地形、气象、交通、电磁环境及既设电磁频谱监测台站资源等情况，分析其对电磁频谱监测台站开设，尤其是电磁频谱监测台站组织运行的影响，为合理、迅速地开设电磁频谱监测台站创造有利条件。

2）时机

电磁频谱监测台站的现地勘察，既可随同其他台站勘察一起进行，也可由电磁频谱监测台站负责人具体组织实施。

2. 现地勘察的基本程序

机动电磁频谱监测台站的开设，其基本程序包括现地勘察前的准备、至勘察地点后观察相关情况、确定具体的台站开设位置。

1）现地勘察前的准备

在现地勘察前，深入理解本电磁频谱监测台站担负的任务，确定参加现地勘察的人员，明确乘坐的交通工具、携带的装具和出发时间，在图上熟悉现地勘察地域地形和进入勘察地点的路线，标绘现地勘察计划图，明确现地勘察的主要内容和步骤，熟悉勘察期间紧急情况的处置方案，确定现地勘察小组和任务单位的联络方式等。

2）确定台站设立点

当电磁频谱监测力量进入勘察地点后，首先判定方位，确定自身台站设立点，为后续勘察奠定基础。

3）观察有关情况

结合地图，对照现地仔细观察相关情况，主要包括任务区域各台站主要部署位置，本级指挥所部署位置，通信枢纽配置位置，其他电磁频谱监测台站位置，电磁频谱管理站的配置位置，既设固定电磁频谱监测台站配置位置、数量、性能及地形，可能影响电波传播的媒介，大功率用频台站，交通、供电、伪装等情况。

4）具体明确台站开设位置

综合考虑交通、供电、指挥所配置、通信枢纽配置、影响电波传播的因素等情况，合理确定机动电磁频谱监测台站的配置位置和预定转移地点。

5）绘制台站配置要图

电磁频谱监测力量在现地勘察时，应边勘察边将指挥所配置情况及选定的各电磁频谱监测台站配置位置标注在图上，并对勘察情况进行详细记录，在必要时应在现地做好标记，以便在勘察后能及时、准确地向上级报告勘察结果，待批准后迅速拟制出电磁频谱监测台站配置图。

3. 选定站址的基本要求

就单机动电磁频谱监测台站站址的选择而言，应满足四个“便于”的要求，即便于监测覆盖、便于真实有效实施监测、便于天线架设、便于机动和安全防护。

1）便于监测覆盖

对于机动电磁频谱监测台站而言，其监测主要覆盖 UHF、VHF 频段。对于监测的覆盖范围而言，在一般的起伏地域，当受监测对象功率为 1W 左右时，其监测覆盖半径为 10～30km（具体计算方法可参考电波自由空间传播模型计算和接收机的灵敏度等内容）。为此，在选定机动电磁频谱监测台站的开设位置时，要考虑其是否能够有效覆盖相关用频装备的工作地域。电磁频谱监测力量负责人，需要统筹考虑各机动电磁频谱监测台站的配置，与固定电磁频谱监测台站的协同、联网，以及保障重点任务、区域等问题。

2）便于真实有效实施监测

监测结果应不受当地相关环境的影响，这样监测结果才更为准确。

具体而言，要真实有效实施监测有较多的要求：若要求避开强发射场的影响，则测向天线设置点的最大场强不应超过 94dBμV/m（考虑测量天线的转换系数，即天线 K 因子，等效为测量天线端口的功率电平不能超过−20dBm）。

另外，电磁频谱监测台站选择应尽量满足以下要求。

（1）监测天线在 500m 以内不受任何障碍物遮挡，以减少多径传输带来的干扰。

（2）远离已是或将成为工业区或居民密集的地区，即 1km 范围内不能有电焊设备、电力工业高压设备、电热器、吸尘器或带有极大射频能量设备的工厂等。

电磁频谱监测台站开设地域附近背景噪声的要求如表 15-4 所示。

表 15-4 电磁频谱监测台站开设地域附近背景噪声的要求

工作频段（MHz）	测试带宽（kHz）	背景噪声（dBm）	测试天线典型因子（dB）	背景噪声（dBμV/m）
30～100	10	−85	16	38
100～500	10	−90	16	33
500～1000	10	−95	21	33
1000～3000	10	−100	23	30

（3）远离大功率发射源。当电磁频谱监测台站接收到超出其范围的大功率信号时，容易导致信号灵敏度降低或阻塞。因此，固定电磁频谱监测台站与各大功率发射台之间的距离应尽可能满足如表 15-5 所示的限制。

表 15-5　电磁频谱监测台站与大功率发射台之间的距离限制要求

工作频率	发射机功率（kW）	最小间距（km）
9kHz≤f≤174MHz	<1	1
	1～10	5
	>10	10
174MHz≤f≤3GHz	<1	1
	1～10	2
	>10	5

如果在相关地域难以找到满足表 15-5 限制的场地，或者难以实际量化，则监测天线应尽量不用有源天线，以免强信号在有源天线共用器内产生互调干扰，影响监测或测向结果。

（4）电磁频谱监测台站天线与超过 100kV 的高压线距离不短于 1km，避免高压线带来的宽带噪声干扰；距离飞机跑道方向上不短于 8km，距离飞机其他方向不短于 4km，避免多径传播妨碍监测；避开交通要道（距离 1km 以上），避免火花干扰；远离水体，在台站 1km 范围以内不应有湖泊或其他大的水体，甚至是小池塘、小溪或间歇河流。

3）便于天线架设

天线振子应避免与树枝、大地接触，避免监测、测向误差偏大；天线周围 500m 内不受很高的障碍物遮挡，避免测向反射，致使方向不准确。

以天线高度为水平参考面，要求在 60° 俯视角内没有障碍物。主要原理分析如下。

一是从监测空间覆盖范围（接收场强）考虑。为了扩大车载式电磁频谱监测车的覆盖范围，减小车辆本身及周围环境对测量结果的影响，车载式电磁频谱监测车上装有能够将监测天线升到一定高度的升降桅杆。监测天线的周围环境、工作高度，发射源的周围环境、工作高度，以及发射源的功率谱密度和监测接收机的灵敏度，决定了监测天线的覆盖范围。

ITU-R P.1546 建议给出了 30～3000MHz 频段地面业务的场强预测方法。该建议在实测数据的基础上给出了在 100MHz、600MHz 和 2000MHz 频点有效发射功率（e.r.p.）为 1kW 的发射源在某些发射天线高度、接收天线高度、传播路径类型、时间概率、地点概率条件下的电波传播曲线。该建议还给出了在不同发射功率、频率及其他条件下对场强进行预测的方法和修正公式。

车载式电磁频谱监测车的天线高度和周围环境之所以会影响接收场强，实质上是因为天线周围的障碍物遮挡了电波传播路径，增大了传播损耗。根据 ITU-R P.1546 建议，两种方法可以计算天线周围的障碍物与天线的相对高度差带来的损耗，一种是利用相对高度差进行修正，另一种是首先计算天线无障碍仰角，然后进行修正。ITU-R P.1546 建议认为后者更为精确，因此通常应选择后者进行计算，求出监测天线在不同高度或在周围环境下工作时接收场强的差异。假设在某参考条件下测量得到的接收场强为 E_{ref}，通过改变监测天线的工作高度或周围环境可以改变监测天线无障碍仰角，进而得

到接收场强 E_{rec} 可以修正为

$$E_{rec} = E_{ref} + \text{Correction} \tag{15-3-1}$$

式中，Correction 为接收场强修正值，其计算公式为

$$\text{Correction} = j(v') - j(v) \text{（单位：dB）} \tag{15-3-2}$$

式中，$j(v) = [6.9 + 20\log(\sqrt{(v-0.1)^2+1} + v - 0.1)]$，$v' = 0.036\sqrt{f}$，$v = 0.065\theta_{tca}\sqrt{f}$，$f$ 为频率，单位为 MHz。

θ_{tca} 为天线无障碍仰角，单位为°（当 $\theta_{tca} < -0.8°$ 时，取 $\theta_{tca} = -0.8°$；当 $\theta_{tca} > 40°$ 时，取 $\theta_{tca} = 40°$），其定义为从天线向电波传播方向看去，刚好越过一定距离内的所有障碍物的射线与水平线的夹角，考虑的距离为 16km，如图 15-1 所示。

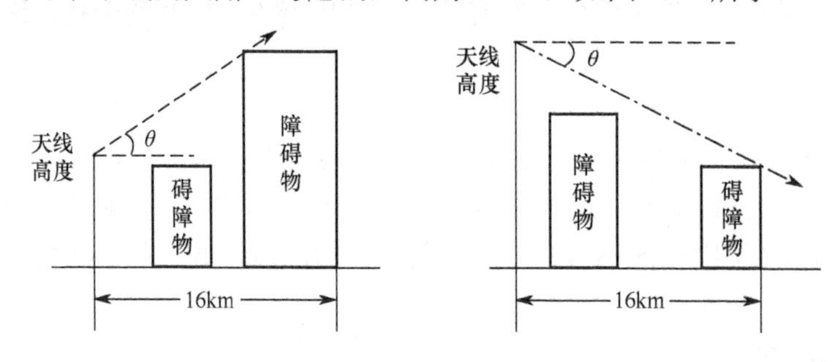

图 15-1　天线无障碍仰角 θ_{tca} 的定义

很明显可以看出，θ_{tca} 是单调递减函数。当 $\theta_{tca} > 0°$ 时（通常情况），随着车载式电磁频谱监测车天线高度或者到障碍物距离的增加，θ_{tca} 必然减小。由此可见，当 $\theta_{tca} > 0°$ 时，随着车载式电磁频谱监测车天线高度或者到障碍物距离的增加，传播损耗将减小，即接收场强会增大。这个结论符合我们的习惯认识。当 $\theta_{tca} < 0°$ 时，随着车载式电磁频谱监测车天线高度的增加或者到障碍物距离的减小，θ_{tca} 必然减小。由此可见，当 $\theta_{tca} < 0°$ 时，随着车载式电磁频谱移动监测车天线高度的增加或者到障碍物距离的减小，传播损耗将减小，即接收场强会增大，同时电波传播接近自由空间传播，接收场强很快达到稳定状态。

按照 ITU-R P.1546 建议推荐的方法，通过对几种典型业务计算车载式电磁频谱监测车天线高度和周围环境对接收场强及覆盖范围的影响，可得出以下基本结论（具体计算可参照 ITU-R P.1546 建议相关内容）。

当监测天线高度低于障碍物高度时，在监测天线到障碍物的距离固定不变的条件下，随着监测天线高度的增加，曲线的斜率绝对值增大，即接收场强修正值和监测覆盖范围以更快的速度增加和扩大。可见，当监测天线高度远低于障碍物高度时（比如在城区障碍物高度较高的情况），监测天线高度的增加对扩大监测覆盖范围没有较明显的效果，而当监测天线高度接近障碍物高度时，监测天线高度的增加对扩大监测覆盖范围有显著的影响。

当监测天线高度高于障碍物高度时，在监测天线到障碍物的距离固定不变的条件下，随着监测天线高度的微量增加，电波传播接近自由空间传播，曲线的斜率绝对值减小，即接收场强修正值和监测覆盖范围以更快的速度接近稳定状态。

当监测天线高度低于障碍物高度时，在相同的监测天线高度条件下，监测天线距离障碍物越远，接收场强修正值和监测覆盖范围越大。可见，在车载式电磁频谱监测车监测天线高度不够高时，可以采取远离障碍物的做法。

当监测天线高度高于障碍物高度时，在相同的监测天线高度条件下，监测天线距离障碍物越近，接收场强修正值和监测覆盖范围越大。可见，在车载式电磁频谱监测车监测天线高度足够高时，接近障碍物会扩大监测覆盖范围。但是，由于监测天线相对障碍物高度的微量增加会导致接收场强迅速接近稳定状态，因此，在实际情况中接近障碍物可以扩大监测覆盖范围的作用范围很小。

另外，从测向的角度和准确度考虑，升高监测天线高度和远离障碍物可以减少电磁频谱监测车体本身及周围环境对监测天线特性的影响，使接收条件尽可能接近在开阔场地进行测向校准时的情况，从而提高测向的准确性。因此，对于测向的准确性而言，监测天线应尽量升高并远离障碍物。

从前面的计算和分析可以得出结论，当车载式电磁频谱监测车的监测天线高度高于障碍物高度时，在扩大监测覆盖范围方面可以收到较明显的效果。具体来说，由于城区大部分建筑（障碍物）高度在 30m 以上，车载式电磁频谱监测车的升降桅杆很难达到此高度。因此，需要在城区使用车载式电磁频谱监测车进行监测和干扰源查找时，可以利用灵活、机动的小型车载式电磁频谱监测车（不需要安装升降桅杆），采用远离障碍物或到达较开阔地点（如立交桥顶部路面）的方法来减小天线无障碍仰角，从而扩大监测、测向的覆盖范围。

对于大部分建筑物高度在 10m 以下的乡村，可以配备具备安装升降桅杆能力的大型车载式电磁频谱监测车，将监测天线升高到距离地面 10m 以上，或者远离建筑物，对发射信号进行测量、测向、定位和监听。同理，对于大部分建筑物高度在 20m 左右的郊区，将监测天线升高到距离地面 20m 以上，或者远离建筑物，会收到良好的效果。

4）便于机动和安全防护

一是便于机动。机动电磁频谱监测台站，目前来看，车载式电磁频谱监测系统是主体。为此，在选择台站地址时，必须能够使车辆正常通过，因此满足一般的野战车辆通行的地域即可。

二是便于安全防护。安全防护主要包括两个方面：敌情威胁和不利环境。战时，敌情比较严峻。电磁频谱监测自身防护力量比较薄弱，主要依赖其他力量进行防护。而电磁频谱监测台站不发射电波，隐蔽主要包括防敌可见光侦察、红外侦察及敌特侦察等。不利环境，是指在选择站址时，要对前文分析的“几个便于”与安全防护进行综合考虑。例如，有些明显的位置不能开设，即明显目标附近不能开设，包括交通要道、车辆集结地、桥梁和渡口等。同时，安全防护还要防止开设地域的泥石流、塌方、大风、雷电等环境。若几个电磁频谱监测台站同时开设，则应根据任务及安全防护要求，尽量疏散配置、避开明显目标等。

（二）开设机动电磁频谱监测台站

现地勘察后，电磁频谱监测台站应根据上级指示，按规定时间从计划好的路线进至开设地域，根据计划和现地勘察选定的位置和线路，开设电磁频谱监测台站，构建电磁频谱监测网络。

1. 单个机动（便携式）电磁频谱监测台站的开设

通常，单个机动电磁频谱监测车编配 3～4 人，人员编配和任务分工在后面的内容中会详细分析。机动或便携式电磁频谱监测台站在到达开设地域后，应根据计划和负责人的指示，密切配合，组织电磁频谱监测台站的开设，主要包括检查装具和任务分工两步。

1）检查装具

开设人员按照电磁频谱监测台站负责人确定的分工，分别查看车后备厢、车中门和车顶各装具情况。各成员检查完毕后，向台站负责人汇报检查情况。机动电磁频谱监测台站的开设：按照台站负责人下达的开设指令，各成员根据分工协作实施开设步骤。首先，台站负责人下达机动电磁频谱监测台站开设的指令，明确本监测台站所在地点、判定方位，简要介绍电磁频谱监测台站的任务、敌情、我情，以及开设的时间、伪装等要求。

台站负责人下达开设指令时，重点明确机动电磁频谱监测台站开设的任务背景、人员分工和开设要求，做到要素齐全、指令清晰、分工合理、要求简明、注意隐蔽。台站负责人下达的指令，也可以根据具体任务要求和实际情况，进行适当调整。

2）任务分工

根据任务分工，两名人员负责伪装网开设。具体步骤为：1 号人员迅速攀爬至车顶；2 号人员跑步至车中门，进入车厢内开启总电源、各机柜电源，打开天线开关，将超短波电磁频谱监测测向天线升起；然后迅速将四枚地钉按顺时针顺序抛掷在伪装网四个角的大致固定位置，并走入车辆驾驶室，将车顶短波电磁频谱监测测向天线升起，便于 2 号人员固定车顶伪装网；2 号人员将伪装网向前抛掷，顺势将伪装网向左右两侧展开，最后将伪装网边线固定在车顶天线后方；同时，1 号人员在车前方接应伪装网，并将伪装网向四周展开。

固定伪装网按照以下顺序实施：首先，1、2 号人员协同固定位于车中部两侧的伪装网边角；随后，两人共同向车前方前进，并将伪装网拉伸开；最后，固定位于车前方伪装网的两个边角。

伪装网开设时，注意以下几点：一是注意将后视镜和雨刷等处的伪装网理顺展开；二是固定地钉时，先将伪装网拉线套住地钉，再用左手食指与无名指紧扣伪装网拉线和地钉交会处，右手执锤将地钉固定好，注意地钉向伪装网外侧倾斜与地面成大约 30°；三是伪装网固定好之后，应检查是否覆盖车顶天线及车身前部、伪装网是否拉直；四是两名人员切实紧密配合，共同完成伪装网搭设任务；五是两名人员在完成伪装网搭设后，根据需要积极主动配合 3、4 号人员完成供电及接地工作。

与此同时，3、4 号人员进行供电和接地开设。具体步骤为：首先，3、4 号人员共同从后备箱快速取出油机、供电线、锤子和地钉等装具，迅速关闭车后门；其次，3、4 号人员携锤子及地钉至车电源壁处，3 号人员负责车体接地，4 号人员负责测量接地；再次，在固定接地地钉时，左手持钉、右手拿锤子将地钉轻轻敲入地，确保地钉不倒后，双手用力将地钉敲入地里，并将地钉绕线打开，接入车电源壁地线接口，完成后向 4 号人员挥手示意；最后，3、4 号人员共同将油机抬至车后约 10m 处，并迅速跑步返回，4 号人员拉开全部油机供电线，将其与油机接好，3 号人员将油机供电线拉开至电源壁，与电源壁接口接好，4 号人员见 3 号人员示意后用力拉绳启动油机，随即将油机供电开关打开，并根据需要进行警戒，油机启动后，3 号人员打开车电源壁总开关。

供电和接地开设时，需要注意以下几点。

一是在取出油机和地钉等装具后，应迅速关紧车后门；二是地钉距离车身应不小于 2m，车体接地地钉成边长约 1.5m 的等边三角形，地钉深度应不小于地钉长度的 1/3；三是油机应距离车体 10m 左右，且供电顺序为油机工作、打开电源壁总开关、打开车内机柜电源；四是两名人员手切实紧密配合，共同完成油机供电和电源接地任务；五是两名人员在完成供电和接地后，4 号人员负责警戒，3 号人员根据需要积极主动配合 1、2 号人员完成伪装网搭设工作。

2. 电磁频谱监测台站的联网

电磁频谱监测台站互联过程中，涉及不同电磁频谱监测系统传输协议一致、满足电磁频谱监测信息传输带宽需求、满足互联接口的最佳传输距离、满足传输信息的手段等问题。

1）电磁频谱监测系统互联标准

为规范军民电磁频谱监测设备的互联标准，要求各厂家在设计电磁频谱监测接收机软件时，应遵循统一的无线电监测协议（Radio Monitor Transmission Protocol，RMTP）。前期联合频谱管理系统研制时，要求各厂家遵循军方统一的电磁频谱监测 LGB416 协议（电磁频谱监测测向机、接收机信息交换格式），通过研发的传感器管理设备，实现不同厂家电磁频谱监测系统的互联。军民双方实施互联互控，一般采取异构方式实施互联。

2）电磁频谱监测系统互联传输信息的速率需求和手段需求

电磁频谱监测系统之间的互联，需要传输不同的信息，主要包括任务或控制指令信息、监测数据信息、本地数据库及设备运行维护信息、相应的监测结论文本信息等。其中，任务或控制指令信息，包括监测台站、监测任务、监测时间要求等，为保证时效性，一般需要 300kbps 左右的速率；监测数据信息比较多，一般包括固定频率测量指令（监测频率标志、监测频率、中频带宽标志、中频带宽、检波方式标志、检波方式、静噪门限标志、静噪门限、解调方式标志、解调方式、射频衰减标志、射频衰减、极化方式标志、极化方式、调制样式标志、调制样式）、固定频率测量结果（电平、场强、频偏、俯仰角、频差、正频偏、负频偏、调幅度、正调幅度、负调幅度、相偏、%频率占用带宽、下降 *x*dB 带宽等，以及相关的频谱图、瀑布图、IQ 数据等，速率至少应为 9.6kbps 至几 Mbps（因数据量不同而区别较大）；设备运行维护信息，主要包括设备状态、运行时间、温度等，一般需要 100～150kbps 的速率。总体而言，为了实时或准实时实现电磁频谱监测系统之间的互联互控，2Mbps 左右的带宽传输速率基本能够满足要求。

为了满足 2Mbps 左右的带宽传输速率需求，有线传输手段和无线传输手段均可满足要求，具体应用时要区别对待。能够满足传输速率、距离要求的有线传输手段一般包括被复线、光缆、同轴电缆、网线等。固定电磁频谱监测站通常通过网线进行连接，其传输速率一般远超 2Mbps，传输距离较远，能够有效实现各台站之间的互联。在野战条件下，有线传输手段要与互联的电磁频谱监测系统、用户节点车等的传输接口相匹配。能够满足传输速率要求的无线传输手段一般包括超短波（100MHz）以上的无线电台、微波电台、卫星通信电台、集群移动通信电台、公众移动通信系统（如 CDMA、4G/5G）、WiMAX（World Interoperability for Microwave Access，50km 以内，速率可达 70Mbps）、无线局域网（使用 2.4GHz，速率可达 11Gbps；使用 5.4GHz，速率可达 54Gbps）、3.5GHz 固定无线接入网（基于 IP 技术，传输距离 10km 左右，可以根据需要分配较高的带宽）等。目前，由于保密等问题，各类固定电磁频谱监测系统、机动电磁频谱监测系统，绝大部分采用的都是有线传输手段接入。

3）电磁频谱监测系统互联的主要接口

为实现不同电磁频谱监测系统的互联，相同的传输接口是最基本的要求之一。各类电磁频谱监测系统的互联接口主要包括：RJ45 接口（网口，传输速率 10～100mbps 内自适应，传输距离 100m 左右）；K 接口［异步串行通信接口，采用双绞线（被复线）连接线路，传输速率最大为 128kbps，传输速率可变：当传输速率为 16/32kbps 时，传输距离为 5km 左右；当传输速率为 64/128kbps 时，传输距离为 3km 左右］；RS232 接口（串口，传输速率较低，常用传输速率为 0.3kbps、1.2kbps、9.6kbps、57.6kbps，一般为 20kbps 左右；传输距离只有 50m 左右，基本已被放弃使用）。各类以太网远传接口，是目前在野外条件下电磁频谱监测系统互联的主要接口，主要包括 702、702C、771、774 等类型，具有标准化、体积小、质量小、功耗低、操作维护方便等特点，能够克服直接利用交换机传输距离较近的弱点，传输距离达到 2km 左右，传输速率可达 2Mbps 左右。不同的接口匹配不同的传输速率和传输距离，电磁频谱监测系统与通信入口节点的距离关系紧密，应做到相对匹配。例如，若利用 702C 接口互联，则两台电磁频谱监测车、电磁频谱监测车和用户节点车均应配备该接口。

4）电磁频谱监测系统互联方式

目前，在野外条件下，有线传输互联是最常用的互联方式。为此，以野外条件下电磁频谱监测系统有线传输互联为例，分析其互联方式。为有效实现电磁频谱监测系统的互联，必须首先了解电磁频谱监测系统，以及用户节点车、电磁频谱管理车的联网接口型号、接口数量、接口兼容性及堪用情况等；之后根据电磁频谱监测任务情况，确定电磁频谱监测系统的互联方式。

若某一地域用频装备特别多，监测时间又紧张，监测装备部署相对集中，则可区分任务协同快速实施电磁频谱监测，此时可采取多部电磁频谱监测系统直接互联的方式，如电磁频谱监测互联（一）所示。当电磁频谱监测地域相对分散，各电磁频谱监测台站分别独立监测某一地域，由监测控制中心综合汇总监测情况，此时可采取如图 15-2 所示的电磁频谱监测互联（二）的方式进行互联。

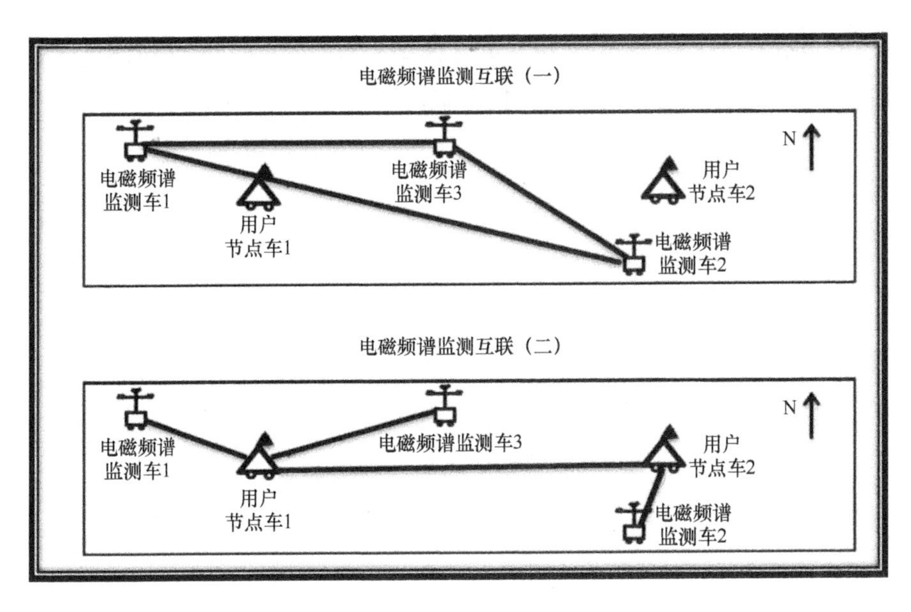

图 15-2　电磁频谱监测系统互联方式

5）电磁频谱监测系统互联参数设置

电磁频谱监测系统实现物理互联后，还没有实现真正意义上的业务互联，必须设置相应的参数方可实现真正的互联，具体步骤如下。

（1）通过 LAN 接口互联，直接设置高级 IP 参数，直接跳到第（3）步。

（2）通过以太网远传设备互联，互联接口兼容后，首先确定以太网远传设备的主从关系，当一方设置主要设备时，另一方必须设置相应的从属关系，确保传输速率一致、工作模式一致（通过 LAN 接口互联，则不需要设置主从关系）。

（3）IP 地址设置。以局域网为例，各终端要实现互联，需要设置相应 IP 地址等。在具体设置时，电磁频谱监测车内，既有监测接收机的 IP，又有操作软件的 IP。改变监测接收机的 IP 地址，极易造成网络难以联通。作为用户而言，其不主张改变监测接收机的 IP 地址，通过规划计算机终端 IP，可以实现各系统之间的互联。在设置各计算机终端 IP 时，需要遵循以下原则：不改变计算机终端默认 IP，可以通过添加高级 IP 地址，使操作终端以拥有双 IP 的方式互联，如图 15-3 所示；同时，使高级 IP 地址尽量避开电磁频谱监测车计算机终端原有 IP 地址网段。此方式适用于车辆较少时的互联；当互联车辆较多时，应注意高级 IP 地址的设置，避免造成 IP 地址的冲突。另外，互联的电磁频谱监测车之间，或电磁频谱监测车与用户节点车应在同一 IP 地址网段。

（4）确定网络互联协议。此项工作一般由通信节点车完成，网络内互联协议通常采用相同的协议，常见的有快速分辨协议（Fast Resolution Protocol，FRP）、开放式最短路径优先协议（Open Shortest Path First Protocol，OSPFP）等。若互联装备使用不同的协议，则需要进行双向路由重分布。

（5）配置通信节点。通信节点交换机具备路由交换功能，可实现不同网关路由交换。通信节点掩码地址为两位数，可通过计算得知。例如，当掩码为 255.255.255.255 时，掩码地址则等于 32。一般来说，其表述方式为 16.30.1.91\32。网内网关地址不能重复。例如，当网关为 16.30.1.91 时，默认网关为 16.30.1.0。当采用局域式网络互联时，通信节点会将所接的接口地址设为接入车辆的网关地址。此部分领域本质上属于通信领域的范畴，在此不进行赘述。

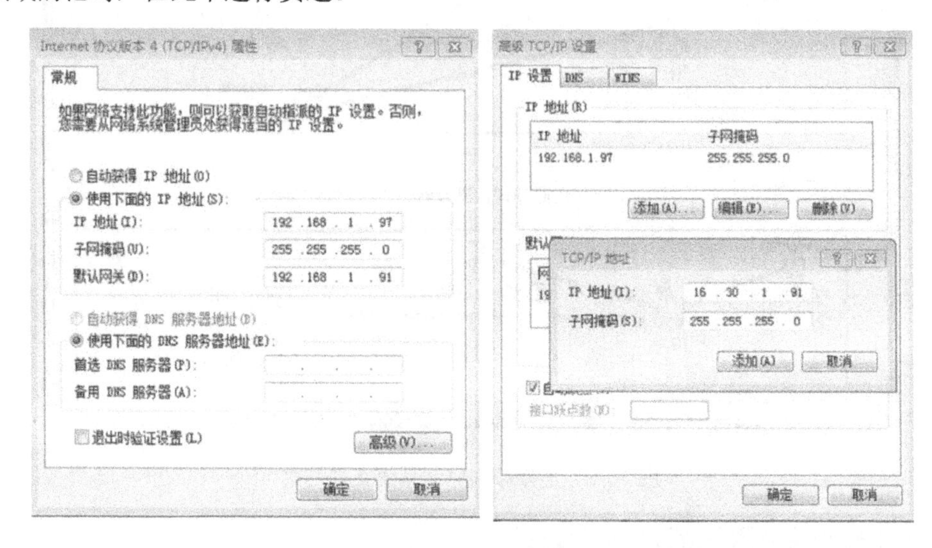

图 15-3　电磁频谱监测系统互联的 IP 设置示意

（6）完成电磁频谱监测的网络拓扑图。以上文所述的电磁频谱监测互联（二）方式进行互联为例，其相关的主从关系，以及网关、网络 IP 设置示意如图 15-4 所示。

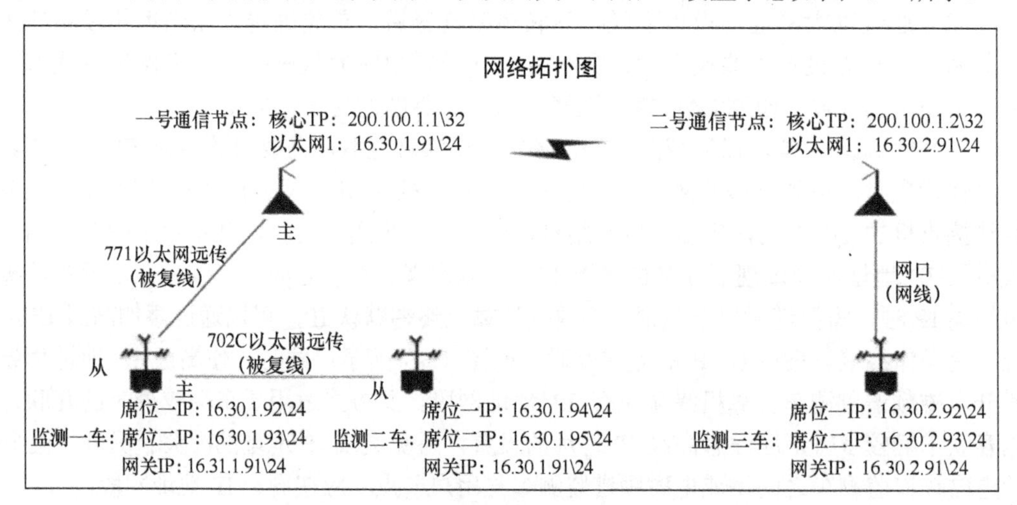

图 15-4　电磁频谱监测系统互联示意

3. 机动（便携式）电磁频谱监测台站的撤收

机动（便携式）电磁频谱监测台站的撤收程序与开设基本相反，方法基本类似。就单个机动电磁频谱监测台站而言，按照台站负责人下达撤收指令、各成员根据指令分工协作进行撤收的步骤实施。

下达撤收指令内容主要包括上级要求、人员分工、撤收程序、有关时间、人员分工、伪装防护要求等。下达撤收指令，台站负责人说明机动电磁频谱监测台站撤收的分工与要求。这里撤收分工与开设分工相同，撤收顺序与开设顺序相反。各成员按照要求，迅速完成机动电磁频谱监测台站的撤收工作，并做好开设场地的复原工作，以免留下不必要的痕迹。

二、电磁频谱监测值勤

电磁频谱监测值勤是电磁频谱监测力量的日常性工作。电磁频谱监测力量应掌握电磁频谱监测任务，熟悉电磁频谱监测流程，并开展好相应的工作。

（一）电磁频谱监测值勤任务

电磁频谱监测是掌握电磁频谱资源使用状况的基本手段，是获取电磁环境动态变化情况的主要途径。电磁频谱监测的目的主要包括：确保有效利用电磁频谱资源，排除各类有害干扰，维护正常用频秩序，保证合法无线电业务正常开展。

通过对电磁频谱信号的连续监测和统计分析，可以掌握频率和频段占用度，以及分配、指配频率的使用情况，分析频率资源的使用状况，为科学分配、指配频率资源提供技术支持；通过对指定区域无线电信号频谱特征参数的实时监测，综合分析该区域电磁环境的基本状况，可以为用频装备合理配置、组织运用提供科学依据；通过监测数据与台站数据的对比分析，发现未经批准和违规使用、发射参数超标的用频装备，可以为查处有害干扰提供技术支撑；按照上级要求，对实施无线电管制地域的无线电管制频段进行监测，监督检查无线电管制效果，可以为重大活动的用频安全提供支持。

电磁频谱监测任务主要包括常规监测、特殊监测和干扰源查找等任务，也可以区分为用频秩序管控监测、专用频段保护监测、频谱规划支撑监测、重大任务保障监测、频谱资源普查监测等任务。

1. 用频秩序管控监测

用频秩序管控监测是指对核心要害区、机场、港口、码头等重点地域用频台站的使用频率进行监测，掌握其周边电磁环境使用和变化情况，发现异常信号实施测向定位，及时处置用频干扰隐患。

2. 专用频段保护监测

专用频段保护监测是指对军地专用频谱资源进行监测，全面掌握专用频段资源的使用情况，对监测到的信号进行测向定位并核实，及时查处非法占用专用频率情况，确保专用频段专属专用。

3. 频谱规划支撑监测

频谱规划支撑监测是指针对《中华人民共和国无线电频率划分规定》（2018 年版）和世界无线电大会议题研究等任务，对涉及的频段进行监测，掌握频率资源的使用情况，为开展频率划分提供数据支撑。

4. 重大任务保障监测

重大任务保障监测是指根据上级任务安排，对任务地区开展专项监测，重点掌握区域内电磁环境变化和重点用频台站的频率使用情况，切实保障重大任务用频安全。

5. 频谱资源普查监测

频谱资源普查监测是指对军地可用频段进行监测，记录分析各类信号的频谱特征、信号标识、业务类型、参考电平等信息，充实完善监测信号样本库，梳理总结典型信号频谱图。

（二）电磁频谱监测值勤流程

电磁频谱监测值勤是电磁频谱监测力量值勤的重要组成部分，其流程主要包括以下方面：一是受领监测任务；二是根据任务需求制订监测方案，并做好测试前的相关准备；三是按照监测方案的步骤和要求组织人员开展监测工作，并保存好测试数据；四是监测任务结束后生成监测报告；五是上报监测结果。任务受领和监测结果上报按照本单位相关规定和程序执行，下面主要阐述监测工作准备、监测工作实施、监测报告生成等相关环节。电磁频谱监测值勤一般流程如图 15-5 所示。

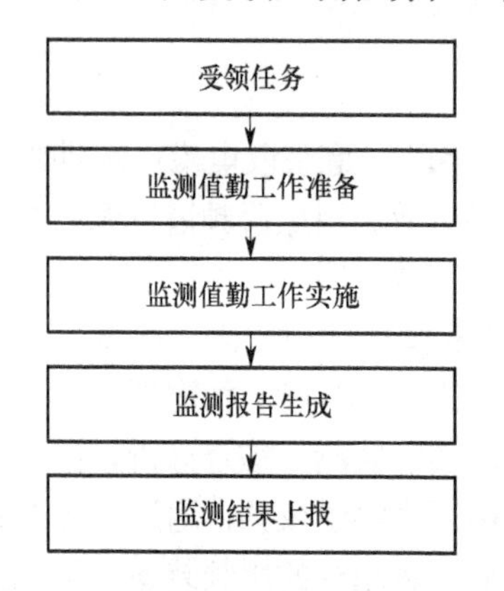

图 15-5 电磁频谱监测值勤一般流程

1. 受领监测任务，制订监测方案

根据上级有关要求，结合工作实际，科学制订本单位的值勤计划，明确监测频率或频段、时间、地域、人员、系统和设备等。

当遂行用频秩序管控监测任务时，应根据用频秩序管控监测任务要求和有关规定，制订用频秩序管控监测年度、季度、月和周工作计划，明确监测时间、重点用频地域、重点频段、监测人员和使用设备（系统）等信息。

当遂行专用频段保护监测任务时，应根据专用频段保护监测任务要求和有关规定，并考虑专用频段的业务类型，制订专用频段保护监测年度、季度、月和周工作计划，明确监测时间、监测地点、军地专用频段、监测人员和使用设备（系统）等信息，确保监测结果能够全面、准确反映专用频段的占用情况。

当遂行频谱规划支撑监测任务时，应根据频谱规划支撑监测任务要求、有关规定和频段业务类型，制订年度、季度、月和周监测计划，明确监测时间、监测地点、监测频段、监测人员和使用设备（系统）等信息。

当遂行重大任务保障监测任务时，应根据重大任务用频要求和有关规定，制订重大任务保障监测计划，明确监测时间、重点用频地域、重点频段、监测人员和使用设备（系统）等信息。

当遂行频谱资源普查监测任务时，应根据频谱资源普查目标，制订频谱资源普查监测计划，明确监测时间、重点用频地域、重点频段、监测人员和使用设备（系统）等信息。

2. 监测值勤工作实施

监测值勤工作包括扫描测试、单频点测试分析和干扰源查找等。这里重点以扫描测试和单频点测试分析为例进行分析。

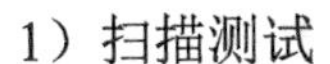
1）扫描测试

扫描测试包括频段扫描测试和频率列表扫描测试两种。合理的参数设置是确保扫描测试数据真实、可信的基础，主要的参数设置如下。

（1）频率设置：频段扫描应根据监测任务要求，输入监测起始频率、终止频率，应满足信道重访时间小于 22s，频段重访时间小于 1 小时；当监测频段较宽时，一般可以将整个超短波频段划分为 30～100MHz、100～200MHz、200～500MHz、500MHz～1GHz、1～2GHz、2～3GHz 这六个子频段，并分别进行监测。当实际监测值勤任务有具体频段要求时可以根据情况划分子频段。

（2）扫描步进设置：对已知业务的频段扫描监测，扫描步进设置小于其实际占用带宽即可；对未知业务的频段扫描监测，30MHz～1GHz 以下频段扫描步进一般可设置为 12.5kHz 或 25kHz，1GHz 以上频段扫描步进一般可设置为 30kHz 或 100kHz。

（3）中频带宽设置：常见频段的中频带宽设置应大于等于扫描步进。对未知业务的频段扫描监测，30MHz～1GHz 以下频段中频带宽一般可设置为 15kHz 或 30kHz，1GHz 以上频段中频带宽一般可设置为 30kHz 或 100kHz；对已知业务的频段扫描监测，中频带宽设置大于等于扫描步进。

（4）解调模式设置：原则上来说，不同的无线电业务对应着不同的解调方式。例如，电磁频谱监测系统无对应的解调模式，其中，地空通信频段 118～137MHz 解调模式设置为 AM，1GHz 以上频段解调模式可设置为 Pulse，部分单向数传业务解调模式设置为 FSK，其他频段解调模式一般均可设置为 FM。

（5）检波方式设置：检波方式主要有峰值检波（PEAK）、平均值检波（AVERAGE）、实时值检波（FAST）和均方根值检波（RMS）等，在频段扫描测试时检波方式一般设置为平均值检波（AVERAGE）。

（6）输入衰减设置操作要求如下：

① 为避免信号功率过大对设备造成影响，在未知大信号电平的电磁环境区域，输入衰减应设置为自动调节；

② 为避免产生虚假信号，在已知大信号电平的电磁环境区域，可以根据实际情况设置输入衰减；

③ 部分电磁频谱监测系统的输入衰减设置为固定值（某些电磁频谱监测系统的输入衰减只能设置为 30dB），可以根据实际情况设置开启与关闭。

（7）监测时间设置：监测时间要足够长，通常一个频段的监测时间不少于 24 小时。监测日期要覆盖工作日和休息日，监测时间要覆盖白天、夜间、日出、日落四个时段。在满足监测值勤任务要求的情况下，可以根据监测频段的工作特点适当缩短监测时间和减小覆盖时段，同时需要在监测报告中说明理由。

（8）在同一区域对同一频段多次监测时，参数设置一般应保持一致。

（9）监测工作进行过程中，注意及时保存原始数据和频段扫描谱图。其中，文件命名格式为

监测台站名称-测试人-年月日-频段扫描大写首字母-起始频率-终止频率-顺序号

例如，方庄站-李兵兵-160101-PDSM-108-137-01 表示方庄监测台站测试人李兵兵

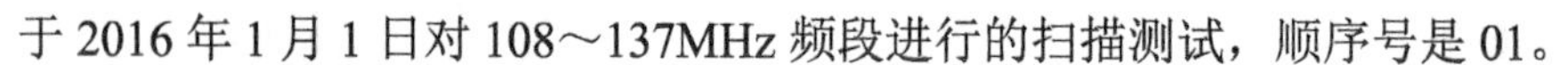

于 2016 年 1 月 1 日对 108～137MHz 频段进行的扫描测试，顺序号是 01。

2）单频点测试分析

单频点测试分析应结合频率划分规定、常见信号频谱特征、台站数据信息等已知条件，综合利用解调监听、理论分析、测向定位、数据查询比对等方法，逐个确定每个信号的属性。对非法占用频率资源或有可能对重要用频系统造成影响的发射源，应确定其位置和所属单位等信息。主要参数设置如下。

（1）频率设置：输入监测中心频率。

（2）中频带宽设置：根据具体信号频谱特征设置中频带宽，一般设置为信号的占用带宽；对未知业务的频段，30MHz～1GHz 以下频段中频带宽一般可设置为 15kHz 或 30kHz，1GHz 以上频段中频带宽一般可设置为 30kHz 或 100kHz。

（3）视频带宽设置：视频带宽设置应大于等于信号的占用带宽。

（4）解调模式设置：根据信号业务类型、频谱特征和用频特征，合理设置解调模式，使信号频谱特征清晰稳定、音频特征清楚。

（5）检波方式设置：检波方式分为峰值检波（PEAK）、平均值检波（AVERAGE）、实时值检波（FAST）和均方根值检波（RMS）4 种。单频点测试分析时检波方式一般设置为平均值检波（AVERAGE）。

（6）输入衰减设置要求如下：

① 为避免信号功率过大对设备造成影响，在未知大信号电平的电磁环境区域，输入衰减应设置为自动调节；

② 为避免产生虚假信号，在已知大信号电平的电磁环境区域，可以根据实际情况设置输入衰减；

③ 部分电磁频谱监测系统的输入衰减设置为固定值（某些电磁频谱监测系统的输入衰减只能设置为 30dB），可以根据实际情况设置开启与关闭。

（7）在实施监测过程中，注意及时保存原始数据和信号频谱参数，应将信号的频率、带宽、场强、调制模式、业务类型、方位等信息记录在监测值勤登记本或记录在电子表格中，必要时保存信号的中频全景图等相关数据。其中，文件命名格式为

监测台站名称-测试人-年月日-单频监测大写首字母-监测频率-顺序号

例如，方庄站-李兵兵-160101-DPJC-108-01 表示方庄监测台站测试人李兵兵于 2016 年 1 月 1 日对 108MHz 进行的单频点测试分析结果，顺序号为 01。

3. 数据处理

数据处理是指，利用人工或者自动的方式对测量中的大量原始数据进行统计和分析，评估频率资源使用情况和既设用频台站信号频谱参数，为频率规划、指配、分配及台站管理提供科学依据。电磁频谱监测数据处理主要包括信道时间占用度统计和频段占用度统计。

1）信道时间占用度统计

信道时间占用度统计是指，通过对一定时间内的频谱实际使用情况进行统计，掌握指定信道的占用情况，为新用户或者其他用户共享资源进行合理安排，并能够避免相互干扰和缩短指配新信道等待时间；还可以鉴定发射机的稳定性和信号质量，识别杂散

辐射源等。

占用度统计的结果是一个统计值或者估计值，通常用百分比表示。假如我们连续测量某一个信道 1 小时，算出一个数值，那么这个数值对于这 1 小时是准确的，而很难准确给出占用度。因此，在占用度统计过程中，首先要保证频率占用度的可信程度，即置信区间；然后要保证频率占用度的精确程度，即相对精度。

在进行频率时间占用度统计的时候，为保证数据的准确性，需要进行一定时间的测量，根据需求我们将待测的信道统一进行编制，选择合适的接收机，并进行设置。这样接收机在若干个工作日可持续进行监测。

收集到的数据可以分为三组，第一组是周一至周五的工作日数据，第二组为周末数据，第三组为整体数据。数据统计完毕后进行描绘或者制表。具体处理方法如下。

假设每天测试 20 分钟，测试频点为 50 个。在测试周期内对 20 分钟内 50 个测试频点的取样值进行平均，得到总平均数。对工作日、休息日进行同样的取值，得到各自的平均数。必要时对最大的、最小的 20 分钟取样单独进行记录。为了便于直观进行了解，可以将收集数据按照时间分段绘制成图表。

信道占用度统计的操作步骤如下：

（1）导入频段扫描原始数据，或者导入单频点原始监测数据；

（2）输入待统计的目标频率；

（3）设置信道占用度统计门限电平，门限电平的设置由背景噪声大小决定，按照背景噪声的分布情况设置门限电平，门限电平一般设置为高于背景噪声 5～10dB；

（4）根据步骤（3）中确定的门限电平，统计信道占用度，假设在时间 T 内采样点数为 N，采样间隔为 Δt，超过门限电平的样本数为 N_1，则信道占用度的计算公式为

$$\text{信道占用度}=\frac{N_1}{N}\times 100\% = \frac{N_1\Delta t}{T}\times 100\% \tag{15-3-3}$$

（5）保存统计结果。

2）频段占用度统计

频段占用度是某一个频段中使用频率的带宽和该频段整个带宽的比值，通常用百分比表示。通过频段占用度统计可以了解一个频段的使用率，对频段的使用、频率分配的情况有一个全面的认识，为更加合理分配、指配频率，以及调配闲置频率资源提供依据。

假设我们把 1MHz 带宽的频段分为 100 个信道，如果其中有 50 个信道被占用，我们就可以认为该频段的占用度为 50%。与频率时间占用度一样，为使统计结果可信，需要保证一定的测试时间。在统计过程中，首先要对该频段中占用频点进行频率时间占用度分析，然后根据分析结果进行数据处理，确定一个标准，最后得到频段占用度。例如，将频率时间占用度的统计结果用一个门限值进行区分，假设占用门限为 5%，那么占用度高于 5%的频率将被纳入频段占用度的统计范围，其余的频率则不做考虑，这样我们就可以得到一个频率时间占用度在 5%以上的频段占用度统计数据。通常可以这样描述频段占用度：某频段有 5%的频率占用度大于 50%，即所监测的频率占用度大于 5%的信道占总信道数的 50%。

在进行测量和统计时，首先要估计发射时长，根据发射时长设置可以接受的回扫时间，同时要考虑监测的频段带宽、扫描步进，然后设置门限电平。监测时间不少于24小时，数据每隔15分钟处理一次，即产生一个占用度数据。此外，要根据具体情况合理设置参数，参数设置越合理，统计出来的数据就越具有参考性。

频段占用度统计的操作步骤和要求如下：

（1）导入频段扫描原始数据；

（2）根据前述方法统计该频段各信道占用度；

（3）设置信道占用度百分比门限，一般设置为1%，取其他值时需要在监测报告中说明；

（4）频段占用度计算公式为

$$\text{频段占用度}=\frac{\text{信道数（信道占用度大于1\%）}}{\text{总信道数}}\times 100\% \quad (15\text{-}3\text{-}4)$$

（5）保存统计结果。

4. 监测报告撰写

监测值勤任务完成后，对采集的数据进行统计分析，并对信号的中心频率、最大场强、占用带宽、占用度、示向度等参数进行统计，撰写监测报告。监测报告的内容主要包括任务来源、测试目的、测试内容、测试系统和设备、测试方法、测试数据分析、结论、附录等。监测报告的撰写力求简洁、准确。

撰写用频秩序管控监测报告，应通过对比不同时间记录的频谱图、信号统计参数，或者自动监测回放功能，分析核心要害区、机场、港口、码头等重点地域频率使用情况，对常发信号和异常信号进行着重分析，对电磁环境变化情况进行归纳总结，对异常信号位置进行统计。

撰写专用频段保护监测报告，应分析专用频段占用情况，对专用频段内非法发射信号着重进行分析，详细记录其发射参数和发射规律。

撰写频谱规划支撑监测报告，应根据频谱规划支撑监测任务要求，统计频段内背景噪声、大信号个数、业务类型、信号场强等信息。

撰写重大任务保障监测报告，应通过对比不同时间记录的频谱图、信号统计参数，或者自动监测回放功能，分析重点地域频率使用情况，对常发信号和异常信号着重进行分析，对电磁环境变化情况进行归纳总结，对异常信号位置进行统计。

撰写频谱资源普查监测报告，应通过频段扫描测试、典型信号分析与定位、信号参数统计，完善信号样本库。

三、典型电磁频谱监测任务的实施

电磁频谱监测实施时，其主要任务包括：根据作战任务调整变化情况，调整电磁频谱监测网络部署，实施某地域电磁环境的监测，对相关频率进行保护性监测，对有害电磁干扰源进行查找，等等。其中，对无线电干扰源的查处是电磁频谱监测实施的重要内容。

（一）干扰源的分类

电磁干扰，是一种或多种发射、辐射、感应，或者其组合所产生的无用能量对无线电通信系统的接收产生的影响，其表现为性能下降、信息误解或丢失，若不存在这种无用能量则此后果可以避免。造成电磁干扰的电磁能量叫作干扰信号，可以用其时域特征或频谱特征来表征。干扰信号有时也简称干扰。产生干扰信号的设备、物体或自然现象叫作干扰源。

电磁干扰的三要素是干扰源、耦合通道和受干扰无线电接收系统。常见的干扰有自然噪声干扰、电磁脉冲干扰、同频基波干扰、带外发射干扰、杂散发射干扰、互调干扰、非无线电设备的无线电辐射干扰、邻道接收干扰、杂散响应干扰（含镜频干扰）、交叉调制干扰和大信号阻塞干扰（也叫作灵敏度抑制或减敏）等十余种，有以下几种分类方式。

按来源，电磁干扰可划分为自然干扰和人为干扰两类；按影响程度，电磁干扰可划分为允许干扰、接受干扰和有害干扰三类，以下讨论的干扰均指有害干扰；按受干扰台站所处位置，电磁干扰可划分为地面干扰、空中干扰和卫星干扰三类；按耦合通道，电磁干扰可划分为辐射干扰、传导干扰和串扰三类。

从无线电监测的角度，电磁干扰可划分为带内接收干扰、带外接收干扰、非辐射干扰和监测系统自身干扰四类。其中，前三类是需要查处的，而监测系统自身干扰是需要克服的。

带内接收干扰是指，电磁干扰是受干扰无线电台站的指配接收带宽内存在足够强度的、非该台站业务所需的外来电波能量造成的。部分基波能量落入受干扰无线电台站接收频带内的宽带信号造成的干扰，以及中心频率周期性变化、部分时间扫描受干扰无线电台站接收频带造成的干扰也应归入此类，具体包括其他无线电台站的基波、本机杂散发射、发射机互调、外部效应引起的互调、带外发射、非无线电设备（含有线电视）的无线电波辐射、电磁脉冲、自然噪声等。

带外接收干扰是指，电磁干扰的出现是因为在受干扰无线电台站的指配接收带宽之外存在足够强度的外来电波能量。当换上高性能的接收系统或采取技术措施（如加滤波器、衰减器，不包括降低接收机灵敏度）后，干扰可能消失。带外接收干扰包括接收机选择性限制造成的邻道干扰，以及在接收机、接收端外置射频放大器和有源接收天线中形成的接收机互调干扰、交调干扰、杂散响应干扰、大信号阻塞干扰等。

非辐射干扰是指，干扰信号以传导或串扰的形式进入受干扰无线电设备，从而影响其对有用信号的接收。非辐射干扰不能通过电波监测进行测量，因此不是无线电监测的范畴。但是，能够对其正确识别、查明原因，并寻求解决的办法，无疑对无线电监测工作开展大有裨益。但前提是应能正确识别非辐射干扰，这样才能避免出现误以为存在电波干扰、劳而无功的尴尬局面。

此外，在无线电监测过程中，还有可能存在无线电监测系统（包括接收机或频谱分析仪、外置射频放大器、监测测向天线等，以下简称监测系统），因自身特点（如使用有源放大器、灵敏度太高、影响频谱分析仪宽带接收等）造成的，或者因技术指标较

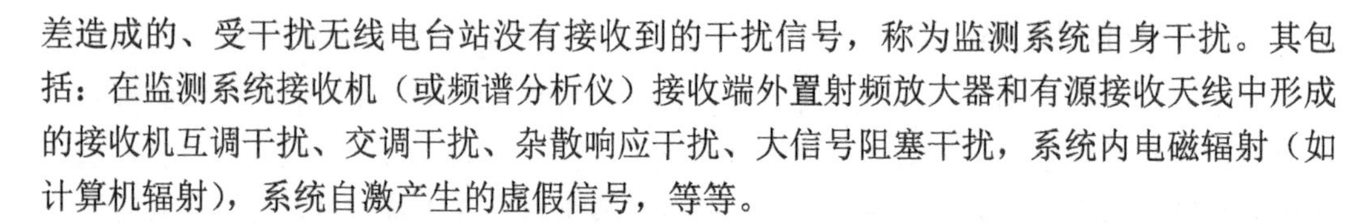

差造成的、受干扰无线电台站没有接收到的干扰信号，称为监测系统自身干扰。其包括：在监测系统接收机（或频谱分析仪）接收端外置射频放大器和有源接收天线中形成的接收机互调干扰、交调干扰、杂散响应干扰、大信号阻塞干扰，系统内电磁辐射（如计算机辐射），系统自激产生的虚假信号，等等。

（二）电磁干扰的识别方法

电磁干扰识别是指，通过技术手段识别电磁干扰信号所属类型、极化方式、调制方式、呼号，以及对特定受干扰无线电台站的真实性，其是电磁干扰查处的基础。

最简单的电磁干扰是单个干扰，较复杂的是多个同类型的混合干扰，最复杂的是多个不同类型的混合干扰。本节重点介绍单个干扰所属类型的识别方法。至于混合干扰，因具体条件千差万别，应根据实际情况按电磁干扰出现的时间、方位、强弱、频谱形态、解调声音等特性区分开来，然后按单个干扰的判断方法分别判断、逐一解决。

对于空中干扰，一般而言，只要飞行高度在1000m以上，空中干扰只会是带内接收干扰。带内接收干扰主要靠飞行员的听觉和经验识别，也需要借助地面塔台指挥人员的诱导和记录，最好能够录音，以便无线电监测技术人员进一步识别；如果条件允许，无线电监测技术人员可以上飞机参与，但除非是专门用于监测的飞机，否则难以用监测设备进行监测。对于卫星干扰（包括日凌、卫星间的干扰和地对星干扰），非同步卫星的情况比较复杂，这里只讨论同步卫星干扰。当距离超过一定范围（如50km）的、两个以上的地面接收站同时受到干扰，而经查找该地面接收站并未受到地面干扰时，可以认为与上述地面接收站通信的卫星受到干扰，以下将着重讨论地面干扰的识别。

1. 通过无线电监测网识别

对于无线电监测网工作频率范围内的干扰，首先考虑利用无线电监测网，在监测控制中心遥控有关的固定监测站进行识别。若监测设施未联网，也可以用单个固定监测站进行识别。

通常而言，通过无线电监测网只能识别能够接收到的带内接收干扰。对于电磁干扰，除非干扰信号特征特别明显，不会误判；否则，首先应与受干扰无线电台站联络，确认该干扰信号的真实性（确实是影响受干扰无线电台站的信号），然后通过观察、测量、监听等手段确定干扰信号所属类型、极化方式、调制方式和呼号。

如果不能确定干扰信号的真实性，那么最好还是到受干扰现场进行识别。否则，无线电监测网所接收到的干扰信号有可能与影响受干扰无线电台站的信号千差万别，继续查下去徒劳无益。

2. 到受干扰现场识别

1）干扰类型识别

干扰类型识别的基本思路是：在受干扰台站的现场，通过一系列监测和分析，确定干扰类型。其排查顺序通常是，在排除所属监测系统自身干扰的情况下，首先判断该干扰属于非辐射干扰、带内接收干扰或带外接收干扰中的哪种，然后识别该干扰的具体形式。

（1）区分三类干扰的步骤。

由于监测系统自身干扰不是需要查处的干扰，仅需要在干扰识别和查找中加以注意，避免其混淆视听。因此，以下不再讨论监测系统自身干扰，只讨论其他三类干扰。

如果去掉受干扰无线电台站的接收天线，在其射频输入端接上假负载，干扰仍然存在，那么该干扰是非辐射干扰。

接下来先用受干扰的无线电台站监听干扰的声音特征，然后按“无线电台站天馈线→衰减器→滤波器→射频放大器→测试接收设备”（其中，设备的连接顺序从左到右。如果不加射频放大器，系统的灵敏度也足够大，则可以去掉射频放大器）的接法，将受干扰的无线电台站接收机换为测试接收设备，如果存在同样声音特征的干扰，那就记录干扰电平 P_1（或 V_1），在小于信噪比的范围内改变外置衰减器的衰减，或者改变程控测试接收设备的内置衰减器的衰减，如果测试接收设备上的干扰电平指示变化与衰减器的衰减相同，或者干扰电平指示基本不变，那么有如下判断。

假如受干扰无线电台站没有前置放大器和有源天线，则干扰为带内接收干扰。

假如受干扰无线台站有增益为 G（单位：dB）的前置放大器，但无有源天线，则需要进一步将测试接收设备接到前置放大器之前的馈线上，记录干扰电平 P_2（或 V_2）。如果 P_1（或 V_1）$=P_2$（或 V_2）$+G$，则干扰为带内接收干扰；如果 P_1（或 V_1）$\gg P_2$（或 V_2）$+G$，则干扰为前置放大器中形成的带外接收干扰。

假如受干扰无线电台站使用了有源天线，那就用“测量天馈线→滤波器→射频放大器→无线电台站接收设备”的连接方式，通过设置，使“测量天馈线→滤波器→射频放大器”的增益与无线电台站天馈线的增益接近，如果干扰消失，那么干扰为有源天线中形成的带外接收干扰；否则，干扰就是受干扰无线电台站接收机中产生的带外接收干扰。

如果该受干扰无线电台站使用架设位置比测试天线高得多的有源天线，通过干扰识别发现测试系统接收不到干扰信号，或者因干扰识别发现测试系统的灵敏度略低于受干扰无线电台站而接收不到干扰信号，那么，该干扰可能是微弱干扰，应考虑在受干扰地点周围选择一些制高点（距离由近及远，方位考虑基本均匀分布的 3～4 个制高点）进行识别。

（2）识别带外接收干扰具体形式的步骤。

当受干扰无线电台站接收机、前置放大器或有源天线受到带外接收干扰时，可以用以下步骤进一步识别。

① 如果干扰信号和有用信号同时出现，则可能是互调干扰或大信号阻塞干扰；可以停止可能产生互调干扰的所有台站的发射。

② 按“无线电台站天馈线→测试接收设备”的方法连接测试系统，测量受干扰无线电台站接收机中频频率、镜频频率上有无信号。如果有信号，在相同解调方式下，如果信号的声音特征与受干扰无线电台站接收的干扰信号声音特征相同，则干扰属中频干扰、镜频干扰或中频寄生响应干扰。

③ 同时按“无线电台站天馈线→无线电台站接收设备”和“测量天馈线→衰减器→滤波器→射频放大器→测试接收设备”的方法连接受干扰无线电台站和测试系

统，用测试系统监测受干扰频率附近的几个频率有无较强的信号。如果有，记录其强度和带宽，并用综合测试仪或射频信号源，按“信号源→无线电台站接收设备”的方法，为受干扰接收系统输入强度相同、带宽接近的信号。如果受干扰接收系统能够接收到信号，那么干扰就是邻道接收干扰。

④ 先按“无线电台站天馈线→衰减器→滤波器→射频放大器→测试接收设备”的方法，用监测软件监测互调相关频段的较强信号，并用互调分析软件计算出可能的互调频率组合，然后进行互调干扰判断。同时，按“无线电台站天馈线→无线电台站接收设备”和“测量天馈线→衰减器→滤波器→射频放大器→测试接收设备”的方法进行比较监测。判定工作频率为 f_a 的接收机，是否受到工作频率为 f_b 的发射机互调干扰，可以将当地工作频率为 f_b 的发射机关机或停止发射，再依据以下原则进行判定。

对于单组合互调干扰，如果 f_a 出现，而 f_b 不出现，则 f_b 不是 f_a 的干扰频率之一；如果 f_a 出现，f_b 一定出现，则 f_b 是 f_a 的干扰频率之一。

对于多组合互调干扰，判断准则只有一个，那就是，如果 f_a 出现，f_b 一定出现，并且受互调干扰的接收机解调出的混杂声音中有一种的频率与 f_b 完全相同，则 f_b 是 f_a 的干扰频率之一。

对于多个频率组合，且各信号处于常发状态的互调干扰，只能采用停机试验法，而对有间断发射频率的互调频率组合还可以采用监听监视法。

若经上述试验还不能判定干扰属性，则可以认为干扰种类为其他杂散响应干扰。

（3）识别带内接收干扰具体形式的步骤。

对于带内接收干扰，观察较宽频率范围内的频谱形状，结合监听，利用已知的信号和干扰的频谱特性和解调声音，进一步判断该干扰究竟属于同频基波干扰，还是属于杂散发射、发射机互调、外部效应引起的互调、邻道辐射、带外发射、非无线电设备的无线电波辐射等具体形式的干扰。

2）极化方式的识别

电波的极化是指在某个固定观测点上时变电场的轨迹图，天线的极化是指在最大辐射方向上远区电场的极化。极化方式分为线极化、圆极化和椭圆极化；（椭）圆极化分为右旋（椭）圆极化和左旋（椭）圆极化；椭圆极化可分解为两幅度不等、旋向相反的圆极化。按与地面的关系，线极化分为垂直于地面的垂直极化和平行于地面的水平极化；由于干扰信号发射或辐射的非标准化，以及电波传播中的折射、散射等，线极化可能出现倾斜。倾斜的线极化，可分解为垂直极化分量和水平极化分量。

接收天线与来波的极化方式一致，称为极化匹配。只有极化匹配，才能保证无线电测向和场强测量的准确度。无线电监测所用天线多为线极化天线，线极化天线若用于接收圆极化波，插入损耗为 3dB。由于极化方式的多样性和电磁环境的复杂性，在识别干扰时，应取干扰特征明显或信号强的极化方式。

如果受干扰现场条件不具备，那么极化方式识别可留待干扰源查找时进行。

3）调制方式的识别

同频基波干扰、有线电视辐射干扰、邻道接收干扰、杂散响应干扰等，可以通过

解调、观察频域或时域波形等手段，来识别干扰信号的调制方式，为干扰源查找提供参考。采用监测软件的监测系统，会自动给出该信号调制方式的统计概率，可以供操作人员参考。

4）台站呼号的识别

如果受干扰无线电台站携带台站呼号等信息，则可以通过识别其呼号，了解其业务种类、所属行政区域或部门。台站呼号的识别主要通过设置正确的解调方式进行监听，这需要监听人员熟悉各种无线电报呼号；若呼号属于无线电话呼号，则监听话音内容就可以识别。

（三）干扰源查找的一般程序

接到干扰源查找任务后，首先要查询和分析，通过无线电频率台站管理数据库查询受干扰无线电台站的技术参数，而后向用户单位的有关人员了解情况，如参数是否改变等，并了解受干扰的详细情况和干扰源查处所需的参数（如接收机中频频率、变频方式等），据此合理配置测试系统。当然，用户单位的有关人员未必能准确表述干扰情况和其他技术问题，这就需要无线电监测技术人员进一步核实相关情况。

对于仅一个固定无线电台站受到的干扰，应携带全套设备；对于多个固定无线电台站受到同样的干扰，或者移动无线电台站在较大范围内受到的干扰，可以按带内接收干扰准备。对于比较弱的干扰，要将测试接收设备的内置衰减置为零，有时甚至需要打开内置射频前置放大器。监测天线的位置和高度应尽量接近实际使用的天线。

需要赴受干扰现场识别和查找的干扰源，通常应使用监测测向车，并携带公众移动通信工具前往，在与受干扰无线电台站一定距离（如超短波频段可考虑在 60km 以内）开启车载式监测测向系统，以便沿途监测。一旦测到可疑信号，立即与受干扰无线电台站联系，以便识别是否已监测到所需查找的干扰信号。如果监测到干扰信号，可用车载式监测测向系统自动测向定位的办法查找；否则，应携带仪器到受干扰无线电台站测试。如果有可能，最好检测无线电台站的实际灵敏度，并据此设置测试系统参数，使其灵敏度等于或略优于实际无线电台站的灵敏度。

不同的干扰源应该采取不同的查找措施，但在干扰源查处的实际工作中，仍有一般的规律可循。干扰源查找步骤可简单概括为一听、二看、三算、四跟、五测。“一听”，即监听，通过听判断干扰源是否存在，记录干扰出现的时间并录下内容、口音，以利于对干扰源的判断。“二看”，即看波形和频谱，通过看干扰的波形和频谱，得到干扰的类别和特性（调频、调幅、BP 机等）。“三算”，即进行分析计算，通过对发射互调公式、接收互调公式、镜像干扰公式和接收寄生干扰公式的分析计算，算出很多个可能的干扰频率，供同步跟踪查找。“四跟”，即进行同步跟踪，用算出的可能的干扰频率，在频谱分析仪上一个一个观察，看这些干扰信号是否存在，并观察该信号是否与被干扰信号（声音）同步出现，如果同步出现，则该信号为干扰源之一，以此类推，可以找出一个或若干个干扰频率。“五测”，即组织无线电测向，通过固定测向、车载式测向和手持式测向，查找几个频率干扰源的具体位置。

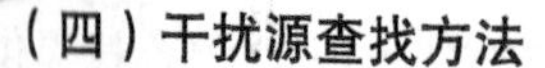

（四）干扰源查找方法

随着经济的快速发展，城市中的高层建筑逐渐增多，并且密集程度越来越大。在一定的范围内，依靠固定监测台站和车载式监测系统的测向功能，无法获得可疑信号的准确方位，必须携带手持式测向设备，徒步跟踪信号并凭借经验来锁定干扰源。但是，无线电信号在楼群中的反射、折射等现象，给监测人员判断正确的来波方向造成了很大困难。同时，近距离，尤其是500m范围内，由于无线电传播属于近场传播，电磁波场强变化将非常剧烈。再加上地形、地物等因素的影响，在徒步跟踪信号时，会经常遇到信号瞬时突变的情况。此外，便携式测向设备相对难以操控，如果门限衰减控制不当，将导致测向设备对信号反应迟钝，不能准确判断信号的来波方向。

查找干扰源通常采用的方法是，在接收到干扰申诉后，首先确定干扰源大致存在的区域。确定干扰源大致区域时可以借助固定监测台站，或者使用车载式监测系统，或者使用便携式测向设备进行多点定位来实现；到达干扰源所处区域后，采用场强逼近的方法逐步逼近干扰源。当信号强度较大时，使用衰减器，如果衰减后的信号强度仍然较大，说明已经逼近干扰源，此时可以卸掉天线靠耳机来查找干扰源。在逼近干扰源的过程中应注意地形、地物的影响，排除虚假信号；如果发现干扰源并不存在，应考虑干扰是否为互调产物或发射机的边带辐射功率。下面就干扰源查找的一般方法进行介绍。

1. 利用信号场强的变化规律

为了更精确地跟踪和查找干扰源，我们必须了解无线电信号的一些特性。

在无线电波传输过程中，无线电波有其特殊的性质，它与以下两个因素有密切的关系。在频率一定的情况下，根据

$$L(\mathrm{dBm}) = 21.98 + 20\lg d - 20\lg \lambda \qquad (15\text{-}3\text{-}5)$$

可得路径损耗与和信号源的距离的函数关系，如图15-6所示。

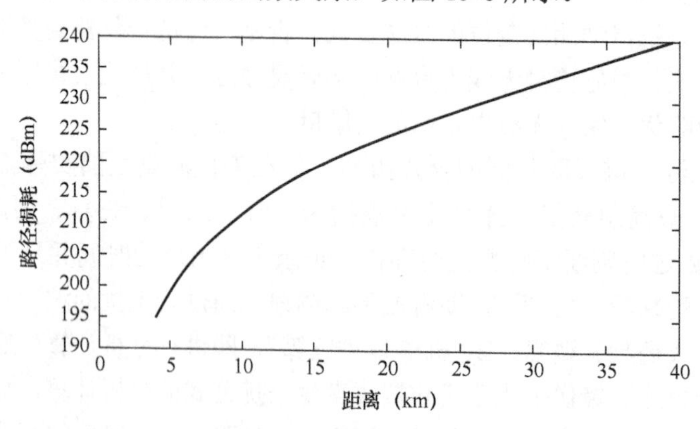

图15-6　信号路径损耗与和信号源的距离的函数关系

同样可以得到，在频率一定的情况下，信号场强大小与和信号源的距离的函数关系如图15-7所示。

由这两个函数关系可知，在频率特定的情况下，20km 范围内的信号场强增加

50dBm，需要行进 10km；而在近场一个-100dBm 的信号距离发射源 200m 的情况下，只需要行进 100m。因此，最有效的信号诱导源来自场强变化。利用这一规律，就可以根据场强变化来判断发射源的位置。

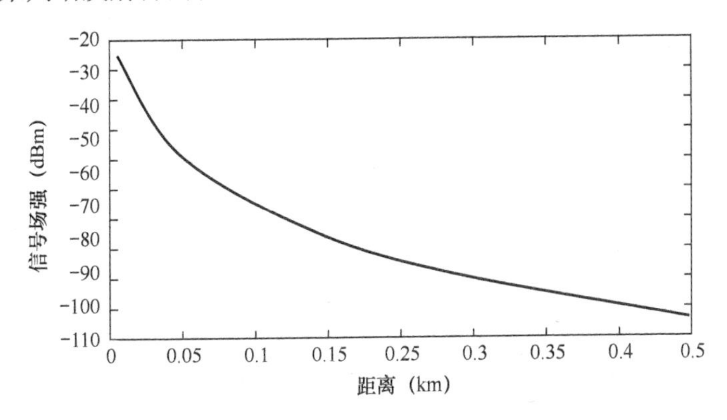

图 15-7　信号场强大小与和信号源的距离的函数关系

2. 善用音频变化反映方式

便携式无线电测向设备反映场强变化的方式，一般有图像显示、数字显示、音频变化反映。在信号跟踪过程中，部分监测人员习惯使用图像显示与数字显示方式。然而，音频变化反映场强变化的方式更为有效，因为这种方式通过接收机中频放大器输出的信号强弱来控制差频振荡器的输出。图像显示、数字显示，是通过视觉来分辨信号强弱的，受显示的灵敏度和误差等因素影响，视觉分辨效果远不及人耳分辨效果好。因此，在信号跟踪过程中，可以利用音频变化来判断场强变化进而跟踪信号源。

3. 实时调整信号衰减门限

人耳对不同频率声音的敏感程度存在较大差异。一般认为，500Hz 以下为低频，500～2000Hz 为中频，2000Hz 以上为高频，语音的频率范围主要集中在中频频段。声音的频率太低或太高时，人耳听觉敏感程度变差，在中频频段人耳听觉非常敏感，一般来说人们能察觉 1dB 的声音变化，能明显感觉出 3dB 的差异。因此，我们必须选择合适的衰减和门限，使音频的变化落在人耳最敏感的中频频段。距离信号源 500m 以内范围属于近场，信号场强变化剧烈，而监测设备的动态范围有限，很容易引起监测设备过载，导致场强变化的反映效果变差。因此，在整个信号跟踪过程中，必须实时调整信号衰减、门限，使监测设备始终处于高状态。

4. 依据地形判断场强

在查找干扰源时，可以充分利用地形、地物对电磁波的影响来分析来波方向。例如，某无线电信号发射源在大楼南侧房内放置，北面测试和南面测试得到的场强是有较大区别的。此外，根据场强的对比，可以判断信号发射源所在的楼层。由于具体的地形、地物不同，因此应根据具体情况采取相应的方式。

利用定向天线，通过多次交会方式测向定位是目前最常用、最简易的方法。在 VHF 频段，频率太低，天线波瓣很宽。例如，八木天线或对数周期天线，其波瓣一般都为 20°～30°，测向误差较大，因此需要多次交会和反复测量。另外，城市中高层楼房比较多，各种建筑物又比较密集，反射波与主波叠加将会产生较大的测向误差，因此，测向点最好选在高层楼顶上，这样可以减小各种反射波干扰造成的测向误差。

习题与思考题

一、填空题

1. 电磁频谱监测行动方案，主要包括____、____、____、____、____。
2. 电磁频谱监测任务，主要包括____、____、____、____。

二、选择题

1. 电磁频谱监测装备（系统）的分类方式，主要区分（　　）。

A. 按技术体制分类　　B. 按监测频段分类

C. 按设置方式分类　　D. 按承载方式分类

2. 电磁频谱监测站点的选择，通常应考虑以下（　　）因素。

A. 便于监测覆盖　　B. 便于真实有效地实施监测

C. 便于天线架设　　D. 便于机动和安全防护

三、简答题

1. 简述电磁频谱监测车的检查维修流程。
2. 简述单个电磁频谱监测台站开设的一般流程。
3. 简述电磁频谱监测台站开设联网的流程。

四、论述题

1. 试论如何结合上级下达的任务或预先监测指令，准确分析判断情况。
2. 试论如何开展任务前的电磁频谱监测演练。
3. 试论天线高度影响电磁频谱监测站的站址选择的原理是什么。
4. 试论如何提高有害电磁干扰查找效率。